U0304221

中国果树科学与实践

石　榴

主　　编　苑兆和

副 主 编　陈延惠　冯立娟　李文祥

编　　委　(按姓氏笔画排序)

尹燕雷　王毓宁　冯立娟　严　潇

张水明　李文祥　李贵利　李鹏霞

肖　斌　陈延惠　招雪晴　苑兆和

侯乐峰　胡先奇

陕西新华出版传媒集团
陕西科学技术出版社

图书在版编目（CIP）数据

中国果树科学与实践．石榴/苑兆和主编．—西安：陕西科学技术出版社，2015.6

ISBN 978-7-5369-6450-1

Ⅰ.①中… Ⅱ.①苑… Ⅲ.①石榴－果树园艺 Ⅳ.①S66

中国版本图书馆 CIP 数据核字（2015）第 099002 号

中国果树科学与实践　石榴

出版者	陕西新华出版传媒集团　陕西科学技术出版社
	西安北大街 131 号　　邮编 710003
	电话（029）87211894　传真（029）87218236
	http：//www．snstp．com
发行者	陕西新华出版传媒集团　陕西科学技术出版社
	电话（029）87212206　87260001
印　刷	陕西思维印务有限公司
规　格	720mm×1000mm　16 开本
印　张	22.25
字　数	407 千字
版　次	2015 年 6 月第 1 版
	2015 年 6 月第 1 次印刷
书　号	ISBN 978-7-5369-6450-1
定　价	100.00 元

总　序

中国农耕文明发端很早，可追溯至远古 8 000 余年前的"大地湾"时代，华夏先祖在东方这块神奇的土地上，为人类文明的进步作出了伟大的贡献。同样，我国果树栽培历史也很悠久，在《诗经》中已有关于栽培果树和采集野生果的记载。我国地域辽阔，自然生态类型多样，果树种质资源极其丰富，果树种类多达 500 余种，是世界果树发源中心之一。不少世界主要果树，如桃、杏、枣、栗、梨等，都是原产于我国或由我国传至世界其他国家的。

我国果树的栽培虽有久远的历史，但果树生产真正地规模化、商业化发展还是始于新中国建立以后。尤其是改革开放以来，我国农业产业结构调整的步伐加快，果树产业迅猛发展，栽培面积和产量已位居世界第 1 位，在世界果树生产中占有举足轻重的地位。2012 年，我国果园面积增至约 1 134 万 hm^2，占世界果树总面积的 20% 多；水果产量超过 1 亿 t，约占世界总产量的 18%。据估算，我国现有果园面积约占全国耕地面积的 8%，占全国森林覆盖面积的 13% 以上，全国有近 1 亿人从事果树及其相关产业，年产值超过 2 500 亿元。果树产业良好的经济、社会效益和生态效益，在推动我国农村经济、社会发展和促进农民增收、生态文明建设中发挥着十分重要的作用。

我国虽是世界第 1 果品生产大国，但还不是果业强国，产业发展基础仍然比较薄弱，产业发展中的制约因素增多，产业结构内部矛盾日益突出。总体来看，我国果树产业发展正处在由"规模扩张型"向"质量效益型"转变的重要时期，产业升级任务艰巨。党的十八届三中全会为今后我国的农业和农村社会、经济的发展确定了明确的方向。在新的形势下，如何在确保粮食安全的前提下发展现代果业，促进果树产业持续健康发展，推动社会主义新农村建设是目前面临的重大课题。

科技进步是推动果树产业持续发展的核心要素之一。近几十年来，随着我国果树产业的不断发展壮大，果树科研工作的不断深入，产业技术水平有了明显的提升。但必须清醒地看到，我国果树产业总体技术水平与发达国家相比仍有不小的差距，技术上跟踪、模仿的多，自主创新的少。产业持续发展过程中凸显着各种现实问题，如区域布局优化与生产规模调控、劳动力成本上涨、产地环境保护、果品质量安全、生物灾害和自然灾害的预防与控制等，都需要我国果树科技工作者和产业管理者认真地去思考、研究。未来现代果树产业发展的新形势与新变化，对果树科学研究与产业技术创新提出了新的、更高的要求。要准确地把握产业技术的发展方向，就有必要对我国近几十年来在果树产业技术领域取得的成就、经验与教训进行系统的梳理、总结，着眼世界技术发展前沿，明确未来技术创新的重点与主要任务，这是我国果树科技工作者肩负的重要历史使命。

陕西科学技术出版社的杨波编审，多年来热心于果树科技类图书的编辑出版工作，在出版社领导的大力支持下，多次与中国工程院院士、山东农业大学束怀瑞教授就组织编写、出版一套总结、梳理我国果树产业技术的专著进行了交流、磋商，并委托束院士组织、召集我国果树领域近20余位知名专家于2011年10月下旬在山东泰安召开了专题研讨会，初步确定了本套书编写的总体思路、主要编写人员及工作方案。经多方征询意见，最终将本套书的书名定为《中国果树科学与实践》。

本套书涉及的树种较多，但各树种的研究、发展情况存在不同程度的差异，因此在编写上我们不特别强调完全统一，主张依据各自的特点确定编写内容。编写的总体思路是：以果树产业技术为主线和统领，结合各树种的特点，根据产业发展的关键环节和重要技术问题，梳理、确定若干主题，按照"总结过去、分析现状、着眼未来"的基本思路，有针对性地进行系统阐述，体现特色，突出重点，不必面面俱到。编写时，以应用性研究和应用基础性研究层面的重要成果和生产实践经验为主要论述内容，有论点、有论据，在对技术发展演变过程进行回顾总结的基础上，着重于对现在技术成就和经验教训的系统总结与提炼，借鉴、吸取国外先进经验，结合国情及生产实际，提出未来技术的发展趋势与展望。在编写过程中，力求理论联系实际，既体现学术价值，也兼顾实际生产应用价值，有解决问题的技术路线和方法，以期对未来技术发展有现实的指导意义。

本套书的读者群体主要为高校、科研单位和技术部门的专业技术人员，以及产业决策者、部门管理者、产业经营者等。在编写风格上，力求体现图文并茂、通俗易懂，增强可读性。引用的数据、资料力求准确、可靠，体现科学性和规范性。期望本套书能成为注重技术应用的学术性著作。

在本套书的总体思路策划和编写组织上，束怀瑞院士付出了大量的心血和智慧，在编写过程中提供了大量无私的帮助和指导，在此我们向束院士表示由衷的敬佩和真诚的感谢！

对我国果树产业技术的重要研究成果与实践经验进行较系统的回顾和总结，并理清未来技术发展的方向，是全体编写者的初衷和意愿。本套书参编人员较多，各位撰写者虽力求精益求精，但因水平有限，书中内容的疏漏、不足甚至错误在所难免，敬请读者不吝指教，多提宝贵意见。

编著者
2015年5月

前　言

石榴（*Punica granatum* L.）属石榴科（Punicaceae）石榴属（*Punica* L.）落叶灌木或小乔木，2003 年 APG II 分类法将石榴科划归为千屈菜科（*Lythraceae*）。石榴是一种古老的果树树种，原产于伊朗、阿富汗和高加索等中亚地区，迄今已有 3 000 多年的栽培历史，公元前 138－前 125 年张骞出使西域引入我国，是我国最早引进的果树树种之一。研究表明，石榴果实富含酚类化合物等生物活性物质，具有诸多营养价值与保健功能。随着对石榴的综合研究日趋深入，石榴作为新兴果树在各主产国的产业规模迅速增加。同时，石榴是重要的园林绿化和生态建设树种，也是中国传统文化中的吉祥果，其文化内涵丰富。目前，世界上有 30 多个国家商业化种植石榴，印度、伊朗、中国、土耳其和美国是石榴主要生产国。据不完全统计，世界石榴种植总面积超过 60 万 hm²，总产量超过 600 万 t。我国石榴种植总面积约为 12 万 hm²，年产量约为 120 万 t。

尽管我国拥有悠久的石榴栽培历史和丰富的石榴种质资源，但长期以来国内对石榴遗传多样性及产业问题缺乏全面系统的深入研究，石榴总体发展水平与苹果、梨、桃等大宗水果相比，仍存在较大的差距。与其他石榴主产国相比，我国石榴产业发展存在专用品种少、品质差、产量与良种化程度低、栽培技术粗放落后、根结线虫为害及裂果严重等问题，单项技术急需提升，综合技术急需集成。因此，有必要对石榴科学研究与产业发展等相关方面的具体状况进行梳理、总结与凝练，为其产业可持续发展提供技术支撑。

在陕西科学技术出版社的积极倡议和中国工程院院士、山东农业大学束怀瑞教授的大力支持下，我们组织了国内石榴产业技术领域的有关专家，承担了《中国果树科学与实践　石榴》一书的编写任务。编写时根据《中国果树科学与实践》套书的总体要求，按照"总结过去、分析现状、着眼未来"的基本思路，着重从国内外石榴产业的现状、营养保健功能、石榴的种质资源与品种选育、优质苗木的繁育与生产、优质丰产栽培技术体系的建立、果品的采后贮藏与加工、盆景产业等方面进行了归纳总结，并提出了未来石榴产业的发展趋势。编写内容上，力求突出重点、体现特色，注重理论联系实际，以期对未来的石榴科学研究与产业发展提供指导与参考。

本书共有十一章内容：第一章、第二章由我和冯立娟编写，第三章由招雪晴编写，第四章由我和冯立娟、张水明、李文祥、李贵利、严潇、陈延惠、肖斌共同编写，第五章、第六章由张水明编写，第七章由陈延惠编写，第八章由胡先奇编写，第九章由尹燕雷编写，第十章由李鹏霞和王毓宁编写，第十一章由侯乐峰编写。我负责全书编写提纲的拟定，并进行全书的统稿工作。冯立娟为编排、整理书稿做了大量的工作，李文祥对全书进行了主审。

编写时，内容力求体现学术价值，也兼顾实际生产应用；风格上力求体现雅俗共赏、通俗易懂，增强可读性，以期为高校、科研单位及技术部门的专业技术人员以及产业决策者、管理者和生产经营者提供借鉴。但《中国果树科学与实践　石榴》毕竟是对我国石榴科学研究与产业发展进行系统总结的首次尝试，各位撰写者虽力求精益求精，但因水平有限，书中疏漏和不足之处，甚至错误在所难免，敬请读者不吝指教，多提宝贵意见。

苑兆和

2014 年 11 月

目　录

第一章　石榴起源与发展前景

石榴是一种集生态、经济、社会效益、观赏价值与保健功能于一身的优良果树，越来越受到各国消费者的青睐。石榴的皮、籽、花和叶均含有丰富的营养物质，这些物质具有促进健康及防治疾病的作用。石榴是可用于环境绿化、观光果园和生态旅游的树种，栽培石榴可促进农民增收和农业增效，发展前景广阔。石榴原产于中亚地区的伊朗、阿富汗和格鲁吉亚等国，之后向东传播至印度和中国，向西传播至地中海周边国家及其他适生地区。印度、伊朗、土耳其、美国、西班牙、中国、以色列、智利、巴基斯坦、阿富汗和澳大利亚等国家的石榴栽培均已实现商品化，石榴产业发展迅速。

第一节　石榴起源及其在中国的传播

一、石榴栽培史

前苏联的瓦维洛夫(Н. И. Вавилов，1926 年)和茹科夫斯基(П. М. Жуковский，1970 年)把世界果树分为 12 个起源中心，石榴属于前亚细亚起源中心，即古波斯到印度西北部的喜马拉雅山一带，其中心为波斯及其附近地带，即现在的伊朗、阿富汗、格鲁吉亚等中亚地区，向东传播到印度和中国，向西传播到地中海周边的国家及世界其他适生地。在今伊朗东北部高原、格鲁吉亚的山区还保存有大面积的野生石榴林，学术界也多认为以上地方是石榴的原产地。

但根据帛书《杂疗方》中有关石榴的记载，证明张骞出使西域之前，中国已有石榴栽培。我国学者 1983 年在对西藏果树资源考察时也发现，在西藏三江流域海拔 1 700～3 000 m 的察隅河两岸的荒坡上，分布有古老的野生石榴群落和面积不等的野生石榴林，其中无食用价值的酸石榴占 99.4%，而甜石榴仅占 0.6%；有 800 年以上的大石榴树。三江流域是十分闭塞的峡谷区，在古代几乎不可能是人工传播，为此有学者认为，西藏东部也可能是石榴的原产地之一。

二、中国石榴的传入时间与路线

一般认为，石榴是在汉武帝时期沿丝绸之路传入我国的：先传入新疆，再由新疆传入陕西，并逐渐传播至全国各适宜栽培区，至今已有 2 100 多年的栽培历史(张骞出使西域的时间是公元前 138—前 125 年)。西晋张华的《博物志》中有"汉张骞使西域，得涂林安石国榴种以归"(涂林是梵语石榴的音译)。西晋陆机的《与弟云书》中有"张骞使外国十八年，得涂林安石榴也"。明朝王象晋的《群芳谱》中有"石榴本出涂林安石国，汉张骞使西域，得其种以归"。清代汪灏等著的《广群芳谱》中有"汉张骞出使西域，得涂林安石榴种以归，名为安石榴"。清代陈淏子的《花镜》中有"石榴真种自安石国，汉张骞带归，故名安石榴"。日本学者菊池秋雄的《果树园艺学》中介绍，石榴于 3 世纪从伊朗传入印度，再由印度传入我国西藏，由西藏传入四川、云南等地，直至东南亚各国。至今在云南、四川及西藏部分地区仍盛产石榴。

另有学者认为，石榴传入我国的途径并非只有西域，也有从海路引进的，如云南的蒙自石榴就是在清代由新加坡附近引入的。

第二节　世界石榴产业发展现状

目前，在印度、巴基斯坦、以色列、阿富汗、伊朗、埃及、中国、日本、美国、俄罗斯、澳大利亚、南非、沙特阿拉伯以及南美的热带和亚热带地区有大面积的石榴栽培，且均已实现商品化。随着消费者对石榴需求量的日益增加，世界石榴产业得到迅速发展。据最新数据统计，世界上石榴种植总面积超过 60 余万 hm²，总产量超过 600 余万 t。主要的石榴生产国是印度、伊朗、中国、土耳其和美国，这些国家的石榴产量占世界总产量的 75%。

一、国外石榴产业发展现状

(1)印度

目前，印度的石榴种植面积大约有 15 万 hm²，年总产量为 110 万 t。马哈拉施特拉邦、卡纳塔克邦、古杰拉特邦、安得拉邦和泰米尔纳德坦邦是印度主要的石榴栽培地区。主要栽培品种是 Ganesh、Bhagwa、Ruby、Arakta 和 Mridula。在印度南部，石榴品种 Paper Shell、Spanish Ruby、Muscat Red 和 Velladu 的发展前景广阔。

马哈拉施特拉邦的石榴种植面积位居该国第 1 位，近 9.4 万 hm²，主要集中在艾哈迈德纳格尔、索拉布尔、萨达拉、纳希克、杜利亚、桑迦利、浦那、奥兰加巴德和沃尔塔等地区，每年总产量高达 10 万 t。卡纳塔克邦是印度最早种植石榴的地区，主要集中在卡纳塔克邦北部，其种植面积和年总产量位居第 2 位，分别为 1.36 万 hm² 和 14.26 万 t。科普帕尔、巴格尔果特和吉德勒杜尔加地区的石榴栽培面积和年产量位居卡纳塔克邦的前 3 位，种植面积分别为 0.48 万 hm²、0.19 万 hm² 和 0.17 万 hm²，年总产量分别为 5.81 万 t、1.76 万 t 和 1.57 万 t。

（2）伊朗

伊朗的石榴栽培面积约为 7 万 hm²，年产量为 67 万 t，是世界石榴生产与出口大国之一。亚兹德石榴保存中心从全国各地收集了 760 份种质资源，其中 21 份是软籽石榴品种。除了哈马丹省，石榴几乎遍布伊朗全国。主要分布在法尔斯、霍腊桑、中央、伊斯法罕和亚兹德等省份，占全国产量的 75%。法尔斯是伊朗最大的石榴生产基地，石榴栽培面积为 1.3 万 hm²，年总产量为 15.5 万 t，占全国总产量的 23%，该省的石榴主要用于出口。主栽品种有 Malase-Torshe-Saveh、Rababe-Neiriz、Malase-Yazdi、Shishe-Cape-Ferdows 和 Naderie-Natanz（Budrood）。近年来，伊朗的石榴出口量稳定增长，年出口量约为 15 万 t。主要出口欧洲、俄罗斯、乌克兰、阿拉伯国家及中非国家。

（3）土耳其

土耳其是石榴的原产地之一，野生石榴由安纳托利亚高原传播到地中海国家。石榴种植面积位居世界第 4 位，年产量约为 20 万 t，占世界总产量的 5%。近年来，由于土耳其消费者对石榴汁的大量需求，石榴产业发展迅速。2012 年，土耳其的石榴种植面积约为 2.69 万 hm²，年总产量达到 31.5 万 t，较 1995 年（5.3 万 t）增加了 4.9 倍。石榴出口量为 6.5 万 t，较 2000 年（0.3 万 t）增加了 20.7 倍；同时期，年人均消费增加了 1.4 倍，从 0.75 kg 增加到 1.83 kg。安塔利亚、穆拉和代尼慈利 3 个省的石榴生产位居全国前列，产量分别为 10.4 万 t、4.7 万 t 和 2.8 万 t。从 1995 年到 2012 年，安塔利亚省的石榴生产量由 0.2 万 t 增加到 10.4 万 t，增加了近 51 倍。

土耳其拥有丰富的石榴种质资源，除了很多当地品种外，30 余个选育的新品种也被广泛种植。由于 Hicaznar 和 Silifke Asisi 这 2 个品种的果皮呈深紫红色，酸甜可口，很适合用于果汁加工，因而成为土耳其果汁产业需求量最高的。

（4）美国

美国的石榴主产区在加利福尼亚州。根据美国加州大学合作组织报道，在加利福尼亚州圣华金河流域的种植面积有 1.17 万 hm²，主要栽培品种有 Wonderful、Foothill Early 和 Early Wonderful。其中 Wonderful 是在佛罗里达地区被发现的，1896 年引种到加利福尼亚州，是最早进行商业化栽培的品种。Wonderful 石榴果个大，果皮深红色，厚度中等，籽粒小，红色，可溶性固形物含量高，酸度高。目前，该品种在全国的栽培面积所占比例较大，但也有一些早熟和晚熟品种种植，延长了石榴供应季。

美国极为重视石榴种质资源的收集、引进与创新工作，先后收集了 232 个石榴品种，有些是从土库曼斯坦实验站引进的，有些是软籽品种，均保存在加州大学戴维斯分校的国家石榴种质资源圃中，极大地丰富了石榴种质资源。

（5）西班牙

西班牙是地中海盆地石榴生产和出口的主要国家之一，商业化栽培主要集中在其南部（科尔多瓦、塞维利亚和韦尔瓦）和东南地区（阿利坎特和巴伦西亚）。阿利坎特是传统上栽培石榴最早的省份，商业化石榴园不断增加。近年来，石榴栽培逐渐扩大到其他地区，主要在伊比利亚半岛的东部和南部地区。西班牙是欧盟最大的石榴出口国，60% 的果品用于出口。德国、英国、荷兰、法国、意大利和俄罗斯是西班牙石榴最主要的进口国。2008 年，西班牙石榴栽培面积约为 0.24 万 hm²，约 84.4% 的面积在阿利坎特，主要在 Bajo Segura 和 Bajo Vinalopo 地区。根据最新的官方数据，2012 年西班牙石榴的栽培总面积约为 0.33 万 hm²，年总产量为 4.5 万 t，年出口量高达 2.5 万 t。

（6）突尼斯

突尼斯的石榴主要分布在加贝斯、加夫萨和卡本半岛的绿洲，以及萨赫尔的比塞大和苏塞地区。目前，全国的石榴种植面积大约有 1.5 万 hm²，年产量为 7.5 万 t。据报告，突尼斯大约有 60 个品种资源，主要品种有 Gabsi、Tounsi 和 Zehri 等，其中，Gabsi 主要栽培在南部地区（沿海绿洲）、凯鲁万城西部绿洲和北部的果园里，该品种年产量约占总年产量的 35%。

（7）以色列

以色列的石榴栽培已有几千年历史，是由伊朗等邻近起源地区最先传播进行栽培的国家之一。目前，以色列的石榴商业化栽培面积约有 0.3 万 hm²，其中近 0.25 万 hm² 进入盛果期。2012 年，全国的石榴总产量为 5 万 t，2013 年预计总产量接近 6 万 t。2013 年生产的石榴果品，50% 用于出口，30% 用于国内鲜果市场，20% 用于商业加工。以色列石榴的主要栽培品种是 Wonderful，约占全国生产量的 70％。早熟品种 Shani 和 Akko 占 15％以上，中熟品种所占的比例不足 15％。

（8）阿富汗

在阿富汗，石榴是继葡萄、扁桃、杏和苹果后排名第 5 位的重要园艺作物。当地的石榴果品主要出口到巴基斯坦、俄罗斯和阿拉伯国家。商业化栽培区域主要集中在坎大哈、巴尔克、赫尔曼德、卡比萨、萨曼甘等省份。坎大哈石榴年总产量约为 1 万 t，主栽品种是 Kandahari，因其果品品质优、产量高而闻名全国。其他石榴园位于阿尔甘达卜河附近。目前，阿富汗的石榴种植面积约为 4.2 万 hm²，年总产量约为 50 余万 t，其中有 5 万 t 鲜果用于出口。

石榴品种资源约有 48 个，其中包含 20 个甜品种、17 个中甜品种和 11 个酸品种。当地的无核石榴品种非常有名。海拔高度是限制石榴生产的主要因素，石榴适宜在该国家海拔高度为 700～1 500 m 的地区生长。格哈尔主栽品种 Bedana 适宜在海拔高度为 1 000 m 以上的地区生长，Kandahari 适宜的海拔高度是 550～1 000 m。

（9）巴基斯坦

在巴基斯坦，石榴是位居第 9 位的重要水果，种植面积约为 1.33 万 hm²，年总产量约为 5.6 万 t。巴基斯坦喜马拉雅山脉拥有丰富的石榴种质资源，有利于选育出优异的品种资源，促进石榴产业的发展。费萨尔巴德大学收集保存了 115 份石榴野生和栽培种质资源，这些资源是在海拔为 243～5 411 m 的范围内收集的，在果实重量、颜色、种子硬度及可溶性固形物、可溶性糖、可滴定酸和维生素 C 含量等方面存在显著的差异。

（10）乌拉圭

18 世纪，西班牙移民者把石榴传播到乌拉圭，至今已有 200 多年的历史。当地石榴以孤植或庭院栽培为主，主要用于家庭消费或药用。当地的栽培品种主要是引自西班牙的 Mollar，该品种果个中等，果皮为黄粉色，籽粒为粉红色，口味甜，种子硬度中等。自 2008 年以来，在国家研究机构和创新项目（ANII）的支持下，以插条或组培苗的形式，私营部门和国家农业研究机构（INIA）从不同地区引进了 50 多个品种，首次实现了商业化栽培。2009 年春引进美国的 Wonderful 品种，以株行距为 2m×4m（1 250 株/hm²）的商业化栽植方式进行种植，2011 年秋天开始坐果。

（11）塔吉克斯坦

塔吉克斯坦是种植石榴最古老的地区之一。在当地，石榴是富裕的象征，因而当地人不用石榴做饮料。在 Gisar 山谷、库利亚布和库尔干秋别等地区，石榴的栽培面积在 0.25 万 hm² 以上。石榴种质资源丰富，广泛栽培的石榴品种有 Kizil-Anor、Kazake-Anor（Bashkalinskiy）、Desertniy、Achik-Dona 和

Azerbayjan。最受消费者喜爱的石榴品种有 Safid-Anor、Turush-Anor、Shizgin-Anor 和 Ak-Dona 等，很早就在当地栽植。石榴年产量高达 20~25 t/hm^2。

位于鲁米的塔吉克斯坦农业科学研究院园艺研究所在亚热带农作物试验站和 Darvoz 地区 RT 科学院帕米尔生物研究所保存了大量的石榴种质资源。以前，在前苏联作物研究所土库曼斯坦分部保存了 1 000 多份石榴品种和种质，1959 年选育出新的石榴品种 Desertniy。很多优良的石榴品种在中亚地区（塔吉克斯坦、土库曼斯坦和乌兹别克斯坦）普遍得到栽培。石榴品种 Achik-Dona、Bala-Mursal、Gulyasha、Kaim-Nar、Kayachik-Anar、Kazake-Anar、Kizil-Anar、Kirmizi-Kabukh、Purpuroviy、Salavatskiy 和 Shoh-Anar 等适宜在中亚和高加索地区栽植。在 2010—2014 年，塔吉克斯坦政府计划用最优品种，在最适宜地区建立约为 0.25 万 hm^2 的石榴示范园。

（12）阿塞拜疆

历史资料表明，阿塞拜疆是石榴的起源中心之一。阿塞拜疆的石榴栽培可追溯到公元前 1 000 年，历史悠久，并有野生石榴分布，主要在连科兰-阿斯塔拉地区的库那河岸。石榴主要栽培在阿塞拜疆的低地和山麓地区，如盖奥克恰伊、阿赫苏、阿格达什、丘尔达米尔、伊斯梅尔雷、连科兰、马萨雷和沙姆基尔等。希尔凡地区成为高速发展的石榴生产中心。目前，阿塞拜疆的石榴栽培面积约有 1 万 hm^2，其采用传统的栽培方式，不使用化肥、农药等化学品。每年 10 月在盖奥克恰伊地区举行石榴节。

阿塞拜疆最大面积的石榴园主要位于盖奥克恰伊、阿格达什和阿赫苏地区，这些地区种质资源较丰富。优异的石榴品种主要有 Bala Mursel、Bala Mursel Gara、Guloysha、Girmizi Guloysha、Nazikgabig、Galingabig、Gara Gila、Shirin nar（甜石榴）、Veles、Meles、Gardash、Agh dana、Agh shirin（白皮、甜）、Girmizi shirin（红皮、甜）、Meykhosh、Shuvalan 和 Irideneli 等。这些品种在独联体（CIS）国家普遍有栽培。有些品种也是整个中亚地区的主栽品种，如 Guloysha Chahrayi、Guloysha Girmizi、Bala Mursel、Shah nar 和 Girmizigabig 等。

（13）意大利

由于市场需要，意大利的石榴栽培越来越受到重视，但其种植区域仅限于西西里岛和撒丁岛地区，石榴果品主要是从西班牙、土耳其和伊朗进口。优异的石榴种质资源生长在半荒弃的果园或稀疏地。西亚大学从当地品种中选育出 5 个优良的石榴品种，其中的 MG1、MG2 和 MG3 为高甜品种，酸度中低水平，适宜商业化果品生产；Tordimonte A 和 Tordimonte B 为高酸品种，适宜果汁加工。

（14）智利

智利的石榴产业发展迅速，1997 年智利的石榴栽培面积约为 17.5 hm^2。10

多年来，智利石榴栽培面积和产量迅速增加，2011 年，全国的栽培面积约为724.6 hm²，主要在北部栽培区域横向山谷(安第斯山脉)内部，特别是阿塔卡玛和科金博地区，其占全国栽培面积的 83%。

智利的石榴主要出口到美国和加拿大，出口的品种主要是 Wonderful。2006 年的石榴出口量为 247 t，2007 年的出口量增加到 661 t，2008 年约有1 658 t 石榴用于出口，比 2007 年度增长了 1.5 倍、比 2006 年度增长了 5.7倍。由于智利石榴的收获季节是每年的 4～5 月，因而可弥补北半球该时期石榴果品供应的不足。

(15)墨西哥

16～17 世纪，石榴由天主教徒从西班牙引进墨西哥。2010 年，在墨西哥16 个州的半干旱、亚热带和热带地区均有孤植和庭院栽植的石榴，瓦哈卡、伊达尔戈和瓜纳华托地区实现了石榴商业化栽培。墨西哥城 62% 的石榴鲜果由这些州供应。2010 年，墨西哥主要城市中心瓜达拉哈拉和蒙特雷的石榴种植面积约为 689 hm²，年总产量为 0.69 万 t。墨西哥商业化栽培的石榴品种主要是 Apaseo 和 Tecozautla。

与中东和地中海地区秋季成熟不同，墨西哥石榴在夏季(6 月底至 9 月初)成熟。有些石榴品种在夏初或秋季成熟，但果实品质较差。墨西哥市场主要以鲜果形式消费。哈利斯科和科利马西部地区的酸石榴是酿造烈酒的原材料。在北美自由贸易协定的保护下，墨西哥市场有很多石榴食品，如提神饮料、果汁和谷类食品等。7～9 月，墨西哥餐厅常用石榴籽装饰餐盘来庆祝独立。

(16)南非

南非开始商业化栽培石榴的历史不足 10 年，石榴栽培面积约有 0.12 万hm²，主要集中在西开普省和北开普省。主要品种是早熟的 Herschkovitz 和Acco，晚熟的 Wonderful。一些印度品种如 Moller 和 Bagwa 也在南非种植，但栽培规模较小。南非石榴主要出口到欧洲和英国。2010—2012 年，石榴出口量由 7.16 万 t 增加到 44.28 万 t。由出口量快速增长的趋势来看，石榴将成为南非的主要经济作物。

波蒙那是南非石榴栽培面积最大的地区，从 2008 年的 20 hm² 增加到2012 年的 100 hm²，年产量 3 000 t 的优质果品均用于出口。该地区的石榴生产主要集中在斯瓦特兰地区。当地主要的栽培品种是 Herschkovitz 和 Wonderful，Herschkovitz 的收获季节是 2 月底至 3 月底，Wonderful 于 4 月初至 5月初收获。2012 年该地区开始加工石榴汁，计划全年生产 2 万 L 鲜果汁供应批发市场，预计以后果汁的生产数量能增加到每年 50 万 L。

(17)其他国家

希腊的石榴栽培始于史前，目前很多地区均有石榴栽培，主要集中在爱琴海岛(希奥思、莱斯沃斯、萨摩斯、罗德斯和科斯)、克里特岛、伯罗奔尼撒(阿哥斯、阿斯特罗斯)、希腊中心(拉米亚)和马其顿(维里亚、埃德萨、佩拉)等。石榴栽培数量有限,大约有 26.5 万株,只有 2.5 万株属于商业化果园栽培,其他 24 万株分散栽培在其他果园。2007 年以后,石榴栽培区域逐渐扩大到塞萨洛尼基、赛尔、卡瓦拉和罗德匹等省份。目前,全国的石榴栽培总面积约为 0.15 万 hm²。石榴果实主要供应鲜果市场,其他则加工成调味品或草药。

摩洛哥是世界上生产石榴的主要国家之一。目前,石榴的栽培面积约为 0.46 万 hm²,主要集中在中部和北部地区,年总产量约为 5.8 万 t。贝尼梅拉尔是摩洛哥第 1 大石榴栽培区,栽培面积和年产量分别为 0.14 万 hm² 和 2.88 万 t。摩洛哥的石榴种质资源丰富,遗传多样性丰富,适应当地的农业生态条件,但普及率较高的优良品种较少。石榴种质资源收集中心主要在贝尼梅拉尔和梅克内斯这 2 个城市。石榴果品主要以鲜果或果汁的形式供应国内市场,很少(<0.5%)出口。

阿根廷的石榴是经欧洲移民者传播进来的,栽培较分散,20 世纪 90 年代末才开始商业化栽培。从 2007 年起,阿根廷开始重视石榴生产,目前国内石榴栽培面积大约有 0.1 万 hm²,主要集中在萨尔塔省、圣胡安、科尔多瓦和恩特雷里奥斯等地区。

阿尔巴尼亚有很多地区种植石榴,野生和栽培石榴主要集中在莱什和斯库台地区。地拉那农业大学收集了很多石榴种质,如 Tivarash、Devedishe 和 Majhoshe 等,另外还有一些野生和观赏品种。

二、中国石榴产业发展现状

石榴栽培在我国始于汉而盛于唐,约有 2 000 多年的历史。唐代由于武则天的推崇,石榴栽植达到鼎盛时期,出现了"榴花遍近郊""海榴开似火"的盛况。后来,随着历史变迁,石榴资源遭到严重破坏,新中国成立前夕全国各地仅有少量的零星栽植。1978 年以来,石榴科学研究工作在我国各地得到重视,陕西西安的临潼区、安徽的怀远县、四川的攀枝花市和云南的蒙自等地相继成立了石榴研究所。山东省果树研究所多年来在石榴种质资源的引进、评价与优良品种选育方面做了大量的工作,对石榴种质资源的表型遗传多样性、孢粉遗传多样性、分子群体遗传结构与遗传多样性等进行了相关研究。中国园艺学会专门成立了石榴分会,为解决我国石榴产业存在的问题及推动石榴产业更快更好地发展提供了一个良好的平台。

石榴各产区先后进行了种质资源的调查,现已初步探明石榴栽培品种(类型)约有 238 个,筛选、鉴定和推广了一批优良品种,如河南的大白甜、大红甜和大红袍，四川的青皮软籽和红皮，山东的泰山红、大青皮甜和大马牙甜，陕西的净皮甜和三白甜，安徽的玉石籽和玛瑙籽，云南的火炮和花红皮，新疆的叶城大籽等。同时，各地还开展了系统的育种工作，通过杂交育种、辐射诱变、芽变选种、实生选育等方法选育出近 50 个优良品种，如河南的中农红软籽、中农黑软籽、豫大籽、豫石榴 1 号、豫石榴 2 号、豫石榴 3 号、豫石榴 4 号、豫石榴 5 号，四川的大绿子，山东的水晶甜、红宝石、绿宝石，陕西的临选 1 号、临选 2 号，安徽的皖榴 1 号、皖榴 2 号，新疆的叶城 4 号、皮亚曼 1 号、皮亚曼 2 号。此外，还从国外引进了不少优良品种，如突尼斯的软籽、以色列的软籽，观赏品种榴花红、榴花雪、榴花姣等。在石榴优质丰产栽培技术方面，进行了施肥、浇水、整形修剪、抗逆栽培、激素应用等方面的研究；在病虫害防治方面，基本查明了主要病虫害的发生规律与防治方法；在植物学特征、生物学特性方面进行了较为深入的观测研究。

随着农村产业结构调整和完善工作的持续深入，石榴生产已成为各产区新农村建设的支柱产业和农民脱贫致富的主要经济来源。经过长期的自然演化和人工筛选，在全国形成了以新疆叶城、陕西临潼、河南开封、安徽怀远、山东枣庄、云南蒙自、四川会理和河北石家庄为中心的 8 大石榴集中栽培区。据不完全统计，我国的石榴栽培总面积约为 12 万 hm^2，年产量约为 120 万 t。

山东的石榴主要分布在枣庄的峄城、薛城和山亭等地，是我国的石榴主产区之一。泰安和淄博等地区有零星分布。目前栽培面积达 1 万 hm^2，年产量约为 6 万 t，品种、类型有 50 余个，其中的大青皮甜、大红袍、大红皮甜、大马牙甜、泰山红、青皮岗榴和泰山三白为主栽品种。

安徽是我国石榴主产区之一。据古籍记载，早在唐代，安徽就开始了石榴种植，至今已有 1 000 余年的历史。到了明代，石榴种植已经相当兴盛。安徽全省现有石榴栽培面积约 0.67 万 hm^2，年总产量约为 7.2 万 t，主要分布在怀远、淮北、濉溪、萧县、淮南、寿县和巢湖等地，其中以怀远、淮北 2 地出产的石榴最为有名，这 2 大产区的栽培面积占安徽全省栽培面积的 90% 以上。目前，怀远县石榴栽培面积约为 0.17 万 hm^2，年总产量达到 1.5 万 t。预计到 2015 年，怀远的石榴总面积可达 0.33 万 hm^2，年总产量为 3 万 t，其中优质石榴比例在 50% 以上。淮北的石榴以籽软味甜、粒大质优享誉国内，现淮北全市石榴栽培面积为 0.45 万 hm^2，结果面积为 0.24 万 hm^2，其中淮北软籽石榴达到 0.25 万 hm^2，年产石榴约 5.4 万 t。安徽的石榴品种有近 30 个，主要有大笨子、二笨子、红玉石籽、白玉石籽、青皮、粉皮和玛瑙籽等。

陕西的石榴种植以临潼最为集中、面积最大、产量最高，石榴栽培面积约为 0.82 万 hm^2，年产量为 5.25 万 t，品种有 40 余个，主要有净皮甜、天红蛋、三白甜和御石榴等。

河南的石榴生产以黄河两岸的郑州、荥阳、巩义、洛阳、开封、封丘、信阳以及平顶山等地较为集中。全省栽植面积约为 0.70 万 hm²，年产量约为 3.5 万 t，品种有 40 余个。主要品种有豫大籽、冬艳、大红甜、大白甜、豫石榴 1 号、豫石榴 2 号、豫石榴 3 号、豫石榴 4 号、豫石榴 5 号、大钢麻籽和河阴铜皮、河阴铁皮、河阴软籽等。

四川的石榴生产主要集中在攀枝花和凉山的会理、西昌、德昌、会东等地，主栽品种为青皮软籽。该品种于 2006 年获得四川省农作物品种审定委员会颁发的品种审定证书。"会理石榴"是四川省会理县独具地方特色的名优水果，以果大、色鲜、皮薄、粒大、籽软、味甜、风味浓郁、品质优良而著称，栽培区域主要分布在海拔高度为 1 300~1 800 m 的地区，涉及全县 22 个乡（镇）的 109 个村，种植面积占全县耕地面积的 27.9%。全县已种植石榴 1.52 万 hm²，果品年产量达 20.6 万 t，产值在 5.0 亿元以上。石榴产业已成为会理县的支柱产业。根据产业规划，到 2015 年，攀枝花发展石榴基地的种植目标为 0.2 万 hm²，产量目标为 2.0 万 t，产值目标为 8 000 万元。凉山的石榴种植规划为：到 2020 年，种植将达到 4.67 万 hm²，其中鲜食石榴基地为 3.67 万 hm²，加工型石榴为 1 万 hm²。

云南的石榴生产主要分布在蒙自、建水等地，蒙自石榴主要分布在 4 个坝区镇（新安所镇、文澜镇、雨过铺镇、草坝镇）和 1 个半山区镇（芷村镇）。石榴种植面积约为 0.8 万 hm²，年总产量约为 20 万 t，总产值为 3 亿多元，已成为全国石榴的主产区。栽培品种有 15 个，主要有甜绿籽、厚皮甜砂籽、甜光彦、绿皮、红玛瑙、红珍珠、火炮、红壳、青壳、花红皮等。

新疆的石榴生产主要分布在和田地区的皮山县、喀什地区的叶城县和疏附县、阿克苏和克州等地。石榴种植面积约为 2.36 万 hm²，年产量约为 7.7 万 t。主栽品种有皮亚曼、叶城大籽、洛克 4 号和达乃克阿娜尔等。

河北的石榴生产主要集中在石家庄市的元氏县、鹿泉市、赞皇县等。石榴的种植总面积约为 0.58 万 hm²，年产量为 2.2 万 t。品种以抗旱耐瘠薄的酸石榴为主，甜石榴很少。近年来先后选育出太行红、满天红等优良品种。

第三节　中国石榴产业发展前景展望

一、中国石榴产业发展存在的问题

中国石榴产业发展存在的问题主要有：

①成熟期集中。我国石榴栽培品种的成熟期大多在中秋节前后，集中上市导致了很多地区产品滞销。选育不同成熟期的品种、错开成熟时间应是品种选育的方向。

②果品质量不高。标准化栽培技术普及率不高，良种化程度和商品果率低，裂果现象严重，影响了商品质量。

③在病虫害的防治方面仍存在问题。石榴产地在病虫害预测预报方面大多没有规范的措施，防治工作很难准确及时地进行。干腐病、黑斑病严重影响石榴的外观、商品性和贮藏寿命，根结线虫病为害严重，影响了石榴的产量和品质；早期落叶病影响枝干的营养积累，导致花芽分化不好；对于出现的枝干冻害，预防措施不得力，新栽的幼树、枝干抽干现象仍有发生，易感染病害；同时，在大部分园区，病虫害防治机械较落后，喷药速度慢、雾化效果差。

④栽培管理措施有待提高。多数石榴种植区对土壤的肥力、水分状况缺乏详细的分析，不是按需施肥、灌水，而是重施氮肥，忽视有机肥和配方施肥。节水灌溉的微喷、滴灌等技术在石榴生产中还未普及应用。示范引导作用不强，单项技术亟须提升，综合技术有待集成。

⑤贮藏技术比较落后。产业体系的冷链系统还不完善，石榴在销售的过程中，经常处于高低温交替的环境中，导致出库的果实在运输、销售过程中更易发生品质劣变。

⑥深加工产业起步慢，市场营销机制不完善。

⑦石榴生产质量的保持意识不强。被认定的产地和产品，缺乏有效的监督管理办法和系统标准的检测手段。

⑧石榴协作组织机制不健全，对农户生产的监督管理缺乏力度。

⑨国家市场信息不足，出口销售还缺乏经验。

二、中国石榴产业发展前景

1. 实现石榴栽培品种良种化

新发展的石榴园必须要求品种良种化，做到建一片、成一片、优化一片，良种与良法相配套。石榴良种化的措施是建立良种母本园和采穗圃。石榴采穗母树要选国家、省(自治区)林业或农作物品种审定委员会审定的品种，或采用当地林业、园艺或科研部门认定的优良品种，以彻底改变石榴栽培品种良莠不齐的局面。

2. 提高栽培管理水平，加强果园管理

（1）适地适栽，科学建园，合理整形修剪

我国石榴栽培区域很广，山地、丘陵、平原、滩地均能栽植，应根据我国石榴主栽区所处的地理位置，选择其适宜的品种。在极限低温低于－20℃

的地区要埋土防冻，在极限低温低于−15℃（软籽石榴为−10℃）的地区要进行防寒保护。建园栽植时还要求栽植区域符合无公害生产的环境标准要求，采用挖大坑、深沟、秸秆深埋、地膜覆盖技术等提高栽植成活率。目前我国石榴生产主要推广的栽植密度是株行距为 2m×3m、2m×4m、3m×4m，间作套种的为 3m×6m 或 3m×5m；推广细长纺锤形、单干 3 主枝或 4 主枝开心形、2 主枝（主干）开心形。需要埋土防寒的新疆和田及喀什地区应采用多主枝开心形或多主枝扇形，积极推广匍匐石榴多主枝双层两扇形整形修剪技术，提高石榴的单产和质量。

（2）科学管理，提高坐果率

石榴开花坐果受多种因素的影响，肥水管理、整形修剪、病虫为害、花期气候变化等都会影响到石榴的开花坐果。各地应根据当地的气候条件总结相应的技术措施，如加强肥水管理、叶面追肥、花期控水等，适当搭配授粉品种，提倡采取"抓住一茬花，补留二茬花，无可奈何留下三茬花"的相关措施，掌握"三稀三密"的修剪原则，通过合理修剪、花期环割、局部断根、激素促花、疏蕾疏花、果园放蜂、人工授粉、加强病虫害防治等技术措施解决石榴坐果率低或难坐果的问题。

（3）抓住防治要点，准确用药，综合防治病虫害

区域不同，石榴病虫为害的程度也不同。干旱少雨地区病虫为害较轻，多雨潮湿地区病虫为害较重。害虫主要为蚜虫、食心虫（桃蛀螟、梨小食心虫等），病害主要为干腐病、早期落叶病、黑斑病和枯萎病。为害石榴的还有软腐病（脓包病）、炭疽病、锈病及黄刺蛾、红蜘蛛、椿象、介壳虫、天牛等病虫，日灼和冻害、黄化、小叶等生理性病害。目前应根据病虫害发生规律，组建机防队，实施统防统治。

（4）推广标准化技术，提高果实品质

为了满足国内日益增长的消费需求和适应国际市场的需要，各石榴主产区要制定地方标准和生产操作规程。开展标准化生产的宣传、培训，普及和推广无公害、绿色、有机等标准化技术。控制农药残留，不用有机氯、高毒高残留有机磷，用药棉、药泥堵口，推广疏花疏果技术、套袋技术、生草覆盖技术、节水灌溉技术、配方施肥技术、叶面喷肥技术。建立一定规模的标准化石榴示范园和示范基地，申报无公害、绿色、有机产地认定和产品认证，通过示范作用，辐射带动周围石榴产地向无公害、绿色、有机标准化生产的方向发展。

（5）推广省力化栽培管理

石榴生产最能体现劳动密集型和技术密集型特点，很难完全采用工业化、机械化完成整个生产过程。石榴生产中大量的生产成本集中在劳动力消耗方面，随着人均国民生产总值的提高，劳动力成本会越来越大，因此，实施省

力化栽培成为我国石榴生产发展的方向。目前在栽植、埋土、耕作、病虫害防治方面有条件实现机械化。同时应推广应用微灌、防雨设施、沼液施肥、生草覆盖等省力化管理技术。

3. 果品贮藏、加工技术的提升

应用冷库单果塑膜密封贮藏技术和气调贮藏技术，形成从冷库贮藏开始，通过冷藏车运输，到进入冷藏货柜的冷链系统成为石榴贮藏技术的发展方向，这也是保持石榴质量进入精品货柜和国际市场的关键环节。随着我国石榴种植面积和产量的扩大，应加快石榴深加工产业发展的步伐，加大开发石榴汁，石榴饮品、保健品等加工产品的力度，以推动我国石榴产业形成规模种植和持续发展。

4. 进一步拓展市场，加强商业化运作

各石榴主产地应积极组织参加和主办农业博览会、农产品展销会、产品评优会，采取实物展示、图片材料宣传、电视报刊宣传、网络宣传、广告推介等形式有效地实现产品与市场的对接，使品牌石榴进入超市精品货柜。发挥农村种植者和经营带头人的作用，使他们无论是在新品种、新技术的试验示范，新市场的开发，还是在组织农村石榴协作组织、带动公司加农户的协议实施等方面都能发挥很大的作用。

为了促进石榴产业的健康发展，应加强与国际标准组织（International Organization for Standardization，ISO）和经济合作与发展组织（Organization for Economic Co-operation and Development，OECD）的合作，还应积极与美国、土耳其以及欧盟等主要石榴产销国和地区的标准化组织、石榴进出口组织建立广泛的合作，积极争取参加国际和地区的石榴标准化生产会议和商贸会议，通过出国考察和邀请对方参与研讨等方式，促进我国石榴标准化工作与国际石榴标准和市场接轨。

5. 增加科技投入，提高研究水平

对石榴的研究在国内尚未引起足够的重视，从事石榴研究的单位较少、科研经费不足、人员缺乏、科研条件差，应及时改变这种现状，尽快赶上其他果树的研究水平。根据我国当前对石榴研究的现状和今后的发展趋势，研究方向应集中在以下几个方面：以枝、叶、花、果实、籽粒等性状的研究结果为基础结合分子生物学手段，统一我国的石榴变种、品种的名称，消除同品种异名或异品种同名的混乱现象；建立国家级种质资源库，以防资源丢失，为育种服务；贯彻"选、引、育"的育种方针，为当地近期或今后生产提供更新换代的优良品种，在我国北方产区确立以培育抗寒品种为主要育种目标的培育原则；进行整形修剪方法研究，总结出适于石榴树种的树体管理措施；攻克干腐病发生与防治方法等方面的难题；提高石榴商品果相关方面的技术研究；开展果品贮藏加工及高附加值综合利用方面的研究。

参 考 文 献

[1] 曹尚银,谭洪花,刘丽,等. 中国石榴栽培历史、生产与科研现状及产业化方向[C]//中国园艺学会石榴分会. 中国石榴研究进展(一). 北京:中国农业出版社,2011,:3-9.

[2] 冯立娟,苑兆和,辛力,等. 山东省石榴产业发展现状与对策[J]. 落叶果树,2011(2):15-19.

[3] 冯玉增,宋梅亭,康宇静,等. 中国石榴的生产科研现状及产业开发建议[J]. 落叶果树,2006(1):11-15.

[4] 龚向东. 会理石榴产业现状及发展探讨[J]. 中国热带农业,2009(1):24-25.

[5] 侯乐峰,程亚东. 石榴良种及栽培关键技术[M]. 北京:中国三峡出版社,2006:4-6.

[6] 马翠莲. 石榴产业发展的现状与推广图景[J]. 菏泽学院学报,2013,35(6):199-200,226.

[7] 李道明,周瑞,王晓琴. 我国石榴的研究开发现状及发展展望[J]. 农产品加工,2012(10):110-112,123.

[8] 李贵利,潘宏兵,杜邦,等. 四川攀西石榴产业现状与对策[C]//中国园艺学会石榴分会. 中国石榴研究进展(一). 北京:中国农业出版社,2011:40-44.

[9] 刘文江. 新疆石榴资源及其开发利用[J]. 干旱区研究,2007,24(2):199-222.

[10] 马庆现,王和绥. 综述怀远石榴产业发展[J]. 安徽农学通报,2013,19(5):3-5,20.

[11] 孙其宝,俞飞飞,孙俊,等. 安徽石榴生产、科研现状及产业化发展建议[C]//中国园艺学会石榴分会. 中国石榴研究进展(一). 北京:中国农业出版社,2011:29-34.

[12] 陶华云,黄敏,王秀兰. 怀远石榴产业发展的现状及展望[J]. 果农之友,2012(11):33-34.

[13] 叶子. 浅析蒙自石榴产业发展[J]. 农村实用技术,2013(1):10-11.

[14] 尹燕雷,苑兆和,冯立娟,等. 我国石榴种质资源研究进展[J]. 山东林业科技,2008,176(3):80-83.

[15] 苑兆和,尹燕雷,朱丽琴,等. 石榴保健功能的研究进展[J]. 山东林业科技,2008,174(1):91-93,59.

[16] 张虹,郭亚力,姚立华,等. 蒙自地区石榴种植现状及发展建议[J]. 广西热带农业,2003,87(2):46-48.

[17] 张水明,朱立武,青平乐,等. 安徽石榴品种资源经济性状模糊综合评判[J]. 安徽农业大学学报,2002,29(3):297-300.

[18] 赵春玲,刘文杰,高彦强. 河北省石榴产业发展现状[J]. 果农之友,2012(1):37-38.

[19] Akparov Z I,Bayramova D B,Mustafayeva Z P,et al. Pomegranate(*Punica granatum* L.)genetic diversity in Azerbaijan[C]// Yuan Z H,Wilkins E,Wang D,et al. Proceedings of the 3rd International Symposium on Pomegranate and Minor Mediterranean Climate Fruits. Lisbon:Acta Horticulturae,2015.

[20] Bartual J,Fernandez-Zamudio M A,De-Miguel M D. Situation of the production, research and economics of the pomegranate industry in Spain[C]// Yuan Z H,Wilkins E,

Wang D, et al. Proceedings of the 3rd International Symposium on Pomegranate and Minor Mediterranean Climate Fruits. Lisbon: Acta Horticulturae, 2015.

[21] Cristofori V, Caruso D, Latini G, et al. Fruit quality of Italian pomegranate (*Punica granatum* L.) autochthonous varieties[J]. Eur Food Technol, 2011, 232: 397-403.

[22] Drogoudi P, Vassilakakis M, Thomidis Th, et al. Handbook on cultivation of pomegranate[J]. NAGREF Naoussa, Greece, 2012, 32 (in Greek).

[23] Emna A. Impulser l'investissement agricole privé[J]. Magazine presse économique Tunisie, 2010, 3: 15-16.

[24] Fernandez-Zamudio M A, Bartual J, Melian A. Analysis of the production structure and crop costs of pomegrananate in Spain[J]. Options Mediteraaneennes A, 2012, 103: 33-36.

[25] Franck N. The cultivation of pomegranate cv. Wonderful in Chile[J]. Options Mediteraaneennes A, 2012, 103: 97-99.

[26] Glozer K, Ferguson L. Pomegranate production in Afghanistan[EB/OL]. UCDavis, USA. 2008, http://afghanag. Ucdavis. edu/a_horticulture/fruits-trees/pomegranate.

[27] Finetto G A. Pomegranate industry in Afghanistan: opportunities and constraints[J]. Acta Horticulturae, 2011, 890: 45.

[28] Haddioui A. La culture du grenadier (*Punica granatum* L.) au Maroc[J]. Options Mediteraaneennes A, 2012, 103: 79-81.

[29] Holland D, Hatib K, Bar-Ya'akov I. Pomegranate: botany, horticulture, breeding[J]. Hortic Rev, 2009, 35: 127-191.

[30] Islam A, Yarilgac T, Ozguven A I. Pomological and morphological characteristics of pomegranates grown in eastern black sea region[J]. Acta Horticulture, 2009, 818: 121-124.

[31] Jacobo M C. Breeding Mexican pomegranates to improve productivity and quality and increase versatility of uses[J]. Options Mediteraaneennes A, 2012, 103: 61-66.

[32] Jaskani M J, Nafees M, Ahmad S, et al. Biochemical analysis in cultivated and wild pomegranate accessions of Pakistan[C] // Yuan Z H, Wilkins E, Wang D, et al. Proceedings of the 3rd International Symposium on Pomegranate and Minor Mediterranean Climate Fruits. Lisbon: Acta Horticulturae, 2015.

[33] Jitendrakumar S H, Vinod R N, Manjushree H L, et al. Performance of pomegranate in Northern-Karnataka, India[C] // Yuan Z H, Wilkins E, Wang D, et al. Proceedings of the 3rd International Symposium on Pomegranate and Minor Mediterranean Climate Fruits. Lisbon: Acta Horticulturae, 2015.

[34] Joubert R. Pomegranate power ahead[J]. Famer's Weekly, 2012.

[35] Kazankaya A, Ozatak O F, Dogan A, et al. Characteristics of pomegranate penotypes grown in Cukurca-Hakkari region of Turkey[C] // Yuan Z H, Wilkins E, Wang D, et al. Proceedings of the 3rd International Symposium on Pomegranate and Minor Mediterranean Climate Fruits. Lisbon: Acta Horticulturae, 2015.

[36] Koka T. Collection and documentation of pomegranate germplasm in Albania country[C] // Yuan Z H, Wilkins E, Wang D, et al. Proceedings of the 3rd International Symposium on Pomegranate and Minor Mediterranean Climate Fruits. Lisbon: Acta Horticulturae, 2015.

[37] Lionakis S M. Present status and future prospects of the cultivation in Greece of the plants: fig, loquat, Japanese persimmon, pomegranate and Barbary fig[J]. Chaier Options Mediterraneennes,1995(13):21-30.

[38] Mansour E,Khaled A B,Haddad M,et al. Selection of pomegranate(*Punica granatum* L.)in south-eastern Tunisia[J]. African Journal of Biotechnology,2011,10(46):9352-9361.

[39] Melgarejo P,Martinez J J,Hernandez F,et al. The pomegranate tree in the world: Its problems and uses[J]. Options Mediteraaneennes A,2012,103:11-26.

[40] Melgarejo-Sánchez P,Martínez J J,Hernández Fca,et al. The pomegranate tree in the World: new varieties and uses[C]// Yuan Z H,Wilkins E,Wang D,et al. Proceedings of the 3rd International Symposium on Pomegranate and Minor Mediterranean Climate Fruits. Lisbon:Acta Horticulturae,2015.

[41] Messaould M,Mohamed M. Diversity of pomegranate(*Punica granatum* L.)germplasm in Tunisia[J]. Genetic Resources and Crop Evolution,1999,46:461-467.

[42] Mohseni A. The situation of pomegranate orchards in Iran[J]. Acta Horticulture,2009, 818:35-42.

[43] Nafees M,Jaskani J M,Ahmad S,et al. Physico Chemical Marker Based Characterization of Pomegranate Accessions in Pakistan[C]// Yuan Z H,Wilkins E,Wang D,et al. Proceedings of the 3rd International Symposium on Pomegranate and Minor Mediterranean Climate Fruits. Lisbon:Acta Horticulturae,2015.

[44] Nargund V B,Jayalakshmi K,Benagi V I,et al. Status and management of anthracnose of pomegranante in Karnataka State of India[J]. Options Mediteraaneennes A,2012,103:117-120.

[45] Caleb O J. Modified atmosphere packaging of pomegranate arils[D]. Western cape, south Africa: Stellenbosch University doctoral dissertation,2013:8-10.

[46] Ozalp A,Yilmaz I. Productivity and efficiency analysis of pomegranate production in Antalya province of Turkey[C]// Yuan Z H,Wilkins E,Wang D,et al. Proceedings of the 3rd International Symposium on Pomegranate and Minor Mediterranean Climate Fruits. Lisbon:Acta Horticulturae,2015.

[47] Ozguven A I,Yilmaz M,Yilmaz C. The situation of pomegranate and minor Mediterranean fruits in Turkey[J]. Acta Horticulture,2009,818:43-48.

[48] Paz Marty A,Castillo A,Zoppolo R. Pomegranate: a growing alternative for fruit production in Uruguay[C]// Yuan Z H,Wilkins E,Wang D,et al. Proceedings of the 3rd International Symposium on Pomegranate and Minor Mediterranean Climate Fruits. Lisbon:Acta Horticulturae,2015.

[49] Ravikumar K T, Shivanand B H, Nandakumar R M D. Resource use efficiency and marketing channels for pomegranate in Chitradurga district of Karnataka, India: an economic analysis[C]// Yuan Z H,Wilkins E,Wang D,et al. Proceedings of the 3rd International Symposium on Pomegranate and Minor Mediterranean Climate Fruits. Lisbon: Acta Horticulturae,2015.

[50] Rymon D. On the economics and marketing of pomegranates in Israel[C]// Yuan Z H, Wilkins E,Wang D,et al. Proceedings of the 3rd International Symposium on Pomegranate and Minor Mediterranean Climate Fruits. Lisbon:Acta Horticulturae,2015.

［51］ Samadi G R. Status of pomegranate （*Punica granatum* L. ） cultivation in Afghanistan ［J］. Acta Horticulturae,2011(890)：55.

［52］ Sanginov J. Pomegranate genetic resources in Tajikistan and Turkmenistan［C］∥Yuan Z H,Wilkins E,Wang D,et al. Proceedings of the 3rd International Symposium on Pomegranate and Minor Mediterranean Climate Fruits. Lisbon：Acta Horticulturae,2015.

［53］ Sarig Y,Galili A. The pomegranate industry in China-Current status and future challenges［J］. Options Mediteraaneennes A,2012,103：261-264.

［54］ Sarkhosh A,Zamani Z,Fatahi R,et al. Evaluation of genetic diversity among Iranian softseed pomegranate accessions by fruit characteristics and RAPD markers［J］. Scientia Horticulturae,2009,121：313-319.

［55］ Sepulveda E,Galletti L,Saenz C,et al. Minimal processing of pomegranate var. Wonderful［C］∥Production, processing and marketing of pomegranate in the mediterranean region：advances in research and technology,2000： 237-242.

［56］ Sepúlveda E,Sáenz C,Pefña Á,et al. Influence of the genotype on the anthocyanin composition, antioxidant capacity and color of Chilean pomegranate［J］. Chilean Journal of Agricultural Research,2010,70(1)：50-57.

［57］ Shivanand B H,Ashok S A. Pomegranate—an indian scenario［C］∥Yuan Z H,Wilkins E,Wang D,et al. Proceedings of the 3rd International Symposium on Pomegranate and Minor Mediterranean Climate Fruits. Lisbon：Acta Horticulturae,2015.

［58］ SIAP-SAGARPA［EB/OL］. Servicio de Informacion Agroalimentaria y Pesquera. www. siap. gob. mx.

［59］ Stover E,Mercure E. The pomegranate：a new look at the fruit of paradise［J］. HortScience,2007,42(5)：1088-1092.

［60］ Tsagkarakis A E. First record of Siphoninus phillyreae on pomegranate in Greece［J］. Entomologia Hellenica,2012,21：39-43.

［61］ Turfan Ö,Türkyilmaz M,Yemis O,et al. Anthocyanin and colour changes during processing of pomegranate（*Punica granatum* L. cv. Hicaznar）juice from sacs and whole fruit［J］. Food Chemistry,2011,129：1644-1651.

［62］ Tuik. Turkish Statistical Institute statistical data base［EB/OL］. 2013,www. tuik. gov. tr.

［63］ Vasanth Kumar G K. Pomegranate cultivation in Karnataka State, India-a profitable venture［J］. Acta Horticulture,2009,818：55-60.

［64］ Varasteha F,Arzani K,Zamani Z,et al. Evaluation of the most important fruit characteristics of some commercial pomegranate（*Punica granatum* L. ）cultivars grown in Iran ［J］. Acta Horticulture,2009,818：103-108.

［65］ Zavala M F,Cozza F. The Argentinean experience in the cultivation of 1000 ha of pomegranate （5 provinces） test of varieties and management of crop［J］. Options Mediteraaneennes A,2012,103：47-50.

［66］ Zhukovsky P M. Punica［M］∥Cultivated plants and their wild relatives state. Moscow：Publishing House Soviet Science,1950：60-61.

［67］ Zhokovsky P M. Cultivated plants and their wild relatives. Systematics, geography, cytogenetics, immunity, originand use［J］. Kolos, Leningard,1971：121.

第二章 石榴分布及优势区域发展战略

目前有印度、伊朗、中国、土耳其和美国等 30 多个国家实现了石榴的商业化种植。中国的石榴主要分布在山东、河南、安徽、陕西、四川、新疆、云南和河北等地区。石榴主产区的发展应以市场为导向，以效益为中心，依靠科技进步，增加投入，提高石榴规模化发展、标准化生产、产业化经营的水平，促进农民增产增收和满足市场的多样化需求。

第一节 世界石榴主产国的区域化发展特征

石榴在世界上分布范围较广，在热带和亚热带地区均能种植。地中海沿岸国家，如塞浦路斯、埃及、法国、希腊、以色列、意大利、黎巴嫩、葡萄牙、西班牙、叙利亚和土耳其等，都是重要的石榴商业种植中心。亚洲的阿富汗、孟加拉国、中国、印度、伊朗、伊拉克、缅甸、泰国、越南、亚美尼亚、格鲁吉亚、哈萨克斯坦、吉尔吉斯斯坦、塔吉克斯坦、土库曼斯坦等国家均有石榴栽培。阿根廷、澳大利亚、巴西、智利、南非和美国加利福尼亚州等地区也有石榴栽培。

地中海地区以土耳其、西班牙、以色列、意大利和叙利亚等国家的石榴产业发展较为迅速。土耳其的石榴主要分布在地中海沿岸、爱琴海沿岸、东南部、中北部、中南部、中东部、黑海沿岸、东北部和马尔马拉 9 个地区。地中海沿岸地区是最主要的石榴产区，2003 年的年产量约为 4.9 万 t，爱琴海沿岸地区次之，2003 年的年产量约为 1.8 万 t。土耳其 81 个省中有 54 个省生产石榴。安塔利亚 2003 年的年产量最高，约为 2.6 万 t，梅尔辛(8 399 t)和加齐安泰普(6 497 t)的产量分别居于第 2 位和第 3 位。土耳其有 43 个注册石榴品种，Hicaznar 是主栽品种。西班牙的石榴主要分布在阿利坎特、科尔多瓦、塞维利亚、韦尔瓦和巴伦西亚等省份。阿利坎特的石榴栽培面积最大，果品主要用于出口。作为全世界少见的建在沙漠上的现代化国家,以色列利用其精准的栽培管理技术和完善的加工技术(如榨汁机、剥离机的发明使用等),使其石榴产业发展空间广阔。意大利的石榴种植区域仅限于西西里岛和撒丁岛地区,近年来发展迅速。

亚洲地区石榴主要集中在印度、中国、伊朗和阿富汗等国家。印度石榴主要集中在马哈拉施特拉邦、卡纳塔克邦、古杰拉特邦、安得拉邦和泰米尔纳德坦邦等地区。中国石榴主要分布在山东、安徽、陕西、河南、云南、四川、新疆和河北等地。伊朗是世界石榴生产与出口大国之一,主要分布在法尔斯、霍腊桑、中央、伊斯法罕和亚兹德等省份。阿富汗石榴主要分布在坎大哈、巴尔克、赫尔曼德、卡比萨、萨曼甘等省份。

前苏联加盟国家塔吉克斯坦的石榴主要分布在吉萨尔山谷、库利亚布和库尔干秋别等地区,土库曼斯坦和乌兹别克斯坦也普遍种植石榴。土库曼斯坦植物遗传资源试验站拥有 1 000 余份石榴品种和种质,是世界上石榴种质资源数量最多的中心之一。阿塞拜疆石榴主要栽培在盖奥克恰伊、阿克苏、阿克达什、库尔达米尔、伊斯梅尔雷、连科兰、马萨利和沙姆基尔等地区。

近年来,智利的石榴产业发展迅速,主要集中在北部安第斯山脉内部,特别是阿塔卡玛和科金博地区,果品主要出口到美国和加拿大。美国的石榴主要分布在加利福尼亚洲地区。阿根廷的石榴主要集中在萨尔塔省、圣胡安、科尔多瓦和恩特雷里奥斯等地区。南非的石榴商业化栽培较晚,主要集中在西开普省和北开普省。

第二节 我国石榴主产区分布

石榴在我国分布范围较广,在气候方面横跨了热带、亚热带、温带 3 个气候带,年平均气温为 10.2~18.6℃,≥10℃年积温为 4 133~6 532℃,年日照时数为 1 770~2 665 h,年降水量为 55~1 600 mm,无霜期为 151~365 d。在土壤方面,适应了热带、亚热带、温带的 20 余个土种,pH 值在 4.0~8.5。石榴为人工分布的果树,其分布最低海拔高度为 50 m(安徽怀远),最高海拔高度为 1 800 m(四川会理)。石榴在我国的分布北界为河北的迁安、顺平、元氏,山西的临汾、临猗,其北界极端最低气温为 -23.5~-18.0℃;南界为海南最南端的乐东、三亚;西界为甘肃的临洮、积石山到西藏的贡觉、芒康一线;东界至黄海和南海边。水平分布的地理坐标约为 98°E~122°E、19°50′N~37°40′N。根据石榴产区的地理、气候及生态条件,可将我国石榴划分为 8 个栽培区。

图 2-1　全国石榴主产区分布图

（1）山东栽培区

山东栽培区主要分布在枣庄地区的峄城、薛城区，而又集中分布在海拔100～150 m的峄城区堂阴乡、王庄西乡的阳坡坡脚地带，东西沿山绵延20 km、宽约1 km。泰安和淄博等地区有零星分布。

（2）河南栽培区

河南栽培区主要包括郑州、开封、封丘、荥阳、巩义、洛阳、信阳和平顶山等地。开封、封丘的石榴主要分布在黄河两岸海拔约为76 m的平原沙碱地上，此区域土层深厚，但土质条件较差，有成片果园，也有农果间作。荥阳（历史上的河阴县）的"河阴石榴"曾是历史名产，现主要分布在该县的高村、汜水、高山及郑州市郊区的广武、古荥。由于东临郑州、西靠洛阳这2大消费城市，又有陇海铁路从境内通过，"河阴石榴"产销两旺。

（3）安徽栽培区

安徽栽培区主要包括怀远、淮北、濉溪、淮南和寿县等。怀远石榴栽培历史悠久，唐代已有栽植，并兴盛于清代，盛期境内的荆山、涂山、大洪山等山麓遍布石榴。目前主要分布在淮河两岸，海拔高度为50～100 m的荆山、涂山山坡地和山下的肥沃农田里，多成片种植。淮北石榴主要分布在烈山区塔山镇，已形成以塔山为中心，绵延 50 余 km 的石榴种植基地。

（4）陕西栽培区

陕西栽培区主要包括临潼、渭南、乾县等，是我国石榴栽培最早的地区和传播中心，由此形成了驰名中外的临潼石榴。临潼是陕西石榴的主产区，主要分布在临潼周围的骊山丘陵缓坡地带和山前良田，种植土壤肥沃。临潼石榴的扬名多得益于世界著名的旅游区——秦始皇陵兵马俑博物馆，其地每年游客如云，石榴价高畅销，且美名远播，具有得天独厚的地理市场优势。

（5）四川栽培区

四川栽培区主要包括攀枝花、会理、巫山、奉节、南川、武隆和丰都等。四川省曾在 20 世纪 80 年代中期拨专款在攀枝花市、会理县等地建立了数千公顷的高产石榴园。会理石榴种植于海拔 1 300～1 800 m 的区域；石榴基地乡镇有鹿厂镇、彰冠乡、爱民乡、爱国乡、富乐乡、海潮乡、竹箐乡、通安镇、新发乡、杨家坝乡、木古乡、关河乡、南阁乡 13 个乡镇，石榴重点乡镇有凤营乡、江晋乡、芭蕉乡、果元乡、梨溪镇、河口乡、鱼鲊乡、树堡乡、绿水乡 9 个乡镇。

（6）新疆栽培区

新疆栽培区属塔里木盆地边缘，包括疏附、喀什、阿克苏等产区，是我国最西部的石榴产区。主要分布在叶城等周边地区，海拔高度在 1 300 m。该区由于冬季气温低于石榴冻害的临界低温（区内极端最低温度为－24.1～－22.7℃），为匍匐埋土栽培。该区石榴品质较优，但干旱、低温、交通不便、远离大的消费城市等因素限制了石榴产业的大面积发展。

（7）云南栽培区

云南栽培区主要包括巧家、元谋、禄丰、会泽、保山、宾川、蒙自、建水、开远等主产区。该区石榴近年来发展较快，会泽县在盐水河源头（金沙江支流）建立了万亩石榴园，并逐步在金沙江干旱阳坡用石榴更替柑橘。云南省对发展特色经济非常重视，拨专款在蒙自、建水等市（县）建立石榴商品基地，并注重实效，建一片、成一片、优一片，产量高、效益好。该区石榴比北方早成熟 60 d 以上（6 月下旬至 7 月上旬早熟品种即上市），且产量高，单株产量可达 50～75 kg，出口外销方便，发展前景广阔。

（8）河北栽培区

河北石榴主要分布于中南部地区的太行山区及山前平原的庭院，燕山山地有极少数分布。形成商品的大田栽培石榴基地主要集中于石家庄市的元氏县、鹿泉市、赞皇县等山区、半山区县市，最北部可延伸到保定市的顺平县，最南边到邯郸市的磁县。

除上述 8 个主产区外，其他主要栽培地区还有：甘肃的徽县、临洮，湖北的黄石、荆门，湖南的湘潭，山西的临猗，江苏的如皋、南京、徐州，浙江的义乌、萧山、富阳，广东的南澳，广西的梧州以及台湾等。

第三节　石榴优势区域发展战略

石榴主产区发展方向应以市场为导向，以效益为中心，依靠科技进步，增加投入，提高规模化发展、标准化生产、产业化经营水平，促进农民增产增收和满足市场的多样化需求。

(1)加强优良品种的选育和引进工作

建立种质资源库，对各石榴主产区的名优品种进行发掘、保护和综合利用。在原有品种的基础上，整合并引进石榴优良品种，加大科研投入力度，通过不同途径选育高产、优质、抗寒、耐贮运、不易裂果的名、特、优、新石榴品种，加大早、中熟品种的研究和开发力度，并通过试验、示范，进行大力宣传推广。通过品种结构的调整，最大限度地延长市场鲜果供应期。对新发展的石榴生产基地，必须选用良种建园。对现有的劣种树，应通过高接换种等方法尽快实现更新，以良种带动、提高产品的市场竞争力。

(2)进一步实施名牌战略，强化品牌意识

品牌是企业的生命力，也是一种无形的资产，石榴品牌对促进石榴产业的发展具有重要作用。国内许多主产区的石榴久负盛名，如陕西乾县的御石榴因唐太宗和长孙皇后喜食而得名，山东枣庄的软籽石榴和冰糖籽榴曾被选作进京贡品，河南开封的范村石榴 20 世纪 70 年代曾出口日本，云南会泽的盐水河石榴 70 年代也曾远销港澳。

近年来我国石榴生产发展迅速，要注意引导各主产区创立自己的精品名牌，改进包装贮运技术，从而提高商品质量，以优质名牌石榴开拓国内外市场。如河北元氏县、鹿泉市及顺平县都分别将当地的传统品种注册了满山红、田仙红和顺富红等品牌，均以满天红系列为主，品牌的市场拉动效应初步显现。他们通过统一规格、统一包装、统一品牌，打造了石榴知名品牌，利用各级鉴评会、博览会、展销会、推介会、网络信息传播等方式，扩大了河北石榴的知名度，提高了河北石榴的市场竞争力。其他石榴产区也应高度重视品牌的市场拉动作用，组织人力精心设计包装，登记注册品牌商标。

(3)科学规划，合理布局

根据"适地适树、扬长避短"的原则，建立集中连片、具有相对特色的区域化优质石榴基地，促进名优石榴的规模化种植和产业化发展。如河北的石榴最适栽培区在太行山区中南部的元氏、赞皇、鹿泉、井陉、临城、内邱、邢台、永年、磁县、武安及北部的涞水、顺平、满城等地。应采取措施压缩非适生区面积，扩大适生区栽培，形成一批集中的优势产区；应建立面向国内外市场的集约化生产基地，进行规模化、标准化、产业化和商品化生产。

（4）实行规范化管理，提高果品质量

应提高农民的商品意识和集约化管理意识，加大在各石榴主产区进行《无公害果品　石榴生产技术规程》和《无公害果品　石榴》等标准的宣传力度和推广力度，从土、肥、水管理到病虫害防治均应严格按技术规程进行操作，以实现石榴果品生产的无公害化，更好地适应国内外更加激烈的市场竞争环境。

（5）培育壮大加工龙头企业

龙头企业是稳定市场的强大力量，宜采用"公司＋农户＋基地"的产业化经营模式，构建生产、加工、销售利益共同体，疏通产品的销售渠道，提高产品的市场占有率，扩大生产规模，推进产业的发展进程。对各石榴主产区而言，尤其应注重培育壮大石榴加工企业，特别是石榴果汁加工企业，要加强技术创新，使加工能力达到果品产量的20％左右。通过深加工，延长石榴的产业链条，使石榴产品有效地增值，带动石榴产业的发展，促进农民增收致富。

例如，山东穆拉德实业有限公司采用伊朗、美国、德国、意大利的核心生产设备，生产的石榴汁等产品选用美国的标准和技术，设备和技术水平在国内首屈一指。该公司紧邻山东枣庄的冠世榴园，是国内最大的石榴浓缩汁、石榴果汁、石榴酒的生产和销售专业企业，生产的"美果来"品牌的石榴汁产品，是山东省少有的饮料自主品牌之一，是枣庄唯一走向世界的果汁饮料，是枣庄最具特色的形象产品。

龙头企业应进一步强化产、学、研合作，发挥高技术装备、新产品研发的优势及产品出口的优势，遵循"精品战略、品牌战略、国际市场战略"的经营思路，按照"做大主导产品，研制功能性产品，适度开发石榴皮、石榴籽等副产品"的发展思路，抓住当前良好的市场机遇，通过产业化运作，不断壮大石榴产业，让果农在龙头企业的发展中得到更大的实惠，推动石榴主产区的农产品结构调整，带动当地农民增收，促进地方经济发展，为打造各主产区石榴的品牌建设作出更大的贡献。

（6）完善社会化服务体系

培育和建设社会化服务体系，是市场机制的客观要求。一是健全各石榴主产区县、乡、村的科技服务网络，普及推广优质石榴生产关键技术，提高广大果农的科技素质，为各主产区石榴产业的持续健康发展提供有力的科技支撑。二是加强中介服务组织的建设。石榴主产区及各级政府应积极引导和扶持果农建立不同形式和内容的石榴学会、协会等中介组织，直接服务于生产，组织协调石榴的生产和流通，把一家一户的分散经营转变为联户经营，化解小生产和大市场之间的矛盾。加强对农民的市场引导、技术指导和资金扶持。通过对资源进行合理的整合，协调产、供、销各个环节，实现市场的有序互动，从根本上解决果农"卖果难"的后顾之忧，不断提高各主产区石榴的市场竞争力，增强抵御市场风险的能力。三是积极完善石榴产品的营销体系。石榴的营销网络建设是石榴产业化发展的另一重要问题，可采取建立产地批发市场、季节性专业零售市场、运销联营公司、连锁经营商店等多种方式疏通销售渠道，并在采销过程中严把质量关，以防效益下跌；同时应规范流通经营秩序，严厉打击欺行霸市、压级压价等行为，营造良好的营销环境。

（7）完善扶持政策，加快石榴产业发展

第一，以正在进行的石榴主产区集体林权制度改革为契机，进一步完善林地流转机制，逐步使千家万户的零星石榴园向有资金、有技术、有市场的企业或种植大户手中集中，达到集约化经营的目的，形成规模化经营。第二，加大资金支持力度，鼓励和吸引民间资本以独资、合资、合伙等多种形式，参与投资开发石榴深加工产品和石榴果品批发市场的建设。金融机构应完善金融服务，改进信贷考核和奖惩方式，提高对石榴加工企业的贷款比重，鼓励企业以股权融资、项目融资等方式筹集资金。第三，按照"多予、少取、放活"的方针，全面落实中央制定的各项惠农、支农政策；取消对石榴加工企业各种不正当的检查、收费、摊派等活动，切实减轻企业的负担，各级政府和职能部门要在税收、资金、运输、电力等方面给予优惠政策，支持石榴龙头企业做大做强；加大对石榴产业的宣传和引导力度，并为企业、果农提供准确、快捷的经济、政策、气象等信息服务，扩大产业的影响力和带动力，形成全社会重视、关心、支持石榴产业发展的浓厚氛围，为各主产区石榴产业的健康发展创造良好的发展环境。

参 考 文 献

[1] 陈双. 四川省会理县石榴产业化现状及可持续发展研究 [D]. 雅安：四川农业大学，2012.

[2] 冯玉增，王松林，王运钢. 我国石榴研究概况 [C] //中国园艺学会石榴学会. 中国石榴研究进展(一). 北京：中国农业出版社，2011：18-24.

[3] 侯予红. 新疆地区石榴研究进展 [J]. 安徽农业科学，2014，42(12)：3600-3601.

[4] 黄敏，武绍波. 我国石榴的研究进展 [J]. 黑龙江农业科学，2009(2)：155-158.

[5] 李莹. 怀远石榴产业融合发展研究 [J]. 赤峰学院学报：自然科学版，2013，29(1)：

73-74.

［6］谭兴荣. 四川会理石榴产业化开发的构想［J］. 林业科技开发，2001，15：24-25.

［7］王晨. 安徽省石榴产业链优化研究［D］. 蚌埠：安徽财经大学，2014.

［8］温素卿. 我国石榴的研究进展［J］. 贵州农业科学，2009，37(7)：155-158.

［9］姚方，吴国新，马贯羊. 石榴产业发展的广阔空间和引进新品种的必要性［J］. 经济研究导刊，2012，150(4)：215-216.

［10］苑兆和，招雪晴. 石榴种质资源研究进展［J］. 林业科技开发，2014，28(3)：1-7.

［11］张建成，屈红征，张晓伟. 中国石榴的研究进展［J］. 河北林果研究，2005，20(3)：265-267，272.

［12］Akcaoz H，Ozcatalbas O，Kizilay H. Analysis of energy use for pomegranate production in Turkey［J］. Journal of Food Agriculture and Environment，2009，7：475-480.

［13］Holland D，Hatib K，Bar-Ya'akov I. Pomegranate：Botany，Horticulture，Breeding［J］. Horticultural Reviews，2009，35：127.

［14］Hosamani S B，Hiremath G M，Kulkarni B S. Indian pomegranate export in the pre- and post-WTO regime［J］. Acta Horticulturae，2011(890)：603.

［15］Mars M，Marrakchi M. Diversity of pomegranate(*Punica granatum* L.)germplasm in Tunisia［J］. Genetic Resources and Crop Evolution，1999，46(5)：461-467.

［16］Pawar D D，Bhor J R. A Study of pomegranate growers in Ahmednagar District of Maharashtra State［J］. Journal of Biological Chemistry，2012，1(12)：1-6.

［17］Rana J C，Pradheep K，Verma V D. Naturally occurring wild relatives of temperate fruits in Western Himalayan region of India：an analysis［J］. Biodiversity and Conservation，2007，16(14)：3963-3991.

［18］Vasanth Kumar G K. Pomegranate cultivation in Karnataka State，India-a profitable venture［J］. Acta Horticulturae，2009，818：55-60.

［19］Ozguven A I，Yilmaz M，Yilmaz C. The situation of pomegranate and minor Mediterranean fruits in Turkey［J］. Acta Horticulture，2009，818：43-48.

［20］Stover E，Mercure E W. The pomegranate：a new look at the fruit of paradise［J］. HortScience，2007，42(5)：1088-1092.

［21］Verma N，Mohanty A，Lal A. Pomegranate genetic resources and germplasm conservation：a review［J］. Fruit，Vegetable and Cereal Science and Biotechnology，2010，4(S2)：120-125.

第三章 石榴植物化学与药用保健价值

植物化学物质是植物体内的次生代谢产物，是除了蛋白质、脂类、碳水化合物(膳食纤维)、维生素、无机盐和微量元素等之外的非营养性生物活性物质，其种类繁多。迄今为止天然存在的植物化学物质有 6 万~10 万种，主要为多酚类化合物、含硫化合物、萜类、植物固醇、皂苷、多糖、色素和植物血凝素等。植物化学物质具有广泛的生物活性，可防治疾病、促进健康，所以综合评价植物化学成分的化学性质(包括物质的分离、鉴定、结构解析、特性等)和生物学特性(如生物活性、作用机理、吸收、分布、代谢、分泌等)对于研究其对人类健康的影响具有重要的意义。

大量的研究表明，石榴具有抗氧化、预防心血管疾病、抗癌、抗菌、抗感染、抗糖尿病等诸多功效，这与其丰富的植物化学成分是密切相关的。至今，研究者应用液相色谱、质谱、核磁共振等技术和方法，从石榴中分离、纯化、鉴定出了 300 余种植物化学物质，为其研究应用奠定了基础。目前，石榴对人体强大的保健功效成为营养学研究的热点，并引起了消费者、研究者和食品行业的广泛关注，人们对其开发利用价值的研究热情激增。本章对石榴的植物化学成分、功能特性、食用安全性等进行阐述，以使大家更好地认识这一神奇的水果。

第一节 石榴中的植物化学物质

一、石榴不同部位的植物化学物质

石榴的不同部位所含的植物化学物质的种类及含量不同。目前已从石榴植株的不同部位分离鉴定出了多种植物化学物质，详见表 3-1。品种、栽培区、气候、成熟期、栽培措施、贮藏条件、提取条件等因素均影响所含植物化学物质的组成及含量，进而影响其生物活性。

（1）果实

石榴皮占整个果实的 50%，富含水解单宁（即鞣花单宁），主要是安石榴苷、石榴皮鞣素和长梗马兜铃素，其中，安石榴苷占果皮总酚含量的 65.75%。石榴皮中还含有没食子酸、绿原酸、表儿茶素、咖啡酸、原儿茶酸等有机酸类物质、麦角类生物碱及其糖苷、花色苷（飞燕草素、矢车菊素、天竺葵素、芍药素）、类黄酮（槲皮素、山奈酚、杨梅酮、木樨草素、芹黄素）等。

果实的可食部分由 40% 的籽粒及 10% 的种子组成，籽粒中含有 85% 的水分、10% 的总糖（主要为果糖和葡萄糖）和 1.5% 的果胶、有机酸（如抗坏血酸、柠檬酸、苹果酸）、多酚、类黄酮、花色苷等。不同品种的果汁中的可溶性多酚含量在 0.2%～1.0%。鞣花单宁和花色苷是石榴汁中含量最丰富的多酚类物质，鞣花单宁的含量为 1 500～1 900 mg/L，含有安石榴苷、安石榴皮鞣素、鞣花酸等，鲜果籽粒中的鞣花酸含量约为 15 mg/L。花色苷赋予果汁鲜艳的颜色，主要是飞燕草素、矢车菊素、天竺葵素的 3-葡萄糖苷和 3,5-二葡萄糖苷。果汁中的花色苷随着果实的成熟其含量逐渐增加。柠檬酸是石榴汁中主要的有机酸，含量可达 2 180 mg/L。

种子是脂类的丰富来源，籽油占整个种子重量的 12%～20%，籽油中含有大量的多元不饱和脂肪酸（n-3），如亚麻酸、亚油酸、石榴酸、十八烯酸、硬脂酸、软脂酸，其中石榴酸（1 种 c9，t11，c13-共轭亚麻酸）含量超过 60%，亚油酸约占 7%。此外，还含有水杨酸、甾醇类、生育酚、三萜烯、异黄酮、木质素等。

（2）花

石榴花中含有多种次生代谢物：多酚，包括没食子酸、鞣花酸、短叶苏木酚酸乙酯；三萜烯酸，有齐墩果酸、乌索酸（熊果酸）、马斯里酸、积雪草酸；花色苷，天竺葵素 3-葡萄糖苷和天竺葵素 3,5-二葡萄糖苷。

（3）叶

石榴叶中含有独特的单宁物质，如石榴皮鞣素和石榴叶鞣质，还含有芹黄素和木樨草素等黄酮类物质。

（4）树皮、根皮

树皮和根皮中主要含有鞣花单宁（包括石榴皮鞣素、安石榴苷）、多种哌啶生物碱。

表 3-1 石榴中鉴定的植物化学成分[*]

序号	英文名	中文名	分布
		酚酸类	
1	caffeic acid	咖啡酸(二羟基桂皮酸)	果汁
2	caffeic acid-hexoside	咖啡酸-己糖苷	果汁
3	chlorogenic acid	绿原酸	果汁
4	o-coumaric acid	邻香豆酸	果汁
5	p-coumaric acid	对香豆酸	果汁
6	ferulic acid	阿魏酸	果汁
7	ferulic acid-hexoside	阿魏酸己糖苷	果汁
8	gallic acid	没食子酸	果皮、果汁
9	protocatechuic acid	原儿茶酸	果汁
10	benzoic acid	安息香酸(苯甲酸)	果皮、隔膜
11	gentisic acid (2,5-dihydroxy-benzoic acid)	龙胆酸(2,5-二羟基苯甲酸)	种子
12	parahydroxybenzoic acid	对羟基苯甲酸	果皮、种子
13	syringic acid	丁香酸	果皮、籽粒
14	hydroxybenzoic acid	水杨酸	果皮
15	hydroxybenzoic acid hexoside	水杨酸己糖苷	果汁
16	vanillic acid (4-hydroxy-3-methoxybenzoic acid)	香草酸(4-羟基-3-甲氧基苯甲酸)	种子、果汁
17	vanillic acid 4-hexoside	香草酸-4-己糖苷	果汁
18	vanillic acid-dihexoside	香草酸-二己糖苷	果汁
19	syringaldehyde	香草醛	果皮、种子、果汁
		单宁类	
20	ellagic acid	鞣花酸	果皮、果汁、树皮
21	ellagic acid-hexoside	鞣花酸-己糖苷	果皮、果汁
22	ellagic acid-pentoside	鞣花酸-戊糖苷	果皮、果汁
23	ellagic acid-deoxyhexoside	鞣花酸-脱氧己糖苷	果皮、果汁
24	ellagic acid-dihexoside	鞣花酸-双己糖苷	果汁
25	ellagic acid-galloyl-hexoside	鞣花酸-没食子酰-己糖苷	果汁
26	ellagic acid-rhamnoside	鞣花酸-鼠李糖苷	果汁

序号	英文名	中文名	分布
27	ellagic acid-(p-coumaroyl) hexoside	鞣花酸-对香豆酰-己糖苷	果汁
28	3-O-methylellagic acid	3-甲氧基鞣花酸	木材
29	3,3′-di-O-methylellagic acid	3,3′-二甲氧基鞣花酸	种子
30	3,3′ 4′-tri-O-methylellagic acid	3,3′,4′-三甲氧基鞣花酸	种子
31	3′-O-methyl-3,4-methylene-dioxyellagic acid	3,4-亚甲二氧基-3′-甲氧基-鞣花酸	心材
32	4,4′-di-O-methylellagic acid	4,4′-二甲氧基鞣花酸	木材
33	eschweilenol C		心材
34	diellagic acid rhamnosyl (1-4)glucoside	二鞣花酸鼠李糖苷(1-4)吡喃葡萄糖苷	心材
35	punicalagin A	安石榴苷 A	树皮、叶、果皮、根、果汁
36	punicalagin B	安石榴苷 B	树皮、叶、果皮、根、果汁
37	punicalin A	石榴皮鞣素 A	果皮、树皮、果汁
38	punicalin B	石榴皮鞣素 B	果皮、树皮、果汁
39	2-O-galloylpunicalin	2-O-没食子酰石榴皮鞣素	树皮、木材
40	granatin A	石榴皮素 A	果皮
41	granatin B	石榴皮素 B	果皮、果汁
42	punicacortein A	石榴素 A	树皮
43	punicacortein B	石榴素 B	树皮
44	punicacortein C	石榴素 C	树皮
45	punicacortein D	石榴素 D	树皮、心材
46	pedunculagin I	长梗马兜铃素 I(英国栎鞣花酸)	树皮、果皮
47	castalagin	栎(栗)木鞣花素	果皮、果汁
48	casuariin	木麻黄鞣质	树皮

续表

序号	英文名	中文名	分布
49	casuarinin (galloyl-bis-HHDP-hexoside)	木麻黄鞣宁	树皮、果皮、果汁
50	corilagin	鞣料云实素	果实、叶、果皮
51	strictinin	小木麻黄素	叶
52	punicafolin	石榴叶鞣质	叶
53	tellimagrandin I	新唢呐草素 I（特里马素 I）	叶、果皮
54	tercatain		果皮
55	terminalin/gallayldilacton		果皮
56	valoneic acid bilactone	橡斗酸内酯	果皮、果汁
57	brevifolin	短叶苏木酚	叶
58	brevifolin carboxylic acid	短叶苏木酚羧酸	果皮、叶
59	brevifolin carboxylic acid -10 - monopotassium sulphate	短叶苏木酚酸-10-硫酸磷酸二氢钾	叶
60	ethyl brevifolincarboxylate	乙基短叶苏木酚	叶、花
61	gallagyldilacton	富贵草碱	果皮
62	pedunculagin I（bis-HHDP-hexoside）	花梗鞣素 I	果皮、树皮、叶
63	pedunculagin II（digalloyl-HHDP-hexoside）	花梗鞣素 II	果皮、树皮、叶
64	pedunculagin III（galloyl-gallgyl-hexoside）	花梗鞣素 III	果汁
65	punigluconin (digalloyl-HHDP-gluconic acid)	石榴皮葡萄糖酸鞣质	果皮、果汁、树皮
66	lagerstannin B（flavogalloyl-HHDP-gluconic acid）	紫薇鞣质 B	果皮
67	lagerstannin C（galloyl-HHDP-gluconic acid）	紫薇鞣质 C	果皮、果汁
68	gallogyldilatone	没食子酰双内酯	果皮
69	gallotannins- monogalloyl-hexoside	没食子单宁-单没食子酰基-己糖苷	果汁

序号	英文名	中文名	分布
70	galloyl-hexoside	没食子酰-己糖苷	果汁
71	digalloyl-hexoside	二没食子酰-己糖苷	果汁
72	digalloyl-gallagyl-hexoside	二没食子酰-并没食子酸连二没食子酰-己糖苷	果汁
73	HHDP-hexoside	六羟基联苯二酰基-己糖苷	果皮、果汁
74	galloyl-HHDP-hexoside	没食子酰-六羟基联苯二酰基-己糖苷	果汁、果皮
75	dehydro-galloyl-HHDP-hexoside	去氢-没食子酰基-六羟基联苯二酰基-己糖苷	果汁
76	sanguiin H10（digalloyl triHDP-diglucose）isomer	地榆素 H10 的同分异构体	果汁
77	tri-HHDP-hexoside	三倍六羟基联苯二酰基己糖苷	果汁
78	2,3-(S)-HHDP-D-glucose	2,3-(s)-六羟基联苯二酰基-D-葡萄糖	树皮、果皮
79	cyclic 2,4:3,6-bis(4,4',5,5',6,6'-hexahydroxy［1,1'-biphenyl]-2,2'-dicarboxylate) 1-(3,4,5-trihydroxybenzoate) b-D-Glucose	环 2,4:3,6-双(4,4',5,5',6,6'-六元[1,1'-联二苯]-2,2'-二羧酸)1-(3,4,5-三羟基苯甲酸)b-D-葡萄糖	叶
80	2-O-galloyl-4,6（S，S）gallagoyl-D-glucose	2-O-没食子酰基-4,6(S，S)没食子酸连二没食子酰-D-葡萄糖	树皮
81	2,3-(S)-HHDP-D-glucose	2,3-(S)-六羟基联苯二甲酰-D-葡萄糖	树皮
82	6-O-galloyl-2,3-(S)-HHDP-D-glucose	6-O-没食子酰-2,3-(S)-六羟基联苯二甲酰-D-葡萄糖	树皮
83	5-O-galloyl-punicacortein D	5-O-没食子酰基石榴酸 D	叶、木材
84	1,2,3-tri-O-galloyl-β-$^4C_1$-glucopyranose	1,2,3-三-O-没食子酰-β-$^4C_1$-吡喃葡萄糖	叶

续表

序号	英文名	中文名	分布
85	1,2,4-tri-O-galloyl-β-gluco-pyranose	1,2,4-三-O-没食子酰-β-吡喃葡萄糖	叶
86	1,3,4-tri-O-galloyl-β-gluco-pyranose	1,3,4-三-O-没食子酰-β-吡喃葡萄糖	叶
87	1,2,6-tri-O-galloyl-β-$^4C_1$-glucopyranose	1,2,6-三-O-没食子酰-β-$^4C_1$-吡喃葡萄糖	叶
88	1,4,6-tri-O-galloyl-β-$^4C_1$-glucopyranose	1,4,6-三-O-没食子酰-β-$^4C_1$-吡喃葡萄糖	叶
89	1,2,4,6-tetra-O-galloyl-β-D-glucose	1,2,4,6-四-O-没食子酰-β-D-葡萄糖	叶
90	1,2,3,4,6-petra-O-galloyl-β-D-glucose	1,2,3,4,6-五-O-没食子酰-β-D-葡萄糖	叶
91	3,6-(R)-HHDP-(α/β)-$^1C_4$-glucopyranose	3,6-(R)-六羟基联苯二甲酰-(α/β)-$^1C_4$-吡喃葡萄糖	叶
92	1,4-di-O-galloyl-3,6-(R)-HHDP-β-glucopyranose	1,4-二-O-没食子酰-3,6-(R)-六羟基联苯二甲酰-β-吡喃葡萄糖	叶
93	1,2-di-O-galloyl-4,6-O-(S)-hexahydroxydiphenoyl-β-D-glucopyranoside	1,2-二-O-没食子酰基-4,6氧-(S)六羟基联苯二酰基-β-D-吡喃葡萄糖苷	花
94	3,4,8,9,10-penta-hydroxydibenzo[b,d]pyran-6-one	3,4,8,9,10-五羟基二苯并[b,d]吡喃-6-酮	叶
95	methyl gallate	没食子酸甲酯	果皮
96	punicacortein A	石榴皮新单宁 A	树皮
97	punicacortein B	石榴皮新单宁 B	树皮
98	punicacortein C	石榴皮新单宁 C	树皮
99	punicacortein D	石榴皮新单宁 D	树皮
100	procyanidin B1	原矢车菊素 B1	果汁
101	procyanidin B2	原矢车菊素 B2	果汁

序号	英文名	中文名	分布
102	prodelphinidins	原飞燕草素	果皮
		类黄酮	
103	luteolin	木樨草素	果皮、果实
104	luteolin-7-O- glucoside	木樨草素-7-葡萄糖苷	果皮
105	luteolin-3′-O-β- glucopyrano-side	木樨草素-3′-O-β-吡喃葡萄糖苷	叶
106	luteolin-4′-O-β- glucopyrano-side	木樨草素-4′-O-β-吡喃葡萄糖苷	叶
107	luteolin-3′-O-β-xylopyrano-side	木樨草素-3′-O-β-吡喃木糖苷	叶
108	apigenin	芹黄素	叶
109	apigenin-rhamnoside	芹黄素-鼠李糖苷	果汁
110	apigenin-4′-O-β-D-glucopyr-anoside	芹黄素-4′-O-β-D-吡喃葡萄糖苷	叶
111	apigenin-7-O-β-D-glucopyr-anoside	芹黄素-7-O-β-D-吡喃葡萄糖苷	果汁
112	datiscetin-hexoside	橡精-己糖苷	果汁
113	icariside D1	淫羊藿次苷 D1	种子
114	kaempferol	山柰酚	果皮
115	kaempferol-3-rhamnoglyco-side	山柰酚-3-鼠李糖苷	果皮
116	kaempferol 3-O-rutinoside	山柰酚 3-O-芸香糖苷	种子残渣、果汁
117	kaempferol-hexoside	山柰酚-己糖苷	果汁
118	kaempferol-glucoside	山柰酚-葡萄糖苷	种子残渣
119	myricetin	杨梅酮	果实
120	myricetin-hexoside	杨梅酮-己糖苷	果皮
121	quercetin	槲皮素	果皮、果实
122	quercetin-hexoside	槲皮素-己糖苷	果汁
123	quercimeritrin	槲皮黄苷	果实
124	quercitrin 3-O-rhamnoside	槲皮苷 3-O-鼠李糖苷	种子残渣

续表

序号	英文名	中文名	分布
125	isoquercetin (quercetin 3-β-D-glucoside)	异槲皮苷（槲皮素葡萄糖苷）	果汁
126	quercetin-3-O-rutinoside	槲皮素-3-芸香糖苷(芦丁)	果实
127	quercetin-3,4′-dimethyl ether 7-O-α-L-arabinofuranosyl-(1-6)-β-D-glucoside	槲皮素-3,4′-二甲醚 7-O-α-L-阿拉伯呋喃糖基-(1-6)-β-D-葡萄糖苷	树皮、果皮
128	syringetin hexoside	丁香亭-己糖苷	果汁
129	dihydrokaempferol-hexoside	二氢山柰酚-己糖苷	果汁
130	phloridzin	根皮苷	果皮、种子、果汁
131	phloretin	根皮素	果皮、种子、果汁
132	3,3′,4′,5,7-penta-hydroxyflavanone	3,3′,4′,5,7-五羟基黄烷酮	果汁
133	3,3′,4′,5,7-pentahydroxy-flavanone-6-D-glucopyranoside	3,3′,4′,5,7-五羟基黄烷酮-6-D-吡喃葡萄糖苷	果汁
134	eriodictyol-7-O-α-Larabino-furanosyl(1-6)- β-Dglucoside	圣草酚-7-O-α-L-阿拉伯呋喃糖基(1-6)-β-D-葡萄糖苷	叶
135	naringenin 4′-methylether 7-O-α-L-arabinofuranosyl (1-6)-β-D-glucopyranoside	柚皮素 4′-甲醚 7-O-α-L-阿拉伯呋喃糖基(1-6)-β-D-吡喃葡萄糖苷	叶
136	naringin	柚皮苷	果皮
137	pinocembrin	生松素	果汁
138	catechin	儿茶素	果汁、果皮
139	catechin-(4,8)-gallocatechin	儿茶素-(4,8)-没食子儿茶素	果皮
140	catechol	儿茶酚	果汁
141	gallocatechin	没食子儿茶素	果皮
142	gallocatechin-(4,8)-catechin	没食子儿茶素-(4,8)-儿茶素	果皮
143	gallocatechin-(4,8)-gallocatechin	没食子儿茶素-(4,8)-没食子儿茶素	果皮

序号	英文名	中文名	分布
144	epicatechin	表儿茶素	果汁、果皮
145	epigallocatechin 3-gallate	表没食子儿茶素 3-酯	果汁、果皮
146	punicaflavone	石榴黄酮	花
147	phellatin	去氢异黄柏苷	果汁
148	amurensin	去氢黄柏苷	果汁
149	cyanidin	矢车菊素	果汁
150	cyanidin-3-glucoside	矢车菊素-3-葡萄糖苷	果汁
151	cyanidin-3,5-diglucoside	矢车菊素-3,5-二葡萄糖苷	果汁
152	cyanidin-3-rutinoside	矢车菊素-3-芸香糖苷	果汁、果皮
153	cyanidin-pentoside	矢车菊素-戊糖苷	果皮
154	cyanidin-pentoside-hexoside	矢车菊素-戊糖苷-己糖苷	果皮
155	cyanidin-trihexoside	矢车菊素-三己糖苷	果汁
156	cyanidin-3,5-caffeoyl-hexo-side	矢车菊素-3,5-咖啡酰氧基-己糖苷	果汁
157	cyanidin-3-hexoside	矢车菊素-3-己糖苷	果汁
158	cyanidin-caffeoyl	矢车菊素-咖啡酰氧基	果汁
159	cyanidin-3-(p-coumaroyl)hexo-side	矢车菊素-3-对香豆酰己糖苷	果汁
160	delphinidin	飞燕草素	果汁
161	delphinidin-3-glucoside	飞燕草素-3-葡萄糖苷	果汁
162	delphinidin 3,5-diglucoside	飞燕草素-3,5-二葡萄糖苷	果汁
163	delphinidin -trihexoside	飞燕草素-三己糖苷	果汁
164	delphinidin -3,5-dihexoside	飞燕草素-3,5-二己糖苷	果汁
165	delphinidin -pentoside-hexoside	飞燕草素-戊糖苷-己糖苷	果汁
166	delphinidin -rutinoside	飞燕草素-芸香糖苷	果汁
167	delphinidin -3,5-caffeoyl-hexo-side	飞燕草素-3,5-咖啡酰氧基-己糖苷	果汁
168	delphinidin -pentoside	飞燕草素-戊糖苷	果汁
169	delphinidin -3-(p-coumaroyl) hexoside	飞燕草素-3-对香豆酰己糖苷	果汁

续表

序号	英文名	中文名	分布
170	delphinidin- caffeoyl	飞燕草素-咖啡酰氧基	果汁
171	pelargonidin	天竺葵素	果皮
172	pelargonidin 3-glucoside	天竺葵素-3-葡萄糖苷	果汁
173	pelargonidin 3,5-diglucoside	天竺葵素-3,5-二葡萄糖苷	果汁
174	pelargonidin -pentoside	天竺葵素-戊糖苷	果汁
175	pelargonidin -pentoside-hexoside	天竺葵素-戊糖苷-己糖苷	果汁
176	pelargonidin -3,5-caffeoyl-hexoside	天竺葵素-3,5-咖啡酰氧基-己糖苷	果汁
177	peonidin-hexoside	芍药素-己糖苷	果皮
178	(epi)gallocatechin-cyanidin-3-hexoside	表没食子儿茶素-矢车菊素-3己糖苷	果汁
179	(epi)gallocatechin-cyanidin-3,5-dihexoside	表没食子儿茶素-矢车菊素-3,5-二己糖苷	果汁
180	(epi)gallocatechin-delphinidin-3-hexoside	表没食子儿茶素-飞燕草素-3-己糖苷	果汁
181	(epi)gallocatechin-delphinidin- 3,5 -dihexoside	表没食子儿茶素-飞燕草素-3,5-二己糖苷	果汁
182	(epi) gallocatechin-pelargonidin -3-hexoside	表没食子儿茶素-天竺葵素-3己糖苷	果汁
183	(epi) gallocatechin-pelargonidin -3,5-dihexoside	表没食子儿茶素-天竺葵素-3,5-二己糖苷	果汁
184	(epi)catechin-cyanidin-3-hexoside	表儿茶素-矢车菊素-3-己糖苷	果汁
185	(epi)catechin-cyanidin-3,5-dihexoside	表儿茶素-矢车菊素-3,5-二己糖苷	果汁
186	(epi)catechin-delphinidin-3-hexoside	表儿茶素-飞燕草素-3-己糖苷	果汁
187	(epi)catechin-delphinidin-3,5-dihexoside	表儿茶素-飞燕草素-3,5-二己糖	果汁

序号	英文名	中文名	分布
188	(epi)catechin-pelargonidin-3-hexoside	表儿茶素-天竺葵素-3-己糖苷	果汁
189	(epi)catechin-pelargonidin-3,5-dihexoside	表儿茶素-天竺葵素-3,5-二己糖	果汁
190	(epi)afzelechin-cyanidin-3-hexoside	表阿福豆素-矢车菊素-3-己糖苷	果汁
191	(epi)afzelechin-cyanidin-3,5-dihexoside	表阿福豆素-矢车菊素-3,5-二己糖苷	果汁
192	(epi)afzelechin-delphinidin-3-hexoside	表阿福豆素-飞燕草素-3-己糖苷	果汁
193	(epi)afzelechin-delphinidin-3,5-dihexoside	表阿福豆素-飞燕草素-3,5-二己糖苷	果汁
194	(epi)afzelechin-pelargonidin-3-hexoside	表阿福豆素-天竺葵素-3-己糖苷	果汁
195	(epi)afzelechin-pelargonidin-3,5-dihexoside	表阿福豆素-天竺葵素-3,5-二己糖苷	果汁
196	cyanidin-3-hexoside-(epi)gallocatechin	矢车菊素-3-己糖苷-表没食子儿茶素	果汁
197	cyanidin-3-hexoside-(epi)catechin	矢车菊素-3-己糖苷-表儿茶素	果汁
198	cyanidin-3-hexoside-(epi)afzelechin	矢车菊素-3-己糖苷-表阿福豆素	果汁
199	delphinidin-3-hexoside-(epi)gallocatechin	飞燕草素-3-己糖苷-表没食子儿茶素	果汁
200	delphinidin-3-hexoside-(epi)catechin	飞燕草素-3-己糖苷-表儿茶素素	果汁
201	delphinidin-3-hexoside-(epi)afzelechin	飞燕草素-3-己糖苷-表阿福豆素	果汁
202	pelargonidin-3-hexoside-(epi)gallocatechin	天竺葵素-己糖苷-表没食子儿茶素	果汁

续表

序号	英文名	中文名	分布
	木脂素		
203	isolariciresinol	异落叶松脂醇	嫩枝节、种子、果皮、果肉、果汁
204	cyclolariciresinol hexoside	异落叶松脂醇-己糖苷	果汁
205	secoisolariciresinol	开环异落叶松脂醇	嫩枝节、种子、果肉、果汁
206	secoisolariciresinol hexoside	开环异落叶松脂醇-己糖苷	果汁
207	matairesinol	罗汉松脂醇（马台树脂醇）	嫩枝节
208	matairesinoside	罗汉松脂苷	种子
209	pinoresinol	松脂醇	嫩枝节、种子、果皮、果肉、果汁
210	medioresinol	皮树脂醇	嫩枝节、种子、果汁
211	syringaresinol	丁香树脂醇	嫩枝节、果皮种子、果肉、果汁
212	feruloyl coniferin	阿魏酰松柏苷	果汁
213	guaiacyl(8-5)ferulic acid hexoside	愈创木基(8-5)阿魏酸己糖苷	果汁
214	arctiin	牛蒡苷	种子
	有机酸		
215	citric acid	柠檬酸	果汁
216	fumaric acid	富马酸（反式烯二酸）	果汁
217	acetic acid	醋酸	果汁
218	lactic acid	乳酸	果汁
219	L-malic acid	L-苹果酸	果汁
220	oxalic acid	草酸	果汁
221	shikimik acid	莽草酸	果汁
222	maleic acid	马来酸	果汁
223	ascorbic acid	抗坏血酸	果汁
224	quinic acid	奎尼酸（金鸡纳酸）	果汁、果皮

序号	英文名	中文名	分布
225	5-O-caffeoylquinic acid（neo-chlorogenic acid）	5-O-咖啡酰奎宁酸(新绿原酸)	果汁
226	succinic acid	琥珀酸(丁二酸)	果汁
227	tartaric acid	酒石酸	果汁
228	caftaric acid	咖啡酰酒石酸	果汁
脂肪酸			
229	eicosenoic acid	十二烯酸	籽油
230	linoleic acid	亚油酸	籽油
231	linolenic acid	亚麻酸	籽油
232	linolelaidic acid	反亚油酸	籽油
233	oleic acid	油酸(十八烯酸)	籽油
234	cis-vaccenic acid	顺式异油酸	籽油、花
235	palmitic acid	棕榈酸(软脂酸)	籽油
236	palmitoleic acid	棕榈烯酸	籽油
237	punicic acid	石榴酸	籽油
238	stearic acid	硬脂酸	籽油
239	catalpic acid	梓树酸	籽油
240	eleostearic acid	酮酸	籽油
241	caprylic acid	辛酸	籽油
242	caproci acid	己酸	籽油
243	capric acid	癸酸	籽油
244	erucic acid	芥酸	籽油
245	lauric acid	月桂酸(十二烷酸)	籽油
246	eicosapentaenoic acid	十二碳五烯酸	籽油
247	myristic acid	肉豆蔻酸(十四烷酸)	籽油
248	myristoleic acid	肉豆蔻脑酸(十四烯酸)	籽油
249	margaric acid	十七烷酸	籽油
250	gondoic acid	二十碳烯酸	籽油
251	arachidic acid	花生酸(二十烷酸)	籽油
252	gadoleic acid	鳕油酸（二十碳-9-烯酸）	籽油

序号	英文名	中文名	分布
253	behenic acid	山嵛酸（二十二烷酸）	籽油
254	docosadienoic acid	二十二碳二烯酸	籽油
255	lignoceric acid	二十四烷酸	籽油
		萜类	
256	asiatic acid	亚细亚酸（积血草酸）	种子
257	ursolic acid	熊果酸（乌索酸）	种子、果皮、叶、花
258	2α-hydroxy-3β-hydroxyurs-l2-en-28-oic acid	2α,3β 二羟基-12-烯-28-乌索酸	种子
259	oleanolic acid	齐墩果酸	叶、果皮、花
260	olean-5,12-dien-3β-ol-28-oic acid		花
261	olean-12-en-3β-ol-28-oic acid		花
262	punicanolic aid		花
263	maslinic acid	山楂酸	花
264	betulin(betulinol)	白桦脂醇	树皮、叶、籽油
265	betulinic acid	白桦脂酸	叶
266	betulinic acid	桦木酸	种子、果皮
267	friedelin	木栓酮	种子
268	squalene	鲨烯	籽油
269	cycloartenol	环阿屯醇	籽油
270	24-methylene-cycloartenol	24-亚甲基-环阿屯醇	籽油
		类固醇	
271	cholesterol	胆固醇	籽油
272	daucosterol	胡萝卜苷（胡萝卜甾醇）	种子
273	estrone	雌素酮	籽油
274	estradiol	雌二醇	籽油
275	estriol	雌三醇	籽油
276	friedooleanan-3-one	木栓酮	树皮
277	β-sitosterol	β-谷甾醇	籽油、叶、树干
278	β-sitosterol laurate	β-谷甾醇-月桂酸盐	花

序号	英文名	中文名	分布
279	β-sitosterol myristate	β-谷甾醇-肉豆蔻酸盐	花
280	stigmasterol	豆甾醇	籽油
281	testosterone	睾酮(睾丸素)	籽油
282	campesterol	菜油甾醇	籽油
283	coumestrol	拟雌内酯	籽油
284	△⁵-avenasterol	△⁵-燕麦甾醇	籽油
285	citrostadienol	枸橼固二烯醇	籽油
286	N-heptacosanyl n-hexanoate	山萮酸二十七烷酯	花
生物碱类			
287	hygrine	古豆碱	根皮
288	norhygrine		根皮
289	pelletierine	石榴皮碱	树皮、果皮、根
290	isopelletierine	异石榴皮碱	树皮
291	N-methylpelletierine	N-甲基石榴皮碱	树皮、根
292	pseudopelletierine	假石榴皮碱	树皮、根
293	Nor-pseudopelletierine	去甲-假石榴皮碱	树皮、根
294	sedridine	景天定	树皮、根
295	N-acetyl-sedridine	氮酰基景天定	树皮、根
296	tryptamine	色胺	果汁
297	serotonin	5-羟色胺	果汁
298	melatonin	褪黑素	果汁
299	2-(2′-hydroxypropyl)-Δ¹-piperidine	2-(2′-羟甲基)- Δ¹-哌啶	根皮
300	2-(2′-propenyl)-Δ¹-piperidine	2-(2′-丙烯基)- Δ¹-哌啶	根皮、叶
301	N-(2′,5′-dihydroxyphenyl) pyridium chloride	氮-(2′,5′-二羟基苯)哌啶氯化物	叶
302	1-(2,5-dyihydroxy-phenyl)-pyridium chloride	1-(2,5-二羟基-苯基)-吡啶氯化	叶

续表

序号	英文名	中文名	分布
303	2,3,4,5-tetrahydro-6-propenylpyridine	2,3,4,5-四氢-6-丙烯基-嘧啶	树皮
304	3,4,5,6-tetrahydro-a-methyl-2-pyridine ethanol	3,4,5,6-四氢-a-甲基-2-嘧啶乙醇	树皮
其他化合物			
305	coniferyl 9-O-[β-Dapiofuranosyl-(1-6)]-O-β-D-glucopyranoside	松柏基 9-O-［β-D-呋喃芹糖基-(1-6)］-O-β-D-吡喃葡萄糖苷	种子
306	sinapyl 9-O-［β-Dapiofuranosyl-(1-6)]-O-β-D-glucopyranoside	芥子基 9-O-［β-D-呋喃芹糖基-(1-6)］-O-β-D-吡喃葡萄糖苷	种子
307	phenylethyl rutinoside	苯乙基芸香糖苷	种子
308	mannitol	甘露醇	树皮

*参照 Poyrazoĝlu 等(2002 年)、Seeram 等(2006 年)、李国秀(2008 年)、Bonzanini 等(2009 年)、Sentandreu 等(2010 年，2012 年，2013 年)、Wang 等(2010 年)、徐静等(2010 年)、He 等(2011 年)、齐迪(2011 年)、Fischer 等(2012 年，2013 年)、Mena 等(2012 年)、韩玲玲等(2013 年)、苑兆和等(2013 年)、Zhao 等(2013 年)、Verardo 等(2014 年)的相关文献进行总结和分类。

二、石榴中的主要植物化学物质简介

(1)单宁

单宁是具有高分子量的植物多酚，可划分为缩合单宁和水解单宁 2 大类，其中，水解单宁又分为鞣花单宁和没食子单宁。不同结构的水解单宁构成了石榴不同部位中大部分的物质，缩合单宁在石榴中较少存在。水解单宁占到石榴抗氧化活性物质的 92%，其中主要的水解单宁是安石榴苷，它对石榴的高抗氧化性起着主要的作用，约占果汁总抗氧化能力的 50%。鞣花单宁主要存在于果皮、树皮、种子和花中，鞣花酸是抗氧化和治疗心脏病的极好的物质，在花中的含量达到 0.1%，在果皮和叶中高达 0.2%。石榴皮鞣素和安石榴苷是鞣化酸的衍生物(见图 3-1)，也是果皮中的主要物质，树皮中也有，但石榴叶几乎检测不到。 石榴花中鞣花单宁的生物合成遵循此类化合物的共同通

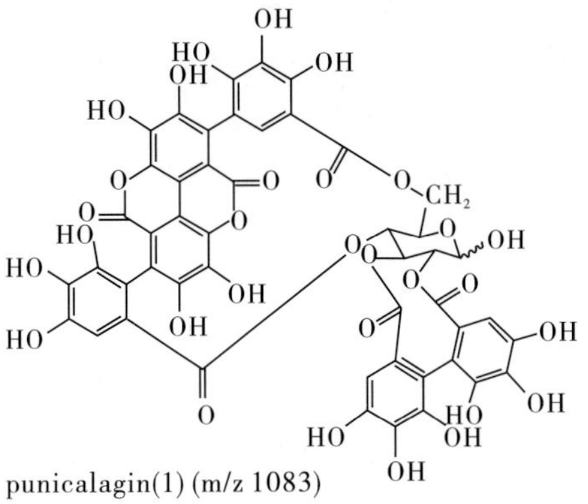

punicalagin(1) (m/z 1083)

（1）安石榴苷

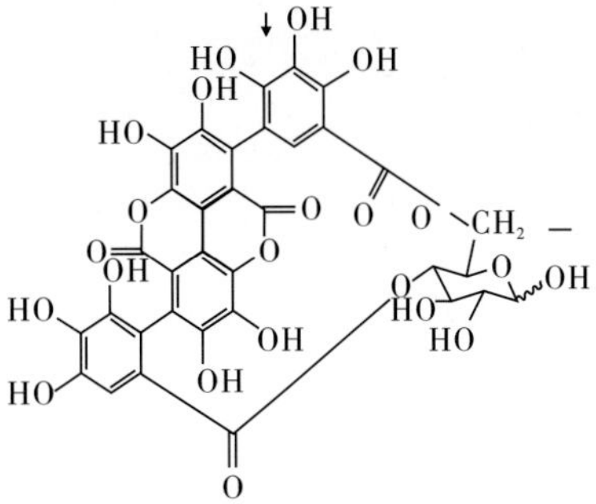

punicalin(2) (m/z 781)

（2）石榴皮鞣素

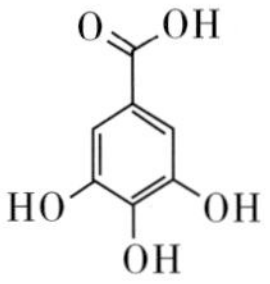

gallic acid

（5）没食子酸

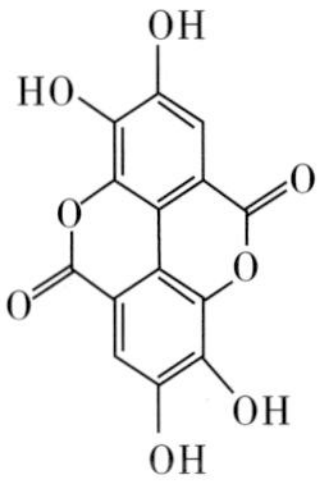

ellagic acid (4) (m/z 301)

（4）鞣花酸

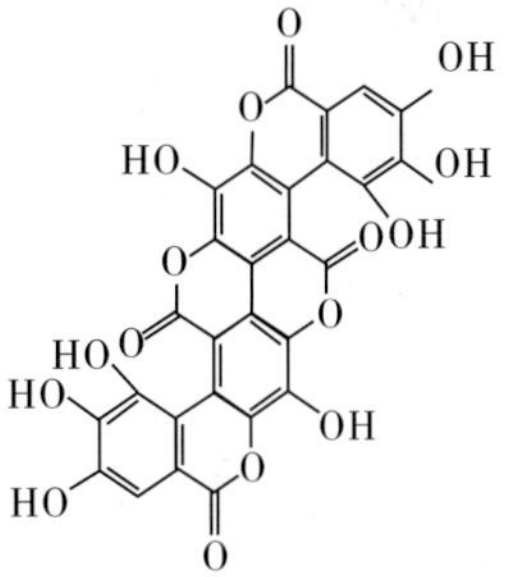

gallagic acid (3) (m/z 601)

（3）Gallagic酸

图 3-1　石榴中几种化学物质的结构

路(见图 3-2)。鞣花酸可看成是整个合成途径中的中心物质,通过六羟基-联苯二甲酸的羧基和羟基内酯化形成。鞣花酸的羟基被取代后可形成各种不同的鞣花酸衍生物,如 3'-甲基鞣花酸、3,3'-二甲基鞣花酸、4,4'-二甲基鞣花酸、3,3',4'-三甲基鞣花酸、3'-甲基-3,4-二甲基鞣花酸等。鞣花酸及其衍生物通过糖苷化形成各种糖苷。

没食子鞣质(五倍子鞣质)大多只在石榴叶中存在,而其他部分少见有报道。没食子鞣质含有 1 对没食子酰基,可认为是没食子酸的衍生物。从生物合成途径来看,这些物质也是通过 1 个或多个分子基团的酰化、内酯化、糖苷化作用而形成的。

(2)类黄酮

类黄酮泛指 2 个苯环(A 环和 B 环)通过中央三碳键相互连接而成的一系列 C6-C3-C6 化合物。天然的生物类黄酮多为其基本结构的衍生物,多以糖苷的形式存在。除常见的 O-糖苷外,还有 C-糖苷。植物中已发现的生物类黄酮

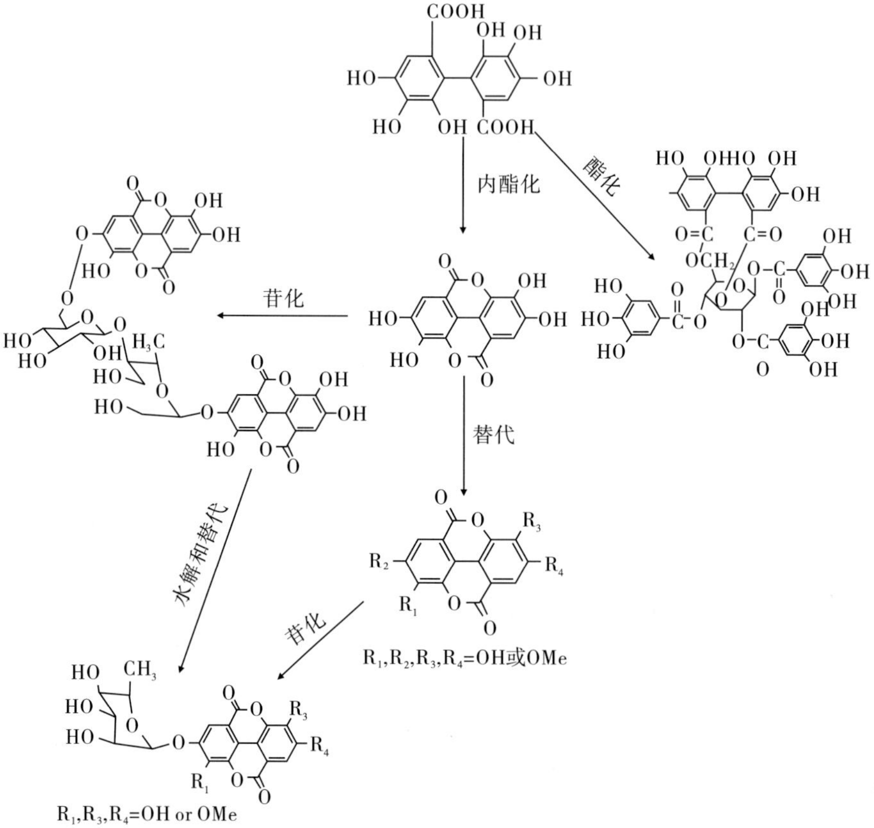

图 3-2　石榴中鞣花单宁的合成途径

多达 5 000 余种，而 A、B、C 这 3 个环上的各种取代基则决定了不同生物类黄酮分子的特定生理功能。

从石榴中分离得到的类黄酮包括黄酮、黄酮醇、黄烷醇等。石榴中被报道的黄烷醇都是未糖苷化形式，包括儿茶素、表儿茶素、表没食子儿茶素等及其衍生物。果皮和叶中主要的类黄酮是黄酮和黄酮醇，主要是木樨草素、山奈素、槲皮素、芹黄素、柚皮素的苷元及其糖苷。

（3）花色素

花色素属于类黄酮家族，广泛存在于绝大部分陆生植物的液泡中（除仙人掌、甜菜外），是水溶性黄酮类色素中最重要的一类，能赋予植物鲜艳的颜色。花色素不稳定，一般以糖苷的形式存在。水果和蔬菜中最常见的花色素有 6 种：飞燕草素、矢车菊素、天竺葵素、芍药色素、矮牵牛色素、锦葵色素（图 3-3）。

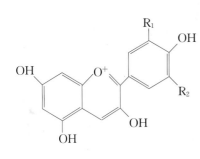

花色素	R₁	R₂
飞燕草素 delphinidin	OH	OH
矢车菊素 cyanidin	OH	H
天竺葵素 pelargonidin	H	H
芍药色素 peonidin	OCH₃	H
矮牵牛色素 petunidin	OH	OCH₃
锦葵色素 malvidin	OCH₃	OCH₃

图 3-3   花色素的化学结构及常见的 6 种花色素

石榴不同部位、不同品种、不同成熟期等对花色苷的成分和含量都有影响。果汁中含有飞燕草素、矢车菊素、天竺葵素的 3-葡萄糖苷和 3,5-二葡萄糖苷共 6 种花色苷；花中只有天竺葵素 3-葡萄糖苷和天竺葵素 3,5-二葡萄糖苷；而果皮中的花色苷比较复杂，不同研究者检测出了不同的成分，Gil 等（1995 年）报道了矢车菊素和天竺葵素的 3-葡萄糖苷和 3,5-二葡萄糖苷，而 Fischer 等（2011 年）则报道了 9 种花色苷，除飞燕草素、矢车菊素、天竺葵素的 3-葡萄糖苷和 3,5-二葡萄糖苷等外，还检测到了矢车菊素-戊糖苷-己糖苷、矢车菊素-芸香糖苷、矢车菊素-戊糖苷，Zhao 等（2013 年）还新检测到了芍药色素-己糖苷。这些关于花色苷新物质被不断检出的报道，表明石榴皮中花色苷成分比果汁中要复杂得多。

（4）生物碱

生物碱主要存在于树皮（茎）、根部及石榴汁中，已报道的生物碱主要包括哌啶生物碱和吡咯烷生物碱 2 类。哌啶生物碱通常含有六元环的骨架，而吡咯烷类含有五元环骨架。相对来说，哌啶生物碱的种类和含量都比吡咯烷类多。异石榴皮碱、假石榴皮碱、N-甲基石榴碱是茎和树皮中主要的生物碱，而 2-(2′-羟丙基)-Δ¹-哌啶、2-(2′-丙烯基)-Δ¹-哌啶、去甲-假石榴皮碱在根皮中大量存在。

哌啶生物碱的生物合成以赖氨酸为前体物质，以乙酰酶 A 为支链的主要来源，赖氨酸首先通过氧化、环化、脱羧等一系列反应转化为四氢哌啶，然后与乙酰辅酶 A 缩合成异石榴皮碱。异石榴皮碱是这一途径的分支点，异石榴皮碱甲基化形成 N-甲基异石榴皮碱，然后进一步转化为各种哌啶（图 3-4）。

迄今报道的吡咯烷只包括古豆碱和 norhygrine，主要存在于根皮上，且含量不高。另外，石榴汁中还存在五羟色胺、色胺、抑黑素等吲哚胺。

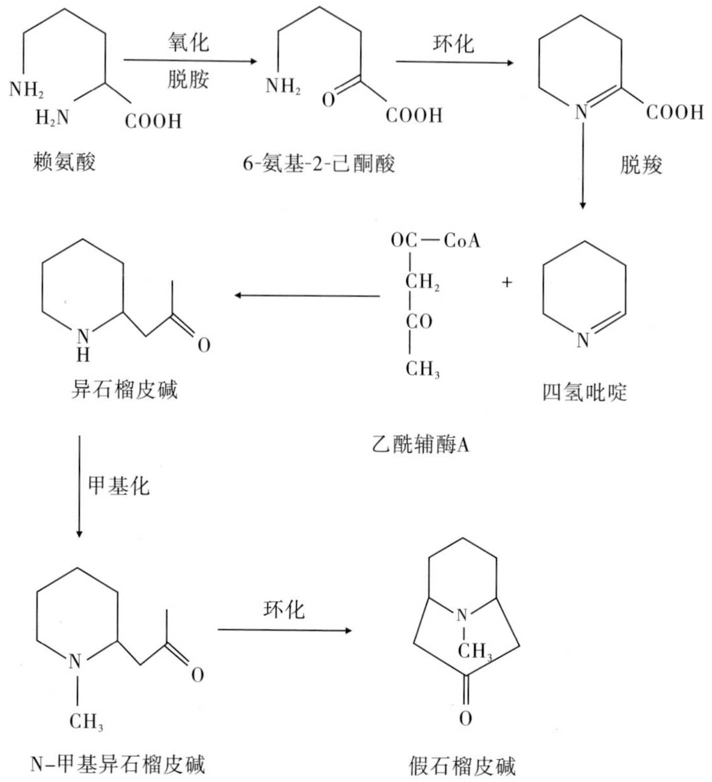

图 3-4　石榴中哌啶的合成途径

（5）有机酸

石榴种子富含石榴酸、亚油酸、油酸、棕榈酸、硬脂酸、亚麻酸等不饱和脂肪酸，占到种子重量的 15.26%。果汁中主要含有直链脂肪酸，以柠檬酸和苹果酸为主。另外，石榴汁中还含有酒石酸、草酸、琥珀酸。酚酸主要存在于果汁或果皮中，包括咖啡酸、阿魏酸、绿原酸、p-香豆酸等。

（6）三萜和类固醇

未苷化的三萜主要存在于石榴花和种子中，包括熊果酸、齐墩果酸、山楂酸、punicanolic 酸、木栓酸、积雪草酸等，它们常以五环三萜形式出现，带有 C-28 羧基、C-12 和 C-13 间以双键连接。类固醇仅在种子中检测到，包括甾醇（胆固醇、豆甾醇、菜油甾醇、β-谷甾醇、胡萝卜苷）、性激素（17-α-雌二醇、雌素酮、睾酮、雌三醇等）。但 Choi 等（2006 年）运用 HPLC-PDA、GC-FID、GC/MS 等技术手段重新对石榴中的胆固醇进行了鉴别，并未在石榴种子和果汁中检测到雌素酮、雌二醇、睾酮等物质。作者认为，前人的分析结果可能存在误判。虽然如此，我们仍将这些物质列入表 3-1 中，待相关研究者对这些物质进行确认甄别。

第二节 药用保健价值

石榴的药用价值已经有上千年的历史，圣经和罗马神话故事中都曾提到其独特的疗效，最早有文字记载的可追溯到大约公元前 1550 年的古埃及文摘《Egyptian Papyrus of Ebers》（Wren，1988 年）。长期以来，人们用石榴树皮、叶、花、果实等治疗一系列疾病，石榴作为民间医药在中东、亚洲、南美等许多国家被广泛应用。

到了现代，越来越多的研究验证了石榴在传统医学中的应用功效，石榴药用保健功效的应用范围被进一步拓展。研究表明，石榴的不同部位具有多种有效的成分，使其具有多种保健功能和药用价值(图 3-5)，开发利用前景广阔。

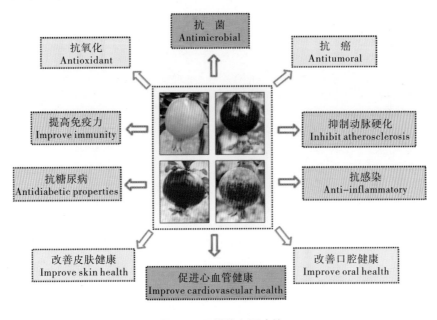

图 3-5 石榴的主要功效

一、抗氧化性

石榴是摄取抗氧化剂的极佳膳食来源。在石榴汁、巴西莓汁、黑莓汁、蓝莓汁、蔓越橘汁、葡萄汁、橘子汁、红酒、冰茶等饮料中，石榴汁的抗氧化性比上述任何一种都至少要高出 20%。石榴汁对提高体内的抗氧化系统的作用比苹果汁更强。Halvorsen 等（2002 年）研究了主要水果的抗氧化剂总含量，发现石榴是所测定水果中抗氧化剂含量最高的水果，其含量是柠檬的 11 倍、苹果的 39 倍、西瓜的 283 倍，详细结果参见表 3-2。虽然对石榴的抗氧化活性实验大都是在离体状态下进行的，但无论采用何种方法测定，在所测定的水果蔬菜中，石榴的抗氧化活性都是最高的。

表 3-2　主要水果中抗氧化剂的总浓度*（单位：mmol/100g）

种类	学名	科名	样品 A		样品 B		样品 C		总平均值
			来源	浓度	来源	浓度	来源	浓度	
石榴	*Punica granatum*	石榴科	西班牙	11.33	—	0.00	—		11.33
葡萄	*Vitis vinifera*	葡萄科	以色列	2.42	智利	1.02	智利	0.90	1.45
柑橘	*Citrus sinensis*	芸香科	西班牙	1.50	荷兰	1.06	Zenta	0.83	1.14
李子	*Prunus domestica*	蔷薇科	西班牙	1.42	挪威	1.02	意大利	0.73	1.06
菠萝	*Ananas comosus*	凤梨科	哥斯达黎加	1.36	象牙海岸	0.39	哥斯达黎加	1.36	1.04
柠檬	*Citrus limon*	芸香科	西班牙	1.03	西班牙	1.05	西班牙	0.99	1.02
蜜枣	*Phoenix dactylifera*	棕榈科	美国	1.02	马利	0.95	美国	1.10	1.02
猕猴桃	*Actinida chinensis*	猕猴桃科	新西兰	1.29	新西兰	1.02	法国	0.43	0.91
蜜橘	*Citrus reticulata*	芸香科	荷兰	0.99	埃维塔	0.95	意大利	0.75	0.90
葡萄柚	*Citrus paradisii*	芸香科	洪都拉斯	0.81	以色列	0.82	洪都拉斯	0.87	0.83
青柠檬	*Citrus aurantifolia*	芸香科	荷兰	0.73	荷兰	0.75	荷兰	0.72	0.73

种类	学名	科名	样品 A		样品 B		样品 C		总平均值
			来源	浓度	来源	浓度	来源	浓度	
无花果	*Ficus cari-ca*	桑科	土耳其	0.81	土耳其	0.75	土耳其	0.64	0.73
番木瓜	*Carica pa-paya*	番木瓜科	马利	0.34	巴西	0.75	巴西	0.76	0.62
杏	*Prunus ar-meniaca*	蔷薇科	美国	0.52	美国	0.51	美国	0.52	0.52
柿子	*Diospyros kaki*	柿科	意大利	0.54	以色列	0.33	以色列	0.42	0.43
芒果	*Mangifera indica*	漆树科	巴基斯坦	0.37	巴西	0.33	墨西哥	0.36	0.35
苹果	*Malus pumila*	蔷薇科	新西兰金帅	0.15	新西兰青苹	0.51	意大利嘎拉	0.22	0.29
香蕉	*Musa para-disiaca*	芭蕉科	哥斯达黎加	0.24	马利	0.07	哥斯达黎加	0.29	0.20
西洋梨	*Pyrus com-munis*	蔷薇科	荷兰	0.20	荷兰	0.19	挪威	0.16	0.18
大蕉	*Musa para-disiaca*	芭蕉科	象牙海岸	0.17	—				
蜜瓜	*Cucumis metuliferus*	葫芦科	新西兰	0.05	马利	0.15	马利	0.29	0.16
网纹瓜	*Cucumis melo*	葫芦科	西班牙	0.19	巴西	0.13	巴西	0.12	0.15
西瓜	*Citrullus lanatus*	葫芦科	西班牙	0.06	西班牙	0.04	马利	0.02	0.04

注：1. 如果没有特别注明，表中数值代表每 100 g 果品可食用部分鲜重中的抗氧化剂平均浓度。

2. 样品 A、B、C 代表样品的不同来源，如地理位置或生产商。

＊引自 Halvorsen 等的文章，载于《The Journal of Nutrition》杂志，2002 年的 132 卷第 3 期第 461-471 页。

抗氧化是石榴最重要的生物活性，也是其具有脂质调控、抗炎、抗肿瘤、抗糖尿病等功效的基础。石榴中的抗氧化物质主要存在于叶、种子、果汁、果皮中。据报道，石榴汁和石榴叶的水提取物能有效地清除自由基，如 ROS（活性氧）、RNS（活性氮）、O^{2-}（过氧化物）、H_2O_2（过氧化氢）、OH（羟基自由基）、NO（氧化氮）等，且清除自由基的效果明显优于其他水果。

酚类是石榴中主要的抗氧化物质，石榴的总抗氧化能力与酚类物质的含量呈显著正相关。由于果皮中的多酚含量高于种子，因而其抗氧化性能更优，其中，鞣花酸和安石榴苷在石榴的抗氧化活性的效能发挥中扮演着重要角色。鞣花酸能与金属离子结合形成螯合物，可与自由基发生反应，对线粒体和微粒体脂质过氧化有强效的抗氧化作用。安石榴苷对果皮和果汁中的抗氧化活性贡献最大，是最主要的抗氧化成分。类黄酮因能清除自由基，对石榴的抗氧化活性也有很大的贡献。老鼠口服石榴总类黄酮后，肝脏、心脏、肾脏中的丙二醛、过氧化氢、共轭二烯的浓度明显下降，过氧化氢酶、SOD、谷胱甘肽过氧化物酶、谷胱甘肽还原酶等的活性及谷胱甘肽浓度明显提升。石榴中的儿茶素、槲皮素、山奈素、雌马酚等类黄酮对 UVB 引起的皮肤损伤具有抗过氧化作用，可增加原骨胶原 I 而降低 MMP-1 的表达水平。木樨草素、飞燕草素、矢车菊素等分子中 C5 和 C7 的-OH（氢氧根），木樨草素、天竺葵素等分子 B 环邻位的-OH 是抗氧化功效的关键基团。其他一些包含酚类氢氧根基团或不饱和双键的物质，如木质素、不饱和脂肪酸等也是石榴中的抗氧化成分。因此，石榴的抗氧化活性的高低是一个多因素、多种化合物协同作用的结果。

然而，石榴中多酚物质抗氧化活性的作用机制至今仍未被完全研究清楚。一般认为，石榴多酚分子经历了氧化还原作用，将酚羟基去掉氢产生还原剂，从而阻断自由基链，产生的还原剂还可以与过氧化物的某些前体物质反应，阻止过氧化物的形成。也有人认为，多酚物质的抗氧化活性是由于清除自由基的能力或与金属离子的螯合作用而产生的。因而，了解石榴抗氧化性的作用机制，对于进一步研究开发石榴抗氧化药物具有重要的意义。

二、对心脑血管疾病的作用

心血管疾病是造成全世界死亡和残疾的主要病因。高血压和动脉粥状硬化是造成中风、心肌梗塞、心力衰竭等心血管疾病的主要危险因素，另外，遗传、年龄、体重、血压、血脂异常、运动量少，以及吸烟、喝酒、摄入过多的高脂高盐食物等也是造成心血管疾病的危险因素。流行病学数据已清晰表明，血浆总胆固醇和低密度脂蛋白胆固醇（LDL-C）是心血管疾病的独立危险因素。大量临床实验表明，为防止心血管疾病的发生，降低冠心病和中风的危险，除控制血压外，改变饮食结构、增加体育运动是主要的预防手段。在饮食中增加水果蔬菜的摄入是预防心脑血管疾病的一条途径。石榴中富含类黄酮和鞣花单宁，可显著降低总胆固醇、LDL（低密度脂蛋白）、LDL/HDL值（低密度脂蛋白/高密度脂蛋白）、总胆固醇/HDL 值，从而降低心血管疾病的发病概率。

（1）对动脉硬化的作用

石榴鲜果汁含有 85％的水分、10％的总糖、1.5％的果胶，以及抗坏血酸、多酚，其中的可溶性多酚含量在 0.2％～1.0％，而 29％的多酚化合物可被消化利用。给患有动脉硬化的老鼠喂食石榴汁后，其血液中的胆固醇积累放慢，动脉硬化的发展延迟。石榴汁中的多酚类抗氧化剂通过激活氧化还原反应敏感基因 ELK-1 和 p-JUN，并增加 eNOS（内皮 NO 合成酶）的表达来降低氧化应激和减缓动脉硬化。

（2）对高血压的作用

有关石榴汁中多酚物质的抗高血压功效的报道最多。石榴汁对血管疾病的治疗效果与抑制氧化应激和血清 ACE（血管紧张素转化酶）活性有关。颈动脉狭窄患者每天饮用 50 mL 的石榴汁（含有 1.5 mmol/dm^3 的多酚）1 年后，颈动脉内膜中层厚度（IMT）减小，收缩压降低了 5％，血清 ACE 活性下降了36％，说明石榴汁对 ACE 活性具有直接的抑制作用。安石榴苷能活化 eNOS，促进内皮细胞的舒张因子 NO 的产生，从而促进内皮细胞的舒张。

（3）对血小板的作用

循环的血小板对抵抗动脉硬化起着重要的作用，血小板凝聚与动脉硬化密切相关。研究发现，健康的非吸烟者每天饮用 50 mL 的石榴汁 2 周后，血小板凝结可显著降低 11％。可能是石榴汁组分与血小板表面胶原或 ADP（二磷酸腺苷）结合位点存在相互作用，也可能是石榴汁的抗氧化特性减弱了氧化应激引起的血小板活性。

（4）脂质调节的作用

石榴叶提取物、果皮、果汁、种子等具有调节血脂的功效，已被证明与它们的抗氧化作用有关。果皮提取物、石榴叶提取物等能有效降低老鼠血清中总胆固醇、甘油三酯、低密度脂蛋白胆固醇、游离脂肪酸的水平，提高血清高密度脂蛋白胆固醇的水平，因而在治疗脂质代谢紊乱和肥胖时起到积极的作用。其中的作用机制可能与抑制 HMG 辅酶 A 还原酶、胰脂肪酶、ACAT（乙酰辅酶 A 乙酰基转移酶）以及阻碍能量吸收等有关，其中，鞣花酸是降低脂质活性最有效的物质。

越来越多的证据表明，PON1（对氧磷酶-1）基因在脂质代谢中发挥着重要的作用，多酚可调整 PON1 的表达和活性，从而防止低密度脂蛋白发生氧化并维持高密度脂蛋白在合适的水平，从而可降低发生动脉硬化和心血管疾病的风险。

（5）对神经的保护作用

石榴汁对新生局部缺血性脑损伤的老鼠能起到保护神经的作用，与对照相比，那些饮用过石榴汁的母鼠生下的小鼠很少出现脑损伤，半胱天冬酶（细胞凋亡蛋白酶）的活性降低，其血清中还发现了起保护神经作用的鞣花酸。石榴汁中的多酚还可提高对大脑内源抗氧化剂的抵御能力，能降低缺血性损伤达 93%。每天饮用石榴汁对预防中风有很好的功效，中风后继续饮用石榴汁也很有益处。

三、抗癌作用

尽管目前在癌症的检测和治疗方面有了很大的进步，但癌症严峻的发病率仍然没有大的改善。肿瘤的致癌性是一系列复杂事件的串联结果，有诸多影响因素，选择性抑制恶性细胞增殖或引起恶性细胞凋亡是癌症化学预防的关键。由于石榴具有较强的抗癌功效，多个实验室和癌症研究中心将石榴作为重点研究对象。

1. 抗癌作用

（1）对皮肤癌的作用

皮肤是人体中最常接触阳光的器官，直接受到日光 UV（紫外线）辐射，特别是其中的 UVB（紫外线 B 光谱），可引起皮肤老化、皱纹、皮肤粗糙、干燥、毛细血管扩张、色素沉着等，使得皮肤细胞 DNA 损伤。若皮肤不断暴露在化学药剂、紫外辐射等环境中，会增加皮肤癌的发病率。如何利用植物中的天然成分对皮肤损伤进行预防、治疗是人们密切关注的问题。

UVB 辐射可导致 MMPS（金属蛋白酶）的感应，降解细胞外基质蛋白，最终导致皮肤起皱。石榴汁、石榴籽油及其产品能抑制 UVB 引起的表皮 MMPs 表达及 MMP-2 和 MMP-9 的活性。Syed 等（2006 年）发现，果实的丙酮提取物可抑制角质细胞内 UVA（紫外线 A 光谱）引起的 STAT3（信号转导和转录活化因子家族成员之一，在人类的多种恶性肿瘤中高表达）、ERK1/2（细胞外调节蛋白激酶）和 AKT1（丝氨酸-苏氨酸蛋白激酶）的磷酸化，另外，通过对 mTOR（哺乳动物雷帕霉素靶蛋白）和 p70S6K（核糖体蛋白 S6 激酶）磷酸化的抑制作用，可对蛋白合成速度和肿瘤细胞增生起到调节作用。

石榴籽油富含石榴酸，对前列腺素的合成、鸟氨酸脱羧酶、上游类十二烷酸、磷酸酯 A2 具有抑制作用，可调整 MAPK（丝裂素活化蛋白激酶）和 NF-κB 通路（NF-κB 是调控细胞扩增、抑制细胞死亡及肿瘤形成的关键因子），显著降低 CD1 小鼠皮肤肿瘤发生率和多样化。

石榴果实提取物、石榴汁、石榴籽油等对 UV 引起的皮肤损伤有效，摄入石榴产品能降低皮肤癌的发生风险。因而，石榴是一种安全有效的预防皮肤癌的天然药剂。

(2)对前列腺癌的作用

前列腺癌是导致男性死亡的第 2 大癌症。癌症早期的发展主要依赖循环睾酮，通过手术、放射治疗、立体定向放射治疗及质子疗法等方法降低循环睾酮水平，可治疗前列腺癌。在前列腺癌的发展过程中，雄性激素和雄激素受体是危险因子，雄激素升高时前列腺癌发病的风险增加，因而，降低雄激素水平并抑制雄激素受体是治疗的关键。石榴多酚能抑制雄激素合成酶的表达，维持 LNCaP-AR 癌细胞在稳定水平。这种抑制作用对前列腺癌的治疗很重要。

石榴籽油以及果皮和发酵果汁中的多酚能抑制前列腺癌细胞生长，引起细胞凋亡，抑制 PC-3 细胞的潜在性入侵，降低 LNCaP、LAPC-4、PC-3、DU-145 前列腺癌细胞的增生。有证据表明，石榴果实内的关键物质如鞣花酸、咖啡酸、木樨草素、石榴酸等可穿过基底膜基质协同抑制前列腺癌细胞 PC-3 的扩散和入侵，而鞣花酸通过活化半胱天冬酶引起前列腺癌细胞 PC-3 的凋亡。用适当剂量的石榴提取物处理前列腺癌细胞 72 h 后，细胞周期发生改变，细胞程序性死亡将增加 5~9 倍，且能抑制 PC-3 细胞侵染基底膜基质系统。

(3)对乳腺癌的作用

乳腺癌是女性最常见的恶性肿瘤之一，发病率占全身各种恶性肿瘤的 7%~10%，仅次于子宫癌，已成为威胁妇女健康的主要疾病。营养饮食因素在乳腺癌发生及治疗中的作用日益受到重视，有针对性地选择具有抗癌作用的食材进行食疗，有助于提高疗效。

石榴中多样的物质成分可抑制芳香酶和 17β 羟基类固醇脱氢酶的活性，或其本身具有抗雌激素的活性，从而可降低乳腺癌的发生危险。Toi 等(2003年)发现石榴籽油和石榴汁中的多酚能抑制乳腺癌细胞的增生、侵蚀，加速癌细胞的凋亡。石榴籽油比其他多酚物质对乳腺癌具有更好的预防作用。发酵石榴汁的多酚类因具有更高的芳香酶抑制活性，在发酵过程中可破坏类黄酮-糖复合体，因而比新鲜石榴汁具有更强的抗增生能力。

女性在更年期后，体内的雌素酮和雌二醇等雌激素水平升高、性激素结合球蛋白降低，增加了乳腺癌的患病风险，鞣花酸、石榴酸能抑制雌激素不敏感型和激素敏感型癌细胞系的增生，诱导 2 种类型的细胞凋亡。Tran 等(2010 年)揭示，石榴籽油中的石榴酸和 α 桐酸，能抑制 $ER\alpha$ 和 $ER\beta$(雌激素受体 α 和 β)，对人体乳腺癌细胞 MCF-7(ER 阳性)和 MDA-MB-231(ER 阴性)的增殖可产生有效的抑制作用。但它们是剂量依赖性的，低剂量的石榴酸和 α 桐酸对 2 种受体来说是兴奋剂，而剂量高时则成为拮抗剂，因而，合适的剂量选择是应用石榴酸和 α 桐酸的基础。然而，这些仅是在动物模型上得出的结果，还需要做大量、可控的人体实验来进一步阐明石榴对血清激素水平的作用。

（4）对结肠癌的作用

目前，对结肠直肠癌采取手术治疗、化学疗法等方法还有很多限制，晚期病人要承受各种治疗的痛苦，开发新的癌症预防试剂抑制肿瘤的发展而不引起全身的毒副反应是结肠癌一级、二级预防最优化的模式。石榴中的植物化学成分可通过调整细胞转录因子和信号蛋白抑制结肠癌细胞增生和增加其凋亡，不失为预防和治疗癌症的一条途径。

在结肠癌中，有相当一部分肿瘤来源于 Wnt 蛋白通路的激活突变。石榴中的鞣花单宁在结肠中的代谢分解为尿石素，当达到生理学所需的浓度后，则会抑制 Wnt 信号通路，因而也就降低了肿瘤突变的可能。在 HT-29 结肠癌细胞系中，50 mg/L 的石榴汁通过活化 NFkB，显著抑制 COX-2（环氧合酶-2）蛋白的表达，抑制结肠癌细胞炎症酶的活性。而鞣花酸、安石榴苷、单宁提取物对癌细胞的抑制作用是呈剂量依赖性的，只有食用石榴汁达到一定的量以后，才能降低结肠癌发展的风险。质量分数为 0.01%、0.1% 和 1% 的石榴籽油浓度可抑制老鼠中氧化偶氮甲烷引起的结肠腺癌的发展，且不会引起副作用，因而，食用石榴籽油可显著抑制结肠腺癌的发生。

（5）对其他癌症的作用

石榴果实提取物对肺癌具有潜在的疗效。用果实提取物（50～150 μg/mL）处理老鼠肺癌 A549 细胞 72 h 后，细胞活性出现了明显下降。石榴的这种对肺癌 A549 细胞的抑制活性比绿茶中表儿茶素-3-没食子酸酯的活性还要高。

Kawaii（2004 年）的体外实验证实了石榴发酵果汁和果皮提取物能明显诱导 HL-60 白血病细胞分化，抑制其增生，而新鲜石榴汁对细胞分化的促进作用较低。

2. 抗癌的作用机制

石榴的抗癌效果与它的抗氧化性、抗增生（抑制生长、阻断细胞循环、使细胞凋亡）、抗发炎等特性有关。

石榴汁、安石榴苷和总单宁可抑制 TNFα（肿瘤坏死因子 α）介导的 COX-2 的表达。石榴汁还能抑制 NF-κB（核转录因子）的磷酸化，安石榴苷可有效抑制该转录因子与 DNA 结合。另外，熊果酸、γ-生育酚、鞣花酸、槲皮素、木樨草素、芹黄素等物质通过降低 NF-κB 活性，减少脂肪酸合成、抑制肿瘤坏死因子，增加半胱天冬酶活性，从而上调肿瘤抑制蛋白 p53 和 p21（p53 的下游激活产物）参与肿瘤细胞的凋亡过程。细胞凋亡有外源性（死亡受体途径）和内源性（线粒体途径和内质网途径）2 种途径，安石榴苷和鞣花酸通过内源途径引起细胞凋亡，但两者都不能活化与外源途径相关的半胱天冬酶。由于石榴仅通过内源途径引起细胞凋亡，COX-2 在细胞凋亡进程中的作用还未被完全研究清楚。

四、抗糖尿病的作用

糖尿病是世界上最常见的代谢性疾病，其发病率还在继续增加。国际糖尿病联盟所发布的数据显示，到 2025 年世界上糖尿病患者将会达到 33.3 亿。世界卫生组织将糖尿病列为继心血管疾病和肿瘤病变后的第 3 大流行病。通过合理调节饮食来控制糖尿病是其治疗方法之一，而石榴及其产品可起一定的作用，不少研究已经报道了其抗糖尿病的活性。

石榴花提取物在某种程度上通过抑制肠内 α-葡萄糖苷酶的活性降低餐后血糖水平。石榴花和石榴汁能提高胰岛素受体的敏感性，提高 PPAR-γ（过氧化酶体增殖物激活受体 γ）mRNA 的表达，PPAR-γ 的过量表达可增加 PAEC 释放 NO，NO 能参与血管扩张，保护血管壁，阻止糖尿病后遗症。服用石榴籽提取物（300 mg/kg 和 600 mg/kg）12 h 后，糖尿病老鼠体内的血糖浓度显著降低 47% 和 52%。石榴中对糖尿病起作用的物质包括齐墩果酸、没食子酸、咖啡酸等。齐墩果酸可显著增强胰腺 b 细胞中急性葡萄糖刺激的胰岛素分泌；没食子酸是广泛分布的抗糖尿病的中草药成分；咖啡酸能提高老鼠脂肪细胞和成肌细胞等外围组织细胞对葡萄糖的吸收，减少糖在肠道中的吸收，降低血糖水平。

五、改善皮肤健康

长期暴露在太阳下会加重对皮肤的损伤，石榴提取物对 UVA 和 UVB 引起的皮肤损伤有预防作用。石榴多酚可降低细胞内 ROS（活性氧）的产生，增加细胞内抗氧化能力，对 UVA 和 UVB 引起的皮肤成纤维细胞死亡有预防作用。当皮肤受到伤害后，石榴籽油可增加角化细胞的增殖；石榴皮提取物则可刺激类型Ⅰ原骨胶原的合成，抑制 MMP-1（金属蛋白酶-1，节间胶原酶）的产生。即石榴水提物（尤其是石榴皮）能促进皮肤真皮再生，石榴籽油可促进上表皮再生。石榴提取物还可抑制 UV 辐射引起的色素沉积，抑制黑色素细胞的增殖和黑色素的合成，对皮肤有美白作用。

六、抗菌、抗病毒活性

（1）抗细菌

石榴皮、种子、果汁及整个果实的提取物均有不同程度的抗（抑）菌活性。石榴汁可抑制葡萄球菌和肺炎杆菌，但其抗菌功能随品种的不同而有差异，主要取决于多酚、花色苷、柠檬酸的含量。石榴种子对枯草杆菌、大肠杆菌、酵母菌具有抗菌活性。果皮中的安石榴苷抗金黄葡萄球菌和绿脓杆菌。同时，果皮提取物对多重耐药性的沙门氏菌、肠埃希氏菌具有很强的抗菌活性。石榴中的安石榴苷可抑制梭状芽孢杆菌和金黄色葡萄球菌，但对乳酸杆菌和双歧杆菌没有影响，推测可能是安石榴苷的存在使得介质的 pH 值较低，因而抑制了病原菌的生长。但是，由于安石榴苷和鞣花酸不能直接被吸收，它们经肠道微生物代谢成为尿石素后，活性可能会发生改变，因而，还需要做人类粪便菌群实验来验证其抑菌活性。

另外，人们还用石榴控制植物上的细菌病。石榴鲜果皮和干果皮的乙醇提取物可有效抑制造成番茄枯萎病的茄科雷尔氏菌的生长。

（2）抗真菌

念珠菌是一种无害的腐生酵母菌，是存在于人类胃肠道、口腔、阴道黏膜的正常生物成分，可引起鹅口疮、阴道炎等表面感染病。石榴皮中的安石榴苷具有很强的抗白色念珠菌及近平滑念珠菌活性。石榴提取物可抑制口腔念珠菌的生长，菌落形成单位与对照相比下降了 84%，因而可利用石榴提取物来治疗口腔念珠菌病。石榴皮的抗真菌活性随测验的菌体不同而有差异，如可抑制青霉菌生长达 8 d、展青霉为 4 d、曲霉菌为 3 d。石榴的水提取物对皮肤真菌也有一定的疗效。石榴茎对霉菌病具有较高的抗菌能力。

（3）抗病毒

流感病毒可引起全国性的流行病，目前仍是造成人类死亡和染病的主要原因之一。石榴整个果实的水醇提取物具有高抗流感病毒活性，多酚提取物能抑制人类流感病毒 A（H3N2）在 MDCK 细胞中的复制，抑制流感病毒引起的鸡红细胞（cRBC）的聚合。安石榴苷能阻断病毒 RNA 的复制，抑制鸡红细胞的凝聚，是抗病毒的有效多酚物质。石榴中的单宁具有蛋白沉淀的特殊性，会对病毒生活史中的酶产生不利影响，因而在抗病毒活性中起关键的作用。值得注意的是，当缺少多酚类物质时，石榴提取物不具有抗病毒活性。石榴中的多酚与达菲（一种抗流感药）共同使用可起到抗流感作用。石榴多酚与达菲药的组合应用潜力巨大，具有临床效果好、药量省、毒性小、副作用少等优点，是对抗流感的低成本、高效益的良方。

石榴皮（包括树皮和果皮）的水提取物对生殖器单纯性疱疹病毒（HSV-1、HSV-2）、乙肝病毒（HBV）、呼吸合胞体病毒（RSV）、小儿麻痹病毒、人体免疫缺损病毒（HIV）等都有作用。石榴叶的乙醇提取物对苜蓿银纹夜蛾核型多角体病毒的复制具有显著的抑制作用。

实际上，石榴的抗菌活性总是与石榴的抗氧化性相关，而其抗氧化性主要取决于果实的酚类和花色苷含量。实验表明，安石榴苷可抑制多种细菌和真菌，可能在石榴抗菌活性中起主要的作用，当然，这需要对石榴的抗菌活性进行验证，而目前唯一进行过人体试验的是石榴提取物对口腔细菌的抑制。石榴多样的抗菌性使其成为天然抗菌剂，必将得到消费者、食品企业、食品安全机构的青睐。

七、抗感染

石榴中的活性成分可能协同抑制感染细胞因子的表达。石榴籽油中含有的共轭脂肪酸——石榴酸可通过限制嗜中性白细胞和脂质过氧化而起到抗感染作用。安石榴苷、石榴皮鞣素、木麻黄素 A、石榴皮亭 B 这 4 种水解单宁显著抑制 NO 的产生，石榴皮亭 B 和鞣花酸还能抑制细胞激素 IL-8、PGE2（前列腺素）的产生及 COX-2 的表达，因而石榴提取物对炎症有特别的疗效。脂多糖诱导产生的感染是在小胶质细胞发生的，而整个石榴的甲醇提取物可抑制 TNFα 在小胶质细胞中的产生和表达。

八、抗炎活性

生理性或急性炎症是对组织损伤的有益反应，但是，当炎症无法及时处理时，就可能导致免疫性疾病，如风湿性关节炎、炎症性肠病（IBD），甚至是癌症。慢性炎症可能发展成一些病症从而演变成癌症。流行病学证据也指出，许多癌症来源于炎症和感染部位长期的刺激。

石榴种子中的石榴酸是主要的抗炎成分，通过抑制前列腺素的合成而抑制炎症的发展。冷轧石榴籽油可抑制 COX（环氧酶）和 LOX（脂氧和酶）活性，籽油中的多酚可抑制炎症细胞将信号传导给结肠癌细胞，因而可降低或延缓炎症向癌症的发展。

幽门螺旋杆菌是胃炎发病的病因，石榴皮提取物可显著降低幽门螺旋杆菌的生长。石榴提取物通过抑制 NF-κB 活性和 Erk1/2 的激活，降低肠道 Caco-2 细胞中 NO 和 PGE2 的合成，表现出抗炎活性。但是，到目前为止，关于石榴对胃肠道的抗炎作用还未得到临床实验的证实。

UVB 辐射后的角质细胞释放某些细胞因子，整个石榴果的丙酮提取物可抑制这些细胞因子的磷酸化，从而起到消炎的作用，避免皮肤损伤。石榴皮富含单宁，不仅具有抗疟活性，还能抑制脑型疟疾发病的发炎症状。石榴皮提取物能抑制中性白细胞过氧化物酶的活性，减弱小鼠脂多糖引起的肺炎。石榴汁可防止碘酸醋盐（可诱发骨关节炎）的副作用，对骨关节炎也有一定的治疗功效；石榴果实和种子还可治疗黄疸和肝炎。

石榴汁、果皮、花等具有很高的抗溃疡作用，而鞣花酸是其中起作用的主要成分。安石榴苷、石榴皮鞣素、木麻黄素 A 和石榴皮亭 B 可抑制 RAW 264.7 巨噬细胞中 NO 产生和诱导 iNOS(一氧化氮合酶)的表达，石榴皮亭 B 对 iNOS 和 COX-2 的抑制作用最强。根据这一研究结果，Lee 等(2010 年)认为可将石榴皮亭 B 用作石榴抗炎活性的标记。

根据前人的研究结果，石榴中植物化学成分对发炎的调控可概括为：抑制 COX-2 的表达及类十二烷酸合成，降低细胞中前列腺素的释放；协同抑制炎性细胞因子的表达；抑制 MMPs(基质金属蛋白酶)活性。

九、改善口腔健康

石榴提取物对口腔疾病如牙周病、牙龈炎、口腔炎、牙菌斑、龋齿等都有一定的疗效，若将其开发应用，可在治疗口腔疾病、维护口腔健康方面发挥作用。

石榴提取物对口腔炎引起的念珠菌病有一定的疗效，其中的类黄酮对牙龈炎的治疗很有益处。天冬氨酸转氨酶是细胞损伤的指示器，牙周病发生时其数值升高，用石榴提取物冲洗口腔能降低唾液中天冬氨酸转氨酶的活性。石榴果实的水醇提取物对牙菌斑微生物有抑制作用，是治疗牙菌斑细菌药物的有效替代品。口腔中的 α 淀粉酶可催化淀粉水解成寡糖，结合在链球菌和牙釉质上，在牙齿表面为龋齿微生物提供食物源，而石榴中的单宁可抑制口腔 α 淀粉酶的活性，间接抑制了龋齿微生物的生长。石榴花提取物对蔗糖消化酶有抑制作用，可降低牙龈炎等一系列口腔问题的发生。

十、其他

(1)雌激素研究

石榴植株内含有较高浓度的天然雌激素，其中种子雌素酮的含量最高。石榴皮含有槲皮素、山柰素、木樨草素 3 种雌激素物质，它们结合在 β-雌激素受体上发挥作用。有趣的是，这 3 种物质的糖基化衍生物同样存在于石榴皮提取物中，却不具有类雌激素活性，表明糖基化改变了这 3 种雌激素物质的生理活性。绝经期妇女饮用石榴汁 1 周后，雌素酮有显著增加。但长期饮用是否有持久的累积效应还有待进一步的研究来确定。另外，石榴还能改善更年期妇女的抑郁情绪，阻止骨质流失。

(2)治疗腹泻

民间有把石榴果壳水煮 10~40 min 用来治疗痢疾、腹泻的做法。石榴籽提取物的单宁使蛋白质变性产生单宁酸盐，减少胃肠黏膜的分泌物，从而产生抗分泌活性。

（3）促进伤口愈合

石榴中的没食子酸和儿茶素是主要的具有愈合活性的物质。干石榴皮的甲醇提取物中含有高达44％的酚类物质，用这种提取物制成水溶胶状物涂抹于Wistar大鼠皮肤伤口后发现，用5％的胶状物10 d后伤口愈合，而2.5％浓度的12 d后愈合，对照组中需用16～18 d伤口才能完全愈合，表明石榴提取物可加速伤口愈合。

（4）提高精子质量

石榴汁可增加附睾中精子的浓度、运动性、可产生精子细胞的浓度、生精管的直径和生殖细胞层厚度，也可降低异常精子率。鞣花酸对环孢霉素引起的睾丸和精子毒性有抑制作用。鞣花酸的这种保护作用与抑制氧化应激反应密切相关。

（5）减肥作用

在雌鼠食物中加入含有20％的石榴提取物（6％的安石榴苷）使用37 d，平均每天摄入4 800 mg/kg安石榴苷，结果发现，在实验的早期，雌鼠的饮食量和体重明显下降。Lei（2007年）观察到石榴叶提取物具有减肥作用，可抑制肥胖和高血脂的发展。这种减肥作用可能与抑制胰腺脂肪酶活性从而降低能量吸收有关。

（6）驱虫作用

驱虫剂或抗寄生虫药可将体内的肠内寄生虫杀死而排出体外，而石榴则是一种被广泛应用的中草药抗虫剂。在印度，人们用石榴籽治疗疟疾，认为石榴籽具有抗寄生虫活性，这种驱虫活性主要是其含有的生物碱在起作用。在石榴中所有的生物碱类中，异石榴皮碱具有最高的驱虫活性，甲基异石榴皮碱和ψ石榴碱次之。而树皮比种子具有更高的驱虫活性，在浓度为100 mg/mL时的活性与参照药哌嗪柠檬酸盐（piperazine citrate）10 mg/mL的活性相当。

（7）保肝、预防尿结石

石榴花提取物对动物的急性氧化肝组织损伤具有保护性的预防活性，石榴花的保肝活性与潜在的抗氧化有关。石榴能抑制钙结晶，可预防尿结石。

第三节 石榴的药物动力学与安全性研究

一、石榴的药物动力学研究

判定一种新药能否进入临床应用，不单要求其毒副作用小，更要求其具备良好的药物动力学性质。据报道，那些没能进入临床应用的候选药物，有39%的是因为药物动力学性质不佳，21%的则是与毒副作用相关的安全性问题。尽管石榴可能与其他水果具有相似的药物动力学通路，但目前关于其生物活性物质的吸收、利用、分布、代谢的信息较少。

在对石榴汁的体外研究中发现，29%的多酚物质在消化过程中可被利用。在对石榴叶2类重要的单宁物质进行的药物动力学研究中发现，口服石榴叶提取物后，鞣花酸吸收不良，部分被胃吸收并快速排出。进一步的体外实验表明，石榴叶中的鞣花酸能被运输到人肝癌 HepG2 细胞，与细胞的总胆固醇含量相关。另外一种石榴单宁——云实素具有同鞣花酸相似的药物动力学特征：快速地吸收、分布和排出。以上结果表明，具有相似结构的物质通常具有相似的药物动力学性能。由此，根据这2种物质中传递的信息，可以推断总单宁的药物动力学特征。然而，多酚物质随着分子结构、糖基化、水溶性等的不同，其生物利用亦呈多样化，个体差异、加工方法、分析技术等又直接影响石榴多酚物质的生物利用率的测定，加之目前人体试验的数据很少，因而，分析石榴多酚物质在人体中的吸收利用还有一定的难度。

二、安全性研究

人类食用石榴的历史已有 1 000 年以上，在一般情况下认为石榴是安全的。然而，部分研究也发现石榴存在一定的毒性作用，需进一步发现并验证。食用煎煮的树皮、果皮在一定程度上可能导致重症急性胃部炎症甚至死亡，这种树皮、果皮和根部有毒性的报道与其生物碱的含量有关。也有活体实验发现，整个石榴果实提取物可导致内脏充血，食用果实还可引起严重的过敏反应，长期食用粗糙研磨的石榴籽能引起食道癌；石榴种子、果汁、果皮的混合物不仅能导致流产，还能导致不孕。

在对鼠体的实验中发现，引起老鼠半致死量的整果提取物的浓度为731 mg/kg。口服含有30%安石榴苷的标准石榴果实提取物，引起 Wistar 鼠和 Swiss albino 小鼠急性中毒半致死量的浓度为每日大于 5 000 mg/kg，而无明显副作用的亚慢性中毒浓度每日为 600 mg/kg。Sprague-Dawley 鼠口服含6%的安石榴苷食物37 d 后，未发现有中毒症状。因此，在正常剂量下，只要不过量、长期使用，食用石榴还是安全的。

第四节　小结

对植物化学物质的深入研究，有利于促进健康、防治重大的慢性疾病，同时对其作用机理的深入研究可更加明确其在维护人类健康方面所起的作用和地位。石榴富含大量的植物化学物质，而且生物活性多种多样，引起了国内外的广泛关注，从最初的少数研究团体，到今天不同研究领域、不同研究背景的学者，都被石榴对各种疾病的强大治疗功效所吸引。石榴为各个学科（化学、生物学、农学、医学等）提供了取之不尽的研究材料，不同领域的研究成果为石榴的开发、利用奠定了良好的基础。越来越多的证据表明，石榴是一种多功能的杰出水果，被誉为"21世纪的天然药物"，其多功能性为研究人类面临的一些重大疾病的机制，以及植物化学成分如何介入调控提供了一条理想途径。

以现有的研究结果为基础，我们可以看到，石榴一系列的保健功效实际上都是其抗炎和抗氧化性能结合作用的结果（见图3-6），这些功效应归功于石榴中以酚类物质为主的大量的植物化学成分。虽然人们食用石榴已有上千年的历史，但对石榴果汁（包括鲜榨的、商品的、发酵的）、果皮、种子等的功效研究却是一个相对较新的领域。尽管有大量的临床前工作证实了石榴的治疗功效，然而，至今还没有进行过完整的临床试验。目前大部分的工作都集中在抗氧化作用和化学防护性作用的研究上，对石榴中植物化学物质在体内的消化、吸收、代谢等方面的研究较为少见，调控相关疾病的机制也无从得知。从这一点来看，对石榴功效的研究尚处于初级阶段，探索石榴特殊植物化学成分的疗效、生物效应及作用的机制将是未来研究的重点和方向。

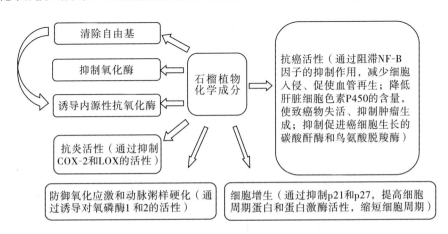

图 3-6　石榴植物化学成分的主要生物活性作用

因而，未来的工作需集中于临床应用，如决定最佳周期、用药途径、生物利用率、抗癌活性潜力、单独或组合应用的最佳剂量及安全性、各种生物活性成分对于各种疾病的分子靶向性等。同时，研究开发新型石榴产品，如可即食的石榴种子、浓缩汁、化妆品、减肥皂等，让人们从更多的石榴产品中获益。

参 考 文 献

[1] 程霜，郭长江，杨继军，等．石榴皮多酚提取物降血脂效果的研究［J］．解放军预防医学杂志，2005，3：160-163.

[2] 郭长江，韦京豫，杨继军，等．石榴汁与苹果汁改善老年人抗氧化功能的比较研究［J］．营养学报，2007，29(3)：292-294.

[3] 韩玲玲，苑兆和，冯立娟，等．不同石榴品种果实成熟期酚类物质组分与含量分析［J］．果树学报，2013，30(1)：99-104.

[4] 雷帆，陶佳林，苏慧，等．利用"层次分析"法对石榴叶鞣质及主要成分减肥降脂活性的综合评价［J］．世界科学技术：中医药现代化，2007，9(4)：46-50.

[5] 李定格，苏传勤，孙力，等．石榴叶调节血脂和清除氧自由基作用的实验研究［J］．山东中医药大学学报，1999，23：380-381.

[6] 李国秀．石榴多酚类物质的分离鉴定和抗氧化活性研究［D］．西安：陕西师范大学，2008.

[7] 李建科，李国秀，赵艳红，等．石榴皮多酚组成分析及其抗氧化活性［J］．中国农业科学，2009，42(11)：4035-4041.

[8] 李文敏，敖明章，余龙江，等．石榴籽油的微波提取和体外抗氧化作用研究［J］．天然产物研究与开发，2006，18：378-380.

[9] 李文敏，敖明章，汪俊汉，等．石榴籽油对实验性高脂血症大鼠血脂及脂质过氧化的影响［J］．食品科学，2007，28(2)：309-312.

[10] 李云峰，郭长江，杨继军，等．石榴皮提取物对高脂血症小鼠抗氧化功能和脂质代谢的影响［J］．营养学报，2005(6)：483-486.

[11] 李云峰，郭长江，杨继军，等．石榴提取物对氧化应激血管内皮细胞保护作用的比较［J］．中国临床康复，2006，33(10)：81-83.

[12] 李志西，李彦萍，韩毅．石榴籽化学成分研究［J］．中国野生植物资源，1994(3)：11-14.

[13] 孟甄，孙立红，陈芸芸，等．石榴叶鞣质对高脂血高血糖模型动物脂代谢的影响［J］．中国实验方剂学杂志，2005，11(1)：22-24.

[14] 齐迪．不同品种石榴多酚提取工艺及其抗氧化活性的研究［D］．杨凌：西北农林科技大学，2011.

［15］王晓瑜，高晓黎，买尔旦·马合木提. 石榴的药理学研究进展［J］. 中国医药导报，2008，5(7)：13-15.

［16］徐静，郭长江，杨继军，等. 不同抗氧化活性水果汁对老龄大鼠抗氧化功能的干预作用［J］. 中华预防医学杂志，2005，39(2)：80-83.

［17］徐静，韦京豫，郭继芬，等. 石榴汁中部分多酚类物质的分离鉴定［J］. 中国食品学报，2010，10(1)：190-199.

［18］杨秀伟，杨晓达，蒲小平，等. 创新药物研究中的吸收、分布、代谢、排泄/毒性（ADME/Tox.）平台建设［J］. 北京大学学报：医学版，2004，36(1)：5-9.

［19］苑兆和，招雪晴，尹燕雷，等. 石榴植物化学研究进展［J］. 落叶果树，2013，45(5)：1-6.

［20］詹炳炎. 多功能阴道栓. 中国，CN1103789［P］. 1995-06-02.

［21］张杰，詹炳炎，姚学军，等. 中药石榴皮鞣质类成分抗生殖器疱疹病毒作用［J］. 中国中药杂志，1995，20(9)：556-558.

［22］Aarabi A，Barzegar M，Azizi M H. Effect of cultivar and cold storage of pomegranate (*Punica granatum* L.)juices on organic acid composition［J］. ASEAN Food Journal，2008，15(1)：45-55.

［23］Abbasi A M，Khan M A，Ahmad M，et al. Medicinal plants used for the treatment of jaundice and hepatitis based on socio-economic documentation［J］. African Journal of Biotechnology，2009，8(8)：1643-1650.

［24］Adams L S，Seeram N P，Aggarwal B B. Pomegranate juice，total pomegranate ellagitannins，and punicalagin suppress inflammatory cell signaling in colon cancer cells［J］. Journal of Agriculture and Food Chemistry，2006，54(3)：980-985.

［25］Adhami V M，Khan N，Mukhtar H. Cancer chemoprevention by pomegranate：laboratory and clinical evidence［J］. Nutrition and Cancer，2009，61(6)：811-815.

［26］Afaq F，Saleem M，Krueger C G，et al. Anthocyanin and hydrolyzable tannin-rich pomegranate fruit extract modulates MAPK and NF-kB pathways and inhibits skin tumorigenesis in CD-1 mice［J］. International Journal of Cancer，2005，113(3)：423-433.

［27］Afaq F，Zaid M A，Khan N，et al. Protective effect of pomegranate-derived products on UVB-mediated damage in human reconstituted skin［J］. Experimental Dermatology，2009，18(6)：553-561.

［28］Ahmed R，Ifzal S M，Saifuddin A，et al. Studies on *Punica granatum*. I. Isolation and identification of some constituents from the seeds of *Punica granatum*［J］. Pakistan Journal of Pharmaceutical Sciences，1995，8(1)：68-71.

［29］Ahmed S，Wang N，Hafeez B B，et al. *Punica granatum* L. extract inhibits lL-1β-induced expression of matrix metalloproteinases by inhibiting the activation of MAP kinases and NF-κB in human chondrocytes in vitro［J］. The Journal of Nutrition，2005，135(9)：2096-2102.

［30］ Al-Zoreky N S. Antimicrobial activity of pomegranate(*Punica granatum* L.)fruit peels ［J］. International Journal of Food Microbiology，2009，134(3)：244-248.

［31］ Amakura Y，Okada M，Tsuji S，et al. Determination of phenolic acids in fruit juices by isocratic column liquid chromatography ［J］. Journal of Chromatography A，2000，891(1)：183-188.

［32］ Amarowicz R，Pegg R B，Rahimi-Moghaddam P，et al. Free-radical scavenging capacity and antioxidant activity of selected plant species from the Canadian prairies ［J］. Food Chemistry，2004，84(4)：551-562.

［33］ Amin A，Kucuk O，Khuri F R，et al. Perspectives for cancer prevention with natural compounds ［J］. Journal of Clinical Oncology，2009，27(16)：2712-2725.

［34］ Arun N，Singh D P. *Punica granatum*：a review on pharmacological and therapeutic properties ［J］. International Journal of Pharmaceutical Sciences and Research，2012，3(5)：1240-1245.

［35］ Aslam M N，Lansky E P，Varani J. Pomegranate as a cosmeceutical source：Pomegranate fractions promote proliferation and procollagen synthesis and inhibit matrix metalloproteinase-1 production in human skin cells ［J］. Journal of Ethnopharmacology，2006，103(3)：311-318.

［36］ Aviram M，Dirbfeld L，Rosenblat M，et al. Pomegranate juice consumption reduces oxidative stress，atherogenic modifications to LDL，and platelet aggregation：studies in humans and in atherosclerotic apolipoprotein E-deficient mice ［J］. The American Journal of Clinial Nutrition，2000，71(5)：1062-1076.

［37］ Aviram M，Rosenblat M，Gaitini D，et al. Pomegranate juice consumption for 3 years by patients with carotid artery stenosis reduces common carotid intima-media thickness，blood pressure and LDL oxidation ［J］. Clinical Nutrition，2004，23(3)：423-433.

［38］ Ayers S，Zink D L，Mohn K，et al. Anthelmintic acitivity of aporphine alkaloids from *Cissampelos Capensis* ［J］. Planta Medica，2007，73(3)：296-297.

［39］ Azzouz M A，Bullerman L B. Comparative antimycotic effects of selected herbs，spices，plant components and commercial antifungal agents ［J］. Journal of Food Protection，1982，45(14)：1298-1301.

［40］ Bachoual R，Talmoudi W，Boussetta T，et al. An aqueous pomegranate peel extract inhibits neutrophil myeloperoxidase in vitro and attenuates lung inflammation in mice ［J］. Food and Chemical Toxicology，2011，49(6)：1224-1228.

［41］ Badria F A. Melatonin，serotonin，and tryptamine in some Egyptian food and medicinal plants ［J］. Journal of Medicinal Food，2002，5(3)：153-157.

［42］ Badria F A，Zidan O A. Natural products for dental caries prevention ［J］. Journal of Medicinal Food，2004，7(3)：381-384.

［43］ Balkwill F，Charles K A，Mantovani A. Smoldering inflammation in the initiation and promotion of malignant disease ［J］. Cancer Cell，2005，7：211-217.

［44］ Barzegar M，Fadavi A，Azizi M H. An investigation on the physico-chemical composition of various pomegranates(*Punica granatum* L.)grown in Yazd ［J］. Iranian Journal of Food Science and Technology，2004，2：9-14.

［45］ Batta A K，Rangaswami S. Angiospermae dicotyledonae：crystalline chemical components of some vegetable drugs ［J］. Phytochemistry，1973，12(1)：214-216.

［46］ Bonzanini F，Bruni R，Palla G，et al. Identification and distribution of lignans in *Punica granatum* L. fruit endocarp，pulp，seeds，wood knots and commercial juices by GC-MS ［J］. Food Chemistry，2009，117：745-749.

［47］ Boussetta T，Raad H，Lettéron P，et al. Punicic acid a conjugated linolenic acid inhibits TNFα-induced neutrophil hyperactivation and protects from experimental colon inflammation in rats ［J］. PLoS One，2009，4(7)：e6458.

［48］ Burapadaja S，Bunchoo A. Antimicrobial activity of tannins from *Terminalia citrine* ［J］. Planta Medica，1995，61：365-366 .

［49］ Cáceres A，Girón LM，Alvarado S R，et al. Screening of antimicrobial activity of plants popularly used in Guatemala for the treatment of dermatomucosal diseases ［J］. Journal of Ethnopharmacology，1987，20(3)：223-227.

［50］ Cerdá B，Cerón J J，Tomás-Barberán F A，et al. Repeated oral administration of high doses of the pomegranate ellagitannin punicalagin to rats for 37days in not toxic ［J］. Journal of Agricultural and Food Chemistry，2003，51(11)：3493-3501.

［51］ Cesar de Souza Vasconcelos L，Sampaio M C C，Sampaio F C，et al. Use of *Punica granatum* as an antifungal agent against candidosis associated with denture stomatitis ［J］. Mycoses，2003，46(5-6)：192-196.

［52］ Chidambara M K N，Reddy V K，Veigas J M，et al. Study on wound healing activity of *Punica granatum peel* ［J］. Journal of Medicinal Food，2004，7(2)：256-259.

［53］ Choi D W，Kim J Y，Choi S H，et al. Identification of steroid hormones in pomegranate(*Punica granatum*)using HPLC and GC-mass spectrometry ［J］. Food Chmeistry，2006，96：562-571.

［54］ Colombo E，Sangiovanni E，Dell'Agli M. A review on the anti-inflammatory activity of pomegranate in the Gastrointestinal tract ［J］. Evidence-Based Complementary and Alternative Medicine，http：//dx. doi. org/10. 1155/2013/247145/.

［55］ Dahham S S，Ali M N，Tabassum H，et al. Studies on antibacterial and antifungal activity of pomegranate(*Punica granatum* L.) ［J］. American-Eurasian Journal of Agricaltural and Environmental Sciences，2010，9(3)：273-281.

［56］ Das A K，Mandal S C，Banerjee S K，et al. Studies on antidiarrheal activity of *Punica granatum seed* extract in rats ［J］. Journal of Ethnopharmacology，1999，68（1）：205-208.

［57］ Das A K，Mandal S C，Banerjee S K，et al. Studies on the hypoglycaemic activity of *Punica granatum* seed in streptozotocin induced diabetic rats ［J］. Phytotherapy Research，2001，15(7)：628-629.

[58] De M，Krishna De A，Banerjee A B. Antimicrobial screening of some Indian spices [J]. Phytotherapy Research，1999，13(7)：616-618.

[59] De Nigris F，Balestrieri M L，Williams-Ignarro S，et al. The influence of pomegranate fruit extract in comparison to regular pomegranate juice and seed oil on nitric oxide and arterial function in obese Zucker rats [J] . Nitric Oxide，2007，17(1)：50-54.

[60] Dean P D G，Exley D，Goodwin T W. Steroid oestrogens in plants：reestimation of oestrone in pomegranate seeds [J] . Phytochemisty，1971，10(9)：2215-2216.

[61] Dell'Agli M，Galli G V，Corbett Y，et al. Antiplasmodial activity of *Punica granatum* L. fruit rind [J] . Journal of Ethnopharmacology，2009，125(2)：279-285.

[62] Di Silvestro R A，DiSilvestro D J，DiSilvestro D J. Pomegranate extract mouth rinsing effects on saliva measures relevant to gingivitis risk [J] . Phytotherapy Research，2009，23(8)：1123-1127.

[63] Duh P D. Antioxidant activity of burdock(*Arctium lappa* L.)：its scavenging effects on free radical and active oxygen [J] . Journal of the American Oil Chemists' Society，1998，75(4)：455-461.

[64] Duman A D，Ozgen M，Dayisoylu K S，et al. Antimicrobial activity of six pomegranate(*Punica granatum* L.) varieties and their relation to some of their pomoligical and phytonutrient characteristics [J] . Molecules，2009，14(5)：1808-1817.

[65] Dutta B K，Rahman I，Das T K. Antifungal activity of Indian plant extracts：Animyzetische Akivität indischer Pflanzenextrakte [J] . Mycoses，1998，41 (11-12)：535-536.

[66] Elfalleh W，Nasri N，Marzougui N，et al. Physico-chemical properties and DPPH-ABTS scavenging activity of some local pomegranate(*Punica granatum*)ecotypes [J]. International Journal of Food Sciences and Nutrition，2009，60(S2)：197-210.

[67] Erturk O，Zihni D，Ali O B. Antiviral activity of some plant extracts on the replication of Autographa californica nuclear polyhedrosis virus [J] . Turkish Journal. of Biology，2000，24：833-844.

[68] Esmaillzadeh A，Tahbaz F，Gaieni I，et al. Cholesterol-lowering effect of concentrated pomegranate juice consumption in type II diabetic patients with hyperlipidemia [J]. International Journal for Vitamin and Nutritional Research，2006，76(3)：147-151.

[69] Fadavi A，Barzegar M，Azizi M H，et al. Physicochemical composition of ten pomegranate cultivars(*Punica granatum* L.)grown in Iran [J] . Food Science and Technology International，2005，11(2)：113-119.

[70] Fadavi A，Barzegar M，Azizi M H. Determination of fatty acids and total lipid content in oilseed of 25 pomegranates varieties grown in Iran [J] . Journal of Food Composition and Analysis，2006，19(6)：676-680.

[71] Fischer U A，Carle R，Kammerer D R. Identification and quantification of phenolic

compounds from pomegranate(*Punica granatum* L.)peel, mesocarp, aril and different-ly produced juices by HPLC-DAD-ESI/MS^n [J] . Food Chemistry, 2011, 27 (2): 807-821.

[72] Fischer U A, Jaksch A V, Carle R, et al. Influence of origin source, different fruit tissue and juice extraction methods on anthcyanin, phenolic acid, hydrolysable tannin and isolariciresinol contens of pomegranate (*Punica granatum* L.)fruit and juices [J]. European Food Research and Technology, 2013, 237(2): 209-221.

[73] Fu Q, Zhang L, Cheng N, et al. Extraction optimization of oleanolic and ursolic acids from pomegranate (*Punica granatum* L.)flowers [J] . Food and Bioproducts Process-ing, 2014, 92(3): 321-327.

[74] Fuhrman B, Aviram M. Flavonoid protect LDL from oxidation and attenuate athero-sclerosis [J] . Current Opinion in Lipidology, 2001, 12(1): 41-48.

[75] Gaig P, Bartolome B, Lleonart R, et al. Allergy to pomegranate(*Punica granatum*) [J] . Allergy, 1999, 54(3): 287-288.

[76] Ghadirian P. Food habits of the people of the Caspian Littoral of Iran in relation to e-sophageal cancer [J] . Nutrition and Cancer, 1987, 9: 147-157.

[77] Ghadirian P, Ekoe J M, Thouez J P. Food habits and esophageal cancer: an overview [J] . Cancer Detection and Prevention, 1992, 16(3): 163-168.

[78] Gil M I, García-Viguera C, Artés F, et al. Changes in pomegranate juice pigmentation during ripening [J] . Journal of the Science of Food and Agrictulture, 1995, 68(1): 77-81.

[79] Gil M I, Tomás-Barberán F A, Hess-Pierce B, et al. Antioxidant activity of pome-granate juice and its relationship with phenolic composition and processing [J]. Journal of Agricultural and Food Chemistry, 2000, 48(10): 4581-4589.

[80] Gordon M F. The mechanism of antioxidant action in vitro [M] // Hudson BJF(Ed), Food Antioxidants. Springer Netherlands, London, 1999: 1-18.

[81] Gracious Ross R, Selvasubramanian S, Jayasundar S. Immunomodulatory activity of *Punica granatum* in rabbits-a preliminary study [J] . Journal of Ethnopharmacology, 2001, 78(1): 85-87.

[82] Grossmann M E, Mizuno N K, Schuster T, et al. Punicic acid is an ω-5 fatty acid ca-pable of inhibiting breast cancer pfoliferation [J] . International Journal of Oncology, 2010, 36(2): 421-426.

[83] Gujral M L, Varma D R, Sareen K N. Oral contraceptives. Part 1. Preliminary obser-vations on the antifertility effect of some indigenous drugs [J] . Indian Journal of Medi-cal Research, 1960, 48: 46-51.

[84] Gundogdu M, Yilmaz H. Organic acid, phenolic profile and antioxidant capacities of pomegranate(*Punica granatum* L.)cultivars and selected genotypes [J] . Scientia Hor-ticulturae, 2012, 143: 38-42.

[85] Hadi N, Afaq F, Mukhtar H. Antiproliferative effects of anthocyanins, hydrolyzable and oligomeric tannins rich pomegranate fruit extract on human lung carcinoma cells A549 [J]. Proceedings of the American for Association for Cancer Research, 2005, 46(1): 579.

[86] Hadipour-Jahromy M, Mozaffari-Kermani R. Chondroprotective effects of pomegranate juice on monoiodoacetate-induced osteoarthritis of the knee joint of mice [J]. Phytotherapy Research, 2010, 24(2): 182-185.

[87] Haidari M, Ali M, Ward Casscells III S, et al. Pomegranate(*Punica granatum*)purified polyphenol extract inhibits influenza virus and has a synergistic effect with oseltamivir [J]. Phytomedicine, 2009, 16(12): 1127-1136.

[88] Halvorsen B L, Holte K, Myhrstad M C W, et al. A systematic screening of total antioxidant in dietary plants [J]. The Journal of Nutrition, 2002, 132(3): 461-471.

[89] He L, Xu H, Liu X, et al. Identification of phenolic compounds from pomegranate (*Punica granatum* L.) seed residues and investigation into their antioxidant capacities by HPLC-ABTS$^+$ assay [J]. Food Research International, 2011, 44: 1161-1167.

[90] Heber D. Multitargeted therapy of cancer by ellagitannins [J]. Cancer Letters, 2008, 269(2): 262-268.

[91] Heftmann E, Ko S T, Bennett R D. Identification of estrone in pomegranate seeds [J]. Phytochemistry, 1966, 5(6): 1337-1339.

[92] Heinlein C A, Chang C. Androgen receptor in prostate cancer [J]. Endocrine Reviews, 2004, 25(2): 276-308.

[93] Hong M Y, Seeram N P, Heber D. Pomegranate polyphenols down-regulate expression of androgen-synthesizing genes in human prostate cancer cells overexpressing the androgen receptor [J]. The Journal of Nutritional Biochemistry, 2008, 19(12): 848-855.

[94] Hora J J, Maydew E R, Lansky E P, et al. Chemopreventive effects of pomegranate seed oil on skin tumor development in CD1 mice [J]. Journal of Medicinal Food, 2003, 6(3): 157-161.

[95] Hornung E, Pernstich C, Feussner I. Formation of conjugated $\Delta^{11}\Delta^{13}$-double bonds by Δ^{12}-linoleic acid(1,4)-acyl-lipid-desaturase in pomegranate seeds [J]. European Journal of Biochemistry, 2002, 269(19): 4852-4859.

[96] Hsu F L, Chen Y C, Cheng J T. Caffeic acid as active principle from the fruit of Xanthium strumarium to lower plasma glucose in diabetic rats [J]. Planta Medica, 2000, 66(3): 228-230.

[97] Huang T H W, Peng G, Kota B P, et al. Anti-diabetic action of *Punica granatum* flower extract: activation of PPAR-γ and identification of an active component [J]. Toxicology and Applied Pharmacology, 2005, 207(2): 160-169.

[98] Huang T H W, Yang Q, Harada M, et al. Pomegranate flower extract diminishes

cardiac fibrosis in Zucker diabetic fatty rats: modulation of cardiac endothelin-1 and nuclear factor-kappa B pathways [J] . Journal of Cardiovascular Pharmacology, 2005, 46(6): 856-862.

[99] Igea J M, Cuesta J, Cuevas M, et al. Adverse reaction to pomegranate ingestion [J]. Allergy, 1991, 46(S11): 472-474.

[100] Johann S, Cisalpino P S, Watanabe G A, et al. Antifungal activity of extracts of some plants used in Brazilian traditional medicine against the pathogenic fungus Paracoccidioides brasiliensis [J] . Pharmaceutical Biology, 2010, 48(4): 388-396.

[101] Jung K H, Kim M J, Ha E, et al. Suppressive effect of *Punica granatum* on the production of tumor necrosis factor(Tnf)in BV2 microglial cells [J] . Biological and Pharmaceutical Bulletin, 2006, 29(6): 1258-1261.

[102] Jurenka J. Therapeutic applications of pomegranate(*Punica grantum* L.): a review [J] . Alternative Medicine Review, 2008, 13(2): 128-144.

[103] Kandra L, Gyémánt G, ZajáczÁ, et al. Inhibitory effects of tannin on human salivary α-amylase [J] . Biochemical and Biophysical Research Communications, 2004, 319 (4): 1265-1271.

[104] Kannel W B, Neaton J D, Wentworth D, et al. Overall and coronary heart disease mortality rates in relation to major risk factors in 325, 348 men screened for the MR-FIT [J] . American Heart Journal, 1986, 112(4): 825-836.

[105] Kaplan M, Hayek T, Raz A, et al. Pomegranate juice supplementation to atherosclerotic mice reduces macrophage lipid peroxidation, cellular cholesterol accumulation and development of atherosclerosis [J] . The Journal of Nutrition, 2001, 131(8): 2082-2089 .

[106] Kasimsetty S G, Bialonska D, Reddy M K, et al. Colon cancer chemopreventive activities of pomegranate ellagitannins and urolithins [J] . Journal of Agricultural and Food Chemistry, 2010, 58(4): 2180-2187.

[107] Kaur G, Jabbar Z, Athar M, et al. *Punica granatum* (pomegranate)flower extract possesses potent antioxidant activity and abrogates Fe-NTA induced hepatotoxicity in mice [J] . Food and Chemaical Toxicology, 2006, 44(7): 984-993.

[108] Kawaii S, and Lansky E P. Differentiation-promoting activity of pomegranate(*Punica granatum*)fruit extracts in HL-60 human promyelocytic leukemia cells [J] . Journal of Medicinal Food, 2004, 7(1): 13-18.

[109] Keogh M F, O'Donovan D G. Biosynthesis of some alkaloids of *Punica granatum* and Withania somnifera [J] . Journal of the Chemical Society C: Organic, 1970, 13: 1792-1797.

[110] Khan N, Hadi N, Afaq F, et al. Pomegranate fruit extract inhibits prosurvival pathways in human A549 lung carcinoma cells and tumor growth in athymic nude mice [J]. Carcinogenesis, 2006, 28(1): 163-173.

[111] Khan S A. The role of pomegranate(*Punica granatum* L.)in colon cancer [J]. Pakistan Journal of Pharmaeutical Sciences，2009，22(3)：346-348 .

[112] Kim N D，Mehta R，Yu W，et al. Chemopreventive and adjuvant therapeutic potential of pomegranate (*Punica granatum*)for human breast cancer [J] . Breast Cancer Research and Treatment，2002，71(3)：203-217 .

[113] Kirilenko O A，Linkevich O A，Suryaninova E I，et al. Antibacterial properties of juice of various types of pomegranate [J] . Konservnaya I Ovoshchesushilnaya Promyshlennost，1978，12：12-30 .

[114] Kohno H，Suzuki R，Yasui Y，et al. Pomegranate seed oil rich in conjugated linolenic acid suppresses chemically induced colon carcinogenesis in rats [J] . Cancer Science，2004，95(6)：481-486.

[115] Krishna V，Sharma S，Pareck R B，et al. Terpenoid constitutents from some indigenous plants [J] . Journal of the Indian Chemical Society，2002，79(6)：550-552.

[116] Lan J，Lei F，Hua L，et al. Transport behavior of ellagic acid of pomegranate leaf tannins and its correlation with total cholesterol alteration in HepG2 cells [J]. Biomedical Chromatography，2009，23(5)：531-536.

[117] Lansky E P，Jiang W，Mo H，et al. Possible synergistic prostate cancer suppression by anatomically discrete pomegranate fractions [J] . Investigational New Drugs，2005，23(1)：11-20.

[118] Lansky E P，Harrison G，Froom P，et al. Pomegranate (*Punica granatum*) pure chemicals show possible synergistic inhibition of human PC-3 prostate cancer cell invasion across MatrigelTM [J] . Investigation New Drugs，2005，23(2)：121-122.

[119] Lansky E P，Newman R A. *Punica granatum*(pomegranate)and its potential for prevention and treatment of inflammation and cancer [J] . Journal of Ethnopharmacology，2007，109(2)：177-206.

[120] Larrosa M，Tomás-Barberán F A，Espin J C. The dietary hydrolysable tannin punicalagin releases ellagic acid that induces apoptosis in human colon adenocarcinoma Caco-2 cells by using the mitochondrial pathways [J] . The Journal of Nutritional Biochemistry，2006，17(9)：611-625.

[121] Larrosa M，González-Sarrías A，Yáñez-Gascón M J，et al. Anti-inflammatory properties of a pomegranate extract and its metabolite urolithin-A in a colitis rat model and the effect of colon inflammation on phenolic metabolism [J] . The Journal of Nutritional Biochemistry，2010，21(8)：717-725.

[122] Lavker R M. Cutaneous aging：chronologic versus photoaging [M] ∥Gilchrest BA (Ed). Photodamage. Cambridge，MA：Blackwell Science，1995：123-135.

[123] Lee C J，Chen L G，Liang W L，et al. Anti-inflammatory effects of Punica granatum Linne in vitro and in vivo [J] . Food Chemistry，2010，118(2)：315-322.

[124] Lei F，Zhang X N，Wang W，et al. Evidence of anti obesity effects of pomegranate

leaf extract in high-fat-diet-induced obese mice [J] . International Journal of Obesity, 2007, 31(6): 1023-1029.

[125] Li Y, Guo C, Yang J, et al. Evaluation of antioxidant properties of pomegranate peel extract in comparison with pomegranate pulp extract [J] . Food Chemistry, 2006, 96(2): 254-260.

[126] Li Y, Wen S, Kota B P, et al. *Punica granatum* flower extract, a potent alpha-glucosidase inhibitor, improves postprandial hyperglycemia in Zucker diabetic fatty rats [J] . Journal of Ethnopharmacology, 2005, 99(2): 239-244.

[127] Li Y, Ooi L S M, Wang H, et al. Antiviral activities of medicinal herbs traditionally used in southern mainland China [J] . Phytotherapy Research, 2004, 18 (9): 718-722.

[128] Loren D J, Seeram N P, Schulman R N, et al. Maternal dietary supplementation with pomegranate juice is neuroprotective in an animal model of neonatal hypoxic-ischemic brain injury [J] . Pediatric Research, 2005, 57(6): 858-864 .

[129] Mackness M, Mackness B, Durrington P N. Paraoxonase and coronary heart disease [J] . Atherosclerosis Supplements, 2002, 3(4): 49-55.

[130] Madrigal-Carballo S, Rodriguez G, Krueger C G, et al. Pomegranate(*Punica granatum* L.) supplements: authenticity, antioxidant and polyphenol composition [J]. Journal of Functioanl Foods, 2009, 1(3): 324-329.

[131] Malik A, Afaq S, Shahid M, et al. Influence of ellagic acid on prostate cancer cell proliferation: A caspase-dependent pathway [J] . Asian Pacific Journal of Tropical Medicine, 2011, 4(7): 550-555.

[132] Mehta R, Lansky E P. Breast cancer chemopreventive properties of pomegranate (*Punica granatum*)fruit extracts in a mouse mammary organ culture [J] . European Journal of Cancer Prevention, 2004, 13(4): 345-348.

[133] Melgareo P, Salazar D M, Amoros A. Total lipids content and fatty acid composition of seed oils from six pomegranate cultivars [J] . Journal of the Science of Food and Agriculture, 1995, 69(2): 253-256.

[134] Melgarejo P, Salazar D M, Artes F. Organic acids and sugars composition of harvested pomegranate fruits [J] . European Food Research and Technology, 2000, 211 (3): 185-190.

[135] Mena P, Calani L, Dall'Asta C, et al. Rapid and comprehensive evaluation of(Poly) phenolic compounds in pomegranate(*Punica granatum* L.)juice by UHPLC-MS^{n} [J]. Molecules, 2012, 17: 14821-14840.

[136] Menezes S M, Cordeiro L N, Viana G S B. *Punica granatum*(pomegranate)extract is active against dental plaque [J] . Journal of Herbal Pharmacotheraoy, 2006, 6(2): 79-92.

[137] Miguel G, Fontes C, Antunes D, et al. Anthocyanin concentration of "Assaria"

pomegranate fruits during different cold storage conditions [J] . Journal of Biomedicine and Biotechnology, 2004(5): 338-342.

[138] Miguel M G, Neves M A, Antunes M D. Pomegranate(*Punica granatum* L.): A medicinal plant with myriad biological properties-A short review [J] . Journal of Medicinal Plant Research, 2010, 4(25): 2836-2847.

[139] Mirmiran P, Noori N, Zavareh M B, et al. Fruit and vegetable consumption and risk factors for cardiovascular disease [J] . Metabolism, Clinical and Experimental, 2009, 58(4): 460-468.

[140] Mori-Okamoto J, Otawara-Hamamoto Y, Yamato H, et al. Pomegranate extract improves a depressive state and bone properties in menopausal syndrome model ovariectomized mice [J] . Journal of Ethnopharmacology, 2004, 92(1): 93-101.

[141] Nagaraju N, Rao K N. A survey of plant crude drugs of Rayalaseema, Andhra Pradesh, India [J] . Journal of Ethnopharmacology, 1990, 29(2): 137-158.

[142] Nasr C B, Ayed N, Metche M. Quantitative determination of the polyphenolic content of pomegranate peel [J] . Zeitschrift für Lebensmittel-Untersuchung und Forschung, 1996, 203(4): 374-378.

[143] Naveena B M, Sen A R, Kingsly R P, et al. Antioxidant activity of pomegranate rind powder extract in cooked chicken patties [J] . International Journal of Food Science & Technology, 2008, 43(10): 1807-1812.

[144] Nawwar M A M, Hussein S A M, Merfort L. Leaf phenolics of *Punica granatum* L [J] . Photochemistry, 1994, 37(4): 1175-1177.

[145] Neurath A R, Strick N, Li Y Y, et al. *Punica granatum* (pomegranate) juice provides an HIV-1 entry inhibitor and candidate topical microbicide [J] . Annals of the New York Academy of Sciences, 2005, 1056: 311-327.

[146] Noda Y, Kaneyuki T, Mori A, et al. Antioxidant activities of pomegranate fruit extract and its anthocyanins: delphindin, cyanidin, and pelargonidin [J] . Journal of Agricultural and Food Chemistry, 2002, 50(1): 166-171.

[147] Nomura Y, Tamaki Y, Tanaka T, et al. Screening of periodontitis with salivary enzyme tests [J] . Journal of Oral Science, 2006, 48(4): 177-183.

[148] Opara L U, Al-Ani M R, Al-Shuaibi Y S. Physico-chemical properties, vitamin C content, and antimicrobial properties of pomegranate fruit (*Punica granatum* L.) [J]. Food and Bioprocess Technology, 2009, 2(3): 315-321.

[149] Orak H H, Demirci A, GumuS T. Antibacterial and antifungal activity of pomegranate(*Punica granatum* L. cv.) peel [J] . Electronic Journal of Environmental, Agricultural and Food Chemistry, 2011, 10(3): 1958-1969.

[150] Oswa T, Ide A, Su J D. Inhibiting of lipid peroxidation by ellagic acid [J] . Journal of Agricultural and Food Chemistry, 1987, 35(5): 808-812.

[151] Ozgul-Yucel S. Determination of conjugated linolenic acid content of selected oil seeds

grown in Turkey〔J〕. Journal of the American Oil Chemists Society, 2005, 82(12):
893-897.

[152] Pacheco-Palencia L A, Noratto G, Hingorani L, et al. Protective effects of standard-ized pomegranate(*Punica granatum* L.)polyphenolic extract in ultraviolet-irradiated human skin fibroblasts〔J〕. Journal of Agricultural and Food Chemistry, 2008, 56(18): 8434-8441.

[153] Pantuck A J, Leppert J T, Zomorodian N, et al. Phase II study of pomegranate juice for Men with rising prostate- specific antigen following surgery or radiation for pros-tate cancer〔J〕. Clinical Cancer Research, 2006, 12: 4018-4026.

[154] Parashar A, Gupta C, Gupta S K, et al. Antimicrobial ellagitannin from pomegranate (*Punica granatum*)fruits〔J〕. International Journal of Fruit Science, 2009, 9(3): 226-231.

[155] Park H M, Moon E, Kim A J, et al. Extract of *Punica granatum* inhibits skin pho-toaging induced by UVB irradiation〔J〕. International Journal of Dermatology, 2010, 49(3): 276-282.

[156] Patel C, Dadhaniya P, Hingorani L, et al. Safety assessment of pomegranate fruit extract: acute and sunchronic toxicity studies〔J〕. Food and Chemical Toxicology, 2008, 46(8): 2728-2735.

[157] Pérez-Vicente A, Gil-lzquierdo A, García-Viguera C. In vitro gastrointestinal diges-tion study of pomegranate juice phenolic compounds, anthocyanins, and vitamin C 〔J〕. Journal of Agricultural and Food Chemistry, 2002, 50(8): 2308-2312.

[158] Petti S, Scully C. Polyphenols, oral health and disease: a review〔J〕. Journal of Dentistry, 2009, 37(6): 413-423.

[159] Polagruto J A, Schramm D D, Wang-Polagruto J F, et al. Effects of flavonoid-rich beverages on prostacyclin synthesis in humans and human aortic endothelial cells: as-sociation with ex vivo platelet function〔J〕. Journal of Medicinal Food, 2003, 6(4): 301-308.

[160] Poyrazoǧlu E, Gökmen V, Artιk N. Organic Acids and Phenolic Compounds in Pome-granates(*Punica granatum* L.)Grown in Turkey〔J〕. Journal of Food Composition and Analysis, 2002, 15(5): 567-575.

[161] Prakash C V S, Prakash I. Bioactive chemical constituents from pomegranate juice seed and peel-a review〔J〕. International Journal of Research in Chemistry and Envi-ronment, 2011, 1(1): 1-18.

[162] Rakoff-Nahoum S. Why cancer and inflammation〔J〕. The Yale Journal of Biology and Medicine, 2006, 79(3-4): 123-130.

[163] Romier-Crouzet B, Van De Walle J, During A, et al. Inhibition of inflammatory me-diators by polyphenolic plant extracts in human intestinal Caco-2 cells〔J〕. Food and Chemical Toxicology, 2009, 47(6): 1221-1230.

参考文献

73

[164] Rozenberg O, Rosenblat M, Coleman R, et al. Paraoxonase(PON1)deficiency is associated with increased macrophage oxidative stress: studies in PON1-knockout mice [J]. Free Radical Biology and Medicine, 2003, 34(6): 774-784.

[165] Scannapieco F A, Torres G, Levine M J. Salivary α-amylase: role in dental plaque and caries formation [J]. Critical Reviews in Oral Biology and Medicine, 1993, 4(3): 301-307.

[166] Schubert S Y, Lansky E P, Neeman I. Antioxidant and eicosanoid enzyme inhibition properties of pomegranate seed oil and fermented juice flavonoids [J]. Journal of Ethnopharmacology, 1999, 66(1): 11-17.

[167] Seeram N P, Schulman R N, Heber D. Pomegranates ancient roots to modern medicine [M]. Florida: CRC Press, 2006: 3-14.

[168] Seeram N, Lee R, Hardy M, et al. Rapid large scale purification of ellagitannins from pomegranate husk, a by-product of the commercial juice industry [J]. Seperation and Purification Technology, 2005, 41(1): 49-55.

[169] Seeram N P, Adams L S, Henning S M, et al. In vitro antiproliferative, apoptotic and antioxidant activities of punicalagin, ellagic acid and a total pomegranate tannin extract are enhanced in combination with other polyphenols as found in pomegranate juice [J]. Journal of Nutritional Biochemistry, 2005, 16(6): 360-367.

[170] Seeram N P, Aviram M, Zhang Y, et al. Comparison of antioxidant potency of commonly consumed polyphenol-rich beverages in the United States [J]. Journal of Agricultural and Food Chemistry, 2008, 56(4): 1415-1422.

[171] Sekkoum K, Cheriti A, Taleb S, et al. Inhibition effect of some Algerian Sahara medicinal plants on calcium oxalate crystallization [J]. Asian Journal of Chemistry, 2010, 22(4): 2891-2897.

[172] Sestili P, Martinelli C, Ricci D, et al. Cytoprotective effect of preparations from various parts of *Punica granatum* L. fruits in oxidatively injured mammalian cells in comparison with their antioxidant capacity in cell free systems [J]. Pharmacological Research, 2007, 56(1): 18-26.

[173] Sentandreu E, Navarro J L, Sendra J M. LC-DAD-ESI/MS[n] determination of direct condensation flavanol-anthocyanin adducts in pressure extracted pomegranate(*Punica granatum* L.)juice [J]. Journal of Agricultural and Food Chemistry, 2010, 58: 10560-10567.

[174] Sentandreu E, Navarro J L, Sendra J M. Identification of new coloured anthocyanin-flavanol adducts in pressure-extracted pomegranate(*Punica grantum* L.)juice by high-performance liquid chromatography/electrospray ionization mass spectrometry [J]. Food Analytical Methods, 2012, 5(4): 702-709.

[175] Sentandreu E, Cerdán-Calero M, Sendra J M. Phenolic profile characterization of pomegranate(*Punica granatum*) juice by high-performance liquid chromatography

with diode array detection coupled to an electrospray ion trap mass ananlyzer [J]. Journal of Food Composition and Analysis, 2013, 30: 32-40.

[176] Sharma M, Li L, Celver J, et al. Effects of ellagitannin extracts, ellagic acid, and their colonic metabolite, urolithin A, on Wnt signaling [J]. Journal of Agricultural and Food Chemistry, 2010, 58: 3965-3969.

[177] Shukla M, Gupta K, Rasheed Z, et al. Bioavailable constituents/metabolites of pomegranate(*Punica granatum* L)preferentially inhibit COX-2 activity ex vivo and IL-1 beta-induced PGE2 production in human chondrocytes in vitro [J]. Journal of Inflammation, 2008, 5: 9-18.

[178] Singh R P, Chidambara Murthy K N, Jayaprakasha G K. Studies on the antioxidant activity of pomegranate (*Punica granatum*)peel and seed extracts using in vitro models [J]. Journal of Agricultural and Food Chemistry, 2002, 50(1): 81-86.

[179] Squillaci G, Di Maggio G. Acute morbidity and mortality from decoctions of the bark of *Punica granatum* [J]. Bollettino Societa Italiana Biologia Sperimentale, 1946: 1095-1096.

[180] Sturgeon S R, Ronnenberg A G. Pomegranate and breast cancer: possible mechanisms of prevention [J]. Nutrition Reviews, 2010, 68(2): 122-128.

[181] Subhedar S, Goswami P, Rana N, et al. Herbal alternatives: Anthelmintic activity of *Punica granatum* (Pomegranate) [J]. International Journal of Drug Discovery and Herbal Research, 2011, 1(3): 150-152.

[182] Sudheesh S, Vijayalakshmi N R. Flavonoids from *Punica granatum*-potential antiperoxidative agents [J]. Fitoterapia, 2005, 76(2): 181-186.

[183] Surveswaran S, Cai Y Z, Corke H, et al. Systematic evaluation of natural phenolic antioxidants from 133 Indian medicinal plants [J]. Food Chemisty, 2007, 102(3): 938-953.

[184] Syed D N, Malik A, Hadi N, et al. Photochemopreventive effect of pomegranate fruit extract on UVA-mediated activation of cellular pathways in normal human epidermal keratinocytes [J]. Photochemistry and Photobiology, 2006, 82(2): 398-405.

[185] Tanaka T, Nonaka G, Nishioka I. Tannins and related compounds XI. Revision of the structure of punicalin and punicalagin, and isolation and characterization of 2-O-galloylpunicalin from the bark of *Punica granatum* L [J]. Chemical and Pharmaceutical Bulletin, 1986, 34: 650-655.

[186] Teodoro T, Zhang L, Alexander T, et al. Oleanolic acid enhances insulin secretion in pancreatic β-cells [J]. FEBS Letters, 2008, 582(9): 1375-1380.

[187] Tezcan F, Gültekin-özgüven M, Diken T, et al. Antioxidant activity and total phenolic, organic acid and sugar content in commercial pomegranate juices [J]. Food Chemistry, 2009, 115(3): 873-877.

[188] Toi M, Bando H, Ramachandran C, et al. Preliminary studies on the anti-angiogenic

potential of pomegranate fractions in vitro and in vivo [J] . Angiogenesis, 2003, 6 (2): 121-128.

[189] Tran H N A, Bae S Y, Song B H, et al. Pomegranate(*Punica granatum*)seed linolenic acid isomers: concentration-dependent modulation of estrogen receptor activity [J]. Endocrine Research, 2010, 35(1): 1-16.

[190] Tripathi K D. Essentials of medical pharmacology [J] . Indian Journal of Pharmacology, 1994, 26(2): 166.

[191] Tripathi S M, Singh D K. Molluscicidal activity of *Punica granatum* bark and Canna indica root [J] . Brazilian Journal of Medical and Biological Research, 2000, 33 (11): 1351-1355.

[192] Türk G, Sönmez M, Aydin M, et al. Effects of pomegranate juice consumption on sperm quality, spermatogenic cell density, antioxidant activity and testosterone level in male rats [J] . Clinical Nutrition, 2008, 27(2): 289-296.

[193] Van Elswijk D A, Schobel U P, Lansky E P, et al. Rapid dereplication of estrogenic compounds in pomegranate (*Punica granatum*) using on-line biochemical detection coupled to mass spectrometry [J] . Photochemistry, 2004, 65(2): 233-241.

[194] Venkatesh L H, Mahesh P A, Venkatesh Y P. Anaphylaxis caused by mannitol in pomegranate(*Punica granatum*) [J] . Allergy and Clinical Immunology International, 2002, 14(1): 37-39.

[195] Verardo V, Garcia-Salas P, Baldi E, et al. Pomegranate seeds as a source of nutraceutical oil naturally rich in bioactive lipids [J] . Food Research International, 2014, 65: 445-452.

[196] Vidal A, Fallarero A, Peña B R, et al. Studies on the toxicity of *Punica granatum* L. (Punicaceae) whole fruit extracts [J] . Journal of Ethnopharmacology, 2003, 89 (2): 295-300.

[197] Voravuthikunchai S, Lortheeranuwat A, Jeeju W, et al. Effective medicinal plants against enterohaemorrhagic Escherichia coli O157: H7 [J] . Journal of Ethnopharmacology, 2004, 94(1): 49-54.

[198] Vudhivanich S. Potential of some Thai herbal extracts for inhibiting growth of *Ralstonia solanacearum*, the causal agent of bacterial wilt of tomato [J] . Kamphaengsaen Academic Journal, 2003, 1(2): 70-76.

[199] Wahab S A F, Fiki N E, Mostafa F, et al. Characterization of certain steroid hormones in *Punica granatum* L. seeds [J] . Bulletin of the Faculty of pharmacy(Cairo University), 1998, 36: 11-15.

[200] Wang R, Wang W, Wang L, et al. Constituents of the flowers of *Punica granatum* [J] . Fitoterapia, 2006, 77(7): 534-537.

[201] Wang R, Xiang L, Du L, et al. The constituents of *Punica granatum* [J] . Asia-pacific Traditonal Medicine, 2006, 3: 27.

［202］ Wang R，Xie W，Zhang Z，et al. Bioactive compounds from the seeds of *Punica granatum*（pomegranate）［J］. Journal of Natural Products，2004，67（12）：2096-2098.

［203］ Wang R，Ding Y，Liu R，et al. Pomegranate：constituents，bioactivities and pharmacokinetics［J］. Fruit，Vegetable and Cereal Science and Biotechnology，2010，4（2）：77-87.

［204］ Wiaut J P，Hollstein U. Investigation of the alkaloids of *Punica granatum* L［J］. Archieves of Biochemistry and Biophysics，1957，69：27-32.

［205］ Williamson E，Evans FJ. Potter's New Cyclopaedia of Botanical Drugs and Preparations ［M］. England：Saffron Walden，1988.

［206］ Xie Y，Morikawa T，Ninomiya K，et al. Medicinal flowers XXIII New taraxastane-type triterpene，punicanolic acid，with tumor necrosis factor-α inhibitory activity from the flowers of *Punica granatum*［J］. Chemical and Pharmaceutical Bulletin，2008，56（11）：1628-1631.

［207］ Yoshimura M，Watanabe Y，Kasai K，et al. Inhibitory effect of an ellagic acid-rich pomegranate extracts on tyrosinase activity and ultraviolet-induced pigmentation ［J］. Bioscience Biotechnology and Biochemstry，2005，69（12）：2368-2373.

［208］ Zaid M A，Afaq F，Syed D N，et al. Inbihition of UVB-mediated oxidative stress and markers of photoaging in immortalized HaCa T Keratinocytes by pomegranate polyphenol extract POMx ［J］. Photochemistry and Photobiology，2007，83（4）：882-888.

［209］ Zhang L，Fu Q，Zhang Y. Composition of anthocyanins in pomegranate flowers and their antioxidant activity ［J］. Food Chemistry，2011，127（4）：1444-1449.

［210］ Zhao X，Yuan Z，Fang Y，et al. Characterization and evaluation of major anthocyanins in pomegranate（*Punica granatum* L.）peel of different cultivars and their development phases ［J］. European Food Research and Technology，2013，236：109-117.

［211］ Zhao X，Yuan Z，Fang Y，et al. Flavonols and flavones changes in pomegranate（*Punica granatum* L.）fruit peel during fruit development ［J］. Journal of Agricultural Science and Technology，2014，16（S6）：1649-1659.

第四章　石榴的种质资源与品种选育

石榴种质资源丰富，选育综合性状优良的品种对促进其产业发展具有重要的意义。国内外研究人员在石榴种质资源的收集、保存、评价、创新和利用等方面做了大量的研究工作，并从表型、孢粉和分子性状 3 个层面对其遗传多样性进行了系统评价。利用杂交育种、芽变选种、实生选种、诱变育种（物理诱变和化学诱变）等传统育种方式与现代分子育种相结合的方法，以选育软籽、色泽好（果皮和籽粒）、抗裂果、抗根结线虫、抗寒性强（北方地区）、适于加工的系列品种为目标，进行种质资源的创新和品种选育，各主要栽培区为产业升级选育出了众多优良品种。

第一节　石榴种质资源的收集、保存、分类和保护

一、石榴种质资源的收集与保存

石榴种质资源的收集、保存，是整个石榴产业的基础性工作。截至目前，伊朗、美国、土耳其、突尼斯、以色列、阿富汗、印度、中国、土库曼斯坦、乌兹别克斯坦、泰国、塔吉克斯坦、乌克兰、阿塞拜疆、俄罗斯、阿尔巴尼亚、法国、匈牙利、德国、葡萄牙、意大利、西班牙、希腊、埃及 24 个国家，收集石榴品种、种质约 5 600 余份（含国与国之间、国内石榴种质资源圃之间互相引种重复的部分）。

1. 石榴种质资源的收集

目前，对石榴种质资源进行全面系统收集的国家主要包括伊朗、土耳其、埃及、印度、中国、阿塞拜疆、土库曼斯坦、美国、以色列、泰国、突尼斯等（表 4-1）。

表 4-1　世界各石榴种质资源收集中心*

国家	机构	地点	数量/份
阿尔巴尼亚	果树和葡萄园研究所	地拉那	5
阿塞拜疆	未知	未知	200~300
中国	国家石榴种质资源圃	山东省枣庄市峄城区	291
意大利、西班牙	EMFTS[a]	11 个不同地点	116
法国	CIRAD-FLHOR	Capesterre Belleean	2
德国	联邦研究中心作物科学研究院	布伦瑞克	2
	世界作物与营养研究所	维岑豪森	未知
匈牙利	园艺与食品工艺大学	布达佩斯	3
印度	3 个资源圃	具体地点不详	>30
	国家遗传资源站基因库	Phagli，西姆拉县	90
伊朗	亚兹德和萨维赫的农业研究站	亚兹德/中央省	>100
	亚兹德石榴资源圃	亚兹德	约 760
以色列	Newe Ya'ar 研究中心	海法	67
葡萄牙	国家水果育种站	阿尔科巴萨	5
俄罗斯	Vavilov N I 植物研究院	圣彼得堡	800
塔吉克斯坦	塔吉克斯坦农业科学院园艺所亚热带作物站	鲁米区	未知
	科学院帕米尔生物所	Darvoz district	未知
泰国	未知	清迈和曼谷	29
土库曼斯坦	植物遗传资源试验站	卡拉卡拉	1 117
突尼斯	2 个资源圃	分别位于加贝斯和 Chott Mariem	63
土耳其	阿拉塔园艺研究所	梅尔辛	180
	爱琴海农业研究所植物遗传资源系	伊兹梅尔	158
	库库罗瓦大学	亚达那	33
	爱琴大学园艺系	伊兹梅尔	未知
乌克兰	未知	未知	200~300
	尼基塔植物园	雅尔塔	370
美国	国家石榴种质资源圃	戴维斯	232
乌兹别克斯坦	未知	未知	200~300
	施罗德乌兹别克果树栽培、葡萄种植和酿酒研究所	塔什干	未知

　　* 根据 Holland 等(2009 年)、Verma 等(2010 年)、Arjmand 等(2011 年)的相关文献，作适当补充。

（1）印度

印度有 3 个主要的收集中心，每 1 个都有至少 30 份资源。Rana 等（2007年）曾报道，从喜马拉雅山西部收集了 90 份野生资源，保存在国家植物遗传资源站基因库中。

（2）前苏联

前苏联加盟国家中土库曼斯坦、阿塞拜疆、乌兹别克斯坦、乌克兰、塔吉克斯坦等每个国家都建有石榴种质资源中心。其中土库曼斯坦建于 1934 年的植物遗传资源试验站是世界上最大的石榴资源收集中心，收集有超过 27 个国家的种质，共有 1 117 份，其中有野生群体、地方品种，也有购自商业公司的，还有部分是与其他科研机构交流获得的。前苏联解体后，由于资金短缺，该试验站面临管理的困境，一些国际组织伸出援手，帮助其对资源进行评价及归档管理。乌克兰农科院（UAAS）的尼基塔植物园建在黑海岸边雅尔塔附近的克里米亚，该植物园内保存了 370 份石榴资源，来自外高加索、中亚、伊朗、阿富汗、西班牙、意大利和美国等地。

（3）伊朗

位于伊朗亚兹德市的收集中心保存有约 760 份资源。

（4）以色列

以色列 Newe Ya'ar 研究中心保存有 67 份资源，主要来自于本国，还有部分资源引自美国、西班牙、中国、印度和土耳其等国。这些资源种植在 NeweYa'ar 研究中心的同一区组中，以消除小环境气候对形态特征的影响。

（5）突尼斯

突尼斯有 2 个资源收集中心，位于加贝斯和 Chott Mariem，主要由传统种植园组成，采用异地保存的方式保存了 63 份资源。

（6）泰国

泰国资源中心收集了 29 份资源，其中只有 5 份来自泰国，剩余的分别来自印度、美国、以色列、俄罗斯、伊朗、西班牙和意大利。

（7）土耳其

土耳其的阿拉塔园艺研究所收集了 180 份资源，包含了地中海地区、爱琴海、土耳其比特利斯地区等地不同的基因型资源，还有来自中亚、西亚、俄罗斯、美国等地的代表性品种。另外，在库库罗瓦大学有 33 个品种资源；伊兹梅尔的爱琴海农业研究所植物遗传资源系有 158 份资源；爱琴大学园艺系也对石榴品种资源进行了收集，但具体数目未知。

（8）美国

位于美国加利福尼亚州戴维斯的国家石榴种质资源圃保存了 232 份石榴资源，其中许多资源来自于土库曼斯坦的资源圃，也有部分来自丁俄罗斯、伊朗、日本等国家。

(9)中国

2 000多年前石榴经丝绸之路传入我国，经过长期的驯化栽培，形成了山东、陕西、河南、云南、安徽、新疆等几大石榴栽培区，品种超过230个。位于山东峄城的国家石榴种质资源圃已收集品种资源291份。

2. 石榴种质资源的保存

种质资源的保存是遗传资源利用的基础。全世界商业化种植的石榴只有50多个品种，仅占石榴遗传资源的很少部分，高度品种化、集约化的栽培模式以及人类活动对石榴资源的破坏，导致石榴遗传多样性的急剧下降，保护石榴资源已刻不容缓。对野生型及栽培品种进行保护，建立基因库，可为今后石榴的育种与品种改良工作提供遗传材料。

石榴种质资源的保存一般采用田间基因库的形式，有原地保存和异地保存2种方式。目前，大多数国家采用异地保存的方式，即通过建立种质资源圃对收集到的石榴遗传资源进行保存。高加索地区还建立了自然保护区(原地保存方式)，以更好地保存石榴的种质资源。中亚地区由于是石榴的起源中心，故以原地保存的方式保存石榴的野生群体。1989年，1支探险队在也门的索科特拉岛发现了5个野生石榴(*P. protopunica*)分布地，他们采集了石榴种子并使其成功发芽。

离体保存的方法不仅可以用于不同实验室间种质的交流，而且还避免了苗木检疫和隔离的问题，具有可操作性。Naik等(2003年，2006年)成功建立了以营养藻朊酸盐包装形成人工种子的方法，为石榴无菌材料、优良种质的交流和运输提供了便利。

二、石榴种质资源的分类

目前，地中海沿岸国家(土耳其、埃及、西班牙、摩洛哥等)、中亚国家(土库曼斯坦、阿富汗等)、日本、俄罗斯、美国和中国等进行了石榴种质资源分类的相关研究。主要是在基于形态学、生化水平和分子水平这3种类型的标记的基础上进行的品种分类，尤其是以形态学标记的品种分类研究最多，而基于细胞学标记的品种分类未见报道。

1. 形态学分类

形态学标记是一种最传统的品种标记方法。石榴种质资源主要以风味、成熟期、籽粒软硬、果实大小、果皮颜色、花朵颜色、花瓣数量等形态特征为分类依据。从栽培学角度分为鲜食类、加工类(指酸石榴类)、赏食兼用类、观赏类等；根据成熟期分为早熟、中熟和晚熟品种；根据籽粒软硬分为软籽和硬籽等；根据有机酸含量，Melgarejo等(2000年)把西班牙的40个石榴品种分为3类，即酸甜类

(3.17 mg/g＜有机酸＜27.25 mg/g)、甜类(有机酸＜3.17 mg/g)和酸类(有机酸＞27.25 mg/g)；按照果实质量和果径大小，Mars 等(1998 年)将石榴分为 4 个品种群，即小果(果重为 150～200 g，果径为 65～74 mm)、中果(果重为 200～300 g，果径为 75～84 mm)、大果(果重为 301～400 g，果径为 85～94 mm)和特大果(果重为 401～500 g，果径为 94～104 mm)；Al-Said 等(2009 年)把 4 个阿曼石榴品种分为硬籽和软籽 2 类，果实大小、果皮颜色是突尼斯石榴品种主要的鉴别依据。

根据花朵颜色、花瓣数量、果皮颜色、籽粒风味等，侯乐峰等(2009 年)将峄城观赏石榴划分为 11 个变种，21 个品种，并分别建立了检索表。根据花瓣轮数、花瓣数、雄蕊瓣化程度等 28 个形态特征，汪小飞等(2010 年)将 62 个石榴品种分为 4 个品种群，即单瓣品种群(花为 1 轮，花瓣数为 5～8 枚)、复瓣品种群(花为 5～7 轮，花瓣数为 35 枚左右)、重瓣品种群(花为 7 轮以上，花瓣数为 50 枚以上，雄蕊瓣化程度高)和台阁品种群(花为 7 轮以上，花瓣数为 50 枚以上，雄蕊瓣化和萼化程度高)，并认为花瓣、花色、结实性、果色、果实大小及果品质量是品种分类的主要依据，而籽粒软硬、萼筒形状、新叶颜色、茎刺有无等特征可作为次级分类特征。

王伏雄(1995 年)、赵先贵等(1996 年)通过光学显微镜及扫描电镜对石榴的种及白石榴、重瓣白石榴、重瓣红石榴、玛瑙石榴、月季石榴、重瓣月季石榴 6 个变种的花粉形态进行了系统研究，提出石榴的种下分类有一定的孢粉学依据，并建立了石榴种及各变种花粉形态检索表，认为石榴与变种间的花粉形态存在显著差异。尹燕雷等(2011 年)比较了山东 20 个石榴品种的花粉亚微形态特征，其结果表明，花粉粒的形态特征可以作为石榴品种间分类的一个标准。

2. 生化水平分类

花青素、脂肪酸、可溶性蛋白和氨基酸是有效区分品种的生化标记。根据原花青素的含量，Ben Nasr 等(1996 年)把 8 个突尼斯石榴品种分为 4 类。以种子中脂肪酸含量(Elfalleh 等，2011 年)、种子贮藏蛋白和氨基酸的含量(Elfalleh 等，2012 年内)为基础的主成分和聚类分析能区分突尼斯和中国的石榴品种。

蛋白质标记是利用生物化学方法的一种遗传标记，包括同工酶和等位酶等。丁之恩等(2004 年)的研究表明，不同石榴品种的同工酶谱带清晰、分辨率大大提高，品种间差别显著，芽变品种和其母本也容易区分。徐迎碧等(2006 年)利用怀远玉石子、大笨子、芽变新品种、母本 4 个石榴品种的 POD(过氧化物酶)同工酶和 EST(酯酶)同工酶进行了酶谱测定，结果表明芽变新品种的白玉和其母本谱带极为相似，但稍有差异，说明二者的亲缘关系极近，变异后遗传物质确实发生了改变。马丽等(2012 年)的研究表明，19 个石榴品种的 POD 同工酶酶谱共呈现 12 条酶带，其中 1 条酶带为所有种质共有，19 个品种被分为 5 类，类群间遗传变异较大。同工酶是基因表达的直接产物，在很大程度上能反映植物个体的遗传差异，但不同种类的同工酶酶谱鉴定物种之间的相似度是不一致的，因此单纯利用一两种同工酶的相似度来判断物种间的亲缘关系是不全面的，应由多种同工酶分析来相互印证。

3. 分子水平分类

分子标记能够鉴别和区分不同的石榴基因型，对种质资源的评价和分子标记辅助育种具有重要的意义。RAPD(随机扩增多态性)、RFLP(限制性片段长度多态性)、SRAP(序列相关扩增多态性)、AFLP(扩增片段长度多态性)、SSR(简单重复序列)、ISSR(简单重复序列区间)等分子标记在石榴品种识别中起辅助作用。巩雪梅等(2004年)得到了50个石榴品种(系)的指纹图谱，可以完全区分这50个品种(系)，并且找到了16个品种(系)独有的特异性谱带，可作为这些品种(系)鉴别的分子标记。张四普等(2008年)利用SRAP技术分析了23个石榴基因型遗传多样性，其结果表明，在遗传距离0.33处，可将石榴基因型分为5个类群。薛华柏等(2010年)利用SRAP技术将中农红软籽、红如意软籽、突尼斯软籽和中农红黑籽甜4个石榴基因型完全区分开，并构建了石榴的分子身份识别系统。

Sarkhosh等(2006年)利用RAPD分子标记技术把24个伊朗石榴品种分为4个亚类。卢龙斗等(2007年)利用RAPD技术将55个石榴品种分为4个类群，从DNA水平上揭示了石榴品种之间的亲缘关系。Moslemia等(2010年)利用AFLP分子标记技术把67个伊朗石榴品种分为6大类，起源于同一地区的品种被聚为1类，但在大多数情况下，存在基因交流。苑兆和等(2008年)利用荧光AFLP标记技术将25个山东石榴品种划分为4大类。Rania等(2008年)利用AFLP分子标记技术分析了34个突尼斯石榴品种的特性，对其进行了聚类分析，其结果表明，起源地或名字相近的供试品种可单独聚为1类。

伊朗国家石榴保存中心(亚兹德石榴资源圃)从23个省收集了738份石榴种质资源，利用微卫星标记对其遗传多样性进行分析，其结果表明，这些种质资源遗传多样性十分丰富，主要分为8个类群及很多亚群，地理起源相近的品种聚为1类，这为该中心选育品种、种质资源管理提供了理论依据。

Melgarejo等(2009年)利用18S-28S rDNA基因间隔序列RFLP技术区分西班牙10个石榴品种的结果表明，石榴的形态特征与分子遗传特性基本不相关。杨荣萍等(2007年)的研究表明，由于石榴品种的遗传背景比较复杂，RAPD标记技术难以划分类群，这与生产上根据风味、花色、皮色、籽粒颜色、核软硬程度等某一性状及栽培目的的分类方法不一致。

三、石榴种质资源的保护

随着石榴良种化、集约化栽培技术的发展，以及人工选择的作用，石榴种质资源所遭受的人为破坏不断加剧，导致了一些虽具特异性状但综合性状欠佳的石榴种质资源的消失，品种的遗传基础变窄、抗逆性减退。鉴于种质资源在育种实践中具有不可替代的作用，功能性品质育种对种质资源的依赖性更强，故对石榴种质资源进行抢救性保护刻不容缓。

1. 种质资源保护的方法

石榴种质资源保护主要有原生境保护和非原生境保护 2 种方式。

（1）原生境保护

原生境保护是指在原生态环境中建立自然保护区保存种质资源，或对具有重要研究和利用价值的古果树就地采取安全保护措施。这种方式既能保存遗传资源，又能保护产生遗传多样性的进化环境。石榴起源于伊朗、阿富汗等中亚地区，该地区野生种质资源较丰富，可以对其种质资源进行保护，并加强栽培管理，以便保存这些珍贵的野生资源。我国石榴主产区也零星分布着一些野生的石榴资源，可根据当地的实际情况，进行原生境保护，减少主产区种质资源的流失。

（2）非原生境保护

非原生境保护主要包括田间集中保护和圃地保护。

①田间集中保护是指以植物园、标本园和果园的形式存放种质资源。植物园是植物近地保护的重要场所，是最好的具有生物多样性的植物活基因库。如合肥植物园保存了近 100 种石榴种质资源。目前，国内外建立的石榴园数不胜数，如枣庄"万亩石榴园"、家庭式的小石榴园等，不仅保存了种质资源，且由于栽培管理比较容易，还能取得一定的经济效益。

②圃地保护是指将种质资源集中定植到适合石榴生长的、有一定生态代表性的圃地，以长久保存。种质资源圃是植物种质资源保存的主要场所之一，是多年生植物的主要保存方式。如美国农业部建立的国家石榴种质资源圃、山东省枣庄峄城石榴种质资源圃等。建立种质资源圃最主要的目的之一是研究种内变异，鉴定每份种质资源的性状，评价其可利用性，开展种质创新工作，为生产服务。

2. 我国种质资源保护工作的现状

自 20 世纪 80 年代开始，我国陕西临潼、河南开封、山东峄城、安徽怀远、四川会理、云南蒙自等地的石榴科技工作者，先后自发地收集、保存以当地品种为主的石榴种质资源。之后，山东省果树研究所、合肥植物园、中国农科院郑州果树研究所等科研机构，在有关项目的支持下，相继开展了石榴种质资源的收集、保存和遗传多样性研究等工作。

2008 年，山东省枣庄市峄城区果树中心委托山东省林业勘察设计院，完成了《山东省枣庄市峄城区中国石榴种质资源圃项目建设可行性研究报告》，同年该报告通过专家评审，并逐级上报至国家发展和改革委员会、国家林业局。2010 年 9 月 16 日，国家发展和改革委员会、国家林业局，以发改投资

［2010］2167 号文件批准开工建设"山东省枣庄市峄城区中国石榴种质资源圃"，建设规模为 15 hm²。其中，种质资源圃为 12.5 hm²，良种繁育圃为 2.5 hm²，由山东省枣庄市峄城区果树中心承建，项目总投资为 584 万元。至此，我国从国家层面正式开始进行石榴种质资源的收集、保存工作。截至目前，该资源圃已收集、保存了国内外石榴品种、种质 291 份。其中，国内品种为 265 份，国外品种为 26 份。

第二节　石榴种质资源评价

国内外研究人员在资源调查的基础上，对各地品种资源进行了筛选、鉴定，主要从表型、孢粉和分子性状 3 个层面对石榴种质资源的遗传多样性进行了系统评价。

一、表型遗传多样性评价

国外学者在石榴形态特征、色素组分和果实品质指标等表型性状方面做了大量的研究工作。Melgarejo 等(2000 年)的研究表明，石榴品种间脂肪酸的组成与果汁的甜度密切相关，酸石榴品种肉豆蔻酸和亚麻酸的含量极高，地中海国家石榴品种的脂肪酸组分与亚洲国家的不同。Martinez 等(2006 年)研究了西班牙东南部 5 个石榴品种种子的形态特征、果汁的可溶性固形物含量、pH 值、可滴定酸含量和成熟度等。Alighourchi 等(2009 年)研究了贮藏过程中石榴汁中的生理生化指标(可溶性固形物、pH 值和可滴定酸)、色素成分(矢车菊素、飞燕草素、天竺葵素)和色度值(L^*、a^*、b^*)的变化，结果显示，随着贮藏时间的增加，可溶性固形物的含量和 pH 值显著升高。

除了果实长径比外，伊朗的石榴品种在果实重量、果皮着色率、出汁率、可溶性固形物、可滴定酸、总糖、抗坏血酸、花青苷和总酚含量等指标间存在显著的差异，这些指标影响石榴的生理、生化特性和抗氧化性。意大利东南部阿普利亚市的石榴品种在果实重量、可滴定酸、总酚和抗坏血酸含量等指标间差异显著，其籽油含量较高，为农业和加工业提供了优异的种质资源。摩洛哥的石榴品种间果汁中可溶性固形物、可滴定酸、粗纤维含量、籽粒和种子特性等存在显著差异，可用于鲜食或加工，表型遗传多样性丰富。

突尼斯的酸石榴中有机酸以柠檬酸为主，甜石榴以苹果酸为主，但酸石榴果实中可溶性糖的含量较甜石榴高。不同的突尼斯石榴品种的果实大小、果色、果皮厚度、出汁率、果汁颜色、可溶性固形物、可滴定酸、总酚和花青苷含量等存在显著差异；酚类物质含量与石榴果汁的抗氧化能力显著相关；利用 CIE 系统颜色指标 L^*、a^*、b^* 对果汁颜色进行分级，为优良鲜食和加工品种的选择提供了理论依据。

土耳其的石榴品种果实中有机酸以柠檬酸为主，苹果酸次之，酚类物质有没食子酸、原儿茶酸、绿原酸、咖啡酸、阿魏酸、儿茶酸等；果实中总酚、花青苷的含量和抗氧化能力与籽粒颜色、果实成熟期密切相关。

美国佐治亚州的石榴品种果实可滴定酸含量与 pH 值显著负相关，主要的花青苷组分是飞燕草素葡萄糖苷。阿曼苏丹国的石榴果实糖酸比较低，品种间籽粒大小和颜色、出汁率和可滴定酸含量等差异显著。随着果实的不断发育，以色列的石榴果皮中柠檬酸、总酚含量、抗氧化能力和水解单宁含量减低，可溶性糖和花青苷的含量增加。石榴发育期果皮的着色程度受大气温度的影响，二者显著相关，这为保证最大营养价值、确定最佳采收期提供了理论参考。

在长期的栽培过程中，石榴形成了丰富多彩的品种类型(图 4-1)。果皮有红色、白色、黄色、青色和紫色等，风味有甜、微甜、微酸、酸等，籽粒有软、半软和硬等，花色有红色、白色、白边粉底、白边红底等，花瓣有单瓣和复瓣之分。山东省果树研究所对中国 115 个石榴品种的果实经济性状进行统计分析后发现，单果重在 100～700 g 不等，百粒重为 25～90 g，可溶性固形物含量为 12%～19%，说明石榴的表型遗传多样性比较丰富。

图 4-1　石榴果实和花表型的多样性(苑兆和、招雪晴)

对山东 9 个主栽品种不同部位(果皮、种子、隔膜和果汁)的鞣质含量进行研究后发现，不同石榴品种的果实、不同部位的鞣质含量存在显著差异。石榴皮中的鞣质含量最高，其次为隔膜和种子，果汁中最低。青皮软籽的果皮和隔膜中鞣质含量最高，青皮马牙甜的种子和果汁中鞣质含量最低。石榴皮可用作药材或化工原料，具有较高的商业应用价值。

香气是影响石榴加工产品品质优劣的重要指标之一。苑兆和等(2008 年)利用顶空固相微萃取法对石榴的果实、果皮和籽汁的香气组分进行研究后发现，石榴的香气属于清香型，以醛类和醇类为主，共检测出 77 种香气组分，其中果实、果皮和果汁中分别检测出 42 种、39 种和 43 种，共同含有 18 种成分，这为优良品种的选择与育种提供了理论依据。

研究表明，山东的不同石榴品种、不同果实部位维生素 C 的含量不同。果皮和隔膜中的维生素 C 含量高，果汁中的含量较低，种子中的最少。青皮岗榴果皮中的维生素 C 含量最高，种子中最低；三白石榴的果皮和隔膜中维生素 C 的含量最低。在果实的发育过程中，石榴果实的百粒重、出汁率、花青苷和可溶性固形物的含量均在成熟时最高。在不同石榴品种的果实发育过程中，花青苷含量的差异显著，百粒重之间的差异极显著。大马牙甜的果实百粒重和出汁率均最高，大青皮酸的可溶性固形物的含量最高(17.1%)，均与其他品种的差异显著。这为最佳采收期的确定、色泽品质栽培的调控和加工品种的选择提供了理论依据。

安徽农业大学的张水明等(2002 年)根据模糊数学基本原理，对石榴品种的单果重、可溶性固形物、产量、品质、成熟期、耐贮性、抗逆性等经济性状的表现优劣进行了综合评判，按综合评判最大原则对最终评判结果进行排序，评判值越大，石榴品种的综合性状越好。石榴品种的优劣受地形、气候与群体分布等多方面因素的影响，能反映表型性状遗传多样性丰富的程度。陆丽娟等(2006 年)对石榴品种资源的种子硬度性状进行的研究表明，同一品种不同结果方位的果实种子硬度存在显著差异，光照、树体营养状况等环境因素对石榴种子的硬度具有一定的影响。不同石榴品种种子的硬度差异显著，种子硬度的品种次数呈"双态分布"，说明石榴种子的硬度性状可能是多基因控制，并且可能存在主效基因。

构建中国石榴的核心种质，对我国石榴种质资源的保存、研究和利用具有重要的意义。沈进等(2008 年)根据中国石榴 135 份总体种质的 14 个植物学、农艺学性状，分析了总体种质、初级核心种质以及 8 个不同产区的石榴种质资源的遗传多样性，结果发现，石榴表型遗传多样性丰富(有效等位基因位点数为 1.211～4.084)，其中果皮颜色遗传多样性最高($H=0.755$，$I=0.317$)，花瓣遗传多样性最低($H=1.211$，$I=0.179$)。同时选取 41 份资源构建了石榴初级核心种质。初级核心种质和总体种质的 14 个性状均值、极差、标准差和变异系数的平均符合率分别为 96.77%、95.1%、93.7% 和 92.1%。这说明其构建的核心种质能够代表全部种质资源的遗传多样性。

二、石榴孢粉遗传多样性评价

花粉是植物体保守性较强的器官，其形态性状和解剖构造一般不容易受外界环境的影响而发生形态结构的改变，即具有固定的轮廓，雕纹、萌发孔（或沟）的数目、位置和特征，固有的花粉壁结构。这些形态和结构都可用于植物的分类鉴定。石榴花粉的形态比较复杂，主要体现在外壁纹饰上。因此，研究石榴的孢粉遗传多样性对进行品种间的鉴定、分类具有重要的指导意义。

刘程宏等（2012 年）对突尼斯软籽、豫大籽、泰山红 3 个石榴品种的花粉活力的测定方法进行了筛选，结果表明，联苯胺染色法较之葡萄糖溶液培养法的测定结果略偏高，但相关性良好，因此联苯胺染色法是测定石榴花粉活力的较好染色方法。

山东省果树研究所尹燕雷等（2011 年）利用扫描电镜对石榴花粉的亚微形态结构进行研究后发现，石榴花粉赤道面观均呈近长球形（图 4-2A），极面观呈三裂圆形或三角形（图 4-2B，图 4-2C，图 4-2D，图 4-2E）。具 3 条萌发沟，表面纹饰为疣状突起，有细疣与粗疣之分（图 4-2F，图 4-2G，图 4-2H），花粉粒极轴长、赤道轴宽不等，大小差异显著。石榴花粉均为长球形且较小，应为较进化的种类。石榴品种间可能是花粉粒外壁纹饰从细疣到粗疣的演化，如大青皮甜、大红皮甜、岗榴、泰山红等生产中的主栽品种的演化程度较高，这可能与长期的自然和人工选择栽培有关。

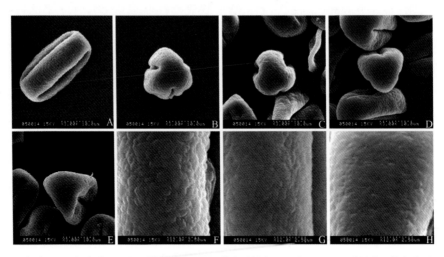

A. 赤道面观呈长球形；B. 极面观呈三裂圆形，萌发孔外突；C. 极面观呈三裂圆形，萌发孔不外突；D. 极面观呈三角形，萌发孔外突；E. 极面观呈三角形，萌发孔不外突；F. 表面纹饰呈粗糙疣状；G. 表面纹饰呈微小疣状；H. 表面纹饰呈平滑疣状

图 4-2　石榴花粉的亚微形态结构（尹燕雷）

尹燕雷等（2011 年）采用离体培养法测定石榴品种花粉的发芽率，对在 4℃干燥贮藏条件下的花粉活力变化进行的研究表明，花粉萌发时间短，约为 1 h。不同品种的花粉发芽率差异显著，大青皮甜的发芽率最高（68.15％），

青皮马牙甜的最低(14.43%)。随着贮藏时间的延长,花粉活力逐渐降低,但不同品种降低的幅度不同。

杨尚尚等(2013年)的研究表明,泰山红石榴在花朵开放至凋落或坐果的过程中经过了3个形态的变化。散粉一般在花瓣展开的第2 d,集中在8:00~17:00(22~30℃,空气相对湿度为25%~40%),花药散粉完毕一般需要1~2 d(图4-3)。

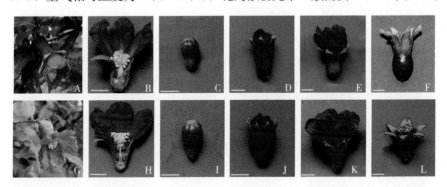

A. 两性花完全开放时的花朵形态;B. 两性花纵切观察;C. 两性花的花蕾时期;D. 两性花萼片开裂,花瓣未展开;E. 两性花花瓣展开;F. 两性花花瓣凋落,开始坐果;G. 不完全花完全开放时的花朵形态;H. 不完全花纵切观察;I. 不完全花的花蕾时期;J. 不完全花萼片开裂,花瓣未展开;K. 不完全花花瓣展开;L. 不完全花花瓣凋落,花朵开败

比例尺:B~F=10mm,H~L=10mm

图4-3 石榴花朵的形态

泰山红石榴的花粉萌发最佳培养条件组合为:10%的蔗糖,0.005%的硼酸,pH值为7.0(表4-2)。

表4-2 花粉培养正交试验设计方案与试验结果直观分析表

处理	蔗糖/%	硼酸/%	pH值	花粉萌发率/%
1	5(1)	0.005(1)	6.0(1)	34.36±2.56d
2	5(1)	0.010(2)	7.0(2)	43.62±3.14c
3	5(1)	0.020(3)	8.0(3)	29.63±3.59e
4	10(2)	0.005(1)	7.0(2)	54.42±7.65a
5	10(2)	0.010(2)	8.0(3)	46.86±6.81bc
6	10(2)	0.020(3)	6.0(1)	50.19±6.41ab
7	15(3)	0.005(1)	7.0(2)	22.86±4.56f
8	15(3)	0.010(2)	6.0(1)	20.49±5.13fg
9	15(3)	0.020(3)	8.0(3)	16.59±4.62g

注:不同小写字母代表0.05水平上的差异显著性。

括号内数字:蔗糖:(1)为5%,(2)为10%,(3)为15%;硼酸:(1)为0.005%,(2)为0.010%,(3)为0.020%;pH值:(1)为6.0,(2)为7.0,(3)为8.0。(1)、(2)、(3)分别代表不同浓度的蔗糖、硼酸和pH值。详见参考文献[39]。

当泰山红石榴的花粉培养到 0.5 h 时，花粉粒已经吸水膨大，花粉管已经伸出，花粉的管长度为 35.23 μm（图 4-4A 和图 4-5A），此时花粉萌发率为 23.51%。当培养到 1 h 时（图 4-4B 和图 4-5B），管长度为 95.18 μm，花粉萌发率达到 43.62%。当培养到 2 h 时（图 4-4C 和图 4-5C），管长度为 177.13 μm，花粉萌发率达到 48.43%。当培养到 3 h 时（图 4-4D 和图 4-5D），花粉的管长度为 289.15 μm，花粉萌发率达到 54.03%，此阶段属于快速萌发阶段，花粉的管长度和花粉萌发率显著提高。当培养到 4 h 时（图 4-4E 和图 4-5E），花粉的管长度为 310.14 μm，花粉萌发率达到 56.55%。当培养到 5 h 时（图 4-4F 和图 4-5F），花粉的管长度为 318.63 μm，花粉萌发率达到 57.35%。在 4～5 h 时，花粉萌发率趋于平缓，花粉的管长度增加不显著，花粉管的生长状况良好。这说明，石榴花粉的萌发时间较短，仅为 3 h。

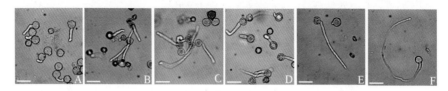

A. 培养 0.5 h 时的花粉形态；B. 培养 1 h 时的花粉形态；C. 培养 2 h 时的花粉形态；
D. 培养 3 h 时的花粉形态；E. 培养 4 h 时的花粉形态；F. 培养 5 h 时的花粉形态
比例尺：A～F＝50 μm

图 4-4　不同培养时间石榴花粉萌发的显微镜观察

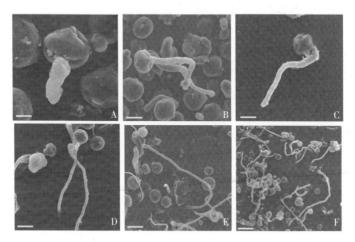

A. 培养 0.5 h 时的花粉形态；B. 培养 1 h 时的花粉形态；C. 培养 2 h 时的花粉形态；
D. 培养 3 h 时的花粉形态；E. 培养 4 h 时的花粉形态；F. 培养 5 h 时的花粉形态
比例尺：A＝6 μm，B．C＝12.5 μm，D＝19 μm，E＝25 μm，F＝50 μm

图 4-5　不同培养时间石榴花粉萌发的电镜扫描观察

低浓度的 6-BA(1～10 mg/L)(表 4-3)和 2，4-D(1～5 mg/L)(表 4-4)对花粉的萌发和花粉管的生长起促进作用，超过此浓度范围，对花粉的萌发和花粉管的生长起抑制作用。促进花粉萌发和花粉管生长的最佳浓度为 10 mg/L 的 6-BA 和 5 mg/L 的 2,4-D。

表 4-3 6-BA 对花粉萌发和花粉萌发管长度的影响

6-BA 浓度/(mg/L)	花粉萌发率/%	花粉萌发管长度/μm
对照	54.7±2.59b	312.15±6.48c
1	55.19±1.75b	312.72±8.02c
5	56.39±2.88ab	331.51±11.15b
10	61.83±5.07a	343.92±17.3a
20	49.4±1.97c	280.73±10.55d
30	36.36±2.83d	212.15±7.55e
40	18.63±2.13e	181.64±8.22f

表 4-4 2，4-D 对花粉萌发和花粉萌发管长度的影响

2，4-D 浓度/(mg/L)	花粉萌发率/%	花粉萌发管长度/μm
对照	54.70±2.59b	312.15±6.48b
1	53.06±2.83b	308.18±7.14b
5	60.13±3.21a	335.89±10.09a
10	58.26±1.9ab	280.50±9.08c
20	45.50±2.17c	233.71±6.16d
30	37.58±1.45d	187.65±2.73e
40	19.38±1.59e	100.39±6.25f

NAA(1～30 mg/L)(表 4-5)和多效唑(50～800 mg/L)(表 4-6)对花粉的萌发和花粉管的生长有抑制作用，抑制程度随浓度的增大而加强。

表 4-5 NAA 对花粉萌发和花粉萌发管长度的影响

NAA 浓度/(mg/L)	花粉萌发率/%	花粉萌发管长度/μm
对照	54.70±2.59a	312.15±6.48a
0.5	37.06±2.64c	280.74±9.46b
1	43.52±3.76b	235.80±8.08c

续表

NAA 浓度/(mg/L)	花粉萌发率/%	花粉萌发管长度/μm
5	36.67±4.45c	188.35±9.91d
10	28.19±5.39d	127.55±6.79e
20	23.06±2.59e	115.73±5.50f
30	14.23±2.57f	82.13±6.48g

表 4-6　多效唑对花粉萌发和花粉萌发管长度的影响

多效唑浓度/(mg/L)	花粉萌发率/%	花粉萌发管长度/μm
对照	54.70±2.59a	312.15±6.48a
50	51.69±3.79b	304.74±6.47b
100	45.38±3.37c	257.24±5.16c
200	38.12±4.55d	236.85±7.22d
400	28.46±5.11e	214.23±7.25e
600	22.68±3.51f	198.41±5.61f
800	20.17±4.23f	102.72±5.92g

三、分子遗传多样性评价

RFLP、RAPD 和 AFLP 等分子标记技术被广泛应用于石榴品种鉴定、分子群体遗传多样性和遗传结构分析。Sarkhosh 等(2006 年，2009 年)利用 RAPD 分子标记技术分析了 24 个伊朗石榴品种的遗传多样性，同时对伊朗的 21 个软籽石榴品种的遗传多样性进行了评价。Narzary 等(2009 年)利用 RAPD 和 DAMD(小卫星扩增多态性)分子标记技术研究了印度喜马拉雅山脉西部的 49 个野生石榴品种的遗传多样性，相似系数从 0.08 到 0.79 不等，DAMD 揭示石榴的多态性程度(97.08%)高于 RAPD(93.72%)。Soleimani 等(2012 年)利用 SRAP 技术分析伊朗的不同地理群体野生、栽培和观赏石榴品种的遗传多样性，结果表明，观赏石榴和一些野生石榴的基因型关系密切；不同地区间的石榴遗传多样性的差异显著，但遗传变异主要是由地区内的变化引起的；不同地区间的石榴品种有较低的基因分化和较高的基因交流。Er-cisli 等(2007 年)利用 RAPD 技术分析了 6 个土耳其石榴品种的种间变异，结果表明，品种间的差异可能是由于它们起源于不同基因型的亲木，或者是对各自生长地区微气候环境长期适应的结果。

Rania 等（2012 年）利用 SSRs（特定的微卫星标记）分析了突尼斯的 32 个石榴品种的遗传多样性，其结果表明，突尼斯石榴在 DNA 水平上具有较高的多态性，遗传多样性丰富；尽管表型性状差异显著，但它们的遗传基础相同。Hasnaoui 等（2012 年）利用 SSR 分析后，其结果表明，几乎所有的突尼斯石榴品种都有相似的遗传背景，只有很小一部分的品种来自于古代，这为石榴种质资源的收集、地方品种在国家层面和国际水平的可持续发展提供了理论基础。

Parvaresh 等（2012 年）利用 SSRs 分析了来自伊朗、日本、土库曼斯坦、俄罗斯、意大利和美国 6 个国家 75 个石榴品种的遗传多样性，结果表明，与其他国家相比，伊朗的石榴基因型遗传多样性最为丰富；较高水平的遗传多样性主要发生在群体内；大部分俄罗斯品种与伊朗基因型聚为 1 类，部分美国品种与土库曼斯坦基因型聚在一起，土库曼斯坦与伊朗石榴的基因型之间存在密切的关系。这说明，这些国家石榴的基因型可能来自于同一个祖先，石榴经中亚，特别是伊朗部分地区及其邻近区域（如土库曼斯坦等）传播到世界各地的假设得到了证实。

科研人员对我国主栽石榴品种的亲缘关系、分子群体遗传多样性和遗传结构进行了分析，从而为我国石榴品种的保护利用及其遗传育种提供了科学依据。苑兆和等（2007 年）利用分子系统学原理与荧光 AFLP 分子标记技术研究了山东、安徽、陕西、河南、云南和新疆 6 个栽培石榴生态地理群体的遗传多样性，发现扩增的多态性位点数平均为 158.25 个，多态位点百分比范围为 62.50%～86.11%，平均为 73.26%，说明中国石榴品种的分子遗传多样性丰富。6 个群体的遗传多样性依次为：河南群体＞新疆群体＞陕西群体＞安徽群体＞山东群体＞云南群体，河南群体的遗传多样性（$Na=1.535\ 9$，$Ne=1.247\ 9$，$H=0.149\ 3$，$I=0.230\ 8$）最为丰富，极显著高于其他群体，在石榴资源传播历史中具有更为重要的位置。UPGMA 聚类分析结果表明，河南群体、新疆群体和云南群体的遗传距离最近，安徽群体和陕西群体的品种完全聚在一起，山东群体单独聚为 1 类，这说明山东群体与其他群体的亲缘关系较远，具有明显的独特性。因此，利用其优异的性状与丰富的遗传多样性进行石榴品种的遗传改良具有很大的潜力和广阔的前景。

杨荣萍等（2007 年）利用 RAPD 技术对 36 个石榴品种的亲缘关系进行的分析表明，36 个品种或类型基因背景较复杂，说明我国的石榴栽培品种具有丰富的遗传多样性。陆丽娟等（2006 年）成功地将白玉石籽变异的 RAPD 标记转化为 SCAR（序列特异扩增区域）标记，为今后利用 RAPD 标记进行石榴果实性状控制基因定位与连锁作图、利用图谱克隆（map-based cloning）果实性状基因提供了 DNA 证据，为软籽或大籽粒石榴品种选育的早期鉴定提供了参考依据。

石榴的花色表达与花青苷的生物合成密切相关。二氢黄酮醇还原酶(DFR)是花色苷合成途径中后期表达的首个关键酶，在不同花色形成中发挥着关键的作用。招雪晴等(2012 年)分别以重瓣粉花和红花石榴的泰山红花瓣总 RNA 为模板，利用简并引物，采用 RT-PCR 方法，扩增出 DFR 基因的 cDNA 片段，GenBank 登录号分别为 JN381544 和 JN316028，为进一步克隆 DFR 基因 cDNA 全长序列，分析其编码蛋白结构特征，研究其在石榴花着色过程中的表达调控机理打下了良好的基础。

石榴的同物异名和同名异物现象极为严重，给生产和科研工作带来了诸多不便。利用分子标记技术建立石榴品种(基因型)的特征谱带，并在此基础上建立石榴基因型的分子身份识别系统，是鉴别石榴基因型，澄清石榴同物异名和同名异物现象的根本措施。薛华柏等(2010 年)用 SRAP 引物组合对生产上主要推广的 4 个石榴基因型幼嫩叶片的 DNA 进行分析后发现，19 对 SRAP 引物组合的 23 个差异迁移位点的扩增条带稳定、清晰，可以将 4 个石榴的基因型完全区分开，可作为其鉴别的标记，获得了 4 个石榴基因型分子的身份证号码，这些号码即可作为这 4 个石榴基因型间的鉴定依据。目前，中国农业科学院郑州果树研究所正用此方法为其石榴资源圃中保存的 198 份石榴基因型进行分子身份的编号工作。

第三节　石榴种质资源创新

一、创新途径

1. 实生选育

实生选育是对果树实生繁育产生的自然变异进行选择，以改进果树群体遗传组成或选出优良品种、类型的选育途径和方法，其在石榴育种中具有重要的意义。以色列的早熟品种 Fmek 就是在开放授粉的种子育成的实生苗中选育出来的；另外一个实生选育的品种 Kamel，类似于美国品种 Wonderful，但果皮深红，成熟期比 Wonderful 要早。很受欢迎的印度软籽品种 Ganesh 是从硬籽品种 Alan-di 的实生群体中选育出来的。我国有记载的实生选育始于 1986 年，大绿甜的实生苗籽粒变大，而且抗寒性增强，−19℃时未发现冻害。

2. 杂交育种

常规杂交育种是指按育种目标选择选配亲本，通过人工杂交的方法将亲本的优良性状集于杂交后代，再通过对杂交后代进行自交分离，选择出符合目标要求的、遗传性稳定一致的优良新品种的育种手段。它能实现基因重组，获得变异类型；改善基因间的互作关系，产生新性状；打破不利基因的连锁关系；综合双亲优良性状。

杂交育种时亲本选择的原则是：明确亲本的目标性状，掌握目标要求的大量原始材料，亲本应具有尽可能多的优良性状，重视选用地方品种，亲本优良性状的遗传力要强，亲本的一般配合力要高。归纳起来有以下几点：

①亲本的主要经济性状互补。

②不同类型的亲本相组配（发源地不同、遗传差异大、易产生超亲性状）。

③优良性状多者做母本（注意细胞质遗传）。

④质量性状至少存于双亲之一中。

⑤用普通配合力高的亲本相组配（利用加性遗传效应）。

杂交是综合种质资源不同特性的一种简单、常规的育种方法。理想的杂种后代是从 F_1 代或其杂交后代中选择出来的。选出的基因型有的选育成新品种，有的作为将来育种项目的优选品系。由于花大、容易获得花粉、种子易发芽、很多品种容易交配并产生高质量的 F_0 代果实，因此，石榴进行杂交和获得杂交群体的过程较简单。但由于石榴的种子多，后代筛选较复杂。

石榴杂交育种主要包括杂交前的准备工作、杂交的步骤和方法、杂交果的管理与采收 3 个方面。

（1）杂交前的准备工作

杂交之前，必须做好一系列的准备工作，以便杂交工作能顺利进行。如确定育种目标，选择亲本，熟悉花器构造，观察开花坐果动态，观察散粉情况和雌蕊接受花粉能力的情况等，准备杂交用具，拟定记载表等。

1）确定育种目标

尽管我国拥有丰富的石榴种质资源，但是由于长期以来国内对石榴遗传多样性缺乏系统深入的研究，产业发展上仍存在专用品种少、品质差，良种化程度低，栽培技术较粗放，根际寄生线虫为害及裂果严重等问题，因此，未来育种目标应该针对目前存在的问题，利用杂交育种、芽变选种和实生选种等传统的育种方法与现代分子育种技术相结合，以软籽、籽粒和外观色泽好、抗裂果、抗根结线虫、抗冻性强（北方地区）、优质丰产、耐贮运、适于加工的系列品种为目标，培育产业升级急需的品种。

2）正确选择亲本

正确选择杂交亲本是确保杂交育种成功的关键。要想培育出符合育种目标的新品种，必须对现有资源的性状有足够的了解，选出具有育种目标所需性状的材料，然后根据遗传规律，选配组合。

根据育种目标，从收集的种质资源中选择合适的亲本。石榴品种分为甜石榴、甜酸石榴和酸石榴，早熟品种、中熟品种和晚熟品种，软籽石榴和硬籽石榴等。土库曼斯坦农业科学院收集了大量的产量高、可溶性固形物含量高、抗冻害、矮化、大型果、抗裂果和日灼、货架期长的石榴种质资源，很多石榴品种可以选作杂交育种的亲本。Ganesh 和 Teipitan 果实大、出汁率高、口味甜、籽粒为粉红色。短枝红的果皮为红色，籽粒为粉红色。87-Qing 7 和 Alack 早熟。大白甜和河阴软籽的果皮为绿色，酸甜可口。Apsheronskii Krasnyi、Frantsis 和 Kyrmyz Kabukh 抗裂果。Slunar、Pirosmani 和 Vedzisuri 的果汁含量较高。Ruby、Muskat 和 Dholka 的果皮薄，成熟早。Malas-e-saveh、Rabab-e-Neyriz、Malas-e-yazdi 和 Naderi-e-bud-rood 的果皮厚，果皮和籽粒为红色，为晚熟品种。Lefan 和 Kabul Yellow 的果皮为黄色。Janarnar 的果皮和籽粒为红色，籽粒硬，酸甜可口。Wonderful 的果皮光滑，为红色，酸甜可口。Rosh Hapered 和 Malisi 的口味甜，籽粒为红色。Mollar de Elche 和它的杂交品系 ME1、ME2、ME5、ME14 的口味甜，籽粒为红色、软。产量高的石榴品种有 ME15、ME16、ME17、Agria de Blanca、Borde de Albatera 和它的杂交品系 BA1、Borde de Blanka、Casta del Reino de Ojos、CRO1、Mollar de Albatera、Mollar de Orichula、Lnxuan-8 和 Hicaznar。泰山红和 Nana 抗干旱。豫石榴 1 号和豫石榴 2 号适宜在盐碱的沙土中生长。Daru 和 Nana 抗细菌枯萎病。由于软籽石榴的果汁含量较高，若想培育果汁含量高的品种，可选用软籽石榴为亲本。

3）对花器构造及花朵类型的观察

石榴是雌雄同花，结果枝顶端及叶腋间着生 1～9 个花朵，萼片大多为 5～7 片，开张或闭全，与子房联生；萼筒呈筒状或喇叭状；花瓣为 6～8 片，覆瓦状着生于萼筒内壁，有红、黄、白等颜色；花冠中间有 1 枚雄蕊，柱头呈 3～5 裂，雄蕊多枚，花药、花粉均为黄色。

石榴花依其花器构造大体可分为雌蕊高于雄蕊、雌蕊与雄蕊等高、雌蕊低于雄蕊(退化 1/3～1/2)、雌蕊完全退化 4 个类型。各类型花的雄蕊发育正常，花粉较多，均可作为父本花朵，母本花朵只能选择完全花，中间类型的花与败育花均不能作为母本花朵。

4）对开花坐果动态的观察

通过观察石榴品种的开花规律，了解花期是否相遇，以确定杂交时间。

5）对散粉和雌蕊接受花粉能力的观察

花药散粉受气温、光照等自然条件的影响，光照充足、气温适宜则有利于开花散粉。石榴花朵在每天 8：00～10：00 开放，山东泰安地区 5 月 20 日前花朵开放的第 2 d 8：00 左右开始散粉，大量散粉在 16：00 左右；随气温升高，光照增强，当天开放的花朵在 18：00 前后散粉，第 2 d 8：00 已大量散粉，但在 6 月 20 日以后，气温不断升高，光照进一步增强，花药散粉量反而减少，且散出的花粉色泽暗淡，活力减弱，如遇阴冷雨天，花药推迟散粉或不散粉（特别是在 5 月）。每天上午刚散粉或大量散粉时花粉活力最强，色泽鲜黄，应采集此时父本花朵上的花粉。

石榴雌蕊柱头接受花粉的能力直接影响坐果率的高低。在人工授粉的情况下，石榴开花前 2 d 和当天、第 2 d 授粉，可以获得较高的坐果率，坐果率为 72.4%～92.8%；而在花朵开放后第 3 d 再授粉，则坐果率为 0%，说明雌蕊柱头已失去接受花粉的能力。所以杂交用母本花应选择刚开放或即将开放的完全花。

6）拟定杂交记载表和准备杂交用具

为便于检查和总结，杂交前应拟好记载项目，如杂交组合、授粉日期、授粉花朵数、去袋时的坐果数、采收日期、采收果数和种子数等。

石榴杂交用具有去雄镊子、大头针、防水套袋、小塑料牌、铅笔等。

（2）杂交的步骤和方法

1）母本植株和花朵的选择

母本应选择品种纯正、生长健壮、开花结果正常的优良单株；母本完全花着生的结果枝要粗壮，以冠外中上部向阳枝为好；应选择肥大、发育正常的顶生完全花为母本花。

2）去雄与套袋

去雄的最好时间在花朵开放前 1～2 d，或即将开放但柱头尚未露出时。太早花蕾小，操作不方便，过晚有可能已授粉。去雄前先疏去花序中的其他蕾，只留 1 个杂交用的完全花。去雄时先用镊子镊去花瓣，再除去雄蕊。花萼对柱头有保护作用，应保留，注意保护柱头。去雄应彻底，去雄后可立即授粉。若第 2 d 授粉，去雄后应立即套袋。

3）花粉采集与授粉

石榴开花繁多，花粉量大，可以随用随采，授粉前 1～2 d，将父本植株上将要开放的花朵用防水袋套住，用大头针或回形针别紧纸袋口，以免落上别的花粉。授粉时，从父本植株上采集散出的大量鲜黄花粉的花朵，除去花萼和花瓣，露出花药和花粉，在母本柱头上轻轻抹一下，完成授粉过程，然后套袋隔离。最后在花柄处挂牌，写上杂交亲本、授粉日期等，在记载本上记录有关的内容。

（3）杂交果的管理与采收

授粉后 10 d 左右即可除去套袋，以利于幼果的正常生长，塑料牌仍保留。此时调查坐果情况，若幼果发青膨大，则说明已坐果；若脱落在袋内或在枝上但已失水发皱，则表明未坐果。以后加强肥水管理，及时防治病虫害。坐果后 110～120 d 果实充分成熟则可采收。采收时按组合连同塑料牌分别采摘，取出籽粒，挤去汁液，用清水洗净种子，阴干后于 12 月进行沙藏处理。

杂交后，对大量分离的 F_1 代个体进行筛选，并获得理想的基因型单株。研究发现，杂交 F_2 代较 F_1 代有更多的基因组合，因此，在 F_2 代中能获得新的种质。分子标记和形态标记技术的应用，大大减少了利用田间栽培方式评价杂交群体特性的工作量。选择杂交后代时，育种者应注意石榴果实的大小、果皮和果汁的颜色、成熟期、糖酸含量等特性易受环境的影响。掌握石榴果实与植株特性的相互关系和内在联系方面的知识对从分离杂交群体中选择优良的基因型十分有用。目前，对石榴果实与植株特性关系的研究报道较少。Jalikop 等（2010 年）的研究表明，随着果皮颜色的加深，果皮褐变的程度降低；随着果实中可溶性固形物含量的升高，果皮的褐变程度加深，这种变化趋势对选择优良种质是不利的。因此，育种者选择果皮无褐变的品种时，应平衡果皮颜色和可溶性固形物含量的关系。当优良品系选定后，对其进行大量的无性系繁殖，并与主栽品种进行品比试验。在其商业化栽培之前，应采用多种方式对其进行评价。

杂交育种能定向培养需要的品种，目标性强、操作简单易懂，因此，可以根据育种的目标，选择综合性状优良的品种为亲本进行杂交，从而选育出可供更新换代的优良品种。印度、中国、土库曼斯坦、阿塞拜疆、土耳其、伊朗等都有杂交选育的报道（Jalikop，2010 年）。中国的豫大籽（新疆大红袍×河阴同皮）（徐春富，2003 年）、矮化品种世纪红（新疆大红袍×早红甜）（张国斌，2004年）、豫石榴 4 号（豫石榴 1 号×豫石榴 3 号）（赵艳莉等，2006 年）、豫石榴 5 号（豫石榴 2 号×豫石榴 1 号）（赵艳莉等，2006 年）等几个品种都是经过杂交选育出的优良品种，但至今没有与野生石榴（*P. protopunica*）种内杂交的报道。

3. 芽变选种

（1）芽变选种的现状

芽变选种是石榴育种的一种重要方式，因其选育时间短、效果好而被长期、广泛地应用于石榴育种。芽变选种一般以主栽品种作为资源材料，在对主栽品种性状修饰的基础上进行，因此更容易获得优良品种（品系）。芽变可增加植物种质，丰富植物类型，既可为杂交育种提供新的种质资源，又可直接从中选出优良的新品种。

芽变选种主要是从原有优良品种中进一步发现、选择更优良的变异类型，要求在保持原品种优良性状的基础上，针对存在的主要缺点，通过选择使其得到改善，或获得观赏价值更好的新类型。芽变在栽培条件和自然条件下均可发生。石榴为异花授粉，基因的杂合性很强，因此容易发生芽变，而且芽变后产生的新的枝条常常具有显著的表型，也能被人们发现并及时保存下来。

在石榴野生与栽培群体中，芽变普遍存在，因此，芽变选育在石榴的遗传改良中占据着重要的地位。Wonderful、Granada 和 Early Wonderful 是美国主栽的石榴品种，其中 Granada 和 Early Wonderful 都是 Wonderful 的芽变品种。国内很多品种都是通过芽变获得的，如大绿子(先开泽，1999 年)、彩虹(方博，2002 年)、开封大红一号(张国宾，2002 年)、红玉石籽(朱立武等，2005 年)、白玉石籽(朱立武等，2009 年)、红玛瑙籽(赵国荣等，2007 年)、太行红(赵春玲，2006 年)、冬艳(陈延惠等，2012 年)。山东省果树研究所分别从三白甜、大青皮甜和大红袍无性繁殖群体的芽变优良单株中，选育出水晶甜(苑兆和等，2012 年)、绿宝石(苑兆和等，2013 年)和红宝石(苑兆和 等，2012 年)等石榴新品种，2011 年通过了山东省农作物品种审定委员会审定，丰富了我国的石榴种质资源。

芽变是由遗传物质的改变而引起的变异，可以通过无性繁殖遗传给后代。芽变鉴定的方法主要有形态学观察、同工酶分析、染色体数目和结构变异检测、DNA 分子标记检测等。张四普等(2010 年)采用优化的 SRAP-PCR 反应体系，对红花石榴母株上的白花变异枝进行鉴定和分析，结果表明，石榴红花母株和白花芽变枝的 SRAP-PCR 扩增时，600 对引物中只有 1 对引物扩增出稳定差异条带，其中，差异条带 Me30Em7-78 在母株中能得到特异扩增，而在变异枝条中无扩增，获得的白花枝条可能是由于母株中某个基因 DNA 片段的缺失而引起的芽变，为揭示石榴白色芽变机制提供了理论依据。同时，分别用简并引物和特异引物，结合 RACE 技术从红花石榴果皮中克隆出花青素合成相关关键酶基因 *PgANS*、*PgUFGT* 和调控基因 *PgMYB* 片段。分析这些基因在石榴红花母株和白花芽变不同发育阶段和组织部位的表达差异，结果表明，*PgANS* 在红花母株和白花芽变植株发育阶段中均有明显表达，不是石榴花青素合成的关键基因；*PgUFGT* 在母株各个阶段都有明显的表达，在芽变植株发育阶段几乎检测不到，该基因在花青素合成过程中起着关键的作用；*PgMYB* 在母株和芽变植株的不同发育阶段的表达有明显差异，研究结果为阐明石榴芽变的分子机理奠定了理论基础。

(2)芽变选种的局限性和发展前景

芽变选种是一种高效、快捷的育种方法，但是，也存在着一定的局限性。石榴芽变性状的变异范围和幅度与有性繁殖的后代不同。有性后代源于双亲遗传物质的分离和重组，变异的性状多、幅度大，同一杂交组合能选出多个完全不同的品种。芽变源于芽端体细胞突变，与原品种相比，通常只存在个别基因的差异，所以，变异常限于个别基因的表型效应。因而，芽变选种最适于现有品种的修缮和提高，而不能获得全新的品种。芽变选种有时候出现"复原现象"，使繁育的后代不一致，甚至是徒劳。

同时，起源相同的芽变品种间，由于基因型只存在微小的差异，因此，它们之间以及与原品种之间相互交配的亲和力基本上与自交相同，明显低于正常品种间的杂交。所以，通过芽变选种选育出的品种一般不用作杂交育种的双亲。

芽变选种方式的优化和应用推广需要规范并严格地执行芽变选种的程序。要选一个新的、优良的芽变品种(系)，应该经过初选→复选→鉴评→审定(认定)等环节。发现新的芽变，在复选过程中，必须与相应的石榴品种(系)进行对比，发现确实好的芽变，经过评审，最后经良种审定委员会审定，才可以在该品种(系)适栽区推广。参加鉴定会和新品种(系)审定的专家一定要慎重，要看看选育程序是否规范、来源是否可靠、表达是否清楚，不要盲目或随意签字。

4. 诱变育种

（1）辐射诱变

辐射诱变育种是指人为地利用一定剂量的物理射线（X 射线、γ 射线、β 射线、中子等）照射植物的种子、花粉、植株、营养器官、愈伤组织等，诱发其产生遗传性的变异，并经过人工选择、鉴定、培育新的品种。辐射诱变育种是继实生选种和杂交育种后发展起来的一项新技术，它不但可以大大地提高果树基因突变的频率，缩短育种年限，而且可以产生小量突变，在改良品种的同时又不会改变原有品种的固有优质性状，从而获得常规育种难以获得的新种质。

1）辐射诱变的特点

与其他育种方法相比，辐射诱变育种具有以下特点：

①创造多种突变体，丰富种质资源。遗传变异是生物进化和人类选育新品种的基础，辐射诱变是创造遗传变异的主要手段。辐射诱变的突变率是自然突变率的几倍到几千倍。而且辐射诱变产生的突变体，有许多性状是自然界本来没有的新性状，因此可以极大地丰富种质资源，供植物遗传育种直接或间接地利用。

②打破基因连锁，实现基因重组。由于基因的紧密连锁，有些不良性状总是与一些有利性状相伴随，难以用常规的杂交育种方法淘汰不良性状。辐射诱发突变的原因之一，就是打破基因连锁，促进重组，为育种者提供良好的选择机会。

③保持优良特性，改良个别不利性状。辐射诱变往往只产生个别位点的基因突变，因此它可使品种在基本保持原有遗传背景的前提下，改良某个或某些性状，使品种的丰产性、稳产性、适应性或品质获得明显改善。

④后代稳定快，育种年限较短。人工诱发的大突变大多为隐性突变，且多属简单遗传，因而突变性状稳定快，育种周期较短，一般经历 2～4 代即可稳定。隐性突变在第 1 代（M_1）一般不表现，只有到第 2 代（M_2）隐性突变基因纯合时才表现出来，而一旦表现，即可稳定遗传。

2)辐射诱变的方法

辐射育种的诱变方法不断完善，主要包括辐射材料、诱变剂和诱变手段等方面的改进。用于辐射育种的材料较多，有种子、枝条、嫁接苗、花粉和愈伤组织等。辐射的种子可直接进行播种，枝条用于嫁接，嫁接苗直接栽植。愈伤组织用于组织培养，然后进行突变体的筛选。花粉的辐照有 2 种方法：一是选用专门容器收集花粉，照射后迅速授粉；二是直接对处于不同发育时期的植株花粉进行辐照，可以用手提式的辐射装置或在田间辐射圃进行田间照射。研究发现，利用辐照花粉授粉可望解决杂交和远缘杂交不亲和性等问题，是创造新的种质资源最有希望的方法之一。目前应用的各种射线属于物理诱变剂的范畴，其中应用最广泛的是 X 射线、γ 射线、β 射线和中子等。据统计，国际上育成的果树新品种中，γ 射线育成的占 67.6%，X 射线育成的占 14.8%，中子育成的占 5.9%，其他物理诱变剂育成的占 2.9%。近年来，诸如激光、电子束、微波等新的诱变剂也开始在果树育种上应用。尤其是离子辐射，诱变频率在 6.8%～12.0% 之间，高于 γ 射线的诱变频率，且能诱导几个以上的性状同时突变，应用前景广阔。

随着对辐射理论研究的不断深入，诱变手段也在不断改进，简单的照射已不能满足育种的需求。许多研究认为，重复和累进照射可以提高突变频率；屏蔽材料的方法可以提高剂量，获得更高的变异频率；慢照射比急照射对材料的损伤轻，形态畸变少，而且诱变效果稳定。由于不同诱变剂有着不同的诱变机制，因而，2 种诱变剂复合处理能发挥各自的特异性，起到相互配合的作用，提高突变频率和诱变效果。

研究表明，辐射可产生短枝型、早熟、抗性和无籽变异等，因此，辐射育种是培育短枝型、早熟、抗性强和无籽品种的有效途径之一。辐射处理后的突变体多以扇形嵌合体的形式存在。如果不及时分离并加以选择，这些突变的嵌合很容易被正常的组织掩盖住，从而失去选择的机会，以致降低突变频率。因而进行突变的早期分离和选择是获得变异、提高育种效率的重要因素。突变体的鉴定多采用形态学、细胞遗传学、生化标记和分子生物学等方法，从而获得新种质。

3)石榴辐射诱变的相关研究

目前，石榴辐射诱变育种的相关研究较少。Akhund-zade 等（1977 年）利用 1～40 krad（1rad＝0.01 Gy）的 γ 射线照射石榴籽粒和扦插苗，选育出的类型在果实产量、大小和质量上均超过供试品种。研究发现，甜石榴品种果实对照射的敏感程度高于酸甜石榴和酸石榴品种。γ 射线照射对石榴扦插苗、籽粒和花粉产生影响的剂量范围是 5～10 krad。Levin（1990 年）用 2.58～5.16 C/kg 的 γ 射线处理石榴种子，在变异植株中获得了具有果型好、果汁含量高、性状优的株系，其中一优系软籽、早熟（8月），具有推广前景。Omura等（1987年）用γ射线（1.03～16.51 C/kg）对矮生品种 Nana 的叶片进行了辐射诱变，其中 16.51 C/kg 剂量辐照下，愈伤组织和芽生长受到严重抑制，温室驯化栽培后，叶型和生长习性发生变化，不育性花粉达 19.7％。山东省果树研究所招雪晴等利用^{60}Co 的 γ 射线对石榴植株进行了辐射诱变，已确定石榴枝条的半致死剂量，变异性状的评价筛选还在跟踪调查中。

4）石榴诱变育种的发展趋势

①诱变和杂交育种的结合是最广泛、最有效的育种途径。

杂交育种的理论基础是基因重组，诱变育种的理论基础是基因突变。前者预见性强，后者随机性较大，但可创造果树的新性状、新类型。因此二者结合能相互配合、取长补短，可创造石榴的新性状、新类型，是石榴辐射诱变育种工作今后发展的方向。

②诱变技术和离体培养结合前景广阔。

利用诱发突变与生物技术特别是离体培养相结合来进行育种，是近年来兴起的一项很有前途的研究项目，国内外都非常重视。诱变技术和离体培养相结合，能有效地避免嵌合体的形成和二倍体的选择，具有不受环境条件限制、可节省大量的人工财力和时间、能扩大变异谱和提高变异率等优点。在离体培养中，综合多种选择体系可以用来对原生质、悬浮培养物、愈伤组织体系和花药培养体系以及产生的植株进行筛选。

用诱变剂直接处理悬浮培养的单细胞和原生质体，筛选所需要的突变体不会引起体细胞选择，可以避免或限制嵌合体的形成，这是直接获得同质突变体的最理想方法。用诱变剂处理后的外植体或愈伤组织上的单细胞（或少数细胞）分化成的植株一般也是同质的，而且变异率增加。

花药离体培养诱发突变及筛选技术最引人注目，显性或隐性突变体都能得到很好的表现，通过染色体加倍，能较快地得到稳定而纯合的突变系。辐射后的花粉培养综合了单倍体育种和辐射育种的优点，既克服了诱变频率不高和嵌合现象，又避免了常规育种后代分离大、难稳定的缺点。总之，随着离体培养技术和诱发突变技术的不断完善，把二者结合起来的育种方法，是石榴育种中非常值得开拓的新领域。

③辐射诱变和单倍体育种相结合。

单倍体育种包括对花药（小孢子）培养、（未受精）胚珠培养和染色体去除获得单倍体等。通过单倍体育种可以将显性突变和隐性突变都很好地表现出来，通过染色体加倍，较快地获得稳定而纯合的突变体。诱变与单倍体结合进行育种综合了单倍体育种和诱变育种的优点，既提高了诱变频率和变异谱，又有效地避免了常规育种的分离难度大、难稳定的特点，为其在石榴育种上的应用提供了有益的借鉴。

（2）化学诱变

化学诱变是人工利用化学诱变剂诱发果树产生遗传变异，再通过多世代突变体进行选择和鉴定，培育成具有较高利用价值果树新品种（系）的技术。

1）化学诱变的特点

与其他育种方法相比，化学诱变育种具有以下特点：

①操作方法简便易行。与辐射诱变相比，其价格低廉，不需昂贵的 X 光机或 γ 射线源，只要有足够的供试材料，便可大规模地进行，并可重复试验。

②专一性强。特定的化学药剂，仅对某个碱基或几个碱基有作用，因此可改变某品种的单一不良性状，而保持其他的优良性状不变。

③化学诱变剂可提高突变频率，扩大突变范围。化学诱变可诱变出自然界没有或很少出现的新类型，这就为人工选育新品种提供了丰富的原始材料。

④多基因点突变，效应迟发。化学诱变剂是靠其化学特性与遗传物质发生一系列的生化反应，表现为多基因点突变，且有迟发效应，在诱变当代往往不表现，在诱导植物的后代才表现出性状的改变。因此，至少需要经过 2 代的培育、选择，才能获得性状稳定的新品种。

⑤诱变后代的稳定过程较短，可缩短育种年限。经过化学诱变剂处理后，用种子繁殖的 1～2 年植物，一般 F_3 代就可稳定，经 3～6 代即可培育出新品种。天然异花授粉或常异交植物，应注意防止种间或品种间天然杂交引起的后代分离。

2）化学诱变剂

化学诱变剂是一些分子结构不太稳定的化合物，其种类有：烷化剂、亚硝基化合物、叠氮化合物、碱基类似物、抗生素、羟胺、吖啶等。化学诱变剂可以通过与核苷酸中的磷酸、嘌呤、嘧啶等分子直接反应来诱发突变。主要是通过 2 个步骤来完成：首先鸟嘌呤 O_6 位置被烷基化，而后在 DNA 复制过程中，烷基化鸟嘌呤与胸腺嘧啶配对，导致碱基替换，即 G-C 变为 A-T。这种单一碱基对改变而形成的点突变是化学诱变的主要形式。另外，化学诱变剂也可与核苷酸结构的磷酸反应形成脂类，而将核苷酸从磷酸与糖分子之间切断，产生染色体缺失。化学诱变剂的确定主要取决于诱变的目的、诱变材料的性质及试验条件等，可以分为 2 类：一类是针对植物倍性改良的诱变剂；另一类则通过植物细胞在复制、转录过程中渗入细胞内，发生碱基的替代或嵌入碱基之间，造成染色体变异，进而发生复制或转录错误。

目前公认的最有效和应用最多的诱变剂有烷化剂和叠氮化合物 2 大类和以秋水仙素为代表的多倍体诱导药剂。烷化剂以甲基磺酸乙酯（EMS）、硫酸二乙酯和乙烯亚胺（EI）等类型的化合物应用较多。EMS 属于烷化剂的一种，是目前公认的最为有效和应用较多的一种化学诱变剂。其作用机理主要是在 DNA 的复制过程中，将鸟嘌呤烷基化使其与胸腺嘧啶配对，导致碱基替换，即 G∶C 变为 A∶T，这种专一性强的点突变为定向地进行特殊性状改良提供了可能。叠氮化钠(NaN_3)主要以碱基替换的方式影响 DNA 的正常合成，从而导致点突变的产生。NaN_3 具有对农作物的诱变效率高、M_1 的生理损伤小、毒性低等优点，是一种安全高效的化学诱变剂。秋水仙素作用于细胞分裂的前期，可以抑制细胞分裂过程中纺锤体的形成，使分裂后期染色体不能被拉向 2 极。当细胞分裂结束后，由着丝点连接的 2 个染色体单体自然断裂，造成染色体加倍。

3)石榴化学育种的相关研究

目前，国内外石榴化学诱变育种的相关研究多集中在秋水仙素诱导多倍体育种方面。刘丽（2009 年）以大籽石榴种子为试材，催芽后分别用 0.2％、0.5％、0.8％的秋水仙素分别浸泡 12 h、24 h 和 48 h，分析其对石榴种子发芽率、种子胚轴横径、出苗率和幼苗外部形态的影响，结果表明，秋水仙素的浓度越低，种子发芽率越高；处理时间越长，发芽率越低。用秋水仙素处理的种子胚轴横径要明显高于对照的横径，初步判断已经加倍成功。用秋水仙素处理的幼苗冠幅明显高于对照，初步推测有一部分幼苗可能已经被加倍成多倍体。Shao 等（2003 年）用 5 000 mg/L 的秋水仙素处理离体培养的石榴茎段 96 h，获得四倍体植株。与二倍体植株相比，它的根短，叶片宽、短，花径增宽、长度缩短，能正常生长和开花，每个花药里的花粉粒数明显高于二倍体，但授粉能力显著降低。

4)化学诱变存在的不足

由于化学诱变所特有的优点，使其在石榴育种方面得到了较为迅速的发展。但是化学诱变育种也存在一些不足，主要表现为：

①突变频率大幅度提高，但出现有益突变的频率很低，因此筛选有益突变体的工作量很大。

②突变方向难以掌握，具有很大的随机性。

③很多化学诱变剂毒性较大，具有残留效应。

④确定适宜的化学诱变剂处理浓度的难度较大。浓度太高毒害作用加大，M_1 代存活率降低；浓度太低，诱变效果差，从而大大降低了筛选有益突变的价值。

这些化学诱变育种存在的不足之处有待今后进一步进行深入研究。

利用化学诱变技术人工诱发遗传变异是丰富作物种质资源、选育作物新品种的重要手段之一。利用化学诱变手段进行育种，可以有效地改良如株高、抗病性、果实品质性状等比较简单的遗传性状。与常规育种方法相比，化学诱变育种后代的性状稳定快，育种周期短。因此，化学诱变越来越被普遍地运用到石榴遗传育种中，而且已经成为育种学家培育新品种（系）的重要手段和选择之一。但是化学诱变本身所存在的突变频率和突变方向的不确定性等问题，也大大地加大了育种过程的难度和工作量。为了进一步解决化学诱变育种的这些问题，应当在以后的石榴化学诱变育种工作中，继续探索新的无毒高效的化学诱变剂和新的化学诱变处理方法，从而提高其诱变效率及化学诱变育种过程的安全性。

另外，化学诱变育种不是一条独立的育种途径，在应用化学诱变育种过程中，还应当注意与其他的育种方法和技术紧密结合起来，从而为更加有效、更加快速地培育石榴新品种创造有利的条件。

5. 生物技术育种

（1）植株再生

由于石榴组织内的酚类物质比较多，外植体易出现严重的褐化，并且不同品种间存在遗传背景的差异，使得石榴离体培养比较困难。尽管如此，石榴离体组培及再生体系构建仍然取得了很大的进展。茎段、茎尖、叶片等外植体已用于石榴的离体快繁。茎段、叶片、子叶、花药、下胚轴和节间等均可诱导石榴植株再生，植株再生率最高达 79.75%。这些技术体系的优化和建立，为石榴品种改良的基因工程搭建了基础平台，为石榴品种改良提供了重要的途径和方法，不仅可以大大缩短育种周期，而且有利于优良性状的筛选。然而，目前组织培养体系在石榴基因工程中的应用仍处于探索阶段。

（2）倍性变异

目前关于石榴花药培养的报道较少，没有获得单倍体植株。Omura 等（1990 年）对叶片愈伤组织进行了悬浮培养，但在再生植株中没有发现体细胞变异。目前虽然有四倍体诱导成功的报道，但却未见有四倍体新品种的问世。

（3）遗传转化

到目前为止，仅有 2 篇关于根癌农杆菌介导石榴遗传转化成功的报道。以 EHA105 为根癌农杆菌菌株，构建双元表达载体 PB19-sgfp，包含选择标记基因 nptII（新霉素磷酸转移酶基因）和 gfp（绿色荧光蛋白基因），对 Nana 进行遗传转化。相对于其他品种来说，用 Nana 建立起来的转化体系具有较高的转化率和再生率，并且由于果实生长和成熟的周期较短，可作为石榴遗传转化研究的模式品种（Terakami 等，2007 年）。在对埃及 2 个基因型 Manfaluti 和 Araby 的农杆菌转化中，Manfaluti 的再生率要更高些（Helaly 等，2014 年），再次证明石榴的遗传转化体系稳定，可用于转基因植株的再生。

（4）分子标记辅助育种

1）分子标记的概念和特点

分子标记（molecular markers）作为一种基本的遗传分析手段，是继形态标记、细胞标记和生化标记之后发展起来的一种新的较为理想的遗传标记（genetic markers）形式。分子标记指能反映生物个体或种群间基因组中的某种差异特征的 DNA 片段，它直接反映基因组 DNA 间的差异，因此也被称作 DNA 分子标记。分子标记与其他遗传标记——形态标记、细胞标记和生化标记相比，具有许多明显的优越性，表现为：

①直接以 DNA 的形式表现，在植物的各个组织、各发育时期均可检测到，不受季节、环境的影响，不存在表达与否的问题。

②数量极多，遍及整个基因组，可检测座位几乎无限。

③多态性高，自然存在着许多等位变异，不需专门创造特殊的遗传材料。

④许多标记在非编码区，表现为中性，不影响目标性状的表达。

⑤许多分子标记能够鉴别出纯合基因型与杂合基因型，提供完整的遗传信息。

由于分子标记具有较大的优越性，所以它在园艺植物遗传育种中的应用越来越广泛。实践也证明，分子标记技术极大地推动了各相关领域的发展，已经在植物分子遗传图谱构建、遗传多样性分析和种质鉴定、重要农艺性状基因定位与基因克隆、辅助选择育种等方面取得了惊人的成绩，具有广阔的应用前景。

2) 分子标记主要类型

分子标记是以生物种类和个体间 DNA 序列的差异为前提来进行的，其方法在近 20 年来发展迅速，种类多样。根据其使用的分子生物学技术，大致可分为以下 3 类：

①第 1 类是以传统的 Southern 杂交为基础的分子标记，其典型代表是限制性片段长度多态性(restriction fragment length polymorphism，RFLP)。生物在长期的自然选择和进化过程中，由于基因内个别碱基的突变，以及序列的缺失、插入、重排，会造成 DNA 核苷酸序列上的变化，从而导致限制性酶切位点的不同。用限制性内切酶消化基因组 DNA 后，将产生长短、种类、数目不同的限制性片段，这些片段经电泳分离后，在聚丙烯酰胺凝胶上呈现不同的带状分布，通过与克隆的 DNA 探针进行 Southern 杂交和放射自显影后，即可产生和获得反映生物个体或群体特异性的 RFLP 图谱。其具有可靠性高、来源于自然变异、有多样性和共显性等优点；但操作步骤繁琐、相对费时，具有种属特异性，且只适应单/低拷贝基因，限制了其实际应用，最主要的缺点是它的信息产生是因为碱基突变而导致的限制性酶切位点的丢失或获得，所以 RFLP 多态位点数仅有 1~2 个，多态信息含量低，仅为 0.2 左右。

②第 2 类是以 PCR 为基础的分子标记，也是类型最多的一类。该技术利用 DNA 聚合酶进行体外扩增 DNA，PCR 技术即聚合酶链式反应技术，其方法简便、快速。主要包括随机扩增多态性 DNA(random amplified polymorphism DNA，RAPD)、扩增片段长度多态性(amplified fragment length polymorphism，AFLP)、简单序列重复(simple sequence repeat，SSR)、简单重复间序列(inter-simple sequence repeat，ISSR)、特征序列扩增区域(sequence characterized amplified region，SCAR)、序列特异扩增多态性(sequence-specific amplification polymorphism，S-SAP)等。

③第 3 类是以 DNA 芯片技术为基础的分子标记，目前只有 1 种，即单核苷酸多态性(single nucleotide polymorphism，SNP)。

分子标记技术的发展，推动了遗传多样性的研究以及在 DNA 分子水平上研究物种间的关系等相关工作的进步，避免了环境和其他因素的影响。各种分子标记技术的发展促进了动、植物分类学，进化关系以及其他各种研究的发展。每种分子标记技术都基于不同的原理，主要应用在于揭示基因上的变异。在众多的 DNA 分子标记技术中选择合适的标记也是一个问题。一般来说，选择的原则应综合考虑可靠程度、分析的难易、数据处理的工作量以及所反映的多态性的可信度。第 1 个出现的分子标记技术是 RFLP，该技术要求序列已知，且花费比较高。随着 PCR 技术的出现，RAPD、AFLP 和 AP-PCR 技术等分子标记相继出现。这些技术具有快速、花费低、不需要已知序列信息的优点。后来的 SCAR 标记能将随机引物扩增的 PCR 产物作为基因组中的标签。微卫星标记技术使用微卫星或简单重复序列间的单个突变作为指纹分析的依据。基于线粒体和叶绿体的微卫星标记技术用来阐明子代和亲本的关系，极大地促进了育种学和进化遗传学的研究。同样，分子标记技术也可以用来研究 cDNA 的差异显示，可以解释不同的生物学现象并且可以揭示基因的功能。

3)分子标记在石榴种质资源中的应用

①石榴种质资源多样性研究。对石榴进行遗传多样性研究可减少育种中亲本选配的盲目性，从而提高育种效率。分子标记成为检测遗传多样性的最有效工具。苑兆和等(2007 年)运用 AFLP 技术证明了中国石榴品种间高度的遗传多样性，说明有性杂交和性状重组在石榴品种的演化中起到了主要的作用。沈进等(2008 年)利用 ISSR 技术对 45 份中国石榴种质资源进行了多样性研究，结果表明，45 份中国石榴资源的遗传距离系数分布在 11~70，遗传多态性达 84%，说明 45 份中国石榴的种质资源具有丰富的遗传多态性，这有利于我国进行石榴种质资源的收集和保存。卢龙斗等(2007 年)认为 RAPD 分子标记可用于石榴栽培品种的遗传多态性分析。Sarkhosh 等(2006 年，2009 年)利用 RAPD 对伊朗的 24 个石榴基因型进行了分析，100 条随机引物中有 16 条引物有稳定的扩增多态性。在 178 条扩增条带中，有 102 条多态性条带，认为石榴各类型之间存在丰富的遗传多样性。可见，石榴种质资源具有丰富的遗传多样性，这是进行石榴优良品种选育的重要基础。

②石榴种质资源品种分类及亲缘关系的研究。目前，由于各地的分类标准和命名习惯不同，导致石榴的品种和种下分类相当混乱，同品种异名或异品种同名现象严重，提出有效的分类方法很有必要。通过分子标记获得石榴

品种间在 DNA 水平的多样性，可以了解它们 DNA 之间的相似度，从而可以确定它们的品种类群和亲缘关系。巩雪梅等（2004 年）利用 32 个分辨率高、多态性好的引物分别对 46 个类型的石榴材料进行了 RAPD 聚类分析，将其划分为 11 类，在遗传距离为 0.178 时，山东、安徽、陕西、新疆等地的大部分石榴品种可聚在一起，说明这些地区石榴资源的遗传背景有较大的相似性，研究结果可为这些地区石榴的选育和引种提供重要的参考。同时，对三白石榴、玉石籽及玛瑙籽 3 个品系内部亲缘关系的研究发现，石榴的同一品种都存在多种基因型，说明石榴品种极易发生变异，因而在同一品种内容易产生许多性状相似的品系，而且变异的次数可能比较频繁。刘素霞等（2007 年）利用优化的 RAPD 反应体系对 11 个石榴品种进行了亲缘关系分析，从 DNA 水平上揭示了石榴品种之间的亲缘关系。Messaoud 等（1999 年）采取主成分分析和 UPGMA 聚类分析的方法研究了突尼斯的 11 个石榴品种 30 个样本，结果表明，果实的大小、果皮的颜色、果汁的 pH 值是品种的主要鉴别依据，同时对影响石榴品种资源的多样性的方法因素进行了讨论。赵丽华等（2011 年）用 ISSR 技术对中国的 45 份石榴种质资源进行了聚类分析，结果表明，石榴品种的聚类方式不全是按照产地和农艺性状分类，说明石榴栽培品种具有较复杂的遗传背景。李丹等（2008 年）通过 23 对多态性好、谱带清晰的引物分别对 15 个类型 71 份石榴材料进行了 AFLP 遗传多样性分析和聚类分析，将所有的品种分为 3 大类，其聚类结果与形态分类结果不一致。杨荣萍等（2007 年）利用 RAPD 标记技术分析了 25 份云南地方石榴材料（品种或类型）的亲缘关系，亲缘关系树状图显示，25 份云南石榴材料的遗传背景较复杂，难以划分类群。由于石榴的遗传背景较为复杂，对它的分子标记遗传分类研究还停留在初始阶段。

③指纹图谱绘制和品种鉴定。利用分子标记技术进行园艺植物品种的鉴定，不受环境、取材部位、时间等因素影响，在种子或幼苗阶段即可进行，而且信息量大，可以区分出形态标记难以鉴别的细微差异，准确、快速（数小时至数天）。指纹图谱是鉴别果树种质的有力工具，对供试材料的 DNA 图谱进行比较分析，筛选出特异条带，以此作为鉴定该种质的依据。各种分子标记均可用于指纹图谱分析，目前在果树产业中的应用发展迅速，已建立了苹果、梨、桃、葡萄、柑橘、杏、树莓、番木瓜、香蕉等多种果树的指纹图谱，但关于石榴的指纹图谱绘制还未见相关报道。陆丽娟等（2006 年）通过 RAPD-SCAR 分子标记技术找到三白石榴与营养系品种白玉石籽之间的 1 条变异条带 BY1479，该条带能够快速鉴定三白石榴和白玉石籽，也可用于石榴软籽品种或大籽粒品种选育的早期鉴定。薛华柏等（2010 年）利用 SRAP 技术对 4 个石榴品种进行了 DNA 标记分析，发现仅用 ME8/EM11 和 ME9/EM18 位点的 3 个差异迁移位点即可对这 4 个品种进行鉴定，该方法可用于石榴苗木纯

度的检测。杨荣萍等(2007)曾对 25 份云南石榴材料(品种或类型)的基因型进行 RAPD 分析,认为 RAPD 可以进行石榴资源的品种鉴定。张四普等(2010)认为 SRAP 技术可对红花母株和白花突变类型进行鉴定。

④遗传图谱构建和目标基因标记。遗传图谱是 DNA 位点在染色体上相对位置的排列图,其距离远近是用遗传交换值来衡量的,单位是厘摩(centi morgan,cM)。高密度的遗传图谱是基因组鉴定、结构分析和比较、基因的精细定位、亲本选择选配的基础,是研究复杂性状遗传的强有力工具。传统的遗传图谱构建方法有形态学标记、细胞学标记、生物化学标记等,是根据性状的重组和分离来构建的,所能鉴定出的基因数目有限,构建周期长,且受环境因素的影响大,应用价值有限。DNA 分子标记技术极大地促进了遗传图谱的构建和应用等相关工作的发展。分子遗传图谱是根据多态性 DNA 位点在群体中的分离情况统计分析获得的,与传统的遗传图谱相比,具有位点多(几乎是无限的)、构建效率高、不受发育阶段和环境影响等优点,因此,发展迅速。果树分子遗传图谱构建中的一大难题是,果树基因组高度杂合,很难获得纯系。"双假测交"(double pseudo test cross)理论解决了这一难题。其原理是:在高度杂合的基因组中,F_1 代一些位点在 1 个亲本中为杂合,而在另 1 个亲本中为纯合,将子代中 1∶1 或 1∶3 分离位点利用回交群体模型进行图谱构建。双假测交理论的提出带动了果树遗传图谱的发展,苹果、梨、桃、葡萄、杏、芒果、龙眼、蓝莓等的分子遗传图谱都已经建立起来了。基因标记是指筛选与目标基因连锁的遗传标记,是基因定位克隆和分子辅助选择育种的前提。用分子标记进行基因标记具有稳定、可靠等优点,所以受到各国科研人员的重视,已有相当一批控制果树农艺性状的基因被标记,一些基因(如抗苹果黑星病的 Vf 基因)已被精确地定位在染色体上。目前,关于石榴的遗传图谱构建及目标基因标记的研究还未见报道,但一些基础性的工作已经展开。

二、创新现状

在石榴种质资源创新的研究方面,过去着重从品种的鉴定和评价中筛选出适合当地种植的优良品种,而现在种质资源创新的目标则是利用芽变选种、突变育种和杂交选育等方法选育出优稀的无核、软籽、大果、果形美观的品种;同时植株矮化、抗病虫害、抗逆等也是石榴种质创新考虑的任务目标。

印度于 1905 年开始石榴的育种工作,通过杂交育种从 16 个 F_1 代和 10 个 F_2 代中选出果皮为深红色、籽粒为红色、品质佳的优良品种。Daru 的隐性基因和 Nana(观赏品种)的显性基因可抵抗白叶枯病。土库曼斯坦实验站从 1986 年到 1988 年对 53 个石榴品种或类型开展了杂交育种工作,从后代中筛选旺枝、落叶晚和果实大小与形状独特的植株，进行矮化选种。

山东省果树研究所于 1984 年在泰山南麓筛选出优良地方品种泰山红，1996 年通过山东省农作物品种审定委员会认定，是目前国内的优良石榴品种之一，已在山东、江苏、河南、安徽等省大面积推广。近几年来，山东省果树研究所的苑兆和等在对引进石榴种质资源系统评价的基础上，采用引种筛选与芽变选种相结合的技术路线，经过严格的初选、复选，品种比较试验、区域栽培试验等育种程序，选育出奇好、宝石甜 2 个鲜食品种和榴花雪、榴花红、榴花姣、榴缘白、榴花粉 5 个观赏品种，于 2009 年 12 月通过山东省林木品种审定委员会审定。通过芽变选种，选育出绿宝石、红宝石和水晶甜 3 个鲜食品种，于 2011 年 10 月通过山东省农作物品种审定委员会审定。枣庄市农业科学院通过芽变选种，选育出冠榴、枣庄玛瑙、九州红和枣庄软仁 4 个鲜食品种，于 2006 年 12 月通过山东省林木品种审定委员会审定。

国内其他科研单位在选育软籽、鲜食加工兼用和晚熟品种方面也做了大量的工作。安徽农业大学从玉石籽营养系变异中选育出红玉石籽，并利用 RAPD 标记辅助选育出了三白石榴大籽粒营养系变异新品种白玉石籽。同时，通过 RAPD 标记辅助育种选育出玛瑙籽营养系变异新品种红玛瑙籽。河南省开封市农林科学研究所通过杂交育种选出豫石榴 4 号和鲜食加工兼用品种豫石榴 5 号。枣庄市市中区林业局通过 5 年的选育，从枣庄石榴资源中选育出大粒晚熟石榴新无性系 ZX03-1。

河北农业大学等通过秋水仙素处理石榴品种 Nana 的组培苗，获得该品种的四倍体植株。河南农业大学对突尼斯软籽石榴的天然杂种幼胚培养条件、组织培养体系等进行了优化研究，并利用秋水仙素处理大籽石榴的种子和幼苗，进行倍性育种。黄花石榴和泰山红石榴的组织培养植株再生体系都已有所研究报道，为石榴的遗传转化和多倍体育种工作奠定了基础。

三、创新存在的问题和发展方向

1. 创新存在的问题

石榴种质资源的研究取得了很大进展，也通过多种育种手段选育出了具有优良特性的新品种或新种质，但是由于石榴果实和植株的一些限制性因素，仍然存在着许多问题。

（1）缺乏优异的亲本品种

目前世界范围的许多石榴品种都是自然或人为选择的结果，其亲本来源并不清楚，只有很少的品种是经过系统的育种程序培育出来的，能集合优良特性如品质佳、外观好、抗氧化物质含量高、抗病虫害等于一身的品种还很少。在整个品种改良过程中，石榴自然变异的潜力还未得到充分挖掘，在育种中可作为潜在亲本的品种还未系统筛选。

（2）生物技术育种基础薄弱

种质资源的分子水平评价研究基础仍然较为薄弱，无法为石榴遗传变异分析提供基因组信息。一些分子遗传学的现代方法如分子遗传作图、分子标记辅助育种、全基因组测序和生物突变体还未被应用于石榴研究中。目前在石榴上只分离鉴定了少数的基因，而石榴的表达序列标签（ESTs）或其他遗传数据库尚未建立。虽然已有石榴遗传转化的报道，但是真正通过生物工程手段培育石榴新品种的时间还无法预见。

（3）国内优良软籽石榴的品种少

中国的科研人员对中国石榴资源进行了调查、收集、分类等诸多的研究工作，在中国现有的石榴品种资源中，软籽石榴的品种相对偏少，其中口感无渣、食用舒适、不硌牙的精品品种则少之又少。中国主产区主栽的石榴品种大红甜、粉红甜、大红袍、天鹅蛋、铜皮、铁皮等品种，果个偏小、籽粒小、核硬、果外观差、易裂果、没有特色、吃一口满嘴渣，食用极不方便。在中国的石榴品种资源中，皮色为红至深红的大果型品种、软籽性状较为突出的优良品种极少。

（4）传统品种退化

传统品种退化严重，市场认可度低。生产上缺乏果实外观漂亮（果实全面着浓红色）、果实着色早（落花时即着浅红色）、早熟（郑州地区在 9 月 10 日左右成熟）、品质优良（纯甜、可溶性固形物含量达 15% 以上）、籽粒呈紫红色、汁多味甘甜、出汁率为 87.8% 以上、核仁特软（硬度在 2.9 kg/m² 以下）可食用、早果性好、丰产稳产、抗裂果、抗旱耐瘠薄性强、综合性状优良的可以更新换代的后备品种群体。由于品种一直得不到更新，品种单一的问题很突出，这种资源多样性的缺乏直接导致石榴主产区的抗性基因资源匮乏，病虫害肆虐，损失巨大。

2. 创新发展方向

（1）传统和现代育种手段相结合，创新石榴新种质

种质资源的遗传基础变窄是改良品种的一个主要障碍。石榴种质资源丰富，应充分利用现有的遗传资源，通过定向选择、杂交等方法来开发利用现有的遗传多样性；通过突变筛选、生物技术育种等方法来创造更多的变异材料；根据不同的育种目标培育不同的系列品种，使石榴的产量和品质得到不断的提高；通过分子标记及转基因等分子技术增加选择的效率，吸取基因组学的相关知识和强大的技术手段，并将其应用于石榴的研究，提高石榴分子辅助育种水平。

（2）创新目标

石榴种质资源的创新，即石榴品种的遗传改良。总体来说，石榴的遗传改良包括树体改良和果实改良2大部分。对于树体来说，高产、矮化、抗寒是其主要的改良目标；而对于果实来说，品质佳（果个、果型、果皮及籽粒颜色、出汁率、糖酸含量、风味等）、软籽、抗裂果、抗虫、耐贮藏则是育种者追求的目标。目前各国的遗传改良主要都集中在果实性状的改良上，其种质资源创新目标还根据地区之间的文化差异和用途而确定。例如，以色列的育种目标主要定位于欧洲市场的需求，开发早熟、果色好、软籽等以色列石榴品种的优势，旨在通过特早熟和特晚熟品种的选育来延长石榴的生长及供应季。如在高温干燥地区，水分短缺，应选育抗高温和抗干旱品种。在印度，细菌枯萎病为害严重，应选育抗细菌枯萎病的品种。在土库曼斯坦和阿塞拜疆，冻害对石榴的为害较严重，应选育抗寒品种。

根据石榴产业的发展方向，石榴种质资源创新的主要目标概括如下：

1）植株方面

①产量高。高产量、高效益可以促进农民增收、农业增效。

②矮化。由于石榴生长适宜的气候和土壤条件较广，根据栽培前景选育石榴品种的标准应因地而异。为了省力化栽培，品种矮化也是创新的目标。

③抗寒。石榴品种、抗寒能力取决于树龄、植株的生长势、栽培管理的水平、冬季低温等诸多因素。软籽石榴品种抗寒性一般低于硬籽品种。近几年来，石榴冻害严重，严重影响了产量和质量，选育抗寒品种对提高其适应性、产量、质量至关重要。

2）果实方面

①品质佳。包括果实的大小和形状、果皮和籽粒的颜色、出汁率、可溶性糖的含量、酸度和口味等。这些品质指标易受环境、成熟时间、品种的影响。果实的大小或者果皮的颜色与内在品质组成之间不相关。最理想的品种应为果实中等大小、出汁率较高。

②软籽。软籽或无籽石榴品种具有重要的经济价值，能满足消费者的需求。很多石榴品种或种质不具备这种特性，无籽石榴品种只存在于个别地区。研究表明，硬籽石榴品种能通过软籽石榴和硬籽石榴异花授粉获得。选育出的品种有些较传统品种的籽粒软。

③抗裂果。果实裂果是制约石榴产业可持续发展的瓶颈问题，受气候条件、管理措施、灌溉方式的影响较大，因此选育抗裂果品种是提高其商品价值的重要途径之一。

①抗果实蛀虫。石榴螟和石榴小灰蝶严重为害石榴的果品质量，导致严

重减产，因此，选育抗果实蛀虫品种至关重要。一般酸石榴果实较甜石榴品种的抗虫害能力强。

⑤适宜加工。现在选育的石榴品种多用于鲜食，而很少开展加工品种的选育，随着石榴汁、石榴酒等加工产业的进一步发展，加工品种的选育将成为以后的一个研究方向。同时，还可培育一些既具有观赏价值，又可用于加工的品种。

第四节 主要石榴产区品种资源介绍

石榴在我国的分布范围较广，98°E～122°E、19°50′N～37°40′N 的范围均有分布。目前，我国石榴栽培区主要集中在新疆、陕西、河南、安徽、山东、云南、四川和河北等地。各主产区均有适宜本地区的主栽品种和选育的新优品种，在石榴果品市场上占有较大份额。

一、山东石榴主栽及新优品种介绍

山东的石榴主栽与新优品种主要有大青皮甜、大马牙甜、大红袍、岗榴、泰山红、绿宝石、红宝石、水晶甜、青皮大籽、泰山金红、泰山三白和观赏品种榴花红、榴花粉、榴花姣、榴花雪和榴缘白等。

1. 大青皮甜 Daqingpitian（图 4-6）

来源与分布：俗称铁皮甜，系山东省枣庄市峄城区的地方农家品种，约占当地栽培总量的 80%。主要分布在枣庄市的峄城、薛城、市中、山亭等地区，山东泰安、济宁、临沂、烟台等地有零星种植。在河北元氏县表现优异。

性状：果实个大、皮艳、外观美是其突出特点。大型果，果实扁圆球形，果皮黄绿色，向阳面着红晕，果肩较平，梗洼平或突起，萼洼稍凸；果形指数 0.91；一般单果重 500 g，最大单果重 1 520 g；果皮厚 0.25～0.4 cm，心室 8～12 个，室内有籽 431～890 粒，百粒重 32～34 g，籽粒鲜红或粉红色，可溶性固形物含量 14%～16%，汁多，甜味浓。

树体较大，树高 4～5 m，树姿半开张；骨干枝扭曲较重；萌芽力中等，成枝力较强；叶长 6.5 cm，叶宽 2.8 cm，长卵圆形，叶尖钝尖，叶色浓绿，叶面蜡质较厚；花红色、单瓣，萼筒短，萼片半闭合至半开张。

丰产性好；果实抗真菌病害能力较强，耐干旱，耐瘠薄；易裂果，晚熟品种，果实不耐贮藏。

113

图 4-6　大青皮甜(苑兆和)

2. 大马牙甜 Damayatian(图 4-7)

来源与分布：俗称马牙甜，系山东省枣庄市峄城区的地方农家品种。主要分布在枣庄市的峄城、薛城、市中、山亭等地区，山东泰安、济宁、临沂、烟台等地有零星种植。

性状：大型果，果实扁圆球形，果肩陡，果面光滑，青黄色，果实中部有数条红色条纹，上部有红晕，中下部逐渐减弱，具有光泽，萼洼基部较平或稍凹；果形指数 0.9；一般单果重 500 g，最大者 1 300 g；果皮厚 0.25～0.45 cm，心室 10～14 个，每果有籽 351～642 粒，百粒重 42～48 g，籽粒粉红色，特大，形似马牙，味甜多汁，故名马牙甜，可溶性固形物含量15%～16%。

树体高大，一般树高 5 m 左右，冠径一般大于 5 m，树姿开张，自然状态下多呈圆头形，萌芽力强，成枝力弱，枝条瘦弱细长；叶片倒卵圆形，叶长6.8 cm，叶宽 3 cm，深绿色；枝条上部叶片呈披针形，叶基渐尖，叶尖急尖，向背面横卷；花红色、单瓣，萼筒短小，萼片半开张至开张。

果实抗病虫能力较强，较耐瘠薄干旱；中、晚熟品种，有轻度裂果，果实较耐贮运。

图 4-7　大马牙甜(苑兆和)

3. 大红袍 Dahongpao(图 4-8)

来源与分布：系山东省枣庄市峄城区的地方农家品种，亦称峄城大红皮甜。主要分布在枣庄市的峄城、薛城、市中、山亭等地区，在山东泰安、济宁、临沂、烟台等地有零星种植。该品种在河北元氏县、河南信阳市平桥区表现良好。

性状：果实个大、皮艳、外观美是其显著特点。大型果，果实扁圆球形，果肩齐，表面光亮，果皮呈鲜红色，向阳面棕红色，并有纵向红线，条纹明显；梗洼稍突，有明显 5 棱，萼洼较平，到萼筒处颜色较浓；一般果实中部色浅或呈浅红色；果形指数 0.95；一般单果重 550 g，最大者 1 250 g；果皮厚 0.3～0.6 cm，较软，有心室 8～10 个，含籽 523～939 粒，多者达 1 000 粒以上，百粒重 32 g，籽粒粉红色，透明，可溶性固形物含量 16％，汁多味甜。

树体中等大小，一般树高 4 m，冠幅 5 m，干性强，枝干较顺直；萌芽力、成枝力均强；叶片多为纺锤形，叶长 6.8 cm，叶宽 2.8 cm，叶色浅绿至绿色，质地稍薄；花红色、单瓣，萼筒较小，萼片闭合至半开张。

耐干旱；果实成熟时遇雨易裂果，早熟品种，不耐贮运；抗根结线虫病能力较强。

图 4-8　大红袍（苑兆和）

4. 岗榴 Gangliu（图 4-9）

来源与分布：系山东省枣庄市峄城区的地方农家品种。主要分布在枣庄市的峄城、薛城。

性状：中型果，果实圆球形，果肩陡，果面光滑，有 5～6 条明显果棱，果面黄绿色，阳面有红晕，梗洼稍鼓，萼洼平；果形指数 0.9，一般单果重 350 g；果皮厚 0.3 cm，心室 9～10 个，每果有籽 538～985 粒，百粒重 38～40 g，籽粒粉红色或红色，汁多、味纯甜，可溶性固形物含量 15%～16%。

图 4-9　岗榴（苑兆和）

树高 3 m，树冠半开张，干性强；连续结果能力强；叶片中等大小，叶长 6 cm，叶宽 2 cm，长椭圆形至披针形，叶色淡绿，叶尖钝尖，向正面纵卷；花红色、单瓣，萼筒较短，萼片半开张至开张。

较耐瘠薄干旱，较耐贮藏，中熟品种。

5. 泰山红 Taishanhong(图 4-10)

来源与分布：该品种是山东省果树研究所 1984 年在泰山南麓发掘出的优良地方品种，1996 年通过山东省农作物品种审定委员会认定，其果实较大，颜色鲜红，籽粒深红，风味独特，口感好，是目前国内优良的石榴品种之一。主要分布于泰山南麓，适于山东及其以南的石榴栽培区。

性状：果实近圆球形或扁圆形，艳红，洁净而有光泽，极美观；果实较大，纵径约 8 cm，横径 9 cm，一般单果质量 400～500 g，最大 750 g，萼片 5～8 裂，多为 6 裂；果皮薄，厚 0.5～0.8 cm，质脆，籽粒鲜红色，粒大肉

图 4-10　泰山红(苑兆和)

厚，平均百粒质量 54 g，汁液多，可食率（出汁率）为 65%，核半软，口感好，可溶性固形物含量 17.2%，可溶性总糖含量 14.98%，维生素 C 含量 52.6 mg/kg，可滴定酸含量 0.28%。

生长势中庸，小乔木，枝条开张，粗壮，灰黄色，嫩梢黄绿色，先端红色；叶大，宽披针形，长 8 cm 左右，宽 2~2.5 cm，叶柄短，基部红色；花红色，花瓣 5~8 片，总花量大。

风味佳，品质上，耐贮运。9 月下旬至 10 月初成熟，丰产，稳产。适应性强，抗旱，耐瘠薄，抗涝性中等，抗寒力较差，抗病虫能力较强。该品种突出表现为早实性强，栽植 2 年见花，第 3 年见果，第 5 年进入盛果期，单产为 21 204 kg/hm²。

6. 绿宝石 Lvbaoshi（图 4-11）

来源与分布：由山东省果树研究所苑兆和等选育，2011 年通过山东省农作物品种审定委员会审定，命名为绿宝石。良种编号：鲁农审 2011045 号。该品种为大青皮甜无性繁殖群体中发现的芽变优良单株，主要分布在山东中部、南部、西部，胶东半岛及山东以南的石榴适生区。1999 年从枣庄"万亩石榴园"大青皮甜无性繁殖栽培群体中发现一优良芽变单株，综合性状良好，当年进行标记。2000 年将芽变单株进行扦插，定植于资源圃中。经过 3 年连续的鉴定和综合评价，确定为优系。2004—2008 年进行扦插、嫁接于选种圃，同时以大青皮甜石榴为对照，进行品种比较试验，先后在山东峄城、泰安等地建立区试基点。多年的品种对比、多点区试和生产栽培试验表明，该品种表现出良好的商品性状和田间生产性能，丰产、稳产，优良性状稳定。

性状：果实中等大小，近圆球形或扁圆形，平均单果重 560.0 g，最大果重 620 g；果皮红色，果棱明显，无锈斑；筒萼圆柱形，萼片开张，5~7 裂；籽粒红色，百粒重 38.3 g，可食率（出汁率）62%，可溶性固形物含量 14.8%，可溶性总糖含量 12.98%，维生素 C 含量 55.3 mg/kg，可滴定酸含量 0.3%；果实 9 月下旬成熟，丰产、稳产，5 年生植株单产 39 044 kg/hm²。

树势较旺，成年树体自然圆头形，成枝力强，树高可达 5 m，幼枝红色，老枝褐色，瓦状剥离，枝条无条纹，无棱，无刺；幼叶紫红色，成叶较厚，浓绿，平均叶长 6.04 cm，宽 2.38 cm，长宽比为 2.54∶1；花红色，花瓣 5~8 片，总花量大。

为晚熟品种，抗裂果，籽粒红色，较抗病，连续结果能力、抗寒能力、抗病虫能力较强。

图4-11　绿宝石（苑兆和）

7. 红宝石 Hongbaoshi（图4-12）

来源与分布：由山东省果树研究所苑兆和等选育，2011年10月通过山东省农作物品种审定委员会审定，命名为红宝石。良种编号：鲁农审2011044号。该品种为大红袍无性繁殖群体中发现的芽变优良单株，主要分布在山东中部、南部、西部，胶东半岛及山东以南的石榴适生区。1999年从山东枣庄"万亩石榴园"大红袍栽培群体中发现1个优良芽变单株，成熟时果实色泽美观，综合性状良好。2000年扦插芽变单株，定植于资源圃中。经过3年连续的鉴定和综合评价，复选为优系。2004—2008年进行扦插，嫁接于选种圃，同时以大红袍为对照进行品比和区试。品比试验结果显示，该优系突出表现为果实色泽美观，大小整齐度高，裂果率低，平均单果质量高，优于对照。经过近10年的试种，该品种表现出良好的商品性状和田间生产性能，丰产、稳产、优良性状稳定。

性状：果实扁圆形，果肩齐，表面光滑，果皮淡红色，向阳面棕红色，果实中部色浅或呈浅白色；果形指数为0.95；平均单果重487.5 g，最大单果重675.0 g；果皮较厚，籽粒红色，平均百粒重38.8 g，可食率（出汁率）68%，可溶性固形物含量14.8%，可溶性总糖含量12.98%，维生素C含量40.6 mg/kg，可滴定酸含量0.30%。在果实着色至成熟的35 d内，果汁的花青苷含量达到 63.47 mg/L。初成熟时有涩味；中熟品种，在枣庄 9 月 20 日左右成熟；丰产、稳产，5 年生植株单产 20 885 kg/hm²。

图 4-12　红宝石（苑兆和）

树体中等，树姿开张，一般树高 4 m，冠幅 5 m，干性强，较顺直。成枝力强，多年生枝干深灰色，小枝密生，枝条细软柔韧，不易折断，生长旺盛营养枝常发生二次枝或三次枝，角度较大，与一次枝成直角对生，枝条尖端有针刺，嫩梢红色。叶片单叶对生或簇丛生，质厚有光泽，全缘，叶面光滑无茸毛，叶柄较短，叶片较小，叶绿稍有波浪，叶尖稍锐、反卷，叶平均宽 1.85 cm，长 4.77 cm，长宽比为 2.547：1；花为两性花，单生或数朵着生于叶腋或新梢先端呈束状，子房下位，萼筒与子房相连，子房壁肉质肥厚，萼筒先端分裂成三角形萼片，萼片开张，5～7 裂。花红色、单瓣，花瓣 5～8 片，总花量大。

在山东峄城，4 月上旬萌芽，5 月上旬始花，5 月底 6 月初盛花，8 月中旬开始着色，9 月中旬成熟采收，果实生长期 90 d 左右。11 月上旬落叶。

中熟品种，连续结果能力强，抗寒、抗病虫能力较强，不易感染病害。

适应性强，抗旱，较耐瘠薄，在山地、丘陵等地生长结果良好。

8. **水晶甜** Shuijingtian(图 4-13)

来源与分布：由山东省果树研究所苑兆和等选育，2011 年 11 月通过山东省农作物品种审定委员会审定，命名为水晶甜。良种编号：鲁农审 2011043号。该品种为三白甜无性繁殖群体中发现的芽变优良单株，主要分布在山东枣庄的石榴适生区。1999 年从枣庄"万亩石榴园"三白甜无性繁殖栽培群体中发现一优良芽变单株，综合性状良好，当年进行标记。2000 年将芽变单株进行扦插，定植于资源圃中。经过 3 年连续的鉴定和综合评价，确定为优系。2004—2008 年进行扦插、嫁接于选种圃，同时以三白甜石榴为对照，进行品种比较试验，先后在山东峄城、泰安等地建立区试基点。多年的品种对比、多点区试和生产栽培试验表明，该品种表现出良好的商品性状和田间生产性能，丰产、稳产，优良性状稳定。

性状：果实中等大小，近圆球形或扁圆形，平均单果重 409.2 g，最大果重 575.0 g。果皮白色，果棱不明显，无锈斑；筒萼钟形，先端分裂成三角形萼片，萼片开张，6～7 裂，籽粒白色，百粒重 36.40 g，可食率（出汁率）61%，可溶性固形物含量 14.61%，可溶性总糖含量 12.16%，维生素 C 含量 98.2 mg/kg，可滴定酸含量 0.29%；果实 9 月上旬成熟，丰产、稳产。栽植第 2 年见花，第 3 年见果，第 4 年平均株产 7.2 kg，第 5 年进入盛果期，平均株产 19.2 kg，5 年生植株单产 16 148 kg/hm² 左右。

图 4-13 水晶甜(苑兆和)

树势开张，成枝力强，幼枝绿色，枝条有条纹，4 棱，老枝褐色，有刺。叶片单叶对生或簇丛生，质厚有光泽，全缘，叶脉网状，叶面光滑无茸毛，叶柄较短，幼叶紫红色，成叶浓绿、窄小，长 5.15 cm，宽 1.48 cm，长宽比为 3.48∶1；花为两性花，单生或数朵着生于叶腋或新梢先端呈束状，花白色，单瓣，花瓣 5～6 片，花瓣极薄，有皱折，总花量大；子房下位，萼筒与子房相连，子房壁肉质肥厚，萼筒内雌蕊 1 枚居中，雄蕊 210～220 枚。

在山东峄城，4 月上旬萌芽，5 月上旬始花，5 月底至 6 月初盛花，8 月中旬开始着色，9 月上旬成熟采收，果实生长期 85 d 左右。属于早熟品种。11 月上旬落叶。不同年份间存在一定的差异。

本品种突出表现为早熟品种，籽粒白色，品质优良，较抗病，连续结果能力、抗寒能力强和抗病虫能力较强。适合多种立地条件栽培。

9. 青皮大籽 Qingpidazi(图 4-14)

来源与分布：系枣庄市峄城区最近几年新选育的石榴优良品种。主要分布在枣庄市峄城区境内。

性状：果实底色黄绿色，表面红色；籽粒较大，种仁稍软，平均百粒重 71 g，最大百粒重 85 g，平均单果重 500 g 左右，可溶性固形物含量达 15％～16％，优于山东地区主栽石榴品种；10 月上、中旬果实成熟，采摘期可延迟到 10 月底。

图 4-14　青皮大籽(苑兆和)

该品种树势中庸，枝条稀疏，可以密植；新梢红色，老枝灰褐色，1 年生枝灰白色，无针刺，内膛光照好，管理方便；叶长 7 cm，叶宽 2.6 cm，叶缘向正面纵卷，叶先端稍微向背面横卷；花红色，单瓣，花瓣 5～6 片，花萼5～6 枚，萼筒较短，萼片开张至反卷。

该品种常温下货架期 40 d 左右，窖藏条件下可贮藏至春节后；栽后第 2年即可结果，第 5 年产量可达 9 000～12 000 kg/hm²。大小年结果现象不明显；果实较抗真菌病害，抗裂果能力特强，在不套袋等正常管理条件下，裂果率仅 2%。该品种比较抗寒。

10. 泰山金红 Taishanjinhong（图 4-15）

来源与分布：系山东泰安地区的农家品种。主要分布于泰山南麓。本品种来源不详，其果实表面光亮，皮薄，味甜，耐贮运，是一个优良品种。

性状：中等型果，果实近圆球形或扁圆形，一般单果重 350 g，最大者650 g；表面光亮，果皮条红色，向阳面红色，并有纵向红线，条纹明显；果形指数 0.93；果皮厚 0.3～0.6 cm，较硬，有心室 8～10 个，含籽 523～939粒，百粒重 41.4 g，籽粒红色，可溶性固形物含量 14.2%，汁多味甜，10 月上旬成熟。

图 4-15　泰山金红（苑兆和）

树体中等大小，生长势旺盛，干性强；萌芽力、成枝力均强；叶片多为宽披针形，叶长 7 cm，叶宽 2.8 cm，成叶较厚，浓绿；花红色，单瓣，总花量大。

该品种为晚熟品种，品质优良，耐贮运，耐干旱，耐瘠薄，抗病虫能力较强。

11. 泰山三白 Taishansanbai（图 4-16）

来源与分布：系山东泰安地区的农家品种。主要分布于泰山南麓、山东以南的石榴适生区。本品种来源不详，其花朵、果皮和籽粒都是白色，俗称"三白"，果型中等，籽粒颜色晶莹剔透，味甜，是一个优良品种。

性状：果实中小型果，近圆球形或扁圆形，平均单果重 263.0 g，最大果重 620.0 g，裂果重；果皮白色，果皮薄，厚 0.3～0.4 cm，果棱不明显，有锈斑；筒萼圆柱形，萼片开张，5～7 裂；籽粒白色，百粒重 34.25 g，汁液多，核较硬，口感好，可食率（出汁率）57%，可溶性固形物含量 15.2%，可溶性总糖含量 14.58%，维生素 C 含量 59.7 mg/kg，可滴定酸含量 0.06%。果实 9 月中、下旬成熟，早熟品种，易裂果，果实不耐贮藏。抗旱，耐瘠薄，抗涝性中等，抗寒力较差，抗病虫能力较弱。

图 4-16　泰山三白（苑兆和）

生长势中等，小乔木，枝条半开张，嫩梢白色，有条纹，枝刺较多，灰白色。叶大，宽披针形，长 8 cm 左右，宽 2～2.5 cm，基部白色。花白色，单瓣，花瓣 5～8 片，总花量大。

该品种抗旱，耐瘠薄，抗涝性中等，抗寒力较差，抗病虫能力较弱。

12. 榴花红 Nochi-shibori(图 4-17)

来源与分布：2001 年由山东省果树研究所苑兆和等从美国引进，主要分布于山东中部、南部、西部，胶东半岛及山东以南的石榴适生区。2009 年通过山东省林木品种审定委员会审定。良种编号：鲁 S-ETS-PG-026-2009。

性状：树体中等，树姿开张；骨干枝扭曲；萌芽力中等，成枝力较强，自然状态下多呈圆头形；叶长 6 cm，叶宽 3.1 cm，长卵圆形，叶尖钝尖，叶色浓绿；花重瓣，花瓣大红色，花瓣数可达 280 枚左右，5 月上旬始花，9 月下旬谢花，花期长达 4 个多月，不坐果，10 月下旬落叶。

图 4-17　榴花红(苑兆和)

本品种花朵红色，花朵较大，观赏价值较高，抗病虫能力强，适合多种立地条件栽培，可栽植于庭院、街道、公园、小区等地，用于绿化观赏。

13. 榴花粉 Toryu-shibori(图 4-18)

来源与分布：2001 年由山东省果树研究所苑兆和等从美国引进，主要分布于山东中部、南部、西部，胶东半岛及山东以南的石榴适生区。2009 年通过山东省林木品种审定委员会审定。良种编号：鲁 S-ETS-PG-028-2009。

性状：树体较小，树型中等，树姿紧凑，生长势较强，枝条直立；多年生枝干灰白色，1 年生枝条青绿色，枝条细、硬；叶片长披针形，浅绿色，叶长 6.5 cm，叶宽 2.3 cm，叶柄长 0.3 cm，叶缘有波浪，纵卷；花瓣粉红色，雌蕊退化或稍留痕迹，雄蕊瓣化，花瓣多者达 220 枚左右，花大、量多，5 月上旬始花，9 月上旬谢花，花期长达 4 个多月，不坐果，10 月下旬落叶。

图 4-18　榴花粉(苑兆和)

本品种花朵粉红，花朵较大，观赏价值较高，适合多种立地条件栽培，抗病虫能力强，适宜做园林观赏树种。

14. 榴花姣 Double red # 2(图 4-19)

来源与分布：2001 年由山东省果树研究所苑兆和等从美国引进，主要分布于山东中部、南部、西部，胶东半岛及山东以南的石榴适生区。2009 年通过山东省林木品种审定委员会审定。良种编号：鲁 S-ETS-PG-030-2009。

性状：树体中等，树势强健，树姿开张，长势旺盛，枝条直立，成枝力强，多年生枝灰白色，1 年生枝浅灰色；叶片长椭圆形，叶长 6.4 cm，叶宽 2.9 cm，叶尖钝尖，叶色浓绿；花重瓣，红色，色泽鲜艳，5 月上旬始花，10 月上旬谢花，是优良的观赏品种。

图 4-19　榴花姣(苑兆和)

本品种花朵红色，花重瓣，花朵较大，观赏价值较高。抗病虫能力强，适合多种立地条件栽培。可栽植于庭院、街道、公园、小区等地，用于绿化观赏。

15. 榴花雪 Haku-batan(图 4-20)

来源与分布：2001 年由山东省果树研究所苑兆和等从美国引进，主要分布于山东中部、南部、西部，胶东半岛及山东以南的石榴适生区。2009 年通过山东省林木品种审定委员会审定。良种编号：鲁 S-ETS-PG-027-2009。

性状：小乔木，树姿半开张，长势旺盛，树势强健，成枝力强，多年生枝干灰白色，1 年生枝条青灰色，枝条较细，枝刺稀疏；叶片绿色，向正面纵卷，边缘波浪形，叶长 5.9 cm，叶宽 2 cm；花重瓣，花瓣白色，花瓣数 80 枚左右，5 月上旬始花，10 月上旬谢花，是优良的观花品种。

图 4-20　榴花雪(苑兆和)

本品种花朵白色，花重瓣，花朵较大，观赏价值较高。抗病虫能力强，适合多种立地条件栽培。可栽植于庭院、街道、公园、小区等地，用于绿化观赏。

16. 榴缘白 Double red-white(图 4-21)

来源与分布：2001 年由山东省果树研究所苑兆和等从美国引进，主要分布于山东中部、南部、西部，胶东半岛及山东以南的石榴适生区。2009 年通过山东省林木品种审定委员会审定。良种编号：鲁 S-ETS-PG-029-2009。

性状：树体较小，树势强健，树姿开张，成枝力强，自然状态下多呈圆头形；叶长 6.2 cm，叶宽 3.2 cm，长卵圆形，叶尖钝尖，叶色浓绿，边缘波浪形，叶面蜡质较厚；花重瓣，花瓣白边红底，花瓣数可达 180 枚左右，5 月上旬始花，10 月上旬谢花，花期长达 5 个多月，不坐果，10 月下旬落叶。

图 4-21　榴缘白（苑兆和）

本品种花朵白边红底，花朵较大，观赏价值较高，抗病虫能力强，适合多种立地条件栽培，可栽植于庭院、街道、公园、小区等地，用于绿化观赏。

二、河南石榴主栽及新优品种介绍

目前河南省石榴的主要栽培品种有 30 多个，分为食用、观赏、赏食兼用（主要指酸石榴）3 个类型。主要有大红甜、大白甜、大钢麻子、河阴铁皮、河阴铜皮、豫石榴 1 号、豫石榴 2 号、豫石榴 3 号、豫石榴 4 号、豫石榴 5 号、豫大籽和冬艳等品种，突尼斯软籽石榴在该地区也有栽植。

1. 大红甜 Dahongtian（图 4-22）

来源和分布：系河南省的农家品种，分布在河南省各地。

图 4-22　大红甜（冯玉增）

性状：花冠红色，花瓣 5～6 片，一般 6 片。果实圆球形，果皮红色有星点果锈；萼筒圆柱形，萼片 5～7 片，一般 6 片，萼片开张；平均果重 254 g，最大 600 g；子房 9～12 室，子粒红色，单果 309～329 粒，百粒重 35.5 g，出汁率 88.7%，可食率 50.6%，含糖量 10.11%，含酸量 0.342%，味酸甜。9 月下旬成熟。为河南省的优良品种。

2. 大白甜 Dabaitian(图 4-23)

来源和分布：系豫东、豫南地区的农家品种，在豫东、豫南地区分布较多。

性状：花瓣白色，背面中肋浅黄色，花瓣 5～7 片。果实球形，皮白黄色，果锈点状褐色，萼筒低圆柱形，萼片 5～8 片，一般 6 片，开张；平均果重 335 g，最大 750 g，纵径 10.24 cm，横径 9.03 cm；子房 11 室，子粒白色，单果 408～600 粒，百粒重 36.3 g，出汁率 90.63%，可食率

图 4-23　大白甜(冯玉增)

54.45%，含糖量 10.9%，含酸量 0.1558%，味甜。9 月下旬成熟。为河南省的优良品种。

3. 大钢麻子 Dagangmazi

来源和分布：系河南省封丘及周边地区的农家品种，在当地分布较多。

性状：1 年生枝灰黄色，先端微红；叶青绿色，叶片大，长椭圆形，先端圆；花冠红色，花瓣与花萼同数。果皮黄绿底色，阳面红，果锈黑褐色，呈零星或片状分布；平均果重 275 g，最大 550 g，果皮薄；子粒鲜红色，成熟子粒针芒粗而多，故称大钢麻子；籽大核小，汁多味酸甜，耐贮藏。9 月下旬成熟。为河南省的优良品种。

4. 河阴铁皮 Heyintiepi(图 4-24)

来源和分布：系河南省的农家品种，分布于全省各地。

图 4-24　河阴铁皮(冯玉增)

性状：花红色，花瓣 6～8 片；萼筒底部略喇叭形，萼闭合 4～7 片；果球形，皮青黄色，果锈大块状呈黑褐色，纵径 8.49 cm，横径 8.12 cm，平均果重 244 g，最大 334 g；子房 8～9 室，籽粒红色，单果 486 粒左右，百粒重 31.6g，出汁率 90.18%，可食率 59.8%，含糖量 10.59%，含酸量 0.33%，味酸甜，9 月底成熟。该品种耐贮运，抗寒性好，但外观较差，在干旱黄土区生长良好。

5. 河阴铜皮 Heyintongpi(图 4-25)

来源和分布：系河南省的农家品种，分布于全省各地。

性状：花红色，花瓣 5～8 片；萼筒无或较低，萼片开张，5～8 片；果实球形，皮青黄色、较光滑，果锈细粒状，纵径 7.8 cm，横径 7.33 cm，平均

图 4-25　河阴铜皮（刘丽）

果重 194 g，最大 333 g；子房 7～9 室，子粒红色，单果 435～550 粒，百粒重 30 g，出汁率 90.32%，可食率 61.6%，含糖量 12.84%，含酸量 0.3583%，味酸甜。该品种品质上等，在黄土丘陵区生长良好。为河南省的优良品种。

6. 豫石榴 1 号 Yushiliuyihao（图 4-26）

来源和分布：由河南省开封市农林科学研究院冯玉增等选育而成，1995 年通过河南省林木良种审定委员会审定。在河南省各地及周边省市有分布。

性状：该品种花红色，花瓣 5～6 片，总花量大，完全花率 23.2%，坐果率 57.1%。果实圆形，果皮红色；萼筒圆柱形，萼片开张，5～6 裂；平均果重 270 g，最大 1 100 g；子房 9～12 室，籽粒玛瑙色，出籽率 56.3%，百粒重 34.4 g，出汁率 89.6%，可溶性固形物含量 14.5%，风味酸甜。成熟期 9 月下旬。5 年生平均株产 26.6 kg。

图 4-26　豫石榴 1 号（冯玉增）

树形开张，枝条密集，成枝力较强，5 年生树冠幅/冠高＝4 m/3 m。幼枝紫红色，老枝深褐色；幼叶紫红色，成叶窄小，浓绿；刺枝坚硬且锐，量大。

该品种适生范围广，抗寒、抗旱、抗病，耐瘠、耐贮藏，抗虫能力中等。在绝对最低气温高于－17℃，≥10℃的年积温超过 3 000℃，年日照时数超过 2 400 h、无霜期在 200 d 以上的地区均可种植。

7. 豫石榴 2 号 Yushiliuerhao（图 4-27）

图 4-27　豫石榴 2 号（冯玉增）

来源和分布：由河南省开封市农林科学研究院冯玉增等选育而成，1995 年通过河南省林木良种审定委员会审定。在河南省各地及周边省市有分布。

性状：该品种花冠白色，单花 5～7 片，总花量小，完全花率 45.4%，坐果率 59%；果实圆球形，果形指数 0.90，果皮黄白色，洁亮；萼筒基部膨大，萼片 6～7 片；平均果重 348.6 g，最大果重 1 260 g；子房 11 室，籽粒水晶色，出籽率 54.2％，百粒重 34.6 g，出汁率 89.4％，可溶性固形物含量 14.0％，糖酸比 68：1，味甜。成熟期 9 月下旬。5 年生平均株产 27.9 kg。

树形紧凑，枝条稀疏，成枝力中等，5 年生树冠幅/冠高＝2.5 m/3.5 m；幼枝青绿色，老枝浅褐色；幼叶浅绿色，成叶宽大，深绿；刺枝坚韧，量小。

适栽地区同豫石榴 1 号。

8. 豫石榴 3 号 Yushiliusanhao（图 4-28）

来源和分布：由河南省开封市农林科学研究院冯玉增等选育而成，1995 年通过河南省林木良种审定委员会审定。在河南省各地及周边省市有分布。

性状：该品种花冠红色，单花 6～7 片，总花量少，完全花率 29.9％，坐果率 72.5％；果实扁圆形，果形指数 0.85，果皮紫红色，果面亮洁；萼筒基部膨大，萼 6～7 片。平均果重 282 g，最大果重 980 g，子房

图 4-28　豫石榴 3 号（冯玉增）

8～11 室，籽粒紫红色，出籽率 56％，百粒重 33.6g，出汁率 88.5％，可溶性固形物含量 14.2％，糖酸比 30：1，味酸甜。成熟期 9 月下旬。5 年生平均株产 23.6 kg。

树形开张，枝条稀疏，成枝力中等，5 年生树冠幅/冠高＝2.8m/3.5m；幼枝紫红色，老枝深褐色；幼叶紫红色，成叶宽大，深绿；刺枝绵韧，量中等。

适栽地区同豫石榴 1 号。

9. 豫石榴 4 号 Yushiliusihao（图 4-29）

来源和分布：由河南省开封市农林科学研究院冯玉增、赵艳莉等以豫石榴 1 号为母本、豫石榴 3 号为父本杂交选育而成，2005 年 6 月通过河南省林木品种审定委员会审定。在河南省各地及周边省市有分布。

图 4-29　豫石榴 4 号（冯玉增）

性状：该品种花冠红色，每朵花花瓣 5～8 片，萼片 5～8 片，总花量少，完全花子房肥大；果实近圆形，平均果重 366.7 g，最大单果重 757.0 g，果皮浓红色，光滑洁亮；籽粒玛瑙色，出籽率 56.4％，百粒重 36.4 g，出汁率 91.6％，籽粒可溶性固形物含量 15.3％，风味甜酸纯正，鲜食品质上

等。8年生树平均株产40.0 kg，单位面积产量33 000 kg/hm²。7月中旬果实开始着色，9月底果实成熟。

树形紧凑，枝条稀疏，幼枝紫红色，老枝深褐色；幼叶紫红色，成叶浓绿色，宽大，呈倒卵圆形，全缘，先端圆钝，质厚，叶片长8.7 cm，宽2.6 cm；刺枝坚硬，量大。

树体生长势较强，枝条粗壮，节间短，1年生枝平均节间长4.1 cm，多年生枝平均节间长3.2 cm，5年生树高/冠幅＝2.0m/3.5m。易成花，易坐果。完全花率46.5%，自然坐果率66.5%。除当年生徒长枝外，其余枝上均可抽生结果枝。结果枝长1~20 cm，着生叶片2~20个或无，顶端形成花蕾1~9个，多花簇生现象较多，也极易多果簇生。

适栽地区同豫石榴1号。

10. 豫石榴5号 Yushiliuwuhao(图4-30)

来源和分布：由河南省开封市农林科学研究院赵艳莉、冯玉增等以豫石榴2号为母本、豫石榴1号为父本杂交选育而成，2005年6月通过河南省林木品种审定委员会审定。在河南省各地及周边省市有分布。

图4-30　豫石榴5号(冯玉增)

性状：该品种花冠红色，每朵花花瓣5~8片，萼片5~8片，总花量大；果实近圆形，平均果重344.0 g，最大单果重730.0 g，果皮浓红色，光滑洁亮；籽粒玛瑙色，出籽率58.5%，百粒重36.5 g，出汁率92.1%，籽粒可溶性固形物含量15.1%，风味微酸，适合鲜食加工兼用。8年生树平均株产25.8 kg，单位面积产量21 285 kg/hm²。8月中旬果实开始着色，9月底果实成熟。

树形开张，枝条密集，成枝力较强，幼枝紫红色，老枝深褐色；幼叶紫红色，成叶浓绿色，宽大；刺枝坚硬，量大。5年生树高/冠幅＝2.5m/3.8m。易成花，易坐果。完全花率42.4%，自然坐果率65.8%，以短果枝结果为主。

适栽地区同豫石榴1号。

11. 豫大籽 Yudazi(图4-31)

来源与分布：系河南省林业技术推广站和河南省农科院经杂交育种培育的优良品种。

性状：该品种花瓣红色，5~8片，总花量大；果实近圆形，平均果重350~400 g，最大单果重850.0 g，果皮薄，果皮黄绿色，向阳面着红色；果

皮光滑洁亮，少锈斑；籽粒红色，百粒重75～90 g，出汁率90.0%，可溶性固形物含量15.5%，味酸甜可口，品质极优。4～5年生进入盛果期。10月上、中旬成熟。

树势较旺，成枝力较强；幼枝红色或紫红色，老枝浅褐色；幼叶紫红色，成熟叶片较厚；枝刺少。

该品种抗旱、抗寒、耐瘠薄，成熟早，抗裂果，树体栽后结果早、丰产、稳产，适生范围较广，为河南省山区、丘陵地区适宜发展的品种。

图 4-31　豫大籽（陈延惠）

12. 冬艳 Dongyan（图 4-32）

来源与分布：由河南农业大学等资源调查选出的优良单株，2011年12月通过河南省林木新品种审定委员会审定。

性状：树姿半开张，自然树形为圆头形；萌发率和成枝率均中等；当年可抽生二次、三次新梢，小枝有棱、灰绿色，多年生枝条灰褐色，刺少；叶片中大，倒卵圆形或长披针形，叶片长3.00～8.46 cm、宽1.01～2.20 cm，颜色绿，全缘，叶先端圆钝或微尖，叶片多对生；新梢健壮，易成花芽；花芽多着生在1年生枝的顶部或叶腋部，萼片、花瓣为红色；花瓣多6枚，完全花。

图 4-32　冬艳（陈延惠）

果实近圆形，较对称。果实大，平均单果质量360 g，最大860 g。平均纵径8.6 cm，平均横径8.8 cm，果形指数0.97。果皮底色黄白，成熟时70%～95%果面着鲜红到玫瑰红色晕，光照条件好时全果着鲜红色，有光泽。萼筒较短，萼片开张或闭合。果皮较厚；籽粒鲜红色，大而晶莹，且极易剥离，平均百粒质量52.4 g；风味酸甜适宜；核半软可食，品质极上；可溶性固形物16%，出汁率85%；果实耐贮运，室温可贮藏保鲜30 d左右，冷库贮藏90 d左右，好果率95%。裂果现象极轻。

在郑州地区，正常年份 3 月下旬开始萌芽，5 月底至 7 月中旬开花，9 月底枝条停止生长，果实 10 月上旬开始着色，10 月下旬开始成熟，果实发育期 140 d 左右，11 月中旬开始落叶。冬艳进入丰产期早，定植后 2 年见果，3 年产量可达 4 500 kg/hm²，5 年生株产 25.5 kg，产量可达 28 500 kg/hm² 左右。

晚熟，果实发育期较长，对蚜虫、桃小食心虫、桃蛀螟、干腐病、褐斑病等病虫害抗性比一般品种强，抗寒性、丰产性均较强。

在河南石榴产区均适应，无论是平原、丘陵、山地，在肥力中等，即使较为瘠薄的土壤条件下，也均能够表现出该品种的生长和结果特性。

在山区、丘陵或瘠薄的土地可采用 2 m×3 m 或 3 m×3 m 的株行距，平原较肥沃的土地应适当稀植，采用 3 m×4 m 或 3 m×5 m 的株行距，按单干分层形整形。适当配置授粉树，及时疏除萌蘖枝和过低枝，加强主干的培养。由于其果实较大，为保证优质果率，要特别注重疏花疏果。疏果应在 6 月下旬进行，疏除畸形果、病虫果、小果、双果和三果。进入丰产期后应注意增施有机肥，以保证果实大小、果实的风味品质与营养品质。7 月中旬开始每 10 d 喷施 0.3％的磷酸二氢钾 1 次，采果前 20 d 停止喷施；每年适量施入基肥。为了防止果实品质降低，保证果实的贮藏能力，果实采收前 15 d 以内不宜浇水。其他同一般石榴园管理。

13. 突尼斯软籽 Tunisiruanzi（图 4-33）

来源和分布：河南省 1986 年由突尼斯引进，郑州以及荥阳一带栽培较多。在河南各地及周边省市也有引种和栽培。

性状：该品种花瓣红色，5～7 片，萼片 5～7 片，总花量大；果实近圆形，平均果重 350.0 g，最大单果重 900.0 g，果皮薄，果皮黄绿色，向阳面鲜红色到玫瑰红色；果皮光滑洁亮；籽粒玛瑙色，百粒重 49.5 g，出汁率 89.0％，可溶性固形物含量 15.1％，味纯甜，品质极优，适合鲜食。由于籽粒特软，老人小孩也能食用。5 年生平均株产 30.6 kg。8 月上旬果实开始着色，9 月中旬即可食，9 月底至 10 月初充分成熟时果面可 80％～100％着色。

图 4-33 突尼斯软籽（陈延惠、苑兆和）

树形紧凑，枝条柔软；幼枝青绿色，老枝浅褐色；幼叶浅绿，叶片较宽；枝刺少。

该品种抗旱，耐瘠薄，成熟早，基本不裂果，树体栽后结果早，品质极优，适生范围较广，为河南省山区、丘陵地区适宜发展的品种，但露地栽培适宜于黄河以南地区。该品种幼树期树体易受冻，抗病性稍差，生产中应注意加强防冻和防病管理。

三、安徽石榴主栽及新优品种介绍

安徽各地主栽及新优品种主要有玉石籽、白花玉石籽、大笨子、二笨子、珍珠红、大红软、青皮甜、软籽1号、软籽2号、软籽3号和塔仙红等。

1. 玉石籽 Yushizi(图4-34)

来源与分布：又名绿水晶，为安徽怀远的主栽优良品种。

性状：果实近圆球形，皮薄，有明显的五棱，果皮黄白色，向阳面有红晕，并常有少量斑点。平均单果重236 g，最大380 g，可溶性固形物含量16.5%，总糖含量13.26%，酸含量0.59%，维生素C含量129 mg/kg，果肉可食部分占59%。籽粒特大，百粒重59.3 g，玉白色且有放射状红丝，汁多味浓甜并略具香味，种子软，品质上等。果实9月上旬成熟，为早熟品种。

图4-34　玉石籽(苑兆和)

树势中庸，干皮深褐色，枝条生长较旺，顶端优势强；叶对生，长椭圆形，嫩叶淡红色；花红色、腰鼓形。3 年始果，果实多着生在 1 年生结果母枝中部，少量在顶端。

该品种不耐贮藏，应适时采收，及时运销，适应性强。

2. 白花玉石籽 Baihuayushizi(图 4-35)

来源与分布：通过 RAPD 标记辅助选育出的三白石榴大籽粒营养系变异新品种。1998 年在安徽省怀远县马城镇杜郢村发现 1 株三白，石榴遭雷击后发出萌蘖所结果实和籽粒较原来明显增大，1999—2002 年通过 RAPD-PCR 分析，被鉴定为三白石榴营养系遗传变异，其无性系后代变异性状稳定。2003 年通过安徽省林木品种审定委员会审定。我国 37°N 以南的陕西、山东、河南、安徽、四川和云南等主要石榴产区均可栽培。

性状：果实近圆形，果皮黄白色，厚约 0.4 cm，果肩陡，果面光洁，果棱不明显，萼片直立；平均单果重 469 g，果实纵径 8.81 cm，果实横径 10.31 cm，可食率 58.3%，平均单籽重 0.844 g，最大单粒重 1.02 g；心室 7～9 个，内有籽粒约 420 粒，籽粒多呈马齿状，白色，味甜而软，内有少量针芒状放射线；籽粒出汁率 81.4%，可溶性固形物含量 16.4%，核硬度为 3.29 kg/cm²，糖含量 12.6%，酸含量 0.315%，维生素 C 含量 149.7 mg/kg。因该品种花白、皮白、籽也白，故称三白，又叫白花玉石籽。在皖中 9 月中、下旬果实成熟，盛果期株产达 60 kg，丰产性好。

图 4-35　白花玉石籽(苑兆和)

　　树体较小，一般树高 2.5 m，冠径 2 m 左右，树冠不开张，在自然生长下树冠呈扁圆形；树干扭曲较轻，干皮粗糙，浅白色，老皮呈片状龟裂剥离，脱皮较轻，片大，脱皮后干较光滑，呈白色，瘤状物较少，而且较小；当年新梢呈灰色或灰白色，以后变为褐色，而且界线明显；皮孔明显；叶片多为披针形，一般叶长为 6 cm 左右，叶宽 1.8 cm 左右，枝条先端叶片呈线形，黄绿色或浅绿色，叶片较薄，有亮光感，叶尖渐尖，叶基楔形，叶柄浅绿色、较细，长约 0.7 cm；花白色，花瓣 6 片呈瓦状存于萼筒内，萼筒较小，半闭合；子房下位，萼片 6 枚，黄白色，肉质厚硬，与子房连生，宿存。

　　该品种在皖中地区 3 月中下旬开始萌芽，4 月初发枝，4 月中下旬现蕾，5 月上旬初花，5 月中旬到 6 月中旬盛花，11 月上中旬开始落叶。

　　该品种为早熟品种，品质极上，易丰产，口感好，采前裂果少，较耐贮运，抗病虫能力较强，耐瘠薄干旱。

3. 大笨子 Dabenzi（图 4-36）

　　来源与分布：又名鸭蛋笨子，是安徽怀远县的主栽品种之一。

　　性状：果较大，圆球形，平均单果重 412 g，最大果重 750 g，果皮光滑，底色黄绿，阳面鲜红色，有少量褐色锈斑；粒大，鲜红色，百粒重 55.3 g，味甜微酸，可溶性固形物含量 16%，糖含量 12.94%，酸含量 0.57%，维生素 C 含量 125 mg/kg，果肉可食部分占 51%；核较硬，品质优。10 月成熟。一般成年树株产 50～80 kg。

图 4-36　大笨子（苑兆和）

树势强健，根萌蘗力强，叶大，叶脉粗，长椭圆形。3 年始果，果实多着生在结果枝中部，坐果率高，落果轻。

该品种对环境适应性特别强，抗病虫力很强，丰产稳产，耐贮藏，果实在良好条件下，可贮藏至翌年清明以后。

4. 二笨子 Erbenzi(图 4-37)

来源与分布：系安徽怀远县的主栽品种之一。

性状：中型果，扁圆球形，六棱较明显；果皮青绿色、光滑，锈斑少；梗洼平，周围有大量果锈，萼洼平，果皮较厚，成熟时萼筒短，大多数直立张开，粉红色；籽粒特大，粉红色，百粒重 40 g；近核处"针芒"少，风味甜，含糖量 12.65%，可溶性固形物含量 13.13%，有机酸含量 0.45%，风味甜。不耐贮藏，易裂果。果期 9 月上旬成熟，中熟品种。

图 4-37 二笨子(苑兆和)

小乔木，树冠广卵形，开张，生长势强；主干和多年生枝褐色，有瘤状突起，当年生枝木质化红褐色，新梢嫩枝呈紫红色，茎刺少；叶片绿色，新叶淡紫红色，叶柄短，内侧紫红色，外侧绿色；花梗下垂，紫红色，花萼 6 裂，较短，橙红色，张开并反卷明显，花单瓣，6 枚，椭圆形，红色，花冠内扣，花径大。

5. 珍珠红 Zhenzhuhong(图 4-38)

来源与分布：系安徽怀远县的主栽品种之一。

性状：果个大，而且不裂果，平均单果重 750 g 左右，最大单果重可达 1 500 g 左右，果皮红黄色，光滑艳丽，皮厚 0.4 cm 左右。果实营养丰富，果味甘甜，果汁含水量达 68.65%，碳水化合物含量 16.5%，粗纤维含量 2.5%，每 100 g 果汁中含蛋白质 0.6～1.5 g。

图 4-38 珍珠红(苑兆和)

该品种果实、果皮、根皮、花叶都可以入药，适应性广，可以在河南等地种植。耐贮藏，运输方便，平均每公顷栽种 1 650 株，第 2 年的产量可以达到 22 500～30 000 kg/hm²，第 3 年可达 37 500～45 000 kg/hm²。如果综合加工利用，效益更为可观。

6. 大红软 Dahongruan(图 4-39)

来源与分布：系安徽淮北市烈山区的主栽品种之一。

性状：树势强健，树姿较开张；平均单果重 400 g，果皮粉红色，阳面紫红色，有星状果锈，籽粒淡红色，核半软，品质上等，味酸甜，无涩味，口感好，风味佳。果实 9 月中、下旬即可采收食用，成熟早，无裂果现象。

图 4-39　大红软（陶士军、戚长林）

7. 青皮甜 Qingpitian(图 4-40)

来源与分布：系安徽淮北市烈山区的主栽品种之一。

性状：树体较高大，盛果期后树体高达 4~5 m，冠幅在 4 m 以上；丰产性强，4 年生树单株产量 20 kg。一般单果重 410 g 左右，偶有特大型果可达 1 000 g 以上；籽粒鲜红或粉红、透明，味甜微酸；9 月下旬至 10 月上旬可成熟。

图 4-40　青皮甜（陶士军、戚长林）

8. 软籽 1 号 Ruanziyihao（图 4-41）

来源与分布：是淮北黄里软籽石榴中的芽变单株，于 2002 年 7 月通过安徽省林木品种审定委员会审定。

性状：果实近圆台形，略显棱筋；果大而均匀，平均果重 324.8 g，最大 650 g；成熟后阳面古铜色，果皮光洁、皮薄。出籽率 70.7%，籽粒白色，有红色针状晶体，百粒重 71.6～76.0 g；出汁率 81.4%，总糖含量 16.8%，总酸含量 0.82%，可溶性固形物含量 15.5%；种核软，可食，品质上等，果实 9 月中旬即可采收食用，完全成熟期为 10 月上旬。

图 4-41　软籽 1 号（陶士军、戚长林）

树势中庸，树冠开张，大树主干左旋扭曲。嫩枝微红色，有棱、刺枝较少；叶长披针形，狭小，向背面卷曲；叶绿呈波纹状；花瓣 5～7 片，红色，萼筒直、中、长外卷，萼片 5～6 片，较薄，外卷。

在安徽省淮北地区 3 月下旬萌芽，4 月上旬枝条开始生长，并现蕾，5 月上旬始花，5 月中旬为盛花期，7 月上旬为末花期，11 月上旬至中旬落叶。

该品种抗逆性强，耐干旱，耐瘠薄，经济寿命长。

9. **软籽2号** Ruanzierhao(图4-42)

来源与分布：是淮北黄里软籽石榴中的芽变单株，于2002年7月通过安徽省林木品种审定委员会审定。

果实近圆形，果形较整齐，平均果重294.1 g，最大610 g；果皮光洁，呈青绿色，红晕明显，果皮较厚，出籽率69.9%；籽粒红色，针状晶体明显；百粒重60.5～68.0 g；出汁率78.2%，总糖含量19%，总酸含量0.75%，可溶性固形物含量18.2%；种核软，可食，品质上等。果实8月20日即可采食，至9月底充分成熟。

图4-42 软籽2号(陶士军、戚长林)

树势中庸，树冠较开张，干性较强，大树主干左旋扭曲。嫩枝微红色，枝棱不明显，老枝枝刺较多、较短；叶长披针形，先端微尖，叶面光滑，肉质厚；花瓣5～7片，萼片5～6片，较薄，外卷呈90°。

在安徽省淮北地区3月下旬萌芽，4月上旬枝条开始生长，并现蕾，5月上旬始花，5月中旬为盛花期，7月上旬为末花期，11月上旬至中旬落叶。

该品种适应性强，耐旱、耐瘠薄，对病虫抗性较强，经济寿命长，丰产稳产。

10. **软籽3号** Ruanzisanhao(图4-43)

来源与分布：是淮北黄里软籽石榴中的芽变单株，于2002年7月通过安徽省林木品种审定委员会审定。

性状：果实圆柱形，平均果重267.2 g，最大果重557 g，果皮较薄，呈青黄色；出籽率71.4%，出汁率77.7%；籽粒绿白色，可见辐射状晶体；百粒重63.5～70 g；总糖含量15.5%，总酸含量0.62%，可溶性固形物含量15.0%；种核绵软、品质佳。果实8月下旬即可采收食用，完全成熟期为9月底。

图4-43　软籽3号（陶士军、戚长林）

成枝力较强，大树主干左旋扭曲明显。嫩枝微红色，老枝绿褐色，较柔软，枝刺较长、较稀；叶色深绿，叶质厚，披针形，狭小；花瓣6片，红色；萼筒小，萼片6片，较薄，外卷。

在安徽淮北地区3月下旬萌芽，4月上旬枝条开始生长，并现蕾，5月上旬始花，5月中旬为盛花期，7月上旬为末花期，11月上旬至中旬落叶。

耐旱、抗寒，较抗病，适应范围广，在山地、平地、庭院均生长良好，丰产，经济寿命长。

11. 塔仙红 Taxianhong（图4-44）

来源与分布：是安徽淮北市烈山区的主栽品种之一。

性状：树体中等，结果盛期树高4 m左右，冠幅可达5 m。一般单果重420 g；籽粒呈水红色、透明，味酸甜。果实呈扁圆形，果肩齐，表面光亮，果皮呈鲜红色，向阳面棕红色，并有纵向红线，条纹明显，梗洼稍凸，有明显的五棱，萼洼较平，到萼筒处颜色较浓。9月中、下旬成熟。

图 4-44　塔仙红（陶士军、戚长林）

四、四川石榴主栽及新优品种介绍

四川是全国优质石榴的著名产区之一，其果实品质居全国之首。四川盆地和盆周高原山地的低山地带几乎都有石榴的分布，但作为经济作物栽培，以西昌、会理、会东、德昌、宁南、米易、攀枝花、康定等地较普遍，而以会理、平乡、德昌、米易、会东等地品质最好。四川石榴的主栽品种主要有青皮软籽、黑籽酸、以色列酸、以色列软籽、黑籽甜、大绿子、江驿、厚皮甜砂子、磨伏、攀枝花白花和红皮等品种。

1. 青皮软籽 Qingpiruanzi（图 4-45）

来源与分布：来源于四川会理县。主要分布在四川攀枝花市仁和区、凉山州会理县、西昌市，云南巧家县。

性状：果实大，近圆球形，平均单果重 467.3 g，最大的达 1 121g，皮厚约 0.35 cm，黄绿红晕。单果籽粒 528 粒，籽粒大，百籽重 57.9 g，籽粒水红色，核小而软，可食率 53.6%。风味甜香带淡蜜香，可溶性固形物含量 15.3%，含糖量 11.84%，含酸量 0.427%，维生素 C 含量 115 mg/kg，品质优。在攀西地区 2 月中旬萌芽，3 月下旬至 5 月上旬开花，7 月末至 8 月上旬成熟，较抗病，耐贮藏。5 年生树产量在 22 500 kg/hm² 以上。

图 4-45　青皮软籽(苑兆和)

该品种树冠半开张，树势强健。嫩梢叶面红色，幼枝青色。叶片大，浓绿色，叶阔披针形，长 5.7～6.8 cm，宽 2.3～3.2 cm。花大，朱红色，花瓣多为 6 片，萼筒闭合。因果基和萼片开张形状不同，又可分为平底、大小尖底和撮嘴，典型标准果为亚球形。

该品种品质优良，丰产、稳产，裂果少，耐贮藏。

2. 黑籽酸 Heizisuan(图 4-46)

来源和分布：由杨凌农业示范区从国外收集。陕西和四川的攀枝花市、会理县等地均有零星种植。

性状：果实近球形，平均单果重 698.4 g，果实纵径 11.21 cm，果实横径 11.18 cm，平均果皮厚度 0.76 cm，果皮质地光滑，籽粒深红色或红色，籽粒硬，平均百籽粒重 59 g。2 月下旬萌芽，3 月上旬现蕾，3 月下旬至 6 月上旬开花，9 月上旬果实成熟，中熟品种。可食率 35.2%，果肉酸，可溶性固形物含量 15.5%。果实不抗病，耐贮藏性中等。

图 4-46　黑籽酸(李贵利、黄云)

145

树势中庸；叶片着生方式对生、簇生，叶片长椭圆形、倒卵形、椭圆形，叶尖钝形，叶缘全缘，叶基楔形，叶片薄革质、具光泽，羽状叶脉明显，叶片长 10～12 cm、宽 2～4 cm，叶柄长 0.5～1 cm，嫩叶红绿色，老叶深绿色；新生枝条浅紫红色，老熟枝条灰褐色，主干颜色灰褐色；花为辐状花，萼片深红色，萼片数 6～7 个，花托筒状、钟状，花托深红色，花瓣红色，花药黄色，雄蕊数 300～350；坐果率低，小于 10%。

3. 以色列酸 Yiseliesuan（图 4-47）

来源和分布：1996 年从以色列引入，在四川的攀枝花市、会理县均有零星种植。

性状：果实形状近球形，单果重 581.1 g，最大单果重 1334 g，果实纵径 8.5 cm，横径 9.9 cm，果皮厚度 0.3cm，果皮质地粗糙，百粒重 45 g，籽粒深红色，籽粒软，可食率 47.9%，维生素 C 含量 121 mg/kg，总糖含量 11.48%，总酸含量 1.43%，可溶性固形物含量 17.4%，果实风味酸甜，果实外观优，果肉品质中。4 年生树单株产量 41.63 kg，折合每公顷产量43 710 kg。

图 4-47　以色列酸（李贵利、黄云）

树势强，主干灰褐色，新生枝条浅紫红色，老熟枝条灰褐色；叶片质地薄革质、具光泽，叶片形状为长椭圆形、倒卵形，嫩叶浅红绿色，老叶深绿色，叶片长 8～10 cm、宽 2～3.5 cm，叶柄长 0.3～0.8 cm，叶着生为对生、簇生，叶尖类型钝形、凸尖，叶基形状楔形，叶缘全缘，叶脉羽状脉明显；花瓣红色，花药黄色，萼片深红色，6 枚，花托深红色、筒状或钟状，雄蕊数 220～320 枚。坐果率较高，达 40%～50%，4 月上、中旬至 9 月上、中旬是果实发育期。果实耐贮藏性状优良。

在攀西地区 2 月中旬萌芽，3 月中旬现蕾，4 月上旬至 5 月下旬开花，9 月中、下旬成熟。是一个中晚熟品种。

4. 以色列软籽 Yiselieruanzi（图 4-48）

来源和分布：2008 年从以色列引入。在四川的攀枝花市仁和区和会理县均有零星种植。

性状：果实形状扁圆形，平均单果重269.5 g，果实纵径7.33 cm，果实横径7.93 cm，果皮厚度0.25 cm，果皮质地粗糙，籽粒紫红色，籽粒硬，百籽粒重19 g，可食率22.1%，果肉酸，可溶性固形物含量16.3%，坐果率20%～30%。4月下旬至9月上、中旬是果实发育期。果实耐贮藏性优良。

图4-48　以色列软籽（李贵利、黄云）

树势中等，主干灰褐色，新生枝条颜色紫红色，老熟枝条颜色灰褐色；叶片薄革质、具光泽，嫩叶红绿、淡绿色，老叶深绿色，叶片着生方式对生、簇生，叶形状长椭圆形、倒卵形，叶尖钝形或凸尖，叶缘全缘，叶基楔形，叶脉羽状脉、正面凹陷，叶片长7～9 cm、宽2～3 cm，叶柄长0.2～0.5 cm；花为辐状花，萼片红色，萼片数6片，花托红色，筒状、钟状，花瓣红色，花药黄色，雄蕊数目250～330。果肉风味酸，果实外观优，果肉品质中，4年生树单株产量9.21 kg，折合每公顷产量9 675 kg。

在攀西地区2月中旬萌芽，3月中、下旬现蕾，4月中、下旬开花，9月中、下旬成熟。是一个中晚熟品种。

5. 黑籽甜 Heizitian（图4-49）

来源和分布：由杨凌农业示范区从国外引进。在陕西和四川攀枝花市、凉山州会理县均有零星种植。

性状：果实近圆球形，果皮鲜红，果面光洁而有光泽，外观极美观；平均单果重368.5 g，最大单果重586 g，果实纵径7.7 cm，果实横径9.2 cm；果皮厚度0.3 cm，果皮质地光滑；籽粒硬、大，百粒重45 g，籽粒深红色，颜色极其鲜亮怡人；汁液多，味浓甜略带有红糖香浓甜味，可溶性固形物含量15.6%，含糖量10.75%，含酸量0.443%，可食率56.7%，品质特优；8月下旬成熟。易感病。

树势中庸，枝条开张，主干灰褐色，新生枝条浅紫红色，多年生枝灰褐色；叶片长椭圆形、倒卵形，叶片薄革质、具光泽，叶片着生方式对生、簇生，长6～8 cm、宽2～2.5 cm，叶柄长0.3～0.6 cm，嫩叶红绿色，老叶深绿色，叶尖钝形，叶缘全缘，叶基楔形，叶脉羽状脉、背凸；花为辐状花，花瓣红色，花药黄色，萼片深红色，萼片数 6～7 片，花托筒状、钟状、深红色，雄蕊数目 230～280。坐果率 20%～30%，4 月下旬至 8 月中旬是果实发育期。果肉风味甜，果实外观中，果肉品质中。4 年生树单株产量 17.36 kg，折每公顷产量 18 225 kg。

图 4-49 黑籽甜（李贵利、黄云）

在攀西地区 2 月上、中旬萌芽，3 月上旬现蕾，3 月下旬至 5 月上旬开花，8 月中、下旬成熟。是一个早熟品种。

6. 大绿子 Dalvzi（图 4-50）

来源和分布：由攀枝花市农林科学研究院通过青皮软籽石榴芽变选育而成，在四川攀枝花市仁和区、凉山州会理县有零星种植。

性状：果亚球形，皮黄绿色，阳面有红晕。平均单果重 442 g，果皮厚 0.35 cm，皮色绿红晕。平均单果重 360 g，籽粒白色，少数水红色，籽粒规则马齿形，每果有籽粒 630 粒左右，排列疏松，长且大，百粒重 60 g 以上，风味甜，汁多，核较软，可嚼食，可食率高达 67.6%，可溶性固形物含量 13.8%，维生素 C 含量 153 mg/kg。成熟果晶芒多，百核重 9 g。

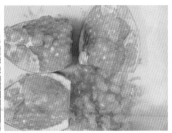

图 4-50 大绿子（李贵利、黄云）

树势强健，树姿较直立，叶片椭圆形，春叶扭曲率比例较高，红花，萼片半直立到直立，萼筒颈光滑，果实大小均匀。该品种在攀枝花试验栽培条件下，树形较紧凑，抗性强，早期丰产性好，栽后第 4 年平均株高 3.05 m，冠幅 4.0 m×3.5 m，小枝直斜生长，叶大小 7.0 cm×3.0 cm，平均株产 20 kg，折合每公顷产量 21 000 kg。

在攀西地区 2 月上旬萌芽，3～4 月开花，8 月中、下旬成熟。

7. 江驿 Jiangyi

来源和分布：为攀枝花的农家品种，主要分布在攀枝花市的新民乡、大田镇、总发乡、大龙潭乡和平地镇。

性状：果亚球形。果实纵径 7.39 cm，横径 8.36 cm，成熟果有明显的棱。平均果重 350～400 g，最大果重 750 g。果皮光亮，果皮厚 0.3 cm，阳面红晕，阴面黄绿。籽粒马齿形，水红色，每果 760 粒左右，百粒重 43 g，味甜多汁，成熟果核周呈放射状晶针，较青皮软籽稀少。核较大，硬而脆，百核重 12.2 g。大龙潭乡 28 年生树年产果 50 kg 以上。

该品种树势中庸，开展，刺和萌蘖较多，萼片 6 片，短小开展。

8. 厚皮甜砂子 Houpitianshazi

来源和分布：引自云南蒙自县，在四川攀枝花有零星分布。

性状：果实亚球形，果实较均匀，平均单果重 250 g，果皮厚 0.4 cm，黄红色，商品外观好。籽粒水红色，每果 376 粒，百粒重 45.3 g，味甜，可溶性固形物含量 14%。核中软，百核重 8 g，成熟果晶芒较少，可食率 56.1%。

该品种在攀枝花试验栽培条件下，树形较紧凑，抗性强，早期丰产性好，栽后第 4 年平均株高 3.2 m，冠幅 5.0 m×4.7 m，小枝斜向生长，叶大小 7.5 cm×2.5 cm，平均株产 40.4 kg（最高株产可到 66 kg），折合每公顷产量可达 42 420 kg。

在攀枝花 1 月下旬萌芽，3 月至 4 月底开花，7 月底至 8 月初成熟。

9. 磨伏 Mofu

来源和分布：为攀枝花市的农家品种。零星分布在攀枝花市的新民乡、仁和镇。

性状：果实梨形，果实较均匀，平均单果重 230 g，果皮厚 0.23 cm，黄红色，商品外观好。籽粒粉红色，每果 559 粒，百粒重 32.2 g，味甜，含可溶性固形物 13%。核中软，百核重 7.64 g，成熟果晶芒多，可食率 59.8%。

该品种在攀枝花试验栽培的条件下，树形较开展，抗性强，早期丰产性好，栽后第 4 年平均株高 3.5 m，冠幅 3.5 m×4.2 m，小枝平斜生长，叶大小 7.0 cm×2.0 cm，平均株产 16 kg，折合每公顷产量 16 800 kg。

10. 攀枝花白花 Panzhihuabaihua

来源和分布：为攀枝花市的农家品种。零星分布在攀枝花市的新华乡、红格镇、新民乡、仁和镇。

性状：果实亚球形，果实较均匀，平均单果重 210 g，果皮厚 0.2 cm，黄白色，商品外观好。籽粒黄白色，每果546粒，百粒重30 g，风味甜涩，可溶性固形物含量14%。核泡，百核重5 g，成熟果晶芒多，可食率65%。

该品种在攀枝花的试验栽培条件下，树形较开展，抗性强，早期丰产性好，栽后第4年平均株高2.3 m，冠幅3.2 m×3.5 m，小枝披散生长，叶大小6.0 cm×2.0 cm，平均株产14.9 kg，折合每公顷产量15 645 kg。

11. 红皮 Hongpi

来源和分布：为攀枝花市的农家品种。在攀枝花市有零星分布。

性状：果实亚球形，果实较均匀，平均单果重250 g，果皮厚0.5 cm，艳红色，商品外观好。籽粒胭脂色，每果287粒，百粒重50 g，风味甜，含可溶性固形物14.5%。核软，百核重8 g，成熟果晶芒少，可食率48.2%。

该品种在攀枝花的试验栽培条件下，树形较开展，抗性强，早期丰产性好，栽后第4年平均株高2.5 m，冠幅3.5 m×4.0 m，小枝披散生长，叶大小6.0 cm×2.5 cm，平均株产3.7 kg，折合每公顷产量3 885 kg。

五、云南石榴主栽及新优品种介绍

云南石榴主要集中在红河州，全州13个县均有以甜绿籽、甜光颜、厚皮甜砂籽、酸绿籽、花红皮、火炮、红玛瑙（大籽酸石榴）、红珍珠（圆籽酸石榴）、红宝石（酸甜石榴）、巧粟糯米、水晶、红籽、青皮白籽、薄皮白籽、厚皮白籽、铁壳红籽（青皮红籽）、铁壳白籽、单瓣红花等为主栽品种的石榴种植，尤以蒙自县的甜绿籽、建水县的酸甜石榴为优，以甜绿籽种植面积最大。

1. 甜绿籽 Tianlvzi （图4-51）

来源与分布：系云南蒙自市的地方优良品种，约占蒙自当地栽培面积的90%。主要分布在蒙自地区，建水、个旧、石屏、弥勒等地有少量种植。

性状：果实近圆球形，平均单果重320 g，纵径平均7.8 cm，横径8.1 cm。萼筒低，萼片直立或开张。果皮厚0.15 cm，子房5室，隔膜0.03 cm。籽粒大，百粒重57～60 g，核软。果肉粉红色或红色，品质上等，可食部分占87.5%，可溶性固形物含量15.1%，酸含量0.47%，还原糖含量14.9%，蔗糖含量0.69%，总糖含量15.11%，维生素C含量123.2 mg/kg，糖酸比31.62：1。

该品种为小乔木，树姿半开张，萌芽力强，成枝力较强；长势强，树冠平均直径4.1 m，树高平均4 m；其树叶片小、深绿色、狭椭圆形；枝干黑灰色，皮纹细，无棱，有茎刺。花红色、单瓣，萼筒短，萼片直立至开张。新梢年生长平均42 cm，头花石榴多着生在多年生挂果枝上，二花果多着生于2年生枝上，坐果多，落果少。该品种丰产性能好，抗寒能力强，较抗风，水分均匀时裂果轻，成熟较早，果实耐贮藏。

图 4-51　甜绿籽（张莹、苑兆和）

在蒙自地区萌芽期一般是 2 月上旬，最早在立春前 8 d，最迟 3 月中旬。头花石榴开花期 3 月中旬至 4 月上旬，二花石榴 4 月中旬至 5 月上旬开花，三花石榴 5 月中旬至 6 月上旬开花结果。成熟期 8 月上旬至 11 月。

2. 甜光颜 Tianguangyan（图 4-52）

来源与分布：系云南蒙自市的地方优良品种，主要分布在蒙自地区。

性状：果实圆球形，平均单果重 250.0 g，果实纵径平均 7.02 cm，横径平均 7.58 cm，萼筒高，筒形，萼片直立或开张；果皮厚平均 0.14 cm，裂果少，子房 5 室，隔膜厚度平均 0.04 cm；果粒中等大，百粒平均重 46.0 g；肉质处种皮紫红色，味甜，微香，内种皮呈角质，比甜绿籽稍硬，品质上等。甜光颜果实可食部分占 71.33%，可溶性固形物含量 15%，酸含量 0.53%，还原糖含量 15.7%，蔗糖含量 2.02%，总糖含量 17.09%，维生素 C 含量 130.6 mg/kg，糖酸比 32.25∶1。

该品种为小乔木，树姿半开张，萌芽中等，成枝力较强；长势强，树冠平均直径 4.1 m，平均树高 5 m；叶片大、油绿色、狭椭圆形；枝干灰白色，皮纹细，枝无四棱，有茎刺。花红色、单瓣，萼筒长，筒形，萼片直立至半开张。新梢年平均生长 55 cm，二花石榴多着生于老枝上，坐果多，落果少。该品种丰产性能好，抗黑斑病能力强，抗寒，较抗风。早熟品种，果实不耐贮藏，适宜种植在肥水条件较好的冲积面沙土上。

在蒙自地区萌芽期一般是 2 月初，最早在立春前 8 d，最迟在 3 月上旬。头花石榴开花期 3 月上旬至 4 月初，二花石榴 4 月上、中旬至 5 月上旬开花，果实成熟期 8 月初至 11 月初。

151

图 4-52　甜光颜（张莹、苑兆和）

3. 厚皮甜砂籽 Houpitianshazi（图 4-53）

来源与分布：系云南蒙自市的地方优良品种，主要分布在蒙自地区。

性状：果实圆球形、大，平均单果重 420 g，果实纵径平均 8.23 cm，横径平均 9.04 cm，萼筒高，形状不一致，萼片小，直立。果梗长 3.75 cm、粗 0.3 cm。果皮厚 0.28 cm，红色，裂果少，子房 6 室，隔膜厚 0.024 cm，果粒中等大，百粒重 47.4 g，内种皮硬，味甜微香；品质中上，可食部分占 72.43%，可溶性固形物含量 14.8%，酸含量 0.62%，还原糖含量 14.67%，蔗糖含量 0.99%，总糖含量 15.66%，维生素 C 含量 189.7 mg/kg，糖酸比 25.26∶1。

图 4-53　厚皮甜砂籽（张莹、苑兆和）

该品种为小乔木，树姿半开张，萌芽中等，成枝力较强，长势强，树冠平均直径 7.35 m，树高 5～6 m；叶片大、深绿色、狭椭圆形；枝干黑灰色，皮纹薄，有四棱，有茎刺。萼筒高，形状不一致，萼片小，直立。二花石榴多着生于老枝上，坐果多，落果少。单株结果 520 个左右，单株产量 150 kg 左右，最高可达 200 kg，有大小年现象。冬天抗寒、抗风能力强。有较轻天牛为害，光照不足易感黑斑病、干腐病。适宜在海拔 1 270～1 410 m 的坝区各类土壤上种植，但沙壤土上种植品质较好。该品种丰产性较好，抗寒、抗风能力强，有大小年现象，成熟早，耐运输。

在蒙自地区萌芽期一般是 2 月初，最早在立春前 8 d，最迟在 3 月上旬。头花石榴开花期 3 月上旬至 4 月初，二花石榴 4 月上、中旬至 5 月上旬开花，果实成熟期 8 月初至 11 月初。

4. 酸绿籽 Suanlvzi（图 4-54）

来源与分布：系云南蒙自市的地方优良品种，主要分布在蒙自地区。

性状：果实圆球形，果大，平均单果重 370.0 g，果实纵径平均 8.6 cm，横径平均 9.41 cm，萼筒高，筒形，萼片直立或反卷。果皮厚 0.16 cm，裂果少，子房 5 室，隔膜厚 0.025 cm，果粒大，百粒重 58.4 g，果肉淡红色，内种皮软，味酸微甜；品质上等，可食部分占 81.42%，可溶性固形物含量 15.1%，酸含量 2.38%，还原糖含量 13.75%，蔗糖含量 1.9%，总糖含量 15.65%，维生素 C 含量 126.9 mg/kg，糖酸比 6.58：1。

图 4-54 酸绿籽（张莹）

该品种为小乔木，树形丛生，长势强，树冠平均直径 6.45 m，平均树高 4.3 m；叶片中等大，绿色、狭椭圆形；枝黑灰色，皮纹细，枝有四棱，有茎刺。萼筒长，筒形，萼片直立至反卷。新梢年生长 36.0 cm，果实着生于老枝上，坐果多，落果少。单株结果 200 个左右，株产 60 kg 左右，大小年明显。该品种丰产性较好，抗寒、抗风能力强，抗黑斑病能力强，有大小年现象，成熟早，耐贮运，适宜种植在肥水条件较好的冲积面沙土上。

在蒙自地区萌芽期一般是 2 月上旬，最早在立春前 8 d，最迟为 3 月中旬。头花石榴开花期 3 月中旬至 4 月上旬，二花石榴 4 月中旬至 5 月上旬开花，三花石榴 5 月初至 5 月下旬开花结果。

5. 花红皮 Huahongpi (图 4-55)

来源与分布：系云南会泽县的地方主栽品种，主要分布在会泽地区。

性状：果实近圆球形，果较大，果皮黄绿色着红色，平均单果重 347 g，果皮厚 0.27 cm，心室 6～11 个，百粒重 45 g，籽粒酒红色，可溶性固形物含量 13%～15%，汁多，味甜。

图 4-55　花红皮（张莹）

树高 3～4 m，树姿开张；萌芽力中等，成枝力中等；叶长倒卵圆形，叶色绿，花红色、单瓣，萼筒中，萼片直立至半开张。

丰产性较好，耐干旱，耐瘠薄，果实耐贮藏，中晚熟品种。

6. 火炮 Huopao (图 4-56)

来源与分布：系云南会泽县的地方主栽品种，主要分布在会泽地区。

性状：果实近圆球形，果较大，果皮红色，平均单果重 360 g，果皮厚 0.45 cm，心室 8 个，百粒重 50 g，籽粒淡玫红色或红色，可溶性固形物含量 14%～15.5%，汁多，味甜。

图 4-56　火炮（张莹）

树高 3 m，树姿开张；萌芽力中等，成枝力中等；叶倒卵圆形，叶色绿；花红色、单瓣，萼筒短，萼片闭合至直立。

丰产性较好，耐干旱，耐瘠薄，果实耐贮藏，中晚熟品种。

7. 红玛瑙（大籽酸石榴）Hongmanao（图 4-57）

来源与分布：产于云南南部的建水县，为当地的主要种植品种，占当地种植面积的 60%。主要分布在建水县南庄、临安、西庄、面甸等乡镇，其他乡镇有零星种植。红河州周边的蒙自、开远、石屏、个旧、弥勒等市、县近年有零星引种，四川的会理、西昌的果果果业有限公司已有引种。

性状：果实圆球形，平均单果重 445.0 g，最大单果重 950.0 g，纵径平均 7.09 cm，横径平均 7.32 cm。果皮成熟时大红或大红带白，有果锈，微裂，皮厚 0.39 cm，质松而脆。果面多棱，横断面略为四方或六角形。子房 4～6 室，萼筒圆柱形，萼片 4～6 裂；籽粒玛瑙色，核硬；出籽率 41.65%～69.2%，百粒重 48.5～77.5 g，汁多，出汁率 34.3%～58.3%，可食率 65%，可溶性固形物含量 12.5%～15.5%，总糖含量 11.36%，味酸甜适度，品质佳。成熟期 8～9 月。耐贮存，鲜食、加工兼用。

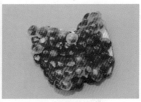

图 4-57　红玛瑙（赵勇、苑兆和）

树形丛生、直立，树冠圆头形，树势强健，枝条密集，成枝力强，幼枝灰绿色，老枝深褐色，枝条具细条纹，有棱及茎刺；幼叶紫红色，成叶浓绿色，长披针形；花红色，花瓣 5～6 片，花量大，坐果率中等，萼筒直立高耸，高达 3 cm 左右，萼片 6 瓣，亦有 4 或 5 瓣者，其先端闭合或微开，直立或反卷。该品种 5 年生树株高 3.8 m 左右，栽植后第 3 年即可开花结果，平均株产量可达 5.6 kg，最高达 11.4 kg。5 年生即进入盛果期，平均株产量可达 27.5 kg，最高可达 52 kg。合理控制负载量，可连年丰产稳产。

该品种适应范围广，抗寒、抗旱、耐贫瘠、贮藏性能弱，易遭受果实蝇为害，果实膨大期若前期干旱、后期多雨易裂果。在绝对最低气温高于 −17℃、≥10℃ 的年积温超过 3 000℃、年日照时数超过 2 300 h、pH 值 4.5～8.2、海拔 1 500 m 以下、无霜期 250 d 以上的地区均可种植，无论是栽培在土层深厚的平地，还是土壤瘠薄的山地，均能生长良好。

在云南建水地区，2 月上旬开始萌芽，2 月下旬开始现蕾，3 月上旬进入初花期，盛花期在 3 月下旬至 4 月上旬，4 月下旬以后开花基本结束。建水地区8月中旬至9月上旬果实成熟。果实发育期100～120 d。11月上旬开始落叶。

8. 红珍珠(圆籽酸石榴) Hongzhenzhu(图 4-58)

来源与分布：产于云南南部的建水县，为当地的搭配种植品种，占当地种植面积的30%。主要集中分布于建水县南庄、临安、西庄、面甸等乡镇，其他乡镇有零星种植。红河州周边的蒙自、开远、石屏、个旧、弥勒等地近年有零星引种，四川会理、西昌的果果果业有限公司已有引种。

性状：果实圆球形，横断面近圆形，平均单果重450 g，最大果重1 320 g，果实纵径平均为7.44 cm，横径平均为8.43 cm。果皮光滑，果锈较少，红色至深红色，果皮厚0.56 cm。子房4～6室，籽粒红色至玫瑰色，核较软，出籽率43.4%～64.91%，百粒重41.7～68.2 g，果实出汁率36.1%～55.7%，可食率58%，可溶性固形物含量14%～16%，总糖含量12.36%。完熟时风味浓，味酸甜，品质佳，成熟期8～9月，鲜食、加工兼用，是优良的加工品种。

图 4-58　红珍珠(赵勇)

该品种树形丛生、半直立，树冠圆头形，树势强健，枝条密集，成枝力强，幼枝灰绿色，老枝深褐色，枝条具细条纹，有棱及茎刺；幼叶紫红色，成叶浓绿色，长披针形；花红色，花瓣5～6片，花量大，坐果率中等，萼筒中高，萼片6瓣，亦有4或5瓣者，其先端闭合，直立。该品种5年生树株高4 m左右，栽植后第3年即可开花结果，平均株产可达7.5 kg，最高达12.5 kg，5年生即进入盛果期，平均株产可达31.5 kg，最高可达62 kg。合理控制负载量，可连年丰产稳产。

该品种适应范围广、抗寒、抗旱、耐贫瘠、贮藏性能弱，易遭受果实蝇为害，果实膨大期若前期干旱、后期多雨易裂果。在绝对最低气温高于−17℃、≥10℃的年积温超过3 000℃、年日照时数超过2 300 h、pH值4.5～8.2、海拔1 500 m以下、无霜期在250 d以上的地区均可种植，无论是栽培在土层深厚的平地，还是土壤瘠薄的山地，均能生长良好。

在云南建水地区 2 月上旬开始萌芽，2 月下旬开始现蕾，3 月上旬进入初花期，盛花期在 3 月下旬至 4 月上旬，4 月下旬以后开花基本结束。建水地区 8 月中旬至 9 月上旬果实成熟。果实发育期 100～120 d。11 月上旬开始落叶。

9. 红宝石(酸甜石榴) Hongbaoshi(图 4-59)

图 4-59　红宝石（赵勇）

来源与分布：产于云南南部的建水县，为当地的特色种植品种，疑为红玛瑙的变异，占当地种植面积的 5%。建水县的南庄、临安、西庄、面甸等乡镇有少量分布，多为农户自栽自食。

性状：果实圆球形，平均单果重369.5 g，果实纵径平均 6.85 cm，横径 7.51 cm。果皮成熟时红色或淡黄色，有锈斑，果皮厚 0.52 cm。子房 4～6 室，萼筒圆柱形，萼片 4～6 裂，籽粒浅红至红色，含酸较低，核硬，出籽率 41.65%～69.2%，百粒重 51.7～78.2 g，果实出汁率 36.3%～58.8%，可食率 60%。成熟期 8～9 月，可溶性固形物含量 12%～15.8%，成熟期 7～8 月，主要用于鲜食。

该品种树形丛生、直立，树冠圆头形，树势强健，枝条密集，成枝力强，幼枝灰绿色，老枝深褐色，枝条具细条纹，有棱及茎刺；幼叶紫红色，成叶浓绿色，长披针形；花红色，花瓣 4～6 片，花量中等，坐果率低，萼筒中高，萼片 3～6 瓣，其先端闭合，直立。该品种 5 年生树株高 4.3 m 左右，栽植后第 3 年即可开花结果，平均株产可达 3.6 kg，最高达 7.4 kg，5 年生即进入盛果期，平均株产可达 15.5 kg，最高可达 21 kg。

该品种抗寒、抗旱、耐贫瘠、贮藏性能弱，易遭受果实蝇为害，果实膨大期若前期干旱、后期多雨易裂果。在绝对最低气温高于 −17℃、≥10℃的年积温超过 3 000℃、年日照时数超过 2 300 h、pH 值 4.5～8.2、海拔 1 500 m 以下、无霜期在 250 d 以上的地区均可种植。

在云南建水地区，2 月上旬开始萌芽，2 月下旬开始现蕾，3 月上旬进入初花期，盛花期在 3 月下旬至 4 月上旬，4 月下旬以后开花基本结束。建水地区 7 月下旬至 8 月上旬果实成熟。果实发育期 90～110 d。11 月上旬开始落叶。

10. 巧家糯米 Qiaojianuomi

来源与分布：据巧家县县志记载，该品种属巧家县(金沙江流域)的地方农家品种，主要分布于蒙姑、金塘、白鹤滩、大寨等镇，海拔 580～1 600 m 的区域范围。20 世纪 60 年代及以前发展较盛，曾被列为云南的"四大"有名水果之一，70 年代后渐渐衰退。

性状：果实硕大，扁圆球形，坐果期果色为绿色，至成熟期渐变为麻绿，果皮粗糙麻皮，厚 0.2～0.4 cm，向阳面皮较厚，一般单果重 350 g，最大单果重 850 g，心室 8～12 个，萼稍凸，果肩较平，梗平或突起。果粒莹润饱满，初为白色，至成熟渐变为黄白色，宝石花状特别明显。籽硬，汁多，味甘甜适口。

树体较大，树高 6～9 m，一般为居民庭院种植或埂边种植，少为园林种植。树姿半开张，骨干枝扭曲，几乎无直立骨干，花为红色，盛开时如霞似锦，一望皆浓艳。

丰产性较好，耐干旱、瘠薄，适应性好。

11. 水晶 Shuijing（图 4-60）

来源与分布：系云南保山市隆阳区蒲缥镇的地方农家品种，约占保山当地栽培总量的 80%。栽培面积约 1 333 hm²，主要分布在隆阳区蒲缥镇。

性状：果实大、皮艳、外观美是其突出特点。大型果，果实近圆球形；果皮黄色有红晕，果肩较平，梗洼平或突起，萼洼稍凸，果梗长 0.50 cm；果形指数 1.16；一般单果重 310 g，最大单果重 1 230 g；果皮厚 0.25～0.35 cm，心室 8～12 个，百粒重 40～45 g，籽粒淡红色，可溶性固形物含量 13%～16%，汁多，甘甜。

图 4-60　水晶（张家忠）

树体较大，树高 4～5m，树姿半开张；骨干枝扭曲较重；萌芽力中等，成枝力较强；叶长 6.92 cm、宽 2.1 cm，长椭圆形，叶尖微尖，锯齿全缘，叶色浓绿，叶面蜡质较厚，叶柄 0.6 cm；花粉红色、重瓣，萼筒短、张开反卷，萼片半闭合至半开张。

丰产性能好；果实抗真菌病害能力较强，耐干旱，耐瘠薄，易裂果。中熟品种，果实耐贮藏。

158

12. 红籽 Hongzi（图 4-61）

来源与分布：云南禄丰县黑井镇。

性状：果实圆球形，平均单果重 317 g，果实纵径 7.92 cm，横径 7.75 cm。果皮底面绿色带大红，有果锈，微裂，果皮厚 0.39 cm，果皮重 90 g；子房 7～8 室，籽粒中大、核硬，百粒重 60 g，果肉大红，味甜。

树势弱，株高 2.3 m，树形丛生、直立。枝条褐色，裂纹，有棱及茎刺；叶片绿色，长披针形；花红色，花瓣 5 片，萼筒中高，萼片闭合，直立。

13. 青皮白籽 Qingpibaizi（图 4-62）

来源与分布：云南禄丰县黑井镇。

性状：果实圆球形，平均单果重 333 g，果实纵径 7.46 cm，横径 9.02 cm。果皮底面绿带微红，有果锈，微裂，果皮厚 0.34 cm，果皮重 97.5 g，子房 7 室，籽粒大、核软有香味，百粒重 65 g，果肉大红或微红，味甜。

图 4-61　红籽（杨荣萍）　　　　图 4-62　青皮白籽　　（杨荣萍）

树势强，株高 3.15 m，树形丛生、开张。枝条铁灰色，网眼，有棱及茎刺；叶片绿色，长披针形；花红色，花瓣 5 片，萼筒中高，萼片闭合，直立。

14. 薄皮白籽 Baopibaizi（图 4-63）

来源与分布：云南禄丰县黑井镇。

性状：果实圆球形，平均单果重 267 g，果实纵径 7.20 cm，横径 8.48 cm。果皮底面黄绿带鲜红，有果锈，微裂，果皮厚 0.32 cm，果皮重 80 g，子房 6 室、籽粒大、核较软，百粒重 70 g，果肉白色或白色带微红，味甜。

树势强，株高 4.10 m，树形丛生、直立。枝条褐色，裂纹，有棱及茎刺；叶片绿色，长披针形；花红色，花瓣 5 片，萼筒中高，萼片闭合，直立。

图 4-63　薄皮白籽（杨荣萍）

15. 厚皮白籽 Houpibaizi（图 4-64）

图 4-64　厚皮白籽（杨荣萍）

来源与分布：云南禄丰县黑井镇。

性状：果实圆球形，平均单果重 287 g，果实纵径 7.11 cm，横径 8.80 cm。果皮底面黄绿带鲜红，有果锈，微裂，果皮厚 0.44 cm，果皮重 100 g，子房 6～7 室，籽粒大、核软，百粒重 70 g，果肉大红或红白色，味甜果肉厚。

树势强，株高 3.21 m，树形丛生、开张。枝条灰色，裂纹，有棱及茎刺；叶片绿色，长披针形；花红色，花瓣 5 片，萼筒中高，萼片闭合，直立。

16. 铁壳红籽（青皮红籽）Tiekehongzi（图 4-65）

来源与分布：云南禄丰县黑井镇。

性状：果实圆球形，平均单果重 305 g，果实纵径 7.54 cm，横径 8.69 cm。果皮青绿色，有果锈，微裂，果皮厚 0.35 cm，果皮重 102.5 g，子房 7 室，籽粒较大、核较软，百粒重 50 g，果肉深红，味较甜。

图 4-65　铁壳红籽（杨荣萍）

树势强，株高 3.2 m 左右，树形丛生、开张。枝条褐色，裂纹，有棱及茎刺；叶片绿色，长披针形；花红色，花瓣 5 片，萼筒中高，萼片开张，直立。

17. 铁壳白籽 Tiekebaizi

来源与分布：云南禄丰县黑井镇。

性状：果实圆球形，果皮青绿色，有果锈，微裂，子房 7 室，籽粒中大、核软，百粒重 60 g，果肉白色，味甜。

树势弱，株高 3.0 m，树形丛生、直立。枝条褐色，裂纹，有棱及茎刺；叶片绿色，长披针形；花红色，花瓣 5 片，萼筒中高，萼片闭合，直立。

18. 单瓣红花 Danbanhonghua

来源与分布：云南禄丰县黑井镇。

性状：树势强，株高 3.50 m，树形丛生、直立。枝条灰色，直条纹，有棱及茎刺；叶片绿色，长披针形。

六、陕西石榴主栽及新优品种介绍

陕西石榴主要集中在西安市临潼区，该地区是我国著名的石榴产地之一，有许多优良的地方品种。陕西石榴主栽品种主要有净皮甜、三白甜临选 14 号和御石榴等品种，山东地区的泰山红和新疆地区的新疆大籽石榴也适宜在该地区种植。

1. 净皮甜 Jingpitian（图 4-66）

来源和分布：又名净皮石榴、粉红石榴、粉皮甜、大叶石榴，陕西临潼地区农家品种。是临潼地区栽培最多的品种，全国各石榴产区基本都有引种栽培。

性状：果实大，圆球形，平均单果重 250～350 g，最大果重 1 100 g。皮薄，果面光洁，底色黄白，果面粉红或红色，美观。上位心室 4～12 个，多数 6～8 个。籽粒较大，多角形，百粒重 40 g，粉红色，充分成熟后深红色，可溶性固形物含量 15%～16%，汁多，甜香无酸，近核处有放射状针芒。核较硬。在临潼 3 月底萌芽，5 月上旬至 7 月上旬开花，9 月中旬成熟。采前及采收期遇连阴雨易裂果。

图 4-66　净皮甜（严潇、苑兆和）

树势强健，树冠较大，枝条粗壮，结果母枝浅灰色，茎刺少；叶大，长披状或长卵圆形，绿色。萼筒、花瓣红色。萼片 4～8 裂，多数 7 裂，直立、开张或抱合，少数反卷。

耐瘠薄，抗寒、耐旱及抗病虫能力均较强，丰产稳产，适应性广。适宜大量发展。

2. 临选 14 号 Linxuanshisihao（图 4-67）

来源和分布：是由天红蛋石榴的优良单株选育而成，1989 年田间调查发现，母树当时树龄 30 年以上，1997 年通过科技成果审定。主要分布于陕西临潼地区、礼泉地区等，全国各石榴产区基本都有引种栽培。

性状：果实大，圆球形，平均单果重 370 g，最大果重 720 g。果皮较厚，果面光洁，全果浓红色，外形美观。粒大，深红色，百粒重平均 55 g，最大达 64 g。汁液多，甜香。核软硬，近核处针芒较多。可溶性固形物含量 15％～16％，品质极优，商品性极好。陕西临潼地区 4 月上旬发芽，5 月中旬至 6 月下旬开花，9 月下旬至 10 月上旬成熟。

图 4-67 临选 14 号（严潇、苑兆和）

树冠较小，圆头形，树姿直立，树势中庸。枝灰褐色，茎刺较多且硬。叶较小，深绿色，长披针形或长卵圆形。萼筒开张或反卷。

连续 3 年株产平均 46 kg，丰产稳产。采收期遇阴雨裂果轻微，耐贮藏。是一个很有前途的换代品种。

3. 三白甜 Sanbaitian（图 4-68）

来源和分布：又名白净皮、白石榴、冰糖石榴等，陕西临潼地区农家品种。临潼各地均有少量栽培，全国各石榴产区基本都有引种栽培。

性状：果实大，圆球形，平均单果重 250～350 g，最大果重 505 g。果皮较薄，充分成熟后黄白色。上位心室 4～12 个，多数 6～8 个。籽粒较大，百粒重 48 g，味浓甜且有香味，近核处针芒较多，可溶性固形物含量 15％～

16%。核较软，品质上。在临潼4月初萌芽，5月上旬至6月下旬开花，9月下旬成熟。该品种因其花萼花瓣、果实、籽粒均为黄白或乳白色，故名三白。树势健旺，树冠较大，半圆形。枝条粗壮，茎刺稀少。叶大，绿色，幼叶、幼茎、叶柄均黄绿色。萼片6~7裂，多数直立抱合。

图 4-68　三白甜（苑兆和）

抗旱耐寒，适应性强。成熟期遇雨易裂果。

4. 御石榴 Yushiliu（图 4-69）

来源和分布：系陕西咸阳的地方品种，因唐太宗和长孙皇后喜食而得名。主要分布在陕西咸阳乾县和礼泉昭陵一带，西安临潼也有栽培。

性状：果实圆球形，极大，单果平均重750 g，最大果重1 500 g。果面光洁，底色黄白，阳面浓红色，果皮厚。果梗特长。籽粒大，粉红或红色，百粒重42 g，汁液多，味稍甜偏酸，可溶性固形物14.5%，品质中上。4月中旬萌芽，5~6月开花，10月上、中旬采收，11月落叶。

树势强健，枝梢直立，寿命较短。发枝力强，树冠呈半圆形或圆头形。主干、主枝上多有瘤状突起物。茎刺较多，多年生枝灰褐色，1年生枝浅褐色，嫩梢深红色。叶片长椭圆形、较小、浓绿。萼片粗大，萼筒5~8裂，多数6~7裂，萼筒高，直立抱合。

抗寒力稍弱，喜温暖气候及沙质土，抗风、抗旱、抗病虫能力均强。极耐贮藏。在酸石榴系列品种中，该品种综合性状表现最优，丰产稳产，经济效益可观。

图 4-69　御石榴（苑兆和）

5. 新疆大籽 Xinjiangdazi（图 4-70）

来源及分布：20 世纪 80 年代引自新疆叶城、疏附地区。主要分布在临潼区骊山街道、秦陵街道、代王街道等。

性状：果实极大，平均单果重 450 g，最大单果重 1 500 g。果面光洁，果皮稍厚，全果鲜红色。籽粒较大，浓红色，百粒重 42 g，可溶性固形物含量 16%，品质极优。陕西临潼一般 4 月初萌芽，5～6 月开花，9 月底至 10 月上旬成熟。

树姿直立。枝条粗壮，茎刺较少，叶片较大。萼、花鲜红色，萼筒细长，萼片直立抱合或开张。

树势强健，适应性强，在临潼各个产区表现优良，极有发展前景。

图 4-70　新疆大籽(苑兆和)

6. 大白皮 Dabaipi(图 4-71)

来源和分布：又名大白娃，是净皮甜的变异品种，为陕西临潼地区的农家品种。主要分布于陕西临潼秦陵街道杨家村及附近。

性状：果实较大，高桩圆形，平均单果重 350 g，最大单果重 1 200 g，果皮薄，底色黄白，果面着色少或淡红色。籽粒大，平均百粒重 50 g，色淡红，核较软，近核处针芒较多，浆汁多，味甜，酸味淡，可溶性固形物含量 15%～16%。临潼 3 月下旬至 4 月上旬发芽，9 月中旬成熟。

图 4-71　大白皮(苑兆和)

树势较强，树冠大，枝条粗壮，茎刺较少。叶片淡绿。萼筒红色，萼片直立或开张。较净皮甜早熟 10 d 左右。

7. 天红蛋 Tianhongdan(图 4-72)

图 4-72　天红蛋(严潇)

来源和分布：又称小叶石榴，是陕西临潼地区的农家品种。在陕西临潼各地均有栽植。

性状：果实扁圆球状，一般有棱。平均单果重 250～300 g，最大单果重 510 g。果皮较厚，果面较光滑，底色黄绿，色彩浓红。上位心室 5～12 个，多数 6～9 个。籽粒呈正三角形，百粒重 43 g，鲜红色，近核处针芒较少。味甜，微酸，可溶性固形物含量 14%～16%。种核大而硬，口感较差。临潼 3 月下旬至 4 月中旬萌芽，5 月下旬至 7 月上旬开花，9 月下旬成熟。

树势强健，树冠较大，半圆形。枝条细而密，皮灰褐色，茎刺多而硬。叶小，披针形或卵圆形，浓绿色。萼筒、花瓣鲜红色，萼筒短，萼片 6～8 裂，多数反卷开张。

枝条抗寒、抗病性较差，易出现枯死枝，从而使树势稍弱，影响生长和结果。采前遇雨裂果较轻。耐贮运。

8. 大红酸 Dahongsuan(图 4-73)

来源和分布：又名大叶酸石榴，为陕西临潼地区的农家品种。在陕西临潼各地零星分布。

性状：果个特大，圆球形，平均单果重 300～400 g，最大单果重 1 500 g。果皮厚，平面光洁，底色黄白，有浓红色彩晕。籽粒红色至深红色，平均百粒重 37 g，汁液多，味浓酸，含酸量 2.73%，可溶性固形物含量 17%～19%。核硬。9 月下旬成熟。

图 4-73　大红酸(严潇)

树势健旺，树冠高大，自然半圆形，抽枝力强。枝条粗壮，新梢褐色，微绿，结果母枝灰褐色，茎刺较少，主干、主枝上常有瘤状突起。叶片大，长椭圆形或狭卵圆形，浓绿色。花黄红色。萼筒、花瓣鲜红色。萼筒粗长，萼片6～7裂，直立抱合。

抗逆性强，适应范围广。因其味酸主要作药用。不易裂果。极耐贮藏，挂放1年也不坏。

9. 鲁峪蛋 Luyudan(图4-74)

来源和分布：又名绿皮石榴、冬石榴、青皮石榴，为陕西西安市灞桥区的农家品种。在灞桥洪庆山上鲁峪村、下鲁峪村栽培较多，临潼地区有零星栽植。

性状：果实中大，圆球形，平均单果重310 g，最大单果重600 g。果皮较厚，果面较粗糙，底色青绿，贮藏后转为黄绿，果面具有条状紫红色彩晕。粒较小，柱形有棱角，色浅红带白纹，核大而硬。平均百粒重36 g，味甜，可溶性固形物含量15.5％。4月上旬发芽，5月中旬至7月上旬开花，10月上旬成熟。

图4-74　鲁峪蛋(严潇)

树势强壮，树姿直立，树冠较大，自然圆头形。发育枝细，浅褐色，茎刺较少，刺硬，多年生枝灰褐色。叶片中大，长椭圆形，深绿色，叶柄红色。花红色。萼筒红色，萼片6～7裂，直立或开张。

抗旱、耐寒、耐瘠薄，适应性广。采前遇雨裂果较轻。果实极耐贮藏，一般条件下可贮藏至春节前后。

10. 临选1号 Linxuanyihao(图4-75)

来源和分布：是净皮甜石榴的优良变种，1984年品种调查时发现，1997年通过科技成果审定。主要分布于陕西临潼地区，全国各石榴产区基本都有引种栽培。

性状：果实大，圆球形，平均单果重334 g，最大果重630 g。果皮较薄，果面光滑，底色黄白，果面粉红。籽粒大，百粒重48～52 g，汁液多，味清甜，可溶性固形物含量16％。核软，近核处针芒较多，品质优。在临潼4月初萌芽，5月上旬至6月中旬开花，9月下旬成熟。

树姿开张，树势中庸略强。枝条粗壮，茎刺少，节间长，1年生枝浅灰色。叶片大，绿色，披针形或长椭圆形。萼筒直立或开张。

图 4-75　临选 1 号（严潇）

品质优，多次评优夺魁。退化花少，结实率高，丰产稳产。唯采收期遇阴雨易裂果。

11. 临选 8 号 Linxuanbahao（图 4-76）

来源和分布：是三白甜石榴的优良单株，1981 年品种资源调查时发现，母树位于临潼西片的石榴园山坡地棱边，当时树龄为 40 多年，1997 年通过科技成果审定。临潼各地均有少量栽培。

性状：果实大，圆球形，平均单果重 330 g，最大果重 620 g。果皮中厚，果面光洁，黄白色，外形美观。籽粒较大，清白色，百粒重 50 g，汁液多，味清甜爽口且有香味，可溶性固形物含量 15％～16％。核软可食，品质上等。在临潼 3 月底萌芽，5 月上旬至 6 月下旬开花，9 月中旬成熟。

图 4-76　临选 8 号（严潇）

树势中强，树冠较大。枝条浅灰褐色，节间长，茎刺稀少。叶较大，绿色，长披针形或卵圆形。幼叶、幼茎、叶柄均黄绿色。萼片 6～7 裂，萼筒直立、开张或稍抱合。

抗旱耐寒，适应性强。品质极优，多次在全国石榴评优中获得"果王"称号或金奖。成熟期遇雨裂果轻，较耐贮藏。很有发展潜力。

168

12. 陕西大籽 Shaanxidazi

来源和分布：为陕西咸阳礼泉地区御石榴的优良变种选育而成，2010 年通过陕西省果树品种审定。主要分布在陕西礼泉昭陵乡等地。

性状：果实扁球形，极大，平均单果重 1 200 g，最大单果重 2 800 g。果皮粉红色，果实表面棱突明显，果面光洁而有光泽，无锈斑，外形美观。果皮中厚，平均 0.3～0.4 cm。籽粒大，其百粒重 93.63 g，红玛瑙色，呈宝石状，汁液多，味酸甜，品质上等，可溶性固形物含量 16%～20%，籽粒出汁率 89.00%，属鲜食加工两用品种。当地 4 月上旬萌芽，5 月上旬至 6 月中旬开花，10 月中、下旬成熟。

树势健壮，发枝力强，幼嫩枝红色或紫红色，四棱，老枝褐色，刺较少。幼叶紫红色，成叶较厚，浓绿，长椭圆形。萼筒圆柱形，细长，萼片 5～8 裂。

该品种抗旱、耐寒、耐瘠薄，适应性强。极耐贮藏，高抗裂果。是国内果个最大的石榴品种，极具特色，具有发展前景。

13. 大红甜 Dahongtian

来源及分布：又名大红袍、大叶天红蛋，为陕西临潼地区的农家品种。陕西临潼各地均有栽培，以骊山西石榴沟至秦陵分布较多。

性状：果实大，圆球状。平均单果重 300～450 g，最大单果重 620 g。果皮较厚，果面光洁，底色黄白，色彩浓红，外形极美观。籽粒多角棱形，较大，百粒重 44 g，鲜红或浓红色，近核处针芒极多。味甜，微酸，可溶性固形物含量 15%～16%，品质优。种核较硬。临潼 3 月下旬萌芽，5 月上旬至 7 月上旬开花，盛花期 5 月中、下旬，9 月中旬成熟，11 月上旬落叶。

树势强健，寿命长，结果枝抽生能力强。树冠较大，多为自然半圆形。新梢粗壮，褐色，多年生枝灰褐色至灰白色，茎刺少。叶大，对生，长椭圆形或阔卵形，基部楔形，浓绿色。萼片、花瓣朱红色。萼片 6～7 裂，直立、开张或抱合。

抗寒、抗旱、抗病，采前遇雨裂果较轻，不耐贮藏。

七、新疆石榴主栽及新优品种介绍

新疆石榴主要集中在和田和喀什地区，这 2 个地区为我国最早栽培石榴的地区。在内地以直立栽培为主，新疆以多主干匍匐栽培为主。新疆各地主栽石榴品种主要有千籽红、赛柠檬、皮亚曼 1 号、叶城大籽甜、叶城甜和叶城酸等。

1. 千籽红 Qianzihong(图4-77)

来源与分布：系由新疆农科院园艺所和策勒县林业局从当地资源中选育出的优良品种，2002年通过新疆农作物品质登记委员会登记。主要分布于策勒县，其他县市有少量引种。

性状：果实近圆形，果实纵横径8.17 cm×7.35 cm，平均单果重237 g，最大果重483.0 g。萼筒长1.72 cm，直径1.21 cm，萼片多数6片，少数5片。果肩平，心室隔有时在果面形成突起，果皮红色，多数全红。心室6个，籽粒深玫瑰红色，百粒重33.9 g，籽粒占果实重53.74%；果实出汁率43.4%，籽粒出汁率80.75%，果汁深玫瑰红色。风味甜，可溶性固形物含量19.2%，品质佳。花期5月中、下旬至7月上旬，10月初果实成熟。

图4-77　千籽红(苑兆和)

树势中庸，在南疆呈多主枝匍匐栽培。丰产性好，在管理措施到位的情况下，每公顷产量可达15 000 kg以上。连续坐果能力强，连年丰产，抗逆性强，耐干旱。

该品种除了风味甜，适合于鲜食外，还有一个突出特点，即色素含量非常高，是加工石榴汁和石榴酒的理想原料，既可作为主料，又是良好的调色品种。适宜在于田县、策勒县、洛浦县、墨玉县、皮山县、叶城县、泽普县和莎车等县的平原区栽培。

2. 赛柠檬 Sainingmeng(图4-78)

来源与分布：是由新疆农科院园艺所与和田地区策勒县林业站于1999年对策勒县石榴资源调查优选而成，于2002年12月通过新疆农作物品种登记委员会审(认)定命名。主要分布于策勒县，其他县市有少量引种。

性状：果实圆形，果实纵横径 10.7 cm×9.55 cm，平均单果重 405.0 g，最大 650.0 g。萼筒长 2.5 cm，直径 1.67 cm，萼片多数 6 片，少数 4 片。果肩平，近果梗处有突起。果面红色，多数果面全红。心室 6 个，籽粒玫瑰红色，百粒重 40.3 g，籽粒占果实重 55.14%；汁液多，果实出汁率 45.87%，籽粒出汁率 89.1%，果汁玫瑰红色。风味酸甜，酸味重，可溶性固形物含量 18.2%，总酸 3.26%。5 月上旬展叶现蕾，花期 5 月中、下旬至 7 月上旬，10 月初果实成熟，11 月中旬落叶。果实生育期 105 d。

图 4-78　赛柠檬(苑兆和)

树势旺盛，在南疆呈多主枝匍匐栽培。植株生长势较强，主枝 7～9 个，成枝力强，生长旺盛的营养枝上常发生二次枝和三次枝，并相互交错对生或轮生，幼枝有棱，呈方形。匍匐栽培时易发生大量根蘖徒长枝。丰产稳产，抗逆性强，耐干旱，耐瘠薄。

该品种总酸含量高达 3.26%，色素含量高，是很好的加工品种和调酸品种。适宜在于田县、策勒县、洛浦县、墨玉县、皮山县、叶城县、泽普县和莎车等县的平原区栽培。

3. 皮亚曼 1 号 Piyamanyihao(图 4-79)

来源与分布：系由和田地区林业局和皮山县林业局从当地资源中选育出的优良品种，2004 年，经新疆林木品种审(认)定委员会审定为优良品种，良种编号为 S-SV-PG-066-2004。主要分布于皮山县，其他县市有少量引种。

性状：果实近圆形或扁圆形，果实纵横径 6.72 cm×8.84 cm，平均单果重 377.5 g，最大果重 743.0 g。萼筒长 2.42 cm，直径 1.30 cm，萼片多数 6 片。果肩平，果皮底色黄色，阳面红色，光照充足时果实呈全红。心室 5～6

个，籽粒粉红色，粒大，百粒重 41.6 g，籽粒占果实重的 51.92%。汁多风味甜，可溶性固形物含量 19.0%，品质佳。花期 5 月中、下旬至 7 月上旬，10月初果实成熟。

图 4-79 皮亚曼 1 号(苑兆和)

树势中庸，在南疆呈多主枝匍匐式栽培。抗逆性强，耐干旱，丰产稳产，在科学栽培管理条件下，盛果期每公顷产量 12 000 kg 左右。

该品种籽粒粉红色，粒大汁多，风味甜，是很好的鲜食品种。适宜在和田地区和喀什地区的平原区栽培。

4. 叶城大籽甜 Yechengdazitian(图 4-80)

来源与分布：主要分布于叶城县，喀什地区、和田地区及阿克苏地区的部分县市有少量引种。

性状：果实圆球形，外果皮红色，纵径 8.75 cm，横径 9.50 cm，平均单果重 365.0 g，萼筒长 3.0 cm，直径 1.83 cm，萼片 6 裂。果皮厚 0.3 cm，心室 6~7 个。单果平均籽粒数 408 个，百粒重 36.8 g，可食率 36.66%。果粒黄白色，有淡紫红晕，果汁浅玫瑰红色，汁多、味甜，可溶性固形物含量16.4%，鲜食品质佳。

图 4-80 叶城大籽甜(苑兆和)

树势强健，枝条直立，萼、花均呈鲜红色。丰产性好，在管理措施到位的情况下，每公顷产量可达 15 000 kg 以上。连续结果能力强，连年丰产。

该品种籽粒粉红色，粒大汁多，风味甜，是很好的鲜食品种。适宜在和田地区和喀什地区的平原区栽培。

5. 叶城甜 Yechengtian（图 4-81）

来源与分布：主要分布于叶城县，喀什地区的部分县市有少量引种。

性状：果实圆球形，外果皮红色，纵径 9.00 cm，横径 10.20 cm，平均单果重 440.0 g。萼筒长 2.76 cm，直径 1.80 cm，萼片 6 裂。果皮厚 0.52 cm，心室 6 个。平均籽粒数 591 个，百粒重 33.4 g，可食率 44.68%。果粒紫红色，果汁玫瑰红色，味甜，可溶性固形物含量 17.0%，品质优。

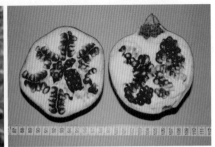

图 4-81　叶城甜（苑兆和）

丰产性好，在管理措施到位的情况下，每公顷产量可达 15 000 kg 以上。连续结果能力强，连年丰产。

该品种籽粒粉红色，风味甜，是很好的鲜食品种。适宜在和田地区和喀什地区的平原区栽培。

6. 叶城酸 Yechengsuan（图 4-82）

来源与分布：主要分布于叶城县，喀什地区的部分县市有少量引种。

性状：果实圆球形，外果皮红色，纵径 9.50 cm，横径 9.80 cm，平均单果重 440.0 g。萼筒长 3.00 cm，直径 1.85 cm，萼片 6 裂。果皮厚 0.55 cm，心室 6~7 个。平均籽粒数 722 个，百粒重 29.8 g，可食率 48.90%。果粒红色，果汁玫瑰红色，汁多，味酸，可溶性固形物含量 15.5%，加工性状较好。

该品种总酸含量高达 2.6%，色素含量高，是较好的加工品种和调酸品种。适宜在于田县、策勒县、洛浦县、墨玉县、皮山县、叶城县、泽普县和莎车等县的平原区栽培。

图 4-82　叶城酸（苑兆和）

八、河北石榴主栽及新优品种介绍

河北省商业化栽培石榴的基地主要集中在石家庄市的元氏县、鹿泉市、赞皇县等山区、半山区县市，最北部可延伸到保定市的顺平县，最南边到邯郸市的磁县。河北各地主栽及新优石榴品种主要有满天红、太行红等。

1. 满天红 Mantianhong（图 4-83）

来源与分布：系河北元氏县的传统石榴品种，已有 400 多年的栽培历史。于元氏县西部丘陵山区分布较为集中，其次是石家庄市的鹿泉、井陉、赞皇、平山等县市。另外，在磁县、永年、顺平、满城、临城、内邱等县市均有分布。2005 年 12 月 16 日通过河北省林木良种审定委员会良种审定，良种编号为冀 S-SV-PG-028-2005。

性状：果实扁圆球形，平均单果重 250 g，最大果重 750 g，果面底色黄白，阳面浓红，有明显的纵棱 5～6 条，果肩有不规则褐斑，但套袋可避免且色泽艳红。果实籽粒浓红，百粒籽重 35～40 g，可溶性固形物含量 16%～17%，风味甜，品质优。河北省 9 月下旬至 10 月上旬成熟。果实采前遇雨有裂果现象。

图 4-83　满天红(苑兆和)

树体高大，树势中庸。枝条粗壮，枝条萌芽率高，成枝力强。花量大，坐果率高。盛果期平均每公顷产量在 15 000～22 500 kg，丰产稳产，抗干旱，耐瘠薄。

2. 太行红 Taihanghong(图 4-84)

来源与分布：1996 年，在河北元氏县北正乡时家庄村一河滩地农家栽培的满天红石榴园中发现了 2 个性状相同的优良单株，这 2 个优良单株叶片大、枝量少、结果早、果个大、石榴成熟早，连续观察 3 年发现，其变异性状稳定。1999 年进行大树高接和繁育苗木，经过对高接树和石榴园 7 年的观察和记载发现，2 个优良单株在河北中南部太行山区石榴适生区，均表现为果个大、外观好、结果早、成熟早、丰产稳产，且变异性状稳定。因为母株石榴园所栽的石榴树由当地主栽石榴品种满天红插条繁育，却只有这 2 株树的表现与其他树完全不同，而且这 2 株相邻，推断是主栽石榴品种满天红的大果型早熟枝变。2002 年 11 月通过河北省果树专家鉴定，2004 年 11 月通过河北省林木品种审定委员会审定和命名。

性状：果实扁圆形，平均果重 625 g，最大果重 1 000 g，果实大小均匀，风味甜。果面光洁，底色乳黄，阳面着艳红色，成熟期遇雨有裂果现象。果实可溶性固形物含量 13.8%，百粒重 39.5 g，籽粒水红色，成熟期 9 月上旬。一般年份花量较小，但雌花比例大，坐果率高，丰产稳产。

幼株树势强健，新梢生长量大，枝条粗壮，结果树树姿开张，1 年生枝条灰褐色，茎刺较少。树体成枝力强，萌芽率较低，进入盛果期后，新梢生长

图 4-84　太行红（苑兆和）

量小。叶片长椭圆形，鲜绿色，叶片大而肥厚，节间短；花量少，花冠红色，雌花占 70％以上。

在河北省石家庄地区，太行红 4 月 5～10 日萌芽，5 月上旬始花，5 月下旬至 6 月下旬盛花，果实 9 月中旬成熟，果实成熟期比原品种满天红（成熟期在 9 月下旬至 10 月上旬）早 7～10 d，属早熟品种，落叶期 10 月下旬至 11 月上旬。

参 考 文 献

［1］ 安广池. 大粒晚熟石榴优良无性系 ZX03-1 选育［J］. 林业科技开发，2009，23(5)：93-98.

［2］ 陈延惠，胡青霞，李洪涛，等. 石榴新品种"冬艳"［J］. 园艺学报，2012，39(7)：1411-1412.

［3］ 陈延惠，刘丽，李洪涛，等. 突尼斯软籽石榴组织培养快繁体系的建立［J］. 河南农业大学学报，2010，44(2)：160-162.

［4］ 曾斌，李疆. 新疆皮亚曼石榴微繁殖技术研究［J］. 新疆农业大学学报，2003，26(2)：34-39.

［5］ 丁之恩，徐迎碧，周先锋，等. 2004. 石榴同工酶研究方法探讨［J］. 经济林研究，2004(4)：35-38.

［6］ 方博. 大红石榴新品种——彩虹［J］. 农村实用技术与信息，2002，11：19.

［7］ 冯立娟，尹燕雷，苑兆和，等. 不同发育期石榴果实果汁中花青苷含量及品质指标的变化［J］. 中国农学通报，2010，26(3)：179-183.

［8］冯玉增，宋梅亭，韩德波．我国石榴种质资源概况［J］．中国果树，2006（4）：57-58.

［9］巩雪梅，张水明，宋丰顺，等．中国石榴品种资源经济性状研究［J］．植物遗传资源学报，2004，5(1)：17-21.

［10］巩雪梅．石榴品种资源遗传变异分子标记研究［D］．合肥：安徽农业大学，2004.

［11］侯乐峰，赵成金，赵方坤，等．峄城观赏石榴种质资源及其利用［J］．山东林业科技，2009，182(3)：112-113.

［12］李丹．石榴优良品系筛选及遗传多样性分析［D］．杨凌：西北农林科技大学，2008.

［13］李秀娟，徐鹏，刘金勇．枣庄市石榴资源与产业化开发［J］．中国林副特产，2005，74(1)：54-55.

［14］刘程宏，张芳明，宋尚伟．石榴花粉生活力测定方法［J］．江西农业学报，2012，24(1)：15-16.

［15］刘丽．石榴胚培养、茎段快繁体系及倍性育种研究初报［D］．郑州：河南农业大学，2009.

［16］刘素霞，洪达，高武军，等．石榴RAPD反应体系优化及亲缘关系研究［J］．安徽农业科学，2007，35(36)：11775-11777.

［17］陆丽娟，巩雪梅，朱立武．中国石榴品种资源种子硬度性状研究［J］．安徽农业大学学报，2006，33(3)：356-359.

［18］陆丽娟．石榴软籽性状基因连锁标记的克隆与测序［D］．安徽：安徽农业大学，2006.

［19］卢龙斗，刘素霞，邓传良，等．RAPD技术在石榴品种分类上的应用［J］．果树学报，2007，24(5)：634-639.

［20］马丽，王玉海，明东风．石榴种质资源过氧化物酶同工酶的亲缘关系分析［J］．北方园艺，2012，(19)：124-127.

［21］马庆华，毛永民，申连英，等．果树辐射诱变育种研究进展［J］．河北农业大学学报，2003，26(S1)：57-59，63.

［22］沈进，朱立武，张水明，等．中国石榴核心种质的初步构建［J］．中国农学通报，2008，24(5)：265-271.

［23］王菲，苑兆和，尹燕雷，等．'泰山红'石榴高频再生体系构建［J］．山东农业科学，2013，45(3)：11-16.

［24］王菲，苑兆和，招雪晴，等．'三白'石榴再生体系的构建［J］．中国农学通报，2013，29(19)：125-133.

［25］王伏雄．中国植物花粉形态［M］．北京：科学出版社，1995：328.

［26］赵先贵，肖玲．中国石榴科花粉形态的研究［J］．西北植物学报，1996，16(1)：52-55.

［27］汪小飞，向其柏，尤传楷，等．石榴品种分类研究进展［J］．果树学报，2007，24(1)：94-97.

［28］汪小飞，向其柏，尤传楷，等．石榴品种分类研究［J］．南京林业大学学报：自然

科学版, 2006, 30(4): 81-84.

[29] 汪小飞, 周耘峰, 黄埔, 等. 石榴品种数量分类研究 [J]. 中国农业科学, 2010, 43(5): 1093-1098.

[30] 汪小飞, 周耘峰, 赵昌恒, 等. 36 个石榴(Punica granatum L.)品种的品质测定 [J]. 热带作物学报, 2010, 31(1): 136-140.

[31] 王雪, 赵登超, 时燕. 石榴遗传标记研究进展 [J]. 中国农学通报, 2010, 26(1): 36-39.

[32] 武云亮. 石榴资源的开发利用与产业化发展 [J]. 生物资源, 1999, 15(4): 208-209.

[33] 先开泽. 青皮软籽石榴芽变——大绿子选种初报 [J]. 中国南方果树, 1999, 28(6): 41.

[34] 徐春富. 石榴新品种——豫大籽石榴 [J]. 农业新技术, 2003, 3: 27.

[35] 徐迎碧, 先锋, 殷彪, 等. 4 种不同石榴品种同工酶分析 [J]. 防护林科技, 2006, (2): 17-19.

[36] 薛华柏, 郭俊英, 司鹏, 等. 4 个石榴基因型的 SRAP 鉴定 [J]. 果树学报, 2010, 27(4): 31-635.

[37] 杨荣萍, 李文祥, 武绍波, 等. 石榴种质资源研究概况 [J]. 福建果树, 2004, 129(2): 16-19.

[38] 杨荣萍, 龙雯虹, 张宏, 等. 云南 25 份石榴资源的 RAPD 分析 [J]. 果树学报, 2007, 24(2): 226-229.

[39] 杨荣萍, 龙雯虹, 杨正安, 等. 石榴品种资源的 RAPD 亲缘关系分析 [J]. 河南农业科学, 2007, 2: 69-72.

[40] 杨尚尚, 苑兆和, 李云, 等. 石榴"泰山红"的花粉萌发生物学特性 [J]. 林业科学, 2013, 49(10): 48-53.

[41] 尹燕雷. 山东石榴资源的 AFLP 亲缘关系鉴定及遗传多样性研究 [D]. 山东: 山东农业大学, 2008.

[42] 尹燕雷, 苑兆和, 冯立娟, 等. 山东主栽石榴品种果实维生素 C 含量及品质指标差异研究 [J]. 山东林业科技, 2009, 185(6): 38-40, 28.

[43] 尹燕雷, 苑兆和, 冯立娟, 等. 山东 20 个石榴品种花粉亚微形态学比较研究 [J]. 园艺学报, 2011, 38(5): 955-962.

[44] 苑兆和, 朱丽琴, 尹燕雷, 等. 山东石榴果实鞣质含量的差异 [J]. 山东林业科技, 2007, 173(6): 7-9.

[45] 苑兆和, 尹燕雷, 李自峰, 等. 石榴果实香气物质的研究 [J]. 林业科学, 2008, 44(1): 65-69.

[46] 苑兆和, 尹燕雷, 朱丽琴, 等. 山东石榴品种遗传多样性与亲缘关系的荧光 AFLP 分析 [J]. 园艺学报, 2008, 35(l): 107-112.

[47] 苑兆和, 招雪晴, 尹燕雷, 等. 石榴新品种"红宝石" [J]. 园艺学报, 2012, 39(6): 1211-1212.

[48] 苑兆和，招雪晴，尹燕雷，等．石榴新品种——水晶甜的选育［J］．果树学报，2012，29(1)：312-313.

[49] 苑兆和，招雪晴，尹燕雷，等．石榴新品种绿宝石的选育［J］．山东农业科学，2013，45(6)：102-104.

[50] 苑兆和，招雪晴．石榴种质资源研究进展［J］．林业科技开发，2014，28(3)：1-7.

[51] 张国宾．石榴新品种——开封大红一号［J］．北京农业科学，2002，1：34.

[52] 张国斌．矮化石榴品种——世纪红［J］．西北园艺，2004，8：34.

[53] 张水明，朱立武，青平乐，等．安徽石榴品种资源经济性状模糊综合评判［J］．安徽农业大学学报，2002，29(3)：297-300.

[54] 张四普，汪良驹，吕中伟．石榴叶片 SRAP 体系优化及其在白花芽变鉴定中的应用［J］．西北植物学报，2010，30(5)：0911-0917.

[55] 张四普，汪良驹．石榴花青素合成相关基因克隆和表达分析［C］//中国园艺学会石榴分会．中国石榴研究进展(一)．北京：中国农业出版社，2011：111-116.

[56] 赵春玲．石榴早熟新品种太行红的选育［J］．中国果树，2006，(3)：5-6.

[57] 赵国荣，朱立武，张水明，等．软籽石榴新品种'红玛瑙籽'［J］．园艺学报，2007，34(1)：260.

[58] 赵丽华，李名扬，王先磊，等．石榴种质资源遗传多样性及亲缘关系的 ISSR 分析［J］．果树学报，2011，28(1)：66-71.

[59] 招雪晴，苑兆和，陶吉寒，等．粉花石榴二氢黄酮醇还原酶基因 cDNA 片段的分离鉴定［J］．中国农学通报，2012，28(01)：233-236.

[60] 招雪晴，苑兆和，陶吉寒，等．红花石榴二氢黄酮醇还原酶(DFR)基因 cDNA 片段克隆及序列分析［J］．山东农业科学，2012，44(2)：1-4.

[61] 赵艳莉，曹琴，赵亚利．石榴杂交技术的探讨［C］//中国园艺学会石榴分会．中国石榴研究进展(一)．北京：中国农业出版社，2011：80-84.

[62] 赵艳莉，冯玉增，李战鸿，等．石榴新品种豫石榴 4 号选育研究［J］．中国果树，2006，(2)：8-10.

[63] 赵艳莉，李战鸿，曹琴．鲜食加工兼用石榴新品种——豫石榴 5 号的选育［J］．山西果树，2006，113(5)：8-9.

[64] 朱立武，张水明，巩雪梅，等．软籽石榴新品种'红玉石籽'［J］．园艺学报，2005，32(5)：965.

[65] 朱立武，张水明，贾兵，等．石榴新品种'白玉石籽'［J］．园艺学报，2009，36(3)：460.

[66] Ai-Said F A, Opara L U, Ai-Yahyai R A. Physico-chemical and textural quality attributes of pomegranate Cultivars (*Punica granatum* L.) grown in the Sultanate of Oman [J]. Journal of Food Engineering, 2009, 90: 129-134 .

[67] Akhund-zade I M, Fedorova E E, Mamedov G M, et al. Study of the cytogenetic characteristics of pomegranate [J]. Ispol'-z-biofz-meto-dov-v-genet-selektsion-eksperimente, 1977: 8-9.

［68］Alighourchi H，Barzegar M. Some physicochemical characteristics and degradation kinetic of anthocyanin of reconstituted pomegranate juice during storage ［J］. Journal of Food Engineering，2009，90：179-185.

［69］Arjmand A. Antioxidant activity of pomegranate(*Punica granatum* L.) polyphenols and their stability in probiotic yoghurt ［D］. Melbourne：RMIT University，2011.

［70］Ben Nasr C，Ayed N，Metche M. Quantitative determination of the polyphenolic content of pomegranate peel ［J］. Zeitschrift fur Lebensmittel Untershung und Forshung，1996，203(4)：374-378.

［71］Caliskan O，Bayazit S. Phytochemical and antioxidant attributes of autochthonous Turkish pomegranates ［J］. Scientia Horticulturae，2012，147：81-88.

［72］Deepika R，Kanwar K. In vitro regeneration of *Punica granatum* L. plants from different juvenile explants ［J］. Journal of Fruit and Ornamental Plant Research，2010，18 (1)：5-22.

［73］Ercisli S，Agar G，Orhan E，et al. Interspecific variability of RAPD and fatty acid composition of some pomegranate cultivars(*Punica granatum* L.)growing in Southern Anatolia Region in Turkey ［J］. Biochemical Systematics and Ecology，2007，35：764-769.

［74］Ferraraa G，Cavoski I，Pacifico A，et al. Morpho-pomological and chemical characterization of pomegranate (*Punica granatum* L.)genotypes in Apulia region，Southeastern Italy ［J］. Scientia Horticulturae，2011，130：599-606.

［75］Guarino L，Miller T，Baazara M，et al. Socotra：the Island of Bliss revisited ［J］. Diversity，1990，6(3-4)：28-31.

［76］Gulick P J，van Sloten D H. Directory of germplasm collections：Tropical and subtropical fruits and tree nuts ［M］. Rome：IBPGR，1984.

［77］Hasnaoui N，Buonamici A，Sebastiani F，et al. Molecular genetic diversity of *Punica granatum* L. (pomegranate) as revealed by microsatellite DNA markers(SSR) ［J］. Gene，2012，493：105-112.

［78］Hasnaouia N，Mars M，Ghaffari S，et al. Seed and juice characterization of pomegranate fruits grown in Tunisia：Comparison between sour and sweet cultivars revealed interesting properties for prospective industrial applications ［J］. Industrial Crops and Products，2011，33：374-381.

［79］Helaly M N，El-Hosieny H，Tobias N，et al. In vitro studies on regeneration and transformation of some pomegranate genotypes ［J］. Australian Journal of Crop Science，2014，8(2)：307-316.

［80］Holland D，Hatib K，Bar-Ya'akov I. Pomegranate：Botany，Horticulture，Breeding ［J］. Horticultural Reviews，2009，35：127.

［81］Jalikop S H. Pomegranate breeding ［J］. Fruit，Vegetable and Cereal Science and Biotechnology，2010，4(S2)：26-34.

[82] Jalikop S H, Kumar P S, Rawal R D, et al. Breeding pomegranate for fruit attributes and resistance to bacterial blight [J]. Indian Journal of Horticulture, 2006, 63(4): 351-356.

[83] Kanwar K, Joseph J, Deepika R. Comparison of in vitro regeneration pathways in *Punica granatum* L [J]. Plant Cell, Tissue and Organ Culture, 2010, 100(2): 199-207.

[84] Levin G M. Induced mutagenesis in pomegranate [J]. Dostizheniya-nauki-v-prakiku: -Kratkie-tezisy- dokladov-k-predstoyashchei-nauchnoi-konferent-sii: -Puti-us-koreniya-selektsionnogo-protsessa-rastenii, 1990, 126-128.

[85] Levin G M. Pomegranate(*Punica granatum* L.)plant genetic resources in Turkmenistan [J]. Plant Genetic Resources Newsletter, 1994, 97: 31-36.

[86] Liao X R, Zhu X C, He P C. Application of seed protein in cluster analysis of Chinese Vitis plants [J]. HortScience, 1997, 72: 109-115.

[87] Manera F J, Legua P, Melgarejoa P, et al. Effect of air temperature on rind colour development in pomegranates [J]. Scientia Horticulturae, 2012, 134: 245-247.

[88] Mars M. Pomegranate plant material: Genetic resources and breeding, a review [J]. Options Mediterraneennes, 2000, 42: 55-62.

[89] Mars M, Marrakchi M. Conservation et valorisation des ressources génétiques du grenadier(*Punica granatum* L.) en Tunisie [J]. Plant Genetic Resources Newsletter, 1998, 114: 35-39.

[90] Mars M, Marrakchi M. Diversity of pomegranate(*Punica granatum* L.)germplasm in Tunisia [J]. Genetic Resources and Crop Evolution, 1999, 46(5): 461-467.

[91] Martinez J, Melgarejo P, Hernandez F, et al. Seed characterization of five new pomegranate (*Punica granatum* L.) varieties [J]. Scientia Horticulturae, 2006, 110: 241-246.

[92] Martíneza J J, Hernándeza F, Abdelmajid H, et al. Physico-chemical characterization of six pomegranate cultivars from Morocco: Processing and fresh market aptitudes [J]. Scientia Horticulturae, 2012, 140: 100-106.

[93] Melgarejo P, Martinez J J, Hernandez F, et al. Cultivar identification using 18S-28S rDNA intergenic spacer-RFLP in pomegranate(*Punica granatum* L.) [J]. Scientia Horticulturae, 2009, 120: 500-503.

[94] Melgarejo P, Salaza D M. Organic acids and sugars composition of harvested pomegranate fruits [J]. Eur Food Res Technol, 2000, 211: 185-190.

[95] Messaoud M, Mohamed M. Diversity of pomegranate(*Punica granatum* L.)germplasm in Tunisia [J]. Genetic Resources and Crop Evolution, 1999, 46: 461-467.

[96] Moriguchi T, Omura M, Matsuta N, et al. In vitro adventitious shoot formation from anthers of pomegranate [J]. Hort Science, 1987, 22: 947-948.

[97] Moslemia M, Zahravi M, Khaniki G B. Genetic diversity and population genetic struc-

ture of pomegranate (*Punica granatum* L.)in Iran using AFLP markers〔J〕. Scientia Horticulturae, 2010, 126: 441-447.

〔98〕 Murkute A A, Patil S, Singh S K. In vitro regeneration in pomegranate cv. Ganesh from mature trees〔J〕. Indian Journal of Horticulture, 2004, 61(3): 206-208.

〔99〕 Naik S K, Chand P K. Silver nitrate and aminoethoxyvinylglycine promote in vitro adventitious shoot regeneration of pomegranate(*Punica granatum* L.)〔J〕.Journal of Plant Physiology, 2003, 160(4): 423-430.

〔100〕 Naik S K, Chand P K. Nutrient-alginate encapsulation of in vitro nodal segments of pomegranate(*Punica granatum* L.)for germplasmdistribution and exchange〔J〕. Scientia Horticulturae, 2006, 108(3): 247-252.

〔101〕 Narzary D, Mahar K S, RanaT S, et al. Analysis of genetic diversity among wild pomegranates in Western Himalayas, using PCR methods〔J〕. Scientia Horticulturae, 2009, 121: 237-242.

〔102〕 Omura M, Matsuta N, Moriguchi T, et al. Establishment of tissue culture methods in dwarf pomegranate (*Punica granatum* var. nana)and application for induction of variants〔J〕. Bulletin of Fruit Tree Research Station, 1987, 14: 17-44.

〔103〕 Omura M, Matsuta N, Moriguchi T, et al. Suspension culture and plantlet regeneration in dwarf pomegranate (*Punica granatum* L. var. nana Pers.)〔J〕. Bulletin of the Fruit Tree Research Station, 1990, (17): 19-33.

〔104〕 Ouazzani N, Lumaret R, Villemur P. Apport du polymorphisme alloenzymatiqueàl'identification variétale de l' olivier(*Olea europea* L.)〔J〕.Agronomie, 1995, 15: 31-37.

〔105〕 Ozgüven A I, Yilmaz C. Pomegranate growing in Turkey〔M〕//Melgarejo P, Martínez-Nicolás J J, Martínez- Tomé J. Production, processing and marketing of pomegranate in the Mediterranean region: Advances in research and technology. Zaragoza: CIHEAM, 2000, 42: 41-48.

〔106〕 Parmar N, Kanwar K, Thakur A K. Direct organogenesis in *Punica granatum* L. cv. Kandhari Kabuli from hypocotyl explants〔J〕. Proceedings of the National Academy of Sciences, India Section B: Biological Sciences, 2013, 83(4): 569-574.

〔107〕 Parvaresh M, Talebi M, Sayed-Tabatabaei B E. Molecular diversity and genetic relationship of pomegranate(*Punica granatum* L.)genotypes using microsatellite markers〔J〕. Scientia Horticulturae, 2012, 138: 244-252.

〔108〕 Poyrazoglu E, Gokmen V, Artik N. Organic acids and phenolic compounds in pomegranates(*Punica granatum* L.)grown in Turkey〔J〕. Journal of Food Composition and Analysis, 2002, 15: 567-575.

〔109〕 Rajasekar D, Akoh C C, artino K G, et al. Physico-chemical characteristics of juice extracted by blender and mechanical press from pomegranate cultivars grown in Georgia〔J〕. Food Chemistry, 2012, 133: 1383-1393.

182

[110] Rana J C, Pradheep K, Verma V D. Naturally occurring wild relatives of temperate fruits in Western Himalayan region of India: an analysis [J]. Biodiversity and Conservation, 2007, 16(14): 3963-3991.

[111] Rania J, Hasnaoui N, Mars M, et al. Characterization of Tunisian pomegranate(*Punica granatum* L.)cultivars using amplified fragment length polymorphism analysis [J]. Scientia Horticulturae, 2008, 115: 231-237.

[112] Rania J, Salwa Z, Najib H, et al. Microsatellite polymorphism in Tunisian pomegranates(*Punica granatum* L.): Cultivar genotyping and identification [J]. Biochemical Systematics and Ecology, 2012, 44: 27-35.

[113] Sarkhosh A, Zamani Z, Fatahi R, et al. RAPD markers reveal polymorphism among some Iranian pomegranate (*Punica granatum* L.)genotypes [J]. Scientia Horticulturae, 2006, 11: 24-29.

[114] Sarkhosh A, Zamani Z, Fatahi R, et al. Evaluation of genetic diversity among Iranian soft-seed pomegranate accessions by fruit characteristics and RAPD markers [J]. Scientia Horticulturae, 2009, 121: 313-319.

[115] Shao J Z, Chen C L, Deng X X. In vitro induction of tetraploid in pomegranate(*Punica granatum*) [J]. Plant Cell, Tissue and Organ Culture, 2003, 75(3): 241-246.

[116] Shwartz E, Glazer I, Bar-Ya'akov I, et al. Changes in chemical constituents during the maturation and ripening of two commercially important pomegranate accessions [J]. Food Chemistry, 2009, 115: 965-973.

[117] Soleimani M H, Talebi M, Sayed-Tabatabaei B E. Use of SRAP markers to assess genetic diversity and population structure of wild, cultivated, and ornamental pomegranates(*Punica granatum* L.) in different regions of Iran [J]. Plant Syst Evol, 2012, 298: 1141-1149.

[118] Stover E, Mercure E W. The pomegranate: a new look at the fruit ofparadise [J]. Hort Science, 2007, 42(5): 1088-1092.

[119] Tehranifar A, Zarei M, Nemati Z, et al. Investigation of physico-chemical properties and antioxidant activity of twenty Iranian pomegranate(*Punica granatum* L.)cultivars [J]. Scientia Horticulturae, 2010, 126: 180-185.

[120] Terakami S, Matsuta N, Yamamoto T, et al. Agrobacterium-mediated transformation of the dwarf pomegranate (*Punica granatum* L. var. nana) [J]. Plant Cell Reports, 2007, 26(8): 1243-1251.

[121] Verma N, Mohanty A, Lal A. Pomegranate genetic resources and germplasm conservation: a review [J]. Fruit, Vegetable and CerealScience and Biotechnology, 2010, 4(S2): 120-125.

[122] Yuan Z H, Yin Y L, Qu J L, et al. Population genetic diversity in Chinese pomegranate(*Punica granatum* L.) cultivars revealed by fluorescent-AFLP markers [J]. Journal of Genetics and Genomics, 2007, 34(12): 1061-1071.

［123］Zamani Z，Sarkhosh A，Fatahi R，et al. Genetic relationships among pomegranate genotypes studied by fruit characteristics and RAPD markers ［J］. The Journal of Horticultural Science and Biotechnology，2007，82(1)：11-18.

［124］Zaouay F，Menab P，Garcia-Viguera C，et al. Antioxidant activity and physico-chemical properties of Tunisian grown pomegranate(*Punica granatum* L.)cultivars ［J］. Industrial Crops and Products，2012，40：81-89.

［125］Zeinalabedini M，Derazmahalleh M M，RoodbarShojaie T，et al. Extensive genetic diversity in Iranian pomegranate(*Punica granatum* L.)germplasm revealed by microsatellite markers ［J］. Scientia Horticulturae，2012，146：104-114.

第五章　石榴栽培的生物学特性

石榴是近年来发展起来的规模化栽培的新兴果树，不同于苹果、梨和桃等被人们所熟识。石榴的形态特征、生长结果习性、物候期和对环境条件的要求等具有本身独特的特性，了解石榴的生物学特性对其栽培管理、产业发展具有重要的作用。

第一节　形态特征

石榴为落叶灌木或小乔木，但在热带地区则变为常绿植物。

石榴的根可分为延伸根和吸收根。延伸根在土壤中向下生长插入四周水平伸展，扩大根系，形成骨干根，有固定树体、输送和贮藏养分和水分的作用。这种根生长健壮、寿命长、分布深而广，为永久性根。在各级侧根上着生着大量细小的根，称为须根。须根加粗生长慢，寿命短，大部分在营养生长末期死亡，须根的主要作用是吸收水分和矿质营养。未死亡的须根可发育为骨干根。石榴根系垂直分布多集中在 20～70 cm 的土壤层中，在此深度范围内，根量最多、密度最大。水平分布的根主要集中分布于树冠以下及伸展到冠外 1～3 m 处，但以靠近树冠边缘下的土壤中分布得较多。匍匐栽培的石榴树，其根系分布不均，匍匐方向一侧的树冠下根系分布较多，而另一侧因无树冠遮盖，土壤温度高、水分少，根系分布较少。据调查，20 年生的石榴树，地表 20～70 cm 深的根占总根量的 72%，20 cm 以内的根占 19%，70 cm 以下深层的土壤中根量占总根量的 9%。石榴根为黄褐色，生长强健，根际易生根蘖，可用以分株繁殖。在栽培情况下，一般多将根蘖挖除，或单干或多主干直立生长。树高可达 4～6 m，一般为 3～4 m。在干上有瘤状突起，并且干多向左方扭转，有斜纹理现象，可以增加其机械抗力。树冠内分枝多，嫩枝有棱，呈方形或六角形。成长后则枝条圆滑，小枝柔韧不易折断。二次枝在生长旺盛的小枝上交错对生，具小刺。刺为枝的变态，刺的长短与品种和生长情况有关：旺树多刺，老树则少刺。

石榴芽依季节而变色，有紫、绿、橙 3 色。叶为对生或丛生，质厚，全缘，呈长披针形或倒卵形，尖端圆钝或微尖。叶脉为红色，老叶为绿色，叶面和叶背均无毛。

花为两性，1 朵乃至数朵着生在当年新梢的顶端及顶端以下的叶腋间，花为子房下位。萼片硬，管状，5～7 片裂，与子房连生，宿存。花瓣为 5～7 片，互生，覆瓦状，褶皱于萼筒之内；其数与萼片同，多为红色或白色；中间 1 个雌蕊，雌蕊多数达 220～231 个。

花有单瓣、重瓣之分。重瓣品种雌雄蕊多瓣化而不孕，花瓣多达数十枚；花多为红色，也有白色和黄色、粉红、玛瑙色等。雄蕊多数，花丝无毛。雌蕊具花柱 1 个，长度超过雄蕊。栽培上正常花与退化花的区别在于子房与花柱的发育程度。退化花由于营养不良，子房和花柱发育瘦小。大多数石榴花是退化花，正常花只占 10% 左右，退化花多因营养不良而形成。石榴树花期长，人工辅助授粉的有利时间亦长，5 月上旬至 6 月上旬可每隔 2～3 d 授 1 次粉。花期管理中水肥失控或遇阴雨低温，均可引起落花落果。

石榴有子房 5～7 室。子房成熟后，变为大型多室多籽的果实。每室内有很多籽粒，即种子。种子由外种皮、内种皮及胚组成。食用部分即为外种皮，外种皮肉质，呈鲜红、淡红或白色，多汁，甜而带酸；内种皮呈角质，也有退化变软的，即软籽石榴。软籽石榴在我国各个石榴产区均有发现，如陕西临潼的软籽白、软籽红、软籽天蛋、软籽鲁峪蛋，安徽濉溪的冰糖籽、软籽酸，山东峄城的软仁石榴，山西临汾的红石榴，四川会理的青皮软籽等。在山东峄城也发现了半软籽类型，如三白、冰糖籽、谢花甜等。石榴萼片的开闭情况、果实大小、形状、颜色以及内部种子大小和颜色等，均与品种特性有关。石榴花期在 5～6 月，此期"榴花似火"，果期为 9～11 月。观花石榴花期为 5～10 月。

第二节　生长结果习性

石榴种子成熟后，经冬藏于次年清明前后播种，10～20 d 即可出土。实生幼苗需经 10 多年才能开花结果，如经人工管理，则可提前结果，5 年左右即可达结果年龄。分株和扦插苗一般在 3 年内即可开花结果，如肥水充足、管理细致，可提早结果和丰产。

石榴树的年龄时期与栽培管理有密切关系。如以实生苗为例，幼树生长期为 3～10 年，一般能继续结果 40～60 年，以后产量逐渐减少进入衰老期。但在衰老期中还有 20～30 年的结果期限。故石榴的一生可活 100 年以上。但经济栽培年限为 70～80 年。

石榴的产量在各地表现不一致。据西北农林科技大学在临潼的调查发现，一般 10 年生树单株能产 15～20 kg，最高可达 30 kg。50 年生的大树单株产量有高达 250～300 kg 的记录。

石榴枝条一般比较纤细，腋芽明显，枝条先端成针刺状，皆对生。1 年生枝长短不一。长枝和徒长枝先端多自枯或成针状，没有顶芽；一般长枝每年继续生长扩大树冠。生长较弱、基部簇生树叶的短枝，先端有 1 个顶芽；这些短枝如当年营养适度，顶芽即成混合芽，成为结果母枝，次年即抽出果枝；反之营养不良则成为叶芽，次年生长很弱，仍为短枝，但也有因受刺激而成为徒长枝的。徒长枝往往 1 年生长可达 1 m 以上，且随着生长，在徒长枝中上部各节发生二次枝；二次枝生长旺盛时，又发生三次枝。这些二次枝和三次枝与母枝几乎成直角，向水平方向伸展。

徒长枝上的二次枝、三次枝一般生长势弱，当年成为最短枝，有时先端个别的伸展为长枝，从而易使枝条过密扰乱树形。但也有发生较早的二次枝当年生成混合芽，来年即可发生果枝。

石榴的结果习性是在结果母枝上抽生结果枝而结果。结果母枝多为春季生长的一次枝或初夏所生的二次枝，生长停止早并发育成充实的短枝。这种枝条于次年在顶芽（最短结果母枝）或腋芽发生短小新梢（1～10 cm），在这些新梢上一般着生 1～5 个花，这些着花新梢被称为结果枝。其中 1 个花顶生，其余的则为腋生，一般以顶生花最易坐果。腋生花结果时，本果枝仍可生长，如顶端坐果，则果枝不能加长生长，往往比其他枝条粗壮。于结果次年其下部的分枝再成生长枝或结果母枝。

套袋实验表明，石榴正常花的自花结实率很低，仅为 7.0％～8.9％，而异花结实率较高，达 70.0％～75.6％。由于正常花占总花数的比率较低（仅有 10％左右），因此自然授粉结实率也很低，仅为 3.55％～8.69％。

第三节　物候期

石榴的发芽期，各地有所不同。云南蒙自的石榴于 2 月中旬即发芽，河北巨鹿的红石榴于 4 月下旬才萌发，两地相差 2 个多月。华北平原以南地区一般于 4 月上旬萌芽，10 月下旬落叶，生育期约为 180 d。

在江浙一带，石榴枝条 1 年大概有 2 次生长。春季第 1 次抽生的新梢为春梢，6～7 月抽生的为夏梢。幼龄或生长旺的树，有在秋季再抽生 1 次新梢的，即为秋梢。春梢的结果枝最多，结果率也高；夏梢或秋梢上的结果枝，因开花较晚，所结果实常发育不良，或只开花不结实。

结果枝自春至夏，陆续抽生，不断开花。在云南蒙自 3 月下旬即开花，在北方则在 5 月上旬开花。石榴花期长，陆续开花达 2～3 个月之久。每抽 1 次枝，开 1 次花，就坐 1 次果为，故花期可分为头茬花、二茬花和三茬花等。一般以春梢开花结果比较可靠，果实发育也好。夏梢和秋梢上的花，除在秋冬季节较为温暖的地区也可坐果外，在北方常发育不到完熟程度。因此，头茬果个大，以后二茬和三茬果逐次变小或不发育。

石榴果实生长可分为 3 个时期，即幼果期、缓长期和转色期。其生长曲线基本属于单 S 形。

一般由开花到果实成熟需要 120 d 左右。石榴的成熟期依地区和品种不同而有一定的差异：在云南蒙自 7 月中旬即可成熟，而在北方 9 月下旬至 10 月上旬才能成熟。

第四节　对环境条件的要求

石榴是原产于亚热带和温带地区的果树，性喜温暖，在生长期内的有效积温需要达 3 000℃以上。在冬季休眠期能耐低温，但冬季气温过低时枝梢将受冻害或冻死。根据陕西临潼和安徽怀远等地的调查报告，气温在－20℃时平地的大部分枝条冻死，在－17℃时已出现冻害。因此，在建立石榴园的时候，应选择冬季低温在－17℃以上地区，且以建在背风向阳山坡中上部位的山凹中为好。

石榴是喜光果树。光照充足，通风良好时，则生长健壮、结果好、正常花形成多、果实色泽艳丽、籽粒品质佳。

从果树垂直分布来看，石榴位于亚热带和温带果树之间，适应力较强。如在云南蒙自，以海拔 1 300～1 400 m 处栽培的石榴最多。这一海拔高度比柑橘的(分布在海拔 1 200～1 400 m 处)略高，而比梨的栽培地带(1 400～1 800 m)低。在四川巫山和奉节地区，石榴多分布在海拔 600～1 000 m 处，与枣、柿相似；陕西临潼多分布在海拔 400～600 m 处，在海拔 800 m 处也能正常生长；山东峄城石榴多分布在海拔 200 m 左右的青石山阳坡上；安徽怀远石榴多分布在海拔 50～150 m 的山坡上。

石榴较耐干旱，但在生长季节需要有充足的水分，开花期间干旱会引起严重的落花落蕾。盛花期阴雨低温对授粉不利，并易造成枝叶徒长，也会导致落花落果。果实膨大期干旱会抑制果实发育和引起落果。果实成熟以前，以天气干燥为宜，如遇雨则易引起裂果，并影响果实的品质。

石榴对土壤的要求不严格，在各种土壤中一般均可生长，但一般以沙壤或壤土为宜，过于黏重的土壤则会影响其生长和果实品质。据陕西临潼地区的调查，以红垆土和油沙土上的石榴生长最好，因红垆土质地疏松、通气良好、土温高、排水好，所栽培的石榴皮薄、色丽、有光泽、汁多而风味优良。栽在黑垆土上的石榴，因土质较紧，保水力较强，所栽石榴树势旺盛，果皮厚，不美观，易生黑斑，但品质还好。栽在水白土(质地黏重)上的则易裂果，在红泥浆(黏重不透水)上则生长不良。

石榴对土壤酸碱度的适应性也较大，pH 值在 4.5～8.2 之间均可生长。

参 考 文 献

[1] 葛世康. 石榴树的生长结果习性与整形修剪［J］. 果农之友，2012(3)：19.

[2] 冯玉增，胡清波. 石榴［M］. 北京：中国农业大学出版社，2007：23-52.

[3] 李保印. 石榴［M］. 北京：中国林业出版社，2004：28-36.

[4] 李天忠，张志宏. 现代果树生物学［M］. 北京：科学出版社，2008：305-322.

[5] 曲泽州. 果树栽培学各论(北方本)［M］. 北京：中国农业出版社，2001：446-452.

[6] 曲泽州，孙云蔚. 果树种类论［M］. 北京：中国农业出版社，1990：139-143.

[7] 杨雪萍，王随平. 石榴树不同物候期生育特点及其生产管理［J］. 果农之友，2004(1)：32.

[8] 张莹，陈帆，冯光荣，等. 8 个石榴品种引种研究［J］. 中国园艺文摘，2010(5)：16-18.

[9] Holland D，Hatib K，Bar-Ya'akov I. Pomegranate：botany，horticulture，breeding［J］. Hortic Rev，2009，35：127-191.

[10] Levin G M. Pomegranate［M］. USA：Third Millennium Publishing，2006.

[11] Wetzstein H Y，Ravid N，Wilkins E，et al. A morphological and histological characterization of bisexual and male flower types in pomegranate［J］. Journal of the American Society for Horticultural Science，2011，136.（2）：83-92

第六章 优质苗木繁育和生产

随着石榴产业的不断发展，市场对其苗木质量的要求越来越高，石榴优质苗木的繁育和生产对促进石榴产业的可持续发展具有至关重要的作用。石榴苗木的繁育方法主要有实生、扦插、嫁接、压条和分株等，扦插繁殖是目前生产中最主要的繁殖方法。优质苗木的生产标准需要从苗圃建立、育苗方式、插后管理、病虫害防治和苗木出圃等方面考虑，这样才能为石榴市场提供优质苗木。

第一节 苗木繁育方法

一、扦插繁殖

利用石榴的枝条，在一定的条件下产生新根和新芽，最终形成1个独立植株的繁殖方法称为扦插繁殖。在主产地，扦插为石榴主要的繁殖方法。

1. 母株和插条的选择

为保持优良品种的特性，防止品种退化，对繁殖母树的选择非常重要，一定要从品种纯正、发育健壮、无病虫害、丰产性好的树上采插条。关于插条的选择，可能因各地自然条件、品种及习惯不同，做法有所差别。一般采用生长健壮、灰白色的1~2年生枝作插条。插条粗度以0.5~1 cm为宜，插条基部的刺针应较多，这有利于多发根。安徽怀远的果农认为用树冠中部的1年生枝作插条，插后易活，生长良好。陕西临潼的果农则认为以2年生枝作插条好，用徒长枝或生长旺盛的枝作插条，则不易生根，苗木栽后，结果也晚。用结果母枝或结果枝作插条，则生长不良，寿命短。用3年生以上枝条作插条，开花结果早，枝冠不易长大，不能丰产，但适宜密植。在云南蒙自地区，因气候温暖，也有用 3 年生及其以上枝条作繁殖材料的。在北方如果用老的插条，则不易生根发芽，插后不易成活，以用 1～2 年生枝条为好。

2. 扦插时期

石榴的插条可从树上随采随插而不必贮藏，只要温度适宜，四季均可进行。北方以春秋 2 季为好：春天的适期为土壤解冻后 3 月下旬春分后、4 月上旬清明节石榴发芽前进行，秋季则以 10～11 月扦插为佳。一般认为秋插比春插好，秋季插条贮藏养分充足，气温低，蒸发量小，利于扦插生根。但秋插不宜过早，否则冬前萌发嫩枝，冬季易被冻死。应做到"冬前不萌发，翌年春萌发是适期"。云南则在多雨的 7～9 月进行，8 月最易成活。在南京用嫩枝扦插，成活率很高。一般苗圃大量育苗仍以春季扦插为主。

秋季插条的采集和贮藏：秋天从选出的优良母树上剪取发育充实、无病虫害、芽眼饱满的合格枝条，剪去枝条基部、顶端不成熟的部分以及多余的分枝，每 100～200 根打捆，拴上标明品种的塑料标签运往圃地，分品种进行贮藏。贮藏一般用沟藏法：选地势较高干燥的背阴处开沟，沟深 60～80 cm、宽 1～1.5 m，长度依插条多少而定。沟挖好后，先在沟底铺 10～15 cm 的湿沙或细土，然后将种条平放于沟中，用湿沙或细土将种条埋起来，埋土厚度为 5～7 cm，上面再放种条，直到平地面止。最后上面再盖 15 cm 厚的沙，然后培成脊形，以利排水。贮藏期间要加强管理，定期检查，掌握好贮藏的温湿度，温度以 -2～2℃ 为适宜，不可高于 6℃ 或低于 -8℃。

3. 扦插基质

石榴扦插地应选交通方便、能灌能排、土层深厚、质地疏松、蓄水保肥好的轻壤或沙壤土。每公顷结合深翻施入优质有机肥 37 500～45 000 kg 以及磷肥 1 500 kg。然后起垄做畦，畦宽一般为 1 m，长度为 10～30 m。土地平整条件好的，畦可长些；土地不太平整的，可适当短一些，以利灌溉。畦梁底宽 0.3 m，高 0.2 m。

4. 扦插方法

石榴扦插可分为短枝、长枝、绿枝扦插。前 2 种在春季发芽前扦插，后 1 种在生长季节扦插。

(1)短枝扦插

短枝扦插，插条利用率高，可充分利用修剪时获得的枝条进行繁殖。插前，将沙藏的枝条取出，剪去基部 3～5 cm 的失水霉变部分，再自下而上将插条剪成长 12～15cm、有 3～5 节的枝段。枝段下端剪成斜面，上端距芽眼 0.5～1.0 cm 处截平。剪好后立即插入清水中泡 12～24 h，使枝条充分吸水。在插前浸入 300 mg/L 的生根粉溶液中 5 min，也可在 10～20 mg/L 的萘乙酸或 5％的蔗糖溶液中浸泡 12 h，以增加枝内的营养和生长素，对促进生根有明显的作用。插时按 30cm×10cm 的行株距，斜面向下插入育苗畦中，上端芽眼高出畦面 1～2 cm。插完后顺行踏实，随即记好插条档案，记录扦插品种、数量、位置、时间等。最后灌 1 次透水，使枝条与土密接，并及时松土保墒、中耕除草，促其生根成活。

（2）长枝扦插

长枝扦插包括盘状枝扦插、曲枝扦插。其优点是可直接用于建园成树，苗木质量好、生长快。缺点是用种条量大、繁殖率低。在新建园内以栽植点为中心，挖直径为 60～70 cm、深为 50～60cm 的栽植坑，坑内填土杂肥和表层熟土的混合土。挑选经沙藏的枝 3 根，下端剪成马蹄状，速蘸 300 mg/L 的生根粉后，直接斜插入栽植坑内，上端高出地面 20 cm 左右，分别向 3 个方向伸展，逐步填入土壤并踏实。为扩大生根部位，下端 1/3 处弯曲成 60°～70°弓形放在定植坑内（即曲枝扦插）或枝条下端盘成圆圈放入栽植坑内（即盘状扦插）。这种繁殖方法得到的苗木，根系发育好、生长健壮，可为早结果、多结果打下基础。

（3）绿枝扦插

绿枝扦插在生长季进行，利用木质化或半木质化绿枝插枝来进行繁殖。陕西、四川、云南等地多在 8～9 月雨季时进行。插枝长度因扦插目的而不同，大量育苗时将插枝剪成长 15 cm 的段，从距上端芽 1 cm 处剪成平茬，下端剪成光滑斜面，可保留上部的 1 对绿叶，或留 3～5 片剪去一半的叶片，以减少水分蒸发。剪好的短枝放到清水中浸泡，或用 300 mg/L 的生根粉速蘸后扦插。插后要进行遮阴，并加强土壤管理和避免土壤干旱，待苗生根、生新叶后逐步撤去遮阴棚。若用绿枝扦插建园，插枝长度以 0.8～1.0 m 为宜。雨季插枝成活率高，方法同春季硬枝扦插，要注意遮阴并及时灌水，以促其成活。

5. 日常管理

石榴扦插后，要注意保持育苗地或栽植坑的土壤含有充足的水分，要经常浇水。在土壤稍干时，注意及时松土保墒增温，促使插条早生根发芽。绿枝扦插后要早晚洒水，保持苗床的湿度。阴雨天要注意排水。追肥：可在新梢长到 15 cm 时追 1 次速效氮肥，每公顷施用尿素 150～187.5 kg，施后浇水，以利苗木吸收，促进生长。7 月下旬再追 1 次肥，要控制氮肥，用适当的磷、钾肥，以促进苗木的充实和成熟。以后要控制水分，使苗木生长充实，增强越冬抗寒力。苗圃中要注意及时防治病虫，刺蛾、尺蠖、大蓑蛾等食叶害虫易发生，要注意在其幼龄期及时防治，保护叶片。另外，对蚜虫、红蜘蛛、食心虫等要注意喷药消灭。

二、实生繁殖

利用种子播种长成苗木的繁殖方法为实生繁殖。因石榴种子的繁殖变异大、结果迟，实生繁殖主要用于杂交育种。

8～9月果实成熟时，将其采下，取出种子，搓去外种皮，晾干后贮藏。可将种子与河沙按1：5的比例混合后贮藏。

春季2～3月播种。播种前，将种子浸泡在40℃的温水中6～8 h，待种皮膨胀后再播。这样处理，有利于种子提前发芽。将浸泡好的种子按25 cm的行距播在培养土中，覆1～1.5 cm厚的土，上面覆草后浇1次透水。以后保持土壤湿润，土温控制在20～25℃之间。经过1个月左右便可发出新芽和新根。

苗高4 cm时按6～9cm的株距进行间苗。6～7月拔除杂草后施1次稀薄的粪水，8月追施1次磷钾肥。夏季抗旱，冬季防冻。秋季落叶后至次年春天芽萌动前可进行移植。

三、压条繁殖

压条繁殖是在枝条不与母株分离的情况下，将枝梢部分埋于土中或包裹在能发根的基质中促进枝梢生根，然后再与母株分离成独立植株的繁殖方法。这种方法不仅适用于扦插易活的园艺植物，也可用于扦插难以生根的植物。因为新株在生根前其养分、水分和激素等均可由母株提供，且新梢埋入土中又有黄化作用，故较易生根。缺点是繁殖系数低。在果树上应用较多，花卉上仅有一些温室花木类采用高压繁殖。

石榴可以利用根际所生的根蘖，于春季压于土中，至秋季即可生根成苗。还可采用空中压条法。可在春、秋2季进行。将根际的萌蘖苗压入土中，当年即可生根，第2年即可与母株分离，另行栽植。旱地少量繁殖可用此法。

四、分株繁殖

分株繁殖是利用特殊营养器官来完成的，即人为地将植物体分生出来的幼植体(吸芽、珠芽、根蘖等)或者植物营养器官的一部分(变态茎等)进行分离或分割，使具脱离母体而形成若干独立植株的办法。凡新的植株自然和母株分开的，称作分株；凡人为将其与母株割开的，称为分割。此法繁殖的新植株容易成活、成苗较快、繁殖简便，但繁殖系数低。

193

可选石榴良种根部发生的健壮根蘖苗挖起栽植，进行分株繁殖，一般于春季分株并立即定植为宜。可在早春芽刚萌动时进行，将根际健壮的萌蘖苗带根掘出，另行栽植。无论压条或分株，均应注意选择优良母株，以确保后代高产优质。

五、嫁接繁殖

嫁接，即人们有目的地将1株植物上的枝条或芽接到另1株植物的枝、干或根上，使之愈合生长在一起，形成1个新的植株。通过嫁接培育出的苗木被称为嫁接苗。用来嫁接的枝或芽叫接穗或接芽，承受接穗（接芽）的植株叫砧木。

石榴嫁接可使劣质品种改接成结果多、品质优、抗逆性强的优良品种，提高观赏价值和经济效益。利用石榴高接换头技术，可获得接后第2年即开花结果，第3年大量结果，丰产、稳产和树冠基本恢复到原来大小的良好效果。嫁接时间多在生长期进行。

（1）枝接法

枝接法主要掌握的物候期是萌芽初期，一般为3月下旬至4月中旬最为合适。

①砧木的培育。换头树应是生长健壮、无病虫害、根系较好的植株。作盆景用的老桩应截干蓄枝，发生新枝后再行嫁接。换头前要进行抹头处理，对有形可依的树一般选留1～3个主干，每个主干上选留1～3个侧枝抹头。主干留长，侧枝留短，主侧枝保持从属关系，抹头处的锯口直径以3～5 cm较好，抹头部位不要离主干太远，以1/3为宜。一般5年生树可接10个头，10年生树可接20个头，20年生树可接40个头。

②接穗的培育。要从良种树上采取发育充实的1年生或2年生枝。接穗最好现采现用，全部采用蜡封处理。

③嫁接方法。石榴嫁接用得最多的是皮下接、切接、劈接等枝接法。皮下枝接，在砧木萌芽、树皮易于剥离时进行。方法是：先在砧木的嫁接位置，选光滑无疤处垂直锯断，用刀将断面削光，然后从接穗下端的侧面削1个3～4 cm长的马耳形大削面，翻转接穗，在削面的背侧削1个大三角形小削面，并用刀刃轻刮大削面两侧粗皮至露绿。接穗削后留2～4个芽（节）剪断。接着在砧木上选择形成层的平直部位与断面垂直竖切1刀，深达木质部，长度为2～3 cm。竖口切好后随即用刀刃轻撬，使皮层与木质轻微分开，再将接穗对准切口，大削面向着木质部缓缓插入，直至大削面在锯口上露出削口0.5 cm左右。每个砧木断面可插2～4个接穗，接穗插好后用塑料薄膜带从接缝下端扎起，直至把接穗砧木扎紧扎严。

（2）接后管理

①除萌蘖。

②检查成活，补接。接后 15 d 检查成活，当发现接口上的所有接穗全部皱皮、发黑、干缩时，则说明接穗已死，需要补接。

③设支护。成活后长出的新枝由于尚未愈合牢固，容易被风吹断，因此，当新梢长 15～20 cm 时，在树上绑部分木棍作支护（俗称绑背）。

④夏季修剪。当新梢长到 50～60 cm 时，对用作骨干枝（主侧枝）培养的新梢，按整形要求轻拉，引绑到支棍上，调整到应有角度。其他枝采用曲枝、拉平、捋枝等办法，改变枝条的直立生长为斜向、水平或下垂状态，以达到既不影响骨干枝生长，又能较多地形成混合芽开花结果的目的。

第二节　石榴优质苗木生产标准

近年来，由于各产区的规模扩大，石榴苗木的需求量较大，但在石榴苗木生产中存在许多问题。为了规范石榴苗木的生产，特从石榴苗圃建立、育苗方式、插后管理、病虫害防治和苗木出圃等方面提出石榴优质苗木生产的标准。

一、苗圃建立

（1）圃地选择

选择地势平坦、背风向阳、土质疏松、肥力较高、给排水条件良好、无危害性病虫源、地下水位最高不超过 1 m、土层厚度一般不少于 50 cm、微酸至微碱性的沙壤土、壤土或轻黏壤土的地块作圃地。另外，育苗用的灌溉水水质要清洁无污染，切忌用污水灌溉。

（2）苗圃规划

苗圃地包括 2 部分：采穗圃和苗木繁育圃，比例为 1∶10。对规划设计的小区、畦，进行统一编号。采穗园推荐选用经省级以上果树品种审定委员会审定通过、在当地引种栽培试验表现优良的品种，如山东省果树研究所选育的泰山红、水晶甜、绿宝石和红宝石，安徽农业大学选育的白玉石籽、红玛瑙籽和红玉石籽等。

（3）整地施肥

育苗地一般在秋末冬初进行深翻，深度以 25～30 cm 为宜，深翻后敞垄越冬，使土壤风化，利用冬季低温冻死地下的越冬害虫。2 月土壤解冻后精细整地，每公顷施入腐熟农家肥 60 t，可同时混入过磷酸钙、尿素、草木灰等。

(4)做畦

整地后，规划好灌排水渠道，然后耙平做畦。一般畦宽为 150 cm，畦埂宽为 30 cm，畦面净宽为 1.2 m，畦长为 10～15 m。

二、育苗方式

一般采用扦插育苗，主要是硬枝扦插。

(1)插条的准备

在采穗圃的良种母树或结果园的良种树上选择发育健壮、无病虫害、直径为 0.5～1.2 cm 的 1～2 年生枝条作插条。插条最好随采随插，也可在采穗树落叶后至翌年 3 月上旬前采集。将采集到的插条按照品种进行标记。冬季采集的必须在细土或湿沙中贮藏。

(2)扦插时间

扦插时间一般在 3 月下旬至 4 月上旬，在温室条件下可常年进行。

(3)插前处理

插条在扦插前剪截，先剪去茎刺和失水干缩的部分，再自下而上将长插条剪成长 10～15 cm、有 2～4 个节的插穗，上端离节 1～2 cm 处剪平，下端离节 1～2 cm 处按 45°角斜剪成马耳形。插穗剪好后以每 50 根为 1 把，下端要整齐，浸于浓度为 50～100 mg/L 的 ABT2 生根粉溶液中 2～3 h，浸泡深度为 2～3 cm。

(4)扦插密度

一般按 5～10cm×25～30cm 的株行距进行扦插。

(5)扦插方法

先在平整好的畦上铺压地膜，然后将处理好的插条按株距穿破地膜插入土中，过粗的插条可用扦插器打孔后插入，插条上端的芽眼要求高出膜面 1～2 cm。插完后顺行向将插条踏实。对小区、畦内的品种登记建档。扦插后要及时浇 1 次透水。

三、插后管理

(1)灌溉与排水

灌溉要掌握适时、适量原则。一般扦插后 30～40 d 即可生根，此期土壤要保持湿润。当覆盖地膜干燥时要及时浇水，且要小水勤浇，避免泥浆沾到幼叶上或淹没幼苗而影响成活率。苗木速长期间要采取多量少次的办法灌溉；苗木生长后期要控制灌溉，除特别干旱外，可不必灌溉。圃地发现积水应即时排除，做到"内水不积，外水不淹"。

（2）除萌枝

当石榴苗高为 10 cm 左右时，只保留 1 个健壮的新梢，其余萌枝则全部抹除。

（3）追肥

当新梢长到 15 cm 时，随水追施 1 次速效氮肥，每公顷追施尿素 75～120 kg。7 月下旬再追肥 1 次，控制氮肥用量，适当加大磷、钾肥的用量。此外，在石榴苗的生长季节，可喷施 3～4 次叶面肥，前期用 0.3％的尿素溶液，后期用 0.4％的磷酸二氢铵溶液。

四、病虫害防治

苗期要注意及时防治黄刺蛾、石榴巾夜蛾等害虫及炭疽病等病害。

五、苗木出圃

（1）出圃时间

秋季落叶后至土壤结冻前或翌年春季土壤解冻后至萌芽前为石榴苗的出圃时间。

（2）起苗方法

起苗应在暖和的天气条件下进行，要按品种起苗。起苗时，要尽量多带根系，不伤大根。起苗后应用湿土掩埋以保护根系。

（3）苗木分级

苗木出圃后，按照苗木质量分级标准进行分级。分级标准见表 6-1。

表 6-1 石榴苗木分级标准

苗龄	等级	高度/cm	地径粗度/cm	侧根数/个	根系
1 年生	一	≥80	≥1	≥6	完好无伤根
	二	60～80	0.7～1	4～5	无伤根
	三	40～60	0.5～0.7	2～3	少数伤根
2 年生	一	≥120	≥2	≥10	完好无伤根
	二	100～120	1.5～2	6～10	少数无大伤
	三	80～100	1～1.5	4～6	大伤少

注：本标准以单干苗为对象制定，多干苗高度、地径粗度可相应类比降低，侧根数不变；侧根数以侧根粗度≥5 cm 为标准计算；所有苗木须经检疫合格。

（4）苗木假植

苗木大量假植时，选择避风、高燥、平坦处，东西向挖宽 10～15 m、深 30～40 cm 的假植沟，长度根据苗木的数量和地形而定。将苗木分品种、按级别以 100～200 株为 1 排，苗木梢部向外、根部向内散放入沟内，用湿细土或沙逐行填埋。应注意边填边抖动苗木，使根系、苗干之间充满细土，最后覆厚 10～15 cm 的土。墒情不好时要洒水，温度过低时要覆盖。

（5）苗木检疫

在苗木落叶后，出圃前应进行产地检疫。苗木调运前，应申请植物检疫部门进行调运检疫。

参 考 文 献

［1］陈延惠．石榴嫁接方法［J］．农村·农业·农民(B版)，2012，1：50.

［2］丁肖．优质石榴苗木扦插繁育技术［J］．现代农业科技，2005，7：11.

［3］丁元娥，魏茂兰，魏云，等．石榴扦插育苗技术［J］．落叶果树，2005，2：65.

［4］冯玉增，胡清波．石榴［M］．北京：中国农业大学出版社，2007.

［5］李保印．石榴［M］．北京：中国林业出版社，2004.

［6］李宏，刘灿，郑朝晖．石榴嫩枝扦插育苗技术研究［J］．安徽农业科学，2009，37 (9)：4003-4004，4021.

［7］刘立立．石榴硬枝扦插应用技术初探［J］．甘肃科技，2010，26(12)：173-174，158.

［8］买尔艳木·托乎提．石榴扦插繁殖技术［J］．新疆农业科技，2011，3：48.

［9］王富河，霍开军，赵莲花，等．低产石榴园高接换优技术［J］．林业科技开发，2005，19(5)：75.

［10］汪浩，曹恒宽，何珍，等．突尼斯软籽石榴采穗圃建立与扦插育苗技术［J］．现代农业科技，2014，8：109，113.

［11］王燕，张明艳，宋宜强，等．石榴硬枝扦插技术试验［J］．中国园艺文摘，2011，6：38-39.

［12］温学芬．石榴扦插育苗技术［J］．河北林果研究，2003，18(1)：46.

［13］温素卿，孟树标．石榴扦插育苗技术要点［J］．河北农业科技，2007，3：38.

［14］吴凡．石榴扦插的技术要求［J］．陕西林业，2002，3：23.

［15］徐桂云，赵学常．石榴绿枝扦插技术［J］．林业实用技术，2002，6：27.

［16］徐鹏．石榴嫁接繁殖技术［J］．中国林福特产，2012，2：60.

［17］严潇．西安市石榴苗木标准化生产技术规程［C］//中国园艺学会石榴学会．中国石榴研究进展(一)．北京：中国农业出版社，2011：15-154.

［18］周正广．石榴春季扦插育苗技术［J］．河北林业科技，2009，3：127.

［19］朱桢桢，周小娟，郑华魁．石榴树高枝嫁接丰产技术［J］．农业科技通讯，2014，

2：197.

[20] Hiwale S S. The Pomegranate [M] . Delhi，India：New India Publishing，2009.

[21] Karimi H R. Stenting(cutting and grafting)-a technique for propagating pomegranate (*Punica granatum* L.) [J] . Journal of Fruit and Ornamental Plant Research，2011，19(2)：73-79.

[22] Sharma N，Anand R，Kumar D. Standardization of pomegranate(*Punica garanatum* L.) propagation through cuttings [J] . Biological Forum-An International Journal，2009，1(1)：75-80.

[23] Singh B，Singh S，Singh G. Influence of planting time and IBA on rooting and growth of pomegranate(*Punica granatum* L.) 'Ganesh' cuttings [J] . Acta Horticulturae，2011(890)：183.

[24] Upadhyay S K，Badyal J. Effect of growth regulators on rooting of pomegranate(*Punica granatum* L.)cutting [J] . Haryana Journal of Horticultural Sciences，2007，36 (1/2)：58-59.

第七章 优质丰产栽培技术体系

石榴的优质丰产栽培技术体系，是结合特定的立地条件，在建园的基础上，根据石榴本身的生物学特性及生长发育规律所制定的果园配套栽培管理技术措施。优质丰产栽培技术体系包括石榴园栽植密度、栽植方式、树形、土肥水管理、整形修剪技术、病虫草害的防治等。建立石榴的优质丰产栽培技术体系，就是通过对规范建园、土水肥管理、合理进行整形修剪、适时进行病虫害防治等各项技术措施的集成，达到最大限度地发掘石榴生产的潜能，从而实现经济效益与生态效益最大化的目的。

第一节 石榴栽培模式及现代新型果园建设

一、石榴栽培现状

石榴在我国已有 2 000 多年的栽培历史，但长期处于自由散生状态。近年来，因为石榴具有较高的营养价值和观赏价值，已成为世界各国消费者喜爱的果品，在国内外市场上价格较高，供不应求，许多石榴经营者也取得了较好的经济收益。但在我国，石榴仍然多属于一家一户的生产管理模式。

随着我国经济的飞速发展，人民生活水平有了较大的提高，消费观念也发生了巨大的变化，人们日益重视果品的质量，尤其是注重食品安全和食品的营养保健功效。市场对果品质量的要求越来越高，市场竞争也越来越激烈；随着劳动力成本的上升，在今后的竞争中要想获得较高的经济效益，则必须提高劳动生产效率。

根据近年来国内外石榴市场对果实质量的要求，我国的石榴栽培管理中还存在诸多突出问题：首先是缺乏与不同立地条件相适宜的科学合理的栽培模式，栽培管理技术和设施的落后，导致了标准化、规范化程度不高。近年来，我国石榴的栽培面积有了较大的发展，但是很多石榴园却存在着密度过大、产量低、品质差的问题，有的果园4～5年生树仍无收益，除了品种原因外，主要是由于栽培模式随意，栽培管理技术跟不上所致。有些树基本上是放任生长，造成树形紊乱，通风透光不良，花芽分化受到抑制；有些石榴园对土、水、肥管理的投入少，树势弱，加之超负荷留果，追求高产指标，造成果个小、品质差；另外，随意早采、分级不严、贮藏运输手段差和缺少必要的加工设备等，同样导致了效益低下。石榴园在不合理的栽培模式、粗放管理、技术落后的情况下，即使是种植优良品种也难以获得较高的效益。其次是许多果园不重视苗木的质量标准以及栽后各种技术的应用。有些石榴园的苗木达不到出圃要求就进行建园，同时根本就没有基础设施，机械化、标准化程度极低，无法及时科学地施肥和浇水，植保措施滞后而且不能够统一，病虫害大量发生，果实品质差。第三是市场竞争意识淡薄，高档优质果品率较低。许多果农忽视花果的精细管理，不注意疏花疏果等增进品质措施的应用，高产并没有换来真正的高效益。石榴品质存在较大的问题，高档优质果很少，与市场的需求相差甚远。

首先要探索石榴的栽培模式和建立配套的丰产栽培技术体系。从过去分散的模式、粗放的管理，转变为规模化生产经营、科学的精细化管理。在生态条件适宜的地区建立优质石榴生产基地，采用配套、科学的技术措施，如覆膜法、覆草法、种植绿肥等土壤管理制度，科学合理地使用生长调节剂，精量适树施肥，合理地进行整形修剪，采用花期放蜂、摘叶转果、适树定产、果实套袋等措施，提高、增进果实的品质，包括外观品质、风味品质和贮藏品质等。要切实控制生产中的污染，建立标准化绿色食品生产基地，使石榴果品在无公害的前提下进行生产。加强新技术、新产品以及果园机械在石榴园的应用，严把苗木质量标准关，建立严格的标准化生产管理体系。

二、现代新型果园建设

1. 现代新型果园规划的原则和建设目标

建立现代新型石榴园，必须走集约化、标准化的道路。从栽培模式、整形修剪、土肥水管理、病虫害防治和安全生产等方面适应现代生产管理的要求。其指导思想是以市场为导向，以生产良种化、规模化、产业化发展为目标，以效益为中心，依靠科技进步带动，强化品牌意识，努力建成名优石榴示范园、绿色果品基地和观光农业示范中心。

石榴园规划的原则应立足于：集中连片，规模发展；坚持生态、经济和社会效益相统一，突出经济效益；统筹规划，合理布局，突出重点，分步实施；栽管并重，注重实效；适地适树，以优质果食用为主兼顾观赏。其总体面积应根据地理位置、社会经济发展水平及市场前景等方面综合考虑确定。要进行经济效益分析，并制定资金筹措计划。现代新型石榴园建成后，还要力争使果园的山水林田路得到综合治理，立体开发、合理布局，使荒山变青山、秃岭成果园，同时实现水土治理和生态保护。

（1）集约化栽培与规模化建园

石榴的规模化和集约化栽培是高效益生产最根本的保证。当今世界上果树生产发达国家的果园规模日益加大，部分经济实力雄厚的企业也建立大型农场涉足果树生产和果品经营。这些大农场财力雄厚、技术力量强大，有专职的技术人员，机械化生产水平高，生产技术规范，新成果和新技术的转化和运用迅速，产品在市场上的竞争力强，经济效益显著。另外，规模化生产也是果树集约化栽培的前提。

集约化栽培主要表现在：

①实行合理密植栽培，以实现早果、丰产、优质的目标，并能加快品种的更新。

②生产的机械化程度高，可以减少对劳动力的需求。

③实现灌溉和施肥的标准化与自动化，即用科学的方法指导灌溉与施肥，满足石榴树生长发育过程中对水、肥的合理要求。

④重视应用植物生长调节剂等新技术控制果树的生长发育。

⑤重视病虫害的预测预报，重视生物防治等技术的综合应用。

⑥重视产业化生产。

目前，除了陕西、山东、云南、四川、河南等几个大的老石榴产区之外，我国石榴适宜栽培区新发展的石榴园仍以零星栽培为主，只能满足周边的鲜果供应，无法适应现代农业生产的要求。只有从管理角度上积极调整产业结构，因地制宜地建立规模化石榴生产基地，实现相对的集约化栽培和规模化生产，才能真正做到增加科技投入，及时推广先进技术，实现生态农业的管理模式，带来较高的经济效益，同时也才有可能为生产石榴果汁等高附加值的产品打下基础，真正推动石榴生产的标准化和产业化发展。

（2）规范化、标准化与无公害化建园

石榴生产越来越强调标准化和规范化，同一品牌、同一规格的果品质量应该完全一致。近年来，西欧各国大力推广标准化水果生产制度，不仅保护了环境，降低了成本，消费者也能买到放心的优质果品。在新西兰和日本，根据果实表皮底色的变化，用比色卡对每个果实进行比色来确定其是否适合采摘（对不同品种制定不同的比色卡），在一些果品生产管理中已成为常规的手段。现代果实分级机械已高度自动化，在分级时它能对每个果实的重量、颜色进行测定，并依据标准进行分级。在果实的包装上，对每箱果实的重量和每一等级相应的果实数量都有严格的规定。尽管适合我国具体情况的生产标准尚未制定，但这毕竟是一个世界性的方向。执行规范化的管理，包括耕作制度、病虫害防治措施、产量的限量，以及果实的具体规格标准要有统一的、精确的值域范围。只有遵照国际惯例，按照标准果品的生产模式组织生产，才能参与国际竞争。

无公害石榴的生产，应推广生物防治和综合防治技术，维持良好的果园生态环境，保护害虫的天敌，应不使用或尽量少用化肥，保持果品无农药残毒以及无有害物质污染。

近年来，国际市场对果汁等加工品的需求量以 6.13% 的年增长率上升，5年后果汁的进出口量将翻番，因此，应重视石榴的深加工。

（3）结合荒山造林或美化、绿化等要求的石榴园建设

石榴耐旱、耐瘠薄，管理简单、投入少，应结合荒山造林建设石榴园。用于荒山绿化的石榴园，可以适当发展加工品种和耐贮藏品种，为石榴加工业提供优质的原料。另外，石榴花期长、果色美，是良好的园林绿化树种，可以因地制宜地大面积发展观光度假果园。

2. 现代新型果园建设内容和要求

石榴是多年生果树，定植后在同一地点上要生长 10 多年甚至几十年，因此，建园前要慎重选择园址。

（1）园址的选择

石榴喜暖，适应性广，但抗寒性不是很强，在最低温度低于 -17℃ 时即使是耐寒品种也易发生冻害，南方品种以及部分引进的不耐寒品种，在河南以及周边地区绝对最低温度低于 -10℃ 时就会发生冻害。一般情况下，要求生长期 ≥10℃ 的活动积温在 3 000℃ 以上才能够发展石榴种植业。平原地区以交通便利、有排灌条件的沙壤土、壤土地为宜；丘陵地区以土层深厚，坡势缓和、坡度不超过 20° 的背风向阳坡中部，且具有贮藏条件者为最好。

（2）石榴园的规划

园址选好后，对园地应进行科学合理的规划，不但要保证果园在整体上美观，更要符合石榴生长发育所要求的基本条件，同时还要满足果园作业的要求。如果是生态观光果园，还要从更高的审美层次进行规划和设计。

1）栽植方式

规划石榴园，首先要确定石榴的栽植方式。石榴树的栽植方式应因地制宜。在城镇近郊，多以生产鲜果供应市场为目的，宜成片建园栽植，这样有利于集中管理、成批销售；在远郊、山区，多以生产耐贮藏、易长距离运输

的品种为主，在风沙区，也可结合防风林网建设做林内灌木使用。另外，在丘陵山区应尽量坚持"石榴上山"的原则，结合山区开发发展石榴生产，一是山区昼夜温差大，有助于糖分积累，果实含糖量高；二是丘陵山地的光照充足。据测定，海拔每升高 100 m，光照强度增加 4%～5%，紫外线强度增加 3%～4%，因此，山地石榴的病虫害少、树势中庸，易控制树形、果面光洁、着色艳丽、耐贮藏运输、优质丰产。

2）园地规划

果园的规划与设计分果园土地规划、道路系统的设计、排灌系统的配置、品种的选择搭配、防护林带的设置和水土保持工程的修建等。在规划时，封闭生产性果园应充分体现"以果为主"的原则，兼顾其他功能。以栽培面积占总土地面积的 80%，防护林或围篱占 10%，道路占 5% 左右，其他如工作房、包装间、工具室占 5% 左右较为合理。开放性果园应充分考虑其观光旅游、休闲娱乐等功能进行规划。

石榴园小区的规划：为了便于管理，要把石榴园划割为若干个小区，以小区作为果园耕作管理的基本单位，即"作业区"。每个小区内的土壤、小气候、光照条件应基本一致，这样有助于实施统一的农业技术操作，有利于果园中的物资运输和其他生产操作过程的机械化。小区的大小可因地形、地势与气候条件而异，也可考虑品种的特性和成熟期早晚等，在不影响授粉的情况下，尽量使品种相对集中。平地的小区面积一般为 1～3 hm²；由于山地地形、地势复杂，气候变化较大，小区的面积可小些。为便于耕作与管理，平原的小区以长方形为佳，小区的长边与主风向垂直，这样果树行间也有一定的防风作用。山地与等高线平行栽植。

道路的设计：一般大型果园设有主路、干路、支路。主路应居石榴园的中间，贯通全园，将果园分成几个区。主路与外公路相连，宽度可为 5～7 m。小区与小区间设干路，最好规划在小区的分界线上，宽 4～5 m。为便于生产，小区内还要设支路，宽 1～2 m，与干路相连。小面积果园，应少设道路，以节约土地。

排灌系统的规划：主要包括水源、输水渠道和石榴园灌溉网。山地的石榴园多用水库、水塘或蓄水池供水灌溉，平原可用河水或井水灌溉。还要考虑排涝管网的设计以防涝害。

其他规划：办公、休息用房、包装场、配药场和果实贮藏库等也应合理配置。

（3）科学建园

要做到科学建园，首先要考虑栽植的行向、密度、栽植时间和方法。其次要考虑不同的气候、地理环境等方面的特殊性。

1）栽植的时间、行向和密度

①栽植的时间。石榴树秋季和早春栽植均可。秋季栽植的优点是：苗木出圃后立即栽种，栽种后经过 1 个冬季较长时间的缓苗期，根系伤口愈合完全，能提早形成大量的新根，对春季的萌芽成活和生长大有好处。但在冬季寒冷干旱、春季多风少雨的地区，秋季栽植的苗木冬季易发生枝条抽干，所以最适宜的栽植季节应为土壤解冻后至春季萌芽前。选择营养袋苗或容器苗则一年四季都可种植。

②栽植的行向和密度。平原地区应采取南北行向。山区光照条件好，可不考虑行向，只按坡势进行等高栽植即可。石榴为喜光果树，栽植时首先要考虑果园的通风透光问题，其次再考虑合理密植。合理密植能够充分发挥石榴的生产潜力，提高光能利用率，使果园提早丰产。河南省各地的果园，在生产中已摸索出一套与当地自然条件相适应的栽植密度，且具有较高的丰产水平。平原地区的栽植密度为：株距为 2～3 m，行距为 4～5 m，密度为660～1 245 株/hm²。丘陵、浅山区的栽植密度为：株距为 1～2 m，行距为3.5～4 m，密度为 1 245～2 505 株/hm²。但各地的土壤肥力、灌溉条件和管理水平不同，在确定栽植密度时要进行综合考虑。凡土壤肥力和灌溉条件差的果园或树势稍弱的品种，栽植的密度可适当大一些，反之则可适当稀植。另外，新建果园规划还要考虑便于机械化管理，以减轻劳动强度、节约劳动力成本。

2）栽植方法

A. 具体操作步骤

首先应按株行距确定定植点，然后挖栽植穴。栽植穴宜大不宜小，一般深度为 80 cm，直径为 1 m 左右。一般每穴施掺入 0.5 kg 过磷酸钙的厩肥25～50 kg，与上层熟土混合均匀后填入穴中。将底层心土填在上部呈馒头状，坑应在秋冬季挖好，以使土壤充分熟化。

栽前将苗木从假植处挖出，选择无病虫害、根系完整、苗干光滑、无伤的优质苗木进行栽植。栽植前，还需将伤根剪平，剪短过长侧根，再放于清水中浸泡 12～24 h，使根系充分地吸收水分后蘸上泥浆，以利于伤根愈合和新根生长。苗木一定要按事先的设计分清品种，不能混淆。苗木应置于穴的中间，使根系自然舒展。在新疆埋土防寒区定植时，应使苗木在定植穴中向南倾斜 70°～80°。填土时，先把风化的表土填于根际，心土填于上层，边填土边轻轻提幼苗，使根系伸展，并分次将土踏实，使其与根系密接。苗的栽植深度以使根颈部位略高于地平面为宜，灌透水后根颈稍稍下陷，要保持原根颈部略低于地面。在灌溉条件差的丘陵地区，定植前应沿等高线修建梯田或挖鱼鳞坑，以蓄水保墒。梯田田面较窄时，只栽 1 行，宜靠近梯田外缘栽植，栽植深度不宜过浅。

B. 注意事项

提高石榴苗木的栽植成活率是建园的基础。要提高苗木栽植的成活率，应注意做好以下工作：

①选择优质壮苗。壮苗是提高栽植成活率和早果丰产的基础。应选择品种纯正、生长健壮、无病虫害的苗木进行种植，种植时按照1：(5～8)的比例配植授粉树。石榴苗木的生产多采用无性繁殖方式。根据历年来各地石榴苗木出圃及栽植的实践，目前对于苗木的标准规格已大致达成共识：建园的苗木要选择枝干根皮无机械损伤、根系发达完整、≥0.2 cm的侧根在3条以上、侧根长20 cm以上、地径粗(直径)≥1 cm、苗高90 cm以上且无检疫性病虫的2年生石榴壮苗。该石榴苗木标准是针对单干性苗木而定的，多干丛状树形的地径、干高可适当降低，但侧根数不变。

苗木的起苗、假植和运输过程要严格按规程执行。严防苗木失水，特别是根系失水干枯。

②挖大坑，并注意栽后保墒。栽植时最好挖大坑，注意栽后保墒，尤其是在盐碱地或春季干旱、水源缺乏的情况下，要想办法解决土壤的保墒问题，或者考虑用营养钵苗在有水源保障的情况下建园。在苗木定植后及时灌透水，当地面出现轻度板结时应及时对树盘松土保墒，以减少水分的蒸发和提高地温。待苗木发芽后，看墒情浇1～2次水，以满足幼树生长发育对水分的需求。也可采用地膜覆盖和树盘覆草等措施，以减少土壤水分的蒸发，提高地温，促进苗木新根的形成，提高苗木的栽植成活率。

(4)栽植后的管理

石榴苗栽植以后应及时加强管理，不能放任自长。

①注意苗木定干和修剪。苗木栽植后，发芽前就应该按树形的要求及时定干，并剪除基部多余的瘦弱枝、病虫枝和干枯枝，以减少树体的表面积，使树体少失水，同时也减少了植株的生长点，使树体的营养物质相对集中。

②及时浇水。除了栽植水要灌透外，以后只要无降雨，每月就应当浇2～3次水，直到雨季到来、旱情解除为止。

③除草和松土保墒。及时清除果园内的杂草，减少土壤的养分流失。松土可以减少土壤水分的蒸发，起到保墒的作用。在水源条件不足的地方，可以在灌足栽植水后，采取树盘覆盖地膜的措施保墒。

④补栽苗木。为了尽可能地一次保全苗，应做好生长季内缺株的补植工作。首先要预留5%～10%的苗木按0.5～1.0 m的距离栽于另一地块中或栽植于营养钵内暂时保存，春季萌芽后检查苗木的成活率，对死亡苗木及时补苗。

⑤病虫害防治。要注意及时防治病虫害，保证幼苗的健壮生长。

⑥苗木防寒。石榴苗在秋季栽植时，易发生冻害和抽条现象，因此一定要注意冬季防寒。可在枝干上捆包稻草等材料防寒，同时在基部培土以保护根颈。新疆寒冷地区要埋土越冬。

(5)沙地、盐碱地和山区丘陵地带建园

沙地、盐碱地及山区丘陵地带是今后发展石榴园的主要地带。一是这些地区不宜种植粮食作物；二是顺应国家开发荒滩、荒山的政策导向，也是退耕还林、防止水土流失的措施之一。在我国现仍有大面积的沙地、盐碱地和山区丘陵地带。据报道，仅黄河故道的沙化面积就已超出 266 万 hm^2，沿海及内陆的沙漠面积更大，山丘、丘陵地带占全国总面积的 2/3，盐碱地面积则已达 2 000 多万 hm^2，这些地区是我国今后发展包括石榴在内的各种适应性较强的果树的主要地区。

1)沙滩地建园

沙滩地的特点是：第一，沙滩地土壤贫瘠，有机质含量低。沙土地主要是石英，矿物质盐分少，严重缺乏氮、磷、钾等元素，而且腐殖质含量低(不超过 0.1%～0.2%)，果树易患缺素症。第二，温差大。沙土的比热小，白天温度上升迅速，而夜间散热快，易造成白天灼伤、夜间冻害。第三，地下水位高，排水不良。沙地渗水快，雨水没有径流，全部下渗，地下水位容易提高。特别是在沙土下有黏土层的地方，往往易形成较高的假水位，阻碍果树根系的向下发展，有时会引起涝害。第四，保水保肥能力差。沙粒大、光滑，土壤水分易渗漏，空气含量高，所以平时田间的持水量较其他土壤低。此外，风沙飞扬，易打坏叶子和花朵、吹干柱头而不利授粉，而且很大一部分沙地属于盐碱化的荒地。

沙滩地果园要考虑的主要问题是改良土壤、防旱排涝以及防风固沙。具体措施是：

①改良土壤。将下层淤土层翻到地面上来，使其相互混合。对沙层厚，下面又无黏土层的，需从他处运土铺在沙土上，每公顷需要铺 75 t 左右。有河水灌溉条件的滩地，可将带有泥土的河水引入园地，用淤泥压沙，一般淤土需有 30～50 cm 厚。在石榴树定植前将泥土和沙深翻拌和，洪水中含有大量的细土粒、腐烂植物和牲畜粪便，故引河水淤灌能改造沙土松而不黏的不良特性，提高土壤肥力。施用有机肥是改良沙地的有效措施。种绿肥除能固沙、保水外，还能增加土壤中有机质和营养元素的含量，沙区以种植沙打旺最好，其他还有苜蓿、草木樨等。

②防风固沙。没有植物覆盖的沙地，易造成风蚀和形成流动沙丘。最有效的防止办法是营造防护林，可以将较高的防护林树和石榴树结合种植。

2)盐碱地建园

我国的盐碱地主要分布在西北、华北、东北和其他地区的海滨，一般为平原和盆地，地势较平坦、土层深厚。由于石榴的抗盐碱性较强，在 pH 值为 8.4 的土壤仍能生长，故可在一些盐碱地区发展石榴种植业。但 pH 值过高时易造成缺素症，根系生长不良、树体早衰、产量低，此时建园应采取相应的措施才能获得理想的效果。具体措施有：

①土壤改良。首先是"洗盐"。即先用大水灌溉，再排走地面和地下水以带走盐分。生产上可在石榴园顺行间每隔 20～40 m 挖 1 道排水沟，定期引大水灌溉，达到洗盐的目的。灌前要把园地耕翻耙平，破坏盐结壳、盐结皮、板沙层和板淤层，以利透水淋盐。盐碱地排水沟应常年清沟，不能杂草丛生、堵塞排水。其次是增施有机肥。有机肥中含有有机酸，可以对碱起中和作用，且能改善土壤的理化性质，促进团粒结构的形成，提高土壤肥力，减少蒸发，防止返盐碱。另外，种绿肥也有效果。再次是勤中耕，以减少土壤蒸发，防止盐碱上升。结合追肥浇水、多次深锄，以及雨后及时松土保墒等措施，可防止盐碱随水上升，减轻土壤碱化。此外，地面覆盖、铺沙等，均因减少了土壤的表面蒸发而具有压碱改土的作用。

②改变栽植技术。去除定植穴中含盐多的土，换上好土。客土层越厚，效果越好。也可起垄栽培，垄宽 1 m、高 40 cm 左右，在垄上栽植石榴树。如果进行地膜覆垄和覆草则效果更好。

3)山丘地建园

在山丘地建园应选好地形，要综合考察气温、日照、降水、土壤等条件，符合石榴生长结果要求时再建园。石榴垂直分布的区域较大，海拔高度为 50～1 400 m 的地域均可栽培，但在纬度超过 30°，海拔高度为 1 400 m 以上的地区种植石榴易遭受冻害。就坡度而言，不超过 20°的坡地较适宜。如果坡度过大，则土层较薄，肥水条件较差。陡坡上水土极易流失。如果在四周地势较高的低洼地建园，容易发生石榴园冻害。因此，如果条件允许，可以建立水土保持工程，以防水土流失。最晚在定植后做好水保工程，其中梯田、鱼鳞坑和撩壕应用最普遍，兴建这些工程时，均需按等高线进行施工。

(6)容器大苗的培育和建园

由于石榴属于童期长的树种，苗木栽植后的前 3 年内没有产量或者产量很低。利用以容器培育的 3～4 年生的整形大苗直接建园，可当年结果，将节省大量的前期投入和管理成本，缩短前期田间管理的周期。容器苗木运输方便、不伤根系、直接栽植成活率高，栽植当年即可获得较高的经济效益。对于经济条件较好的地区可以使用容器大苗建园。

第二节　石榴整形修剪技术的革新与省力化修剪

一、整形修剪的原则及技术

整形修剪是针对石榴树的生长结果习性进行的。根据生长势强弱及品种的特性，通过人为地整形、修枝，可以促进石榴营养生长和生殖生长的平衡，获得理想的收成。

传统石榴树的栽培，基本是自由、放任生长，经济产量低、品质差，石榴的优良特性得不到充分的表现。近年来，尽管人们在石榴的栽培生理方面进行了许多研究，但和苹果、桃、葡萄等大宗果树相比，对其整形修剪的生理基础研究还不够成熟和精细，需要进一步探索。实践证明，石榴要获得优质高产，就必须进行合理的整形修剪。不同的栽培区域、不同的修剪时间适用不同的修剪技术。在我国，非埋土防寒栽培区与埋土防寒栽培区的修剪要求与相关的栽培管理措施也稍有区别。

1. 整形修剪的作用

整形修剪的主要目的：

①培养健壮、牢固的树体骨架。通过修剪，使枝条结构合理，树冠各部分通风透光，达到立体结果的目的。

②调节营养生长和生殖生长之间的矛盾。通过修剪，使树体边结果边生长，促进幼树早结果、早丰产，延长结果年限。

③控制树冠大小。合理整形修剪，以便于密植和田间管理。

④促使结果枝组更新。合理修剪，可以保证结果枝正常发育、连年结果、高产稳产。

整形修剪后，石榴的树体结构基本上要达到主从分明、骨架牢固、通风透光、枝量适中。

2. 整形修剪的时期和基本手法

对石榴树来说，整形是在幼树时期通过修剪来达到效果，而修剪措施必须以整形为基础。因此，整形与修剪是难以分开的2个概念。要遵循"因枝修剪，因树整形"的基本原则，综合运用各种修剪手段，达到树形结构合理、主从分明、通风透光的目的。

（1）整形修剪的时期

石榴树的整形修剪可分为休眠期修剪和生长季修剪。

①休眠期修剪。休眠期修剪也叫冬季修剪，时间在秋季落叶后至翌年春季枝条萌发前。冬季修剪要以调整树体骨架结构，调整树形，调整生长、结果的矛盾，合理配备大、中、小枝组和培养、更新结果枝组为目标。由于冬季树体处于休眠状态，因此，留枝量、枝条修剪长短等对翌年春季的影响较大，修剪反应强烈。

②生长期修剪。可从春季树体萌芽后一直到秋季落叶前的一段时间进行生长期修剪。一般生长季修剪多指夏季修剪。夏季修剪的方法主要有抹芽、扭梢、拉枝、疏枝、环剥等机械措施。此期修剪，树体的反应比冬季修剪要缓和一些，不易形成强旺枝。

（2）修剪的措施和方法

石榴树的冬季休眠期和生长季修剪的修剪措施有所不同。

1）冬季修剪措施

冬季修剪一般采用疏枝、短截、长放、回缩等措施。

①疏枝。指将一个枝条从基部全部去除。主要用于强旺枝条，尤其是背上徒长枝条，还用于衰弱的下垂枝、病虫枝、交叉枝、并生枝、干枯枝，以及外围过密的枝条，以达到改善通风透光、促进开花结果、改善果实品质的作用。

②短截。指将枝条剪去一部分。主要用于老树更新以及幼树整形。石榴花芽一般分布在枝梢顶端，因此在成龄树上短截易出现新梢旺长，影响开花结果。

③长放。指对枝条不加任何修剪。主要用于幼树和成龄树，促进短枝形成和花芽分化，具有促使幼树早结果和旺树、旺枝营养生长缓和的作用。

④回缩。指将多年生枝条短截到分枝处。主要用于更新复壮树势，有促进生长势的明显作用。

2）夏季修剪措施

夏季修剪是为了改善树冠的通风透光状况。有些树生长过旺、发枝多，致使树冠郁闭、通风透光不良，通过夏季修剪可调整大枝的方向、角度，对一些不当的枝条进行处置，从而改善内膛的光照条件，对于病虫害的防治和提高果实品质等都有好处。另外，还可通过夏季修剪调节营养物质的运输和分配。尤其是生长条件良好的幼树，一般均生长过旺，枝条抽生多，利用夏季修剪可以促使生长势缓和，以利其提早进入结果期。

生长季节还要注意的是，当前推广的软籽石榴品种的树势较弱、干性不强，为了使其早成形，要采用扶干的方式使其直立生长，以达到早成形、早丰产的目的。

夏季修剪的主要技术措施包括：

①抹芽。抹去初萌动的嫩芽，抹除根部及根颈部萌生的距地面 30 cm 以下的萌蘖。及时抹芽，不仅可以减少树体养分的浪费，避免不需要的枝条的抽生，保持树形，还可改善通风透光，对衰老树可提高更新能力。

②摘心。对幼树的主侧枝的延长枝摘心可以增加分枝，增大树冠；对想培养成结果枝组的新梢摘心，则可促使其分枝，早形成结果枝组。摘心时期以5～6月为好。

③扭枝、圈枝。6～7月对辅养枝进行扭伤，可抑制旺枝生长，促进花芽分化，利于早开花坐果。

④增大枝条的开张角度。各级主、侧枝的生长位置直立时可采用绳拉、支撑、下压的方法使其角度开张，保护树体的通风透光。

⑤疏枝、拿枝、扭枝。疏除生长位置不当的直立枝、徒长枝及其他扰乱树形的枝条，对尚可暂时利用、不致形成后患的枝条用拿枝、扭枝的方法进行缓放处理，待其结果后再酌情疏除。拿枝、扭枝一般应伤到木质部。

⑥环剥。在辅养枝上或不影响主枝生长的旺盛枝条上进行环状剥皮。对环剥宽度的要求十分严格，过宽时有可能使树体在环剥以上的位置枯死，要求宽度不得超过环剥枝条直径的1/10，要深至木质部，一般7月上旬进行环剥。切勿在主干上进行环剥，否则会严重削弱树势，影响树体的正常生长和结果。

⑦扶干。当前推广的如突尼斯软籽石榴等品种，其干性不强，可以插竹竿绑缚最上部的新梢使其直立生长，形成主干延长枝，并结合适时摘心，达到早成形的目的。

夏季修剪是在果园土、水、肥综合管理的基础上进行的一项辅助性措施，只起到调节作用。只有配合良好的综合管理，夏季修剪才能起到良好的作用。夏季修剪时，要注意疏枝不能过重，避免砍锯大量过多的枝条而影响树势。树势弱的树最好不要进行夏季修剪或只疏除枯枝、病枝和极少量的细弱枝。对幼树旺枝、不结果的成龄树可以正常进行夏季修剪。

二、常用树形及整形方法

石榴为强喜光树种，生产上多采用单干式小冠疏散分层形、单干三主枝自然开心形、三主干自然开心形、扇形等树形。

1. 单干式小冠疏散分层形的整形修剪

（1）树形特点

该树形（图7-1）骨架牢固紧凑，立体结果好，管理方便，结果早，且有利于优质丰产。

图 7-1　单干式小冠疏散分层形(陈延慧)

　　该树形干高 40～50 cm，中心干 3 层留 6 个主枝，第 1 层 3 主枝基本方位接近 120°，主枝与主干的夹角为 50°～55°，第 2 层主枝留 2 个，距第 1 层主枝 60～70 cm，与主干的夹角为 45°～50°，第 3 层主枝留 1～2 个，距第 2 层主枝 60～70 cm，与主干的夹角为 40°～45°，每个主枝上配 2～3 个侧枝，并按层次轮状分布。

　　(2)整形修剪的技术要点

　　栽后第 1 年：苗木栽上即留单主干生长，并按 60～70 cm 定干，其余萌蘖全部疏除。定干后剪口以下芽萌发生长，保留地面 30 cm 以上的枝条。进入夏季，根茎部易产生萌芽和根蘖，应及早抹除主干上 30 cm 以下的萌蘖和萌芽。当新梢长到 50 cm 时，对新梢适时摘心，并选出 3 个生长位置较好的枝条作第 1 层主枝，使之分散分布，最好朝向北、西南、东南 3 个方向。冬季修剪时，疏除第 1 层选出的 3 个主枝以外的过密枝、重叠枝，并留上部直立枝作中央领导干，在领导干上，选与第 1 层主枝方向交错位置的剪口芽处留 60～70 cm 短截。如果第 1 层的 3 个主枝方向不好，可进行拉枝或留合适的剪口芽方向，使其延长枝向合理的方向发展。

　　栽后第 2 年：春季萌芽后，中央领导干上留剪口芽作中央领导干延长枝头，以下选与第 1 层主枝交错分布的 2 个枝条作第 2 层主枝，使之与第 1 层的主枝间隔 70～80 cm，并及时在其生长到 40～50 cm 时摘心。第 1 层的主枝顶芽萌发枝条作延长枝头，以下在距主干 50 cm 处留方位合适的枝条作另 1 侧枝，距第 1 侧枝 50 cm 选与第 1 侧枝对面的枝作第 2 侧枝。选好骨干枝后，其余枝条在夏季做一定的处理，背上旺枝要及时疏除或重摘心加以控制，背下枝和侧生枝放任保留。在 2 层主枝之间分布的枝条可根据情况插空培养枝组或作辅养枝培养。每个主枝上培养大、中枝组 3～6 个，疏除重叠枝、病虫枝及交叉枝、萌蘖枝。夏季 6～8 月，对角度不合适的枝条还要进行适当的拉枝、撑枝、开张角度，也可将一些插空枝条进行适当的创伤处理，使之由旺变弱，如扭梢、拉平、刻伤等，促使其枝势缓和、花芽分化、提早结果。同时，对主干以下萌蘖枝及时疏除以减少养分消耗。冬季修剪时，要将各骨干枝延长枝做短剪处理，留 40 cm 长短剪，并疏除重叠枝、过密枝、背上强旺枝和病虫枝、萌蘖枝，其他枝条一律保留不动。通过夏剪和冬剪后的树形要使第 1 层主枝的基本方位接近 120°，主枝与主干的夹角为 50°～55°，第 2 层主枝留 2 个，距第 1 层主枝 50～70 cm，与主干的夹角为 40°～50°，每个主枝上配 1～2 个侧枝，并按层次轮状分布。

　　栽后第 3 年：春季萌发后，当骨干枝延长枝头长到 50 cm 时及时摘心。夏季修剪时，去除背上旺枝，如有空间可重摘心或扭梢，将其改造成枝组。7～8 月疏去一些过密枝、重叠枝、病虫枝及不需要的萌蘖和萌芽。对一些过旺枝条，影响骨干枝的也可在 5～6 月喷多效唑等延缓剂处理，7 月初进行扭梢或环切，促进花芽形成。冬季修剪的措施与第 2 年相同。

　　栽后第 4 年：春季萌发后，在中央领导干上及时摘心，控制树冠高度，最上层留 1 个主枝或不留，以后每年短剪中央领导干，保持树高在 2.5～3 m，最好不要超过 3 m。

　　夏季修剪与冬季修剪仍以第 3 年的措施进行，经过连续几年对骨干枝短剪和配备，小冠疏散分层形已基本形成，而且一些侧枝上的枝组有的已具备开花结果的能力，进入了初结果期。

2. 单干三主枝自然开心形树形的整形修剪

（1）树形特点

　　该树形（图 7-2）具有树冠矮小、通风透光、成形快且骨架牢固、结果早、品质优、易于整形修剪、方便管理等优点，是一种丰产树形。

　　该树形主干留高 50 cm，1 层 3 主枝的基本方位近 120°，间距为 20 cm，在每个主枝两侧按 50 cm 左右的距离交错配置 2～3 个侧枝，侧枝上再配置大、中、小型结果枝组。主枝与主干的分枝角控制在 45°～50°，以保持树冠开张。

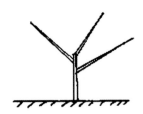

图 7-2　单干三主枝自然开心形（陈延慧）

（2）整形修剪的技术要点

　　栽后第 1 年：留单一主干，保持直立生长，主干在 60～70 cm 处定干。

春季萌芽后仍保持主干直立生长，在剪口芽以下选择 3 个方位适当的主枝，尽量使之向北、东南、西南 3 个方向延伸，之间夹角在 120°左右，并在夏季将 3 个主枝拉到适当位置，使之与地面呈 40°～45°角。同时将距地面 50 cm 以下的所有枝条全部剪除。冬剪时留干高 80 cm 截干，3 个主枝各留 60～80 cm，选左右剪口芽处短截并疏除所有细弱枝。中心干可 1 次去除，也可暂时保留。

栽后第 2 年：当春季萌发后，各主枝留 1 侧芽作主枝延长枝头，另 1 侧芽作侧枝或枝组培养。夏季旺长季节用控枝、撑枝、拿枝等手段调整各枝条角度，并疏除背上枝，保留两侧及背下枝条，仍要控制其生长势不能超过骨干枝。冬季修剪时修剪骨干枝延长枝头，留 50～60 cm 短剪，对侧枝及其他枝条进行缓放处理。但要剪去并生枝、交叉枝、病虫枝、干枯枝及基部萌蘖等扰乱树形的多余枝条。

栽后第 3 年：春季萌芽后，侧枝第 1 剪口芽作延长枝头，第 2 侧芽作第 2 侧枝或枝组培养，侧枝均选在上年出枝的反方向位置错落分布。背上、两侧、背下枝作第 2 年相同处理。注意多采用扭梢、拿枝等创伤促花措施。冬季修剪时，仍然对骨干枝延长枝短剪，以 50～60 cm 为宜。

栽后第 4 年：与第 3 年的手法基本相同。此时树形已基本形成，并且管理得当，已进入初结果期。由于此树形骨干枝少，通风透光好，果子质量较好，也十分适合于密植。在密植时可选 2 m×3 m 的株行距栽植，采用二主枝向行间延伸整形。

3. 三主干自然开心形树形的整形修剪

（1）树形特点

此树形（图 7-3）具有通风透光、成形快、结果早、品质优、易于整形修剪、方便管理等优点，是石榴的丰产树形之一。

从基部选留 3 个健壮的枝条，通过拉、撑、吊等方法将其方位角调为 120°，水平夹角为 40°～50°。每个主枝上分别配 3～4 个大型侧枝，第 1 侧枝在主枝上的方向应与主枝相同，且距地面 60～70 cm，其他相邻侧枝的间距为 50～60 cm。每个主枝上分别配 15～20 个大中型结果枝组，树高控制在 2.5 m 左右。

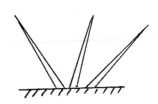

图 7-3　三主干自然开心形（陈延慧）

（2）整形修剪的技术要点

栽后第 1 年，尽量培养出 3～5 个基生枝，从中选出 3 个方向合理、均匀分布的枝条作主干，夹角保持为 120°，其他枝全部除去。把 3 个主干看作 3 个方向的主枝来处理，夏季通过拉枝、撑枝使三主干间相互开张一定的角度，各主干与地面的夹角为 45°左右。把三主干当作无主干三主枝处理，即同单干式自然开心形的整形方法，只是没有中心枝。最后形成的树形应该具有 3 个主干，各主干上按 50～60 cm 的间距配置骨干枝并左右错落分布，每个主干上预留枝组 15～20 个，保证有 6～10 个侧枝，树冠控制在 2.5 m 左右。

4. 扇形树形的整形修剪

新疆石榴栽培区地处温带干旱气候区，年均日照时数 3 000～3 200 h，≥10℃的有效积温为 3 800～4 200℃，夏季的气候条件虽足以满足石榴正常生长发育的需求，但冬季绝对最低温度为－29.9～－27.5℃，低于－17℃的寒冬出现的频率较高。而在南疆极度干旱的气候条件下，低于－14℃时即有冻害抽条现象的发生。因此，新疆石榴在冬季必须采用埋土的方式才能安全越冬。新疆独特的气候条件使新疆石榴在栽培技术方面有着独特的特点。

（1）树形特点

新疆为我国重要的石榴产区之一，为了保证石榴安全越冬，新疆石榴一般采用匍匐栽培，入冬前将树体收拢并埋土，翌年春季出土。

1）匍匐扇形

无主干，全树留 4～5 个主枝，每个主枝培养 2～3 个侧枝，侧枝在主枝两侧交替着生，侧枝间距为 30 cm 左右。主枝下部 40 cm 内的分枝和根蘖全部剪除。各主枝与地面以 60°夹角向正南、东南、西南方向斜伸，成 1 个扇面分布，互不交叉重叠。该树形适于密植，株行距为 2～3m×4m，栽植密度为 840～1 245株/hm²。

2）双侧匍匐扇形

无主干，全树留 8～10 个主枝，每 4～5 个为 1 组，共 2 组。1 组枝条斜伸向正东、东南及东北方向，另 1 组枝条反向斜伸向正西、西北及西南方向。主枝与地面的夹角为 60°，整个树形分为东、西 2 个扇面，呈蝴蝶半展翅状，故又称"蝶形"。每主枝培养 2～3 个侧枝，于两侧交替着生，间距为 30 cm。主枝下 40 cm 的分枝及地面根蘖除尽。该树形适于 4～5 m×4 m 的株行距，栽苗密度为 495～630 株/hm²。

3）双层双扇形

双层双扇形（图 7-4）的基本树形是将树冠分为 2 层，第 1 层由 4～6 个主枝组成，呈扇形分布，各主枝基本分布在与地面呈 30°角的平面上，主枝间的夹角为 20°～30°，主枝上着生一定数量的结果枝组和营养枝。第 2 层由 3～5

个主枝组成，各主枝分布在与地面呈 60°～70° 角的平面上，主枝间的夹角为 20°～30°，如果主枝下垂，可用木棒将其支撑。每个主侧枝上配 3～5 个结果枝组，营养枝按结果枝组的 5～6 倍配置。主枝虽然分布在 2 个平面上，但枝组可以向四周发展。

图 7-4　双层双扇形(陈延慧)

(2)整形修剪的技术要点

新疆采用匍匐栽培的方式种植石榴，树冠较小，可密植栽培。但为了便于取土埋土和方便管理，多采用宽行距小株距开沟密植、带状定植方式，以提高石榴产量。按南北走向开定植沟，行距为 4～5 m，株距为 2～3 m，栽植密度为 660～1 245 株/hm²。新疆与内地石榴定植的不同点是，苗木定植时要倾斜栽植，方向向南，倾斜角度为 70°～80°，便于冬季下压埋土。南北行向，向南匍匐，是新疆石榴定植须遵守的原则。因为石榴树体匍匐倾斜后，主枝的基部直接暴露在阳光下，极易遭受灼伤而引发病害，向南倾斜能有效地避免午时阳光直射主枝的基部。为便于下压埋土，采用每穴多苗定植，石榴一般不留主干，而是丛状定植，直接从地面培养多个主枝。这样做的好处是当某个主枝在埋土取土操作中被压断时，产量不至于受到太大的影响。在苗木不足时，也进行单苗定植。定植后定干极低或直接平茬，诱促枝条从地面或贴近地面发出，尽量不留主干。

1)匍匐扇形的整形

多苗定植(或者单苗定植后进行极低定干)，当年加强管理，加快其生长。第 2 年以后，从树丛基部选留 4～5 个分布合理的粗壮枝条为主枝，其余的全部从基部剪除。将主枝基部 40 cm 内的分枝清除，这项工作随树龄的增长和树冠的扩大，需年年进行。保持主枝下部及基部无分枝无根蘖，以利于通风透光和集中养分供应，使中、上部树冠扩大。每个主枝上培养 2～3 个侧枝，使其在主枝上每隔 30～40 cm 交替着生。在定植后的头 2～3 年中主要采用撑枝、拉枝的方法，着重开张主枝间、主侧间的角度，保持树体的生长势头，对主、侧枝延长头可适当采用短截(出土后至萌芽前)，以加快成形。

216

2) 双侧匍匐扇形的整形

整形方法与匍匐形类似，只是有 2 个反向扇面，在越冬埋土时也要将石榴树按其主枝伸展方向分两侧埋土。

3) 双层双扇形的整形

需 2～3 年完成。第 1 年定植后促其生长，第 2 年从地表选留 4～6 个生长健壮的枝条作为主枝来培养，其余的全部从基部剪除，以促发萌蘖、根蘖条的产生。夏季选留地表基部的萌蘖条、徒长条 3～5 个进行摘心处理，将其余的全部清除。第 3 年出土后将上年选留的 3～5 个 1 年生枝作为第 2 层，将其余 4～6 个多年生枝作为第 1 层，进行撑、拉、顶、坠等处理，使它们分处 2 层。即每株石榴只选留 7～11 个主枝，其余主枝从基部疏除。将倾斜的丛状树冠分为 2 层，第 1 层由 4～6 个主枝组成，各主枝分布在与地面呈 30°～40° 夹角的平面上；第 2 层由 3～5 个主枝组成，各主枝分布在与地面呈 60°～70° 夹角的平面上；第 1 层与第 2 层之间保持 30°左右的夹角，同一层的各主枝之间呈 15°～20°的夹角，呈扇形分布。每个主枝配置一定数量的结果枝组。夏季及时疏除背上徒长枝、交叉枝、过密枝、病虫枝和根蘖枝，采用短截和摘心等方法培养新枝组。双层双扇形的整形修剪见图 7-5。

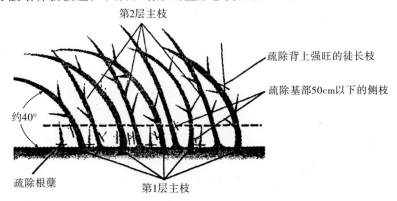

图 7-5　双层双扇形的整形（陈延慧）

匍匐栽培石榴，由于主枝呈斜角，生长势受到一定的抑制，结果会在根茎部形成大量的根蘖条，这些根蘖条直立生长、生长势强、生长量大，需要消耗大量的树体营养和水分，严重影响果实生长发育和花芽分化，完成整形后必须彻底剪除。

新疆由于冬季气候寒冷，绝对低温低且持续时间长，因此石榴栽植传统上都采用匍匐栽培的方式，冬季在 10 月底至 11 月中旬对树体进行人工埋土越冬。在南疆，石榴出土一般在每年的 3 月下旬至 4 月初，出土后要及时清理冠下及树冠基部的余土。树冠基部如有积土，易诱发大量基部萌蘖枝，既增加了修剪强度，又会给树体管理带来不便。

除了上述几种树形之外，为了便于机械化管理，在株距为1～2 m、行距为3.5～4 m的宽行密植石榴园中，还可以考虑采用单干双层(5叉)扁平树形(图7-6)，利用架材等设施达到分层立体结果的效果。

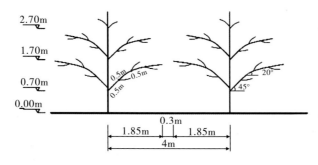

图7-6　单干双层(5叉)扁平形

三、幼树、成年树、衰老树的修剪

1. 幼树修剪

幼树成形结果后，要靠修剪措施维持树冠大小，使树势转为中庸、枝叶合理、骨架牢固，以便更好地坐果。

石榴树栽后第3或第4年即开花结果，进入初果期，此时树体养分趋于缓和，生殖生长逐渐增强，产量逐年上升。此期要注意疏除根蘖枝、徒长枝、内膛过密枝、瘦弱枝、病虫枝、枯死枝。将主枝两侧发生的良好营养枝及时培育成侧枝或结果枝组。骨干枝周围影响骨干枝生长但有可利用空间的直立枝和萌蘖，可用拉枝、别枝、扭伤等措施改造为枝组。生长中庸、分枝较多的营养枝可缓放，以促使其早成花。多年生弱枝要采用轻度短截复壮，使树冠达到上稀下密、外稀内密、大枝稀小枝密的"三稀三密"生长状态，保证良好的通风透光，使树势中庸，促进果实坐果和着色。

由于石榴的花芽一般着生在健壮的短枝顶部或近顶端，为混合芽，因此在修剪时，对一些健壮的短枝禁止短截修剪。对生长过于旺盛的辅养枝，可采用5～6月喷施10%的多效唑、7～8月扭梢的措施促进花芽分化，抑制营养生长，以果压冠。石榴初结果树要轻剪，主要以疏枝、缓放为主，谨慎短截。在修剪手法上，采用"去强留中庸偏弱""去直留平""变向缓放"等措施相结合，以控制树势。对于生长势较弱的品种如突尼斯软籽等，则要适当扶干。

2. 成年树修剪

7～8年生的石榴树已进入盛果期，产量可以达到30 t/hm²以上。盛果期产量高，要在加强土、肥、水管理的前提下，采用轻重结合的修剪手法，使树势健壮，抑制衰老，延长盛果期的年限，维持树体的高产优质状态。

盛果期石榴树的修剪方法是：疏除干枯枝、病虫枝、细弱衰老枝、剪口处的萌蘖枝，有意识地将有利用空间的抽条培养成结果枝。对长势衰弱的侧枝、过长的、结果能力弱的枝组适当回缩到较强的分枝处，轮换更新复壮枝组。及时疏去影响树形、引起光照不足的枝条，上部、外围过多的强旺枝、徒长枝可适当疏除，或拉平压低甩放，缓和其长势。角度过小的骨干枝要及时以背后枝换头或拉枝加大开张角度。如果土壤肥力好，或密植程度高、光照不足时，应考虑间伐，挖除过密植株，改善通风透光条件，保证果实的产量和品质。修剪后的株间树冠的间距不小于15 cm，行间要有一定的光路，树高一般控制在3 m以下。

3. 衰老树修剪

经过20～30年大量结果以后，石榴树即逐渐步入老年，进入衰老期。衰老期的石榴树由于树体贮藏养分的大量消耗，地下根系逐渐枯死，冠内枝条大量死亡，新梢干枯，外围结果，树势下降，病虫害严重，产量严重下降，甚至出现绝收的现象。针对衰老期树体的具体情况，除了要增施有机肥料、合理灌溉外，每年都要进行更新修剪。具体的方法是：

①回缩更新。回缩主侧枝，刺激侧枝萌发生长健壮的营养枝。

②疏枝透光。疏除过密枝、细弱枝、枯死枝和病虫枝。

③培养新枝。及时培养新主枝，以保证营养生长，促进树体养分积累，形成结果枝组。具体做法是：选留2～3个发育良好的营养枝，或对在主干上萌发的徒长枝进行短截，使其抽生枝条，并逐年培养成新的主枝、侧枝等骨干枝。

④更新主干。锯除主干并通过根系埋土等措施，促使根蘖苗萌生，有意加强培养成新的主干，并及时加以整形修剪，利用原来强大的根系，尽快培养成理想的树形。

四、整形修剪技术的革新

修剪是石榴栽培中的主要技术措施，费时费力。随着劳动力成本的增加，修剪技术的革新势在必行。

(1)存在的问题

目前，石榴树修剪中存在以下的问题：

①栽植密度较大，造成树体结构与栽植密度不协调，个体相互交接，整体郁密，通风透光不良，产量与果品质量难以提高。

②许多石榴园由于前期定干较低，造成骨干枝低且开张角度小，中部枝过多，短截多，回缩过早，导致发生过多的竞争枝和无用枝。

③整体郁密，通风透光不良使树势衰弱导致病害发生与流行、冻害加重。

④主干以及主枝、部分结果枝过多短截，严重破坏了果树本身的自然生长规律，助长了剪口芽的萌发，破坏了树体营养与生殖生长的平衡关系，引发徒长、花芽少的局面，最终造成恶性循环，树势难以控制。

（2）修剪技术的革新方向——简化修剪

随着石榴园现代化栽培管理技术的发展，石榴修剪出现了新的特点：

①树形趋于简单化。高干小冠化是总的趋势，主要为单干式小冠分层形或纺锤形，以及适合新疆的双层双扇形的变形树形。骨干枝枝次减少，树体结构由中心干和主枝组成。

②树高降低。树高控制在 2.5～3 m，便于管理，易成花，优质、丰产、稳产。

③疏通行间。以宽行密株为主，树的株间交叉率不超过 5%，行间保持 1 m 的空间，冠径不大于株距，树高不超过行距。

④树干抬高。干高 60～70 cm，结果枝小型，结果时呈下垂形态。

⑤主枝角度开张。主枝角度保持在 70°～75°，基角不能低于 60°～65°。在幼龄期开张角度，一般由强旺枝缓放、轻剪拉枝而成。

⑥正确运用"疏、截、缓"。以缓放为主，但不能过密，保留缓放中庸枝，疏去过旺、过密枝，短截细弱衰老枝，从而提高枝叶的功能。

⑦四季修剪结合。冬季以疏枝为主，春季注意抹芽、除萌，夏季注意扭梢、拿枝和摘心、除夏梢，秋季注意枝条的开拉。

第三节　高效优质丰产园管理

一、土壤管理

各地的土壤状况存在较大的差异，有些地方土壤熟化较好，有些地方根际土壤没有熟化的土层。各地的水土流失状况也不同。因此应根据果园土壤的具体情况采取相应的土壤管理措施。一般来说，石榴园的土壤管理主要包括水土保持、土壤耕翻熟化、树盘培土、中耕除草、间作和地面覆盖等。

1. 水土保持

建在丘陵、山区或沙荒滩地的石榴园，土壤肥力不足、土层较瘠薄，因此应开展水土保持工作。山区果园的水土保持，主要是通过修整梯田、加高水埝等措施来完成，这对促进石榴树的生长发育和提高产量，以及早期丰产具有显著的效果。

2. 土壤耕翻熟化

（1）方法步骤

在土壤结构不良的果园中，除了客土和大量施用有机肥外，还要进行土壤耕翻。土壤耕翻可以改善土壤的通气性和透水性，促进土壤好气性微生物的活动，加速土壤有机质的腐熟和分解。深翻结合秋季施肥可以迅速提高地力，为根系生长创造良好的环境条件，并促进根系产生新根，增强树势。深翻最好在秋季进行，具体为果实采收后至落叶前的一段时间。此期雨量充沛，温度适宜，根系生长旺盛，深翻时所伤的小根能迅速愈合产生新根，有利于根系吸收、合成营养物质，促进翌年生长结果。

深翻必须与土壤肥料熟化结合，单纯深翻而不增施有机肥，其改良效果差、有效期短。有机肥与土壤混合均匀才有利于土壤团粒结构的形成。如将有机肥成层深埋，对改良土壤的作用小，养分也不易被根系吸收利用。

土壤深翻的深度要合适，一般情况下，如果土壤不存在障碍层，如土壤下部板结、砾土限制层等，深翻 40～50 cm 即可。具体深翻深度可根据树龄大小、土质情况而定。幼树宜浅，大树宜深；树冠下近干部分宜浅，树冠外围部分宜深；沙壤土宜浅，重壤土和砾土宜深；地下水位高时宜浅，否则因毛细管作用，地下水位更易上升导致积水而为害根系，地下水位较深时可深翻。一般情况下，树干周围深翻 15～20 cm，向外逐渐加深，树冠垂直投影外 0.5 m 处，深翻至 30 cm。

深翻形式可采用放树盘、隔行深翻、全园深翻等形式。放树盘也称深翻扩穴，幼龄树栽植后第 2 年或第 3 年开始，在原定植穴的外缘逐年向外深翻，每年挖宽 50～100 cm、深 40～50 cm 的沟，向外扩大树盘，数年内将株行间挖透为止。隔行深翻是指隔 1 行深翻 1 行，分 2 年或更长的时间完成全园深翻。一般在株间和行间深挖，沟的两侧距主干最少 1 m 远，以不伤大根为宜，深度为 40～50 cm。全园深翻，是指对成龄果园将栽植穴以外的土壤 1 次深翻完毕。全园深翻工作量大，但深翻后便于平整土地，有利于果园耕作。

（2）注意事项

深翻时还必须注意以下问题：

①深翻一定要结合施有机肥，要将表土与肥料拌匀后施于沟底和根群最集中的部位，将心土置于上层以利其风化。

②深翻时要尽量少伤根，特别是主根、侧根。同时要避免根系在土壤外暴露过久造成根系干燥枯死，尤其是在干旱天气。

③深翻后最好能充分灌水，无灌水条件的要做好保墒工作。排水不良的土壤，深翻沟必须留有出口，以免沟底积水伤根。

3. 树盘培土

树盘培土可以增厚土层，利于根系生长，加深根系分布层，同时也可以提高根系的抗寒能力。一般在晚秋、初冬时节培土，沙滩地宜培黏土，山坡地宜培沙土，这样培土后再定期进行翻耕，同样可以起到改良土壤结构的作用。

4. 中耕除草

果园中耕是果树生长过程中应长期进行的工作，其可以保持土壤疏松，改善通气条件，防止土壤水分的蒸发。但生长季正是根系活动的旺盛时期，为防止伤根，中耕宜浅，一般深度为 5~8 cm，下雨后应及时中耕，防止土壤板结，增强蓄水、保水能力。

生长季节的果园，杂草的清理也是一项重要的工作。杂草与树体争夺养分、水分，果园除草能减少土壤养分、水分的消耗，改善通风条件。除草可结合中耕同时进行，也可利用化学除草剂除草。

使用化学除草剂节省劳力，但要特别注意使用前先进行试验，确定达到除草效果的合适浓度后，再在生产中应用。在无间作物的石榴园，目前主要使用触杀和内吸传导 2 大类化学除草剂。触杀类对杂草有杀灭作用，但对宿根性杂草不能杀灭其地下宿根，对未萌发的种子也无抑制作用。内吸传导型除草剂，当药液接触杂草后能传导到杂草的全株和根部。

除草剂对人畜有害，应严防吸入体内。除草剂对石榴叶有害，不要将药喷到树上。要在幼草阶段使用除草剂，此时用药省、效果好。要选择晴朗无风的天气喷除草剂。如果草害对石榴树的影响不严重，或在要求达到 AA 级绿色果品标准的果园中，尽量不要使用除草剂。

5. 石榴园间作和地面覆盖

（1）石榴园间作

密植园由于株行距小，不宜间作绿肥之外的作物。稀植园内，为增加经济收益，可以适当进行间作。特别是幼树和初结果树的行间，树冠的地面覆盖率很低，进行合理间作，既能增加效益，又能起到保持水土、抑制杂草等的作用。

幼树果园宜间作矮秆作物，以免影响果园光照。要选择与树体需水需肥时期不同和无相同病虫害的间作物。秋季不宜间作需水量大的作物和蔬菜，以免因间作物需水量大，使树体生长期延长，对越冬不利。间作物必须与树体保持一定的距离，留出一定的营养面积。营养面积的大小可因树龄和肥水条件而定：新植幼树要留 80～100 cm 的距离，结果树通常以树冠外缘为限。进入盛果期后，一般应停止间作。

适合于石榴园间作的作物有豆类、花生、瓜类、草莓等浅根矮秆作物。为减少间作物与树体争夺养分，间作时应施基肥，加强管理。成龄果园最好间作绿肥，如苕子、苜蓿草、绿豆等，以增加有机质的含量，改善土壤结构，提高土壤肥力。

（2）地面覆盖

1）地膜覆盖

地膜覆盖树盘具有保水增温的作用。夏季膜下凝聚的水滴反光，温度也不会太高，而且覆膜后养分释放快，可改善表层土壤的水、肥、气、热条件，特别是水温相对稳定，能起到保护表层根系的作用。干旱地区的石榴园，覆膜效果尤其显著。对有灌水条件的果园，频繁大水漫灌或漫灌间隔时间过长，均易导致土壤水分的剧烈变化，不利于树体生长，而覆膜能保持土壤水分的稳定。一般在 3 月上、中旬整出树盘，浇 1 次水，并追施适量的化肥（依树体大小和土壤营养状况而定），然后覆盖地膜，四周用土压实封严。覆膜后一般不再浇水和耕锄，如果膜下长草，可在膜上覆盖 1～2 cm 厚的土。

2）地面覆草

石榴园地面覆草，一方面可以防止水分蒸发、减少土壤温度和水分的剧烈变化，另一方面可以增加土壤有机质的含量、提高土壤肥力，同时还可减少地面土壤的水土流失，是一项简便易行且行之有效的措施。

覆草的方法和时间：先整好树盘，浇 1 遍水，如果草未经腐熟，可追施速效氮肥，然后再覆草。覆草一般为秸秆、杂草、锯末、落叶、厩肥、马粪等。覆草厚度要求常年保持在 15～20 cm，不低于 15cm，否则起不到保温保湿和灭杂草的效果。但覆草也不可太厚，春季土壤温度上升慢，覆草太厚不利于土壤根系的活动。覆草时间选择在春、夏之间或秋收以后。成龄园可全园覆草，幼树园或草源不足时可行内或树盘覆草。

覆草后要注意以下问题：一是春季配合防治虫害向草上打药，可起到集中诱杀害虫的作用。二是覆草后不能盲目灌大水，否则会导致果园湿度过大，发生早期落叶。三是覆草果园要注意排水，尤其是在自然降水量较大时。四是注意防火防风，最好能在草上"斑点压土"。五是最好连年覆草，否则表层根易遭破坏，导致叶片发黄、树体衰弱等。

二、肥料管理

合理施肥是石榴园管理的重要措施之一。施肥量不足会造成肥力不足，盲目施肥会造成肥料的浪费和污染。

1. 施肥种类

石榴园肥料可分为基肥和追肥 2 大类。

（1）基肥

基肥是 1 年中较长时期供应树体养分的基本肥料，一般以迟效性有机肥为主，混合少量的速效性化学肥料。作物秸秆、堆肥、绿肥、圈肥等有机肥，经过逐渐腐熟分解，可增加土壤的有机质含量，改良土壤结构，提高土壤肥力。

最适宜的基肥施用季节是秋季果实采收后到落叶前的一段时间。此期正值根系生长的高峰期，结合深翻施入，此时伤根易愈合，且可促发新根。秋季施基肥，有机肥有较长的腐烂分解时间，利于增强根系的吸收、转化能力和贮藏水平，能满足第 2 年春季树体生长发育的需要，保证开花坐果，提高花芽分化的质量和果实的品质。秋季施基肥配合土壤深翻也利于果园积雪保墒，减轻冬春季的干旱现象。基肥的使用量要遵循"旺树少施不施、弱树多施"的原则，通常结果期树应满足斤果斤肥的要求。

（2）追肥

追肥主要是追施适量的无机肥。追肥一般在生长季节进行，根据植株的生长状况决定追肥的次数，分期适量施入。一般石榴园 1 年追肥 2～4 次。

1）开花前追肥

从树体萌芽到开花前进行追肥很有必要。此时追肥主要是用来满足萌芽、开花、坐果、新梢生长所需的大量营养，减少落花落果，提高坐果率，促进新梢的生长。只有旺树在基肥充裕的情况下此期才可以不施。这次追肥以氮肥为主，配合磷、钾肥等。对于弱树、老树及花芽多的大树要加大追肥量，以促进营养生长，使树势转强，提高坐果率。

2）幼果膨大期追肥

此期施肥主要为促进果实生长，使籽粒饱满，提高品质，同时及时补充树体养分、促进花芽分化、增强光合积累，利于树体抗寒和来年结果。应注意肥料中氮、磷、钾的施用比例。

对幼龄果树，为控制旺长、提早结果，以基肥为主，应根据果园的具体情况适量追肥。

追肥的种类以速效肥为主，也可配适量人粪尿。追肥量为：幼树每株施过磷酸钙 0.25 kg、人粪尿 2~3 kg，结果树每株施过磷酸钙 1~1.5 kg、人粪尿 15 kg。

3）低浓度根外追肥

根外追肥就是把肥料配成低浓度的溶液喷到叶、枝、果上，从根外被树体吸收利用的施肥方法。

A. 根外追肥的特点及优点

①用量小，肥效高。

②可避免肥料中的营养元素被土壤固定。

③被叶子直接吸收，发挥作用快，可以迅速供给叶子和果实养分。如尿素喷施叶片后，数小时即被大量吸收，24 h 内吸收率达 80%，2~3 d 后便可使叶色明显变浓。

④根外追肥不易造成植株徒长，缺什么元素补什么元素，具有较大的灵活性。

尽管根外追肥有诸多好处，但因为施肥量小、持续时期短，不可能满足果树各器官在不同时期对肥料的大量需要，因此只能作为土壤施肥的辅助方法。通常在石榴的花期和果实膨大期，根系活动弱而吸收养分不足时，为增大叶面积、加深叶色、增厚叶质以提高光合效率，或者在某些微量元素不足而引起缺素症时，可进行根外追肥。

B. 根外追肥的常用肥料

①氮。最常用的是 0.3%~0.6% 的尿素，也可用 5%~10% 的腐熟人粪尿，叶面喷施。

②磷。常用 0.3%~0.5% 的磷酸铵、0.5%~3% 的过磷酸钙、0.2%~0.3% 的磷酸二氢钾等。

③钾。常用 0.3% 的氯化钾、1%~5% 的草木灰。

④其他肥料。0.1%~0.25% 的硼砂、0.1%~0.3% 的硼酸、0.1%~0.4% 的硫酸亚铁、0.1%~0.5% 的硫酸锌、0.1%~0.2% 的柠檬酸铁、0.3% 的钼酸铵、0.3% 的硫酸镁。

氮素根外追肥通常在萌芽开花至果实采收时，可多次喷施；磷自新梢停止生长至花芽分化期间施用；钾自生理落果至成熟前施用。微量元素主要在缺素症出现时施用。缺素症诊断及根外追肥种类、用量可参考表 7-1。

表 7-1　石榴缺素症表现及使用肥料种类

缺素类型	症状	喷施肥料种类
缺氮	新梢下部老叶先开始褪色，呈黄绿色，严重时渐波及幼叶、嫩枝，使枝梢变细，叶变小。一般不出现枝梢枯死	尿素0.3%～0.6%，腐熟人粪尿5%～10%
缺磷	老叶呈青铜色，幼嫩部分呈暗绿色，老叶的暗绿色叶脉间呈淡绿色斑纹，茎和叶柄常出现红色，严重时新梢变细，叶小	过磷酸钙0.5%～3%，磷酸二氢钾0.3%
缺钾	新梢下部老叶黄化或出现黄斑，叶组织呈枯死态，从小斑点发展到成片烧焦状，茎变细，叶变形	氯化钾0.3%，草木灰1%～5%
缺镁	最初发生在新梢下部老叶上，下部大叶片出现黄褐色至深褐色斑点，逐渐向上部发展，严重时有落叶现象。最后在新梢先端丛生浅暗绿色叶片	硫酸镁0.3%
缺锌	新梢先端黄化，叶片小而细；茎细，节间短，叶丛生；严重时从新梢基部向上部逐渐落叶；不易成花，果小，畸形	硫酸锌0.1%～0.5%
缺钙	新梢及幼叶最先发生。新梢先端开始枯死，幼叶部分开始干枯，沿叶尖、叶脉、叶缘开始枯死，而后顶梢枯死	过磷酸钙0.5%～3%
缺硼	幼叶黄化，厚而脆，卷曲变形，严重时芽枯死并波及嫩梢及短枝。果实易变形，出现褐化干缩凹陷或呈干斑	硼酸0.1%～0.3%，硼砂0.1%～0.25%
缺铁	枝梢幼叶严重褪色，呈黄白色，叶脉仍保持原来色泽或褪色较慢	硫酸亚铁0.1%～0.4%

2. 科学合理地施肥

石榴园施肥常用的方法主要包括土壤施肥、根外追肥。前面已经介绍了肥料的种类和用量，下面介绍土壤施肥的主要方法。

(1) 环状沟施肥

在树冠外缘稍远处，围绕主干挖1条宽30～50 cm、深30～40 cm的环状沟，将肥料与土混合均匀后填入沟内，覆土填平。这种方法可与扩穴深翻结合进行。多用于幼树，方法简单、用肥集中。

(2) 条状沟施肥法

在树冠外缘两侧各挖宽30～50 cm、深30～40 cm的沟，长度依树冠大小而定，将肥料与土混合均匀后填入沟内，覆土。翌年可再施另两侧，年年轮换。

(3)放射沟施肥

在树冠投影内、外各 40 cm 左右，顺水平根生长方向向外挖放射沟 4～6 条，沟宽 30 cm 左右，沟内端深 15～20 cm、外端深 40 cm 左右。沟的形状一般是内窄外宽、内浅外深，这样可减少伤根。将肥料与土混均匀后施入沟内覆土填平。每年挖沟时应插空变换位置。

(4)穴状施肥法

在干旱缺水的丘陵地果园，或有机肥数量不足的情况下，可采用穴状施肥法。在树冠下离主干 1 m 远处或在树冠周围挖深为 40～50 cm、直径为 40～50 cm 的穴，穴的数目根据树冠大小和肥量而定，一般每隔 50 cm 左右挖 1 个穴，分 1～2 环排列，将肥土混合均匀后施入穴内，覆土填平后浇水。施肥穴每年轮换位置，使树下的土壤得到全面改良。

(5)全园施肥法

成年果园或密植园，树冠相连，根系已遍布全园，可将肥料均匀地撒在果园中，而后翻入土内，深度为 20～30 cm。一般可结合秋耕或春耕进行全园施肥。此法施肥，常常因下层土壤中肥料较少，上层肥力提高，导致根群上浮，降低树体的抗旱性能。

(6)地膜覆盖，穴施肥水

在干旱区果园，可采用地膜覆盖、穴施肥水的技术。对于没有灌溉条件的瘠薄干旱果园，覆膜穴施肥水技术是用有限的肥水提高产量的最有效的措施。

每年春季的 3 月上、中旬整好树盘，从树冠边缘向内 0.5 m 处挖深度为 40 cm、直径为 20～30 cm 的穴，盛果期树每株可挖 4～8 个穴。将玉米秆、麦秸等捆成长 20～30 cm、直径为 15～20 cm 的草把，将草把放入人粪尿或 5％～10％的尿液中泡透后放置入穴，再将优质有机质与土以 2∶1 的比例混匀后填入穴中。如果不用有机肥，也可每穴追加 100 g 尿素和 100 g 过磷酸钙或相应的复合肥，然后浇水、覆盖地膜。

在地膜上戳 1 个小洞，平时用石块或土封严，防止蒸发。穴的部位低于树盘，降雨时树盘中的水会循孔流入穴中。无降雨时，春季可每隔 15 d 开小孔浇 1 次水，5 月下旬至雨季前每隔 1 周浇 1 次水，每次每穴浇水 4～5 kg。进入雨季后不再灌水。此外，可在花后、春梢停长期和采收前后从穴中追施尿素(或其他相应肥料)，每次每穴施 50 g 左右。

因穴中肥水充足而稳定、温度适宜，加上草把、有机肥透气性好，穴中根系全年都处于适宜的条件，到秋季穴中充满根系，地上部生长粗壮而枝条不旺长，有利于花芽发育。

(7)种植绿肥

种植的绿肥可以增进土壤肥力。

1)绿肥的种类和特点

绿肥按来源分为野生绿肥和栽培绿肥。凡是用于沤制肥料的各种杂草、水草、幼嫩枝叶都称为野生绿肥。专门为沤制肥料而栽培的作物叫栽培绿肥。按生长季节可以分为冬季绿肥和夏季绿肥，按植物学形态分类可分成豆科绿肥和非豆科绿肥。

豆科绿肥的效果比较好，其优点有：

①豆科植物与根瘤菌共生，能直接固定空气中的氮素。一般每公顷绿肥每年能固定氮 75～150 kg。

②豆科植物叶片茂盛，可减轻地面水分的蒸发，同时降低夏季地表的温度、减少水土流失。

③豆科植物吸收矿物质营养的能力强，用豆科植物作绿肥沤制的肥料肥效高。豆科植物可以有效地增加土壤氮素的营养水平。

绿肥含有机质 15% 左右，绿肥的根系吸收力强，可快速熟化土壤，能明显改善土壤的团粒结构。绿肥养分齐全，含有多种大量和微量元素。实践证明，种植绿肥可以提高石榴的品质，保持原品种的特有风味，还可以延长贮藏时间。

2)石榴园中常用的绿肥

石榴园中常用的绿肥有以下几种：

①草木樨。草木樨为豆科绿肥作物，其根系发达，主根长且粗壮，可达 2 m 左右；有根瘤，能固定空气中的氮素。适应性强，对土壤的选择不严，耐瘠薄，即使在山坡薄地、碎石子地上都可生长；耐盐碱，可在土壤含盐量为 0.15% 的条件下生长，并可以有效降低土壤的含盐量，改良土壤；耐旱，草木樨一年四季均可播种，但干旱季节，不易保全苗，播种应选在墒情好的季节。播种量为 22.5～30 kg/hm²。前 1 年的种子比当年的种子的发芽率高。如用当年的种子播种，要进行种子处理。适宜浅播，覆土不宜超过 2～3 cm。每年鲜草产量为 6 750～15 000 kg/hm²，鲜草中含有机质 18.95%、氮 0.88%、磷 0.07%、钾 0.42%。

②紫花苜蓿。为多年生豆科作物。根系发达，幼根和新生根上长有根瘤。适应性强，在沙土、壤土、黏土地均可种植。耐寒，能在 −20℃ 的低温下越冬，但更喜欢温暖、干燥的气候条件；耐旱，其根系发达，能吸收深层土壤的营养和水分。以秋播为好，播种量为 10.5～15.0 kg/hm²，每年鲜草产量为 37 500 kg/hm²。新鲜紫花苜蓿含有机质 18.1%、水 74%、氮 0.79%、磷 0.18%、钾 0.4%。

③绿豆。适应性强，耐旱、耐瘠、耐寒，不耐涝。在酸、碱性土壤中均可生长。生长较快，产草量高，易腐烂，喜高温。春、夏播种，播种量为$60\sim75$ kg/hm^2。

④沙打旺。极耐旱，耐瘠，种1次收$3\sim5$年。适于沙滩地，耐盐碱、抗风。春播，播种量为$3.75\sim7.5$ kg/hm^2。

此外，许多野生杂草也是绿肥原料。而且野生杂草适应性强、繁殖快，在恶劣的环境条件下也能生长。

3)绿肥的耕翻和压埋

绿肥长到一定时期可进行耕翻和压埋，具体方法有：

①耕翻绿肥。当绿肥作物长到花期或花荚期时直接就地耕翻。这种方法以1年生绿肥或野生杂草为主，需年年播种、年年耕翻。行间宽敞的果园可采用此法。

②收割压埋。当绿肥长到花期或花荚期时进行收割，沿相当于树冠边缘的地方开沟，把绿肥和杂草埋入沟内，埋1层绿肥压1层土，最后顶部用土封盖。根据植株大小每株可埋入$20\sim100$ kg不等。这种方法既可充分利用绿肥肥田，同时又可灭除荒草。

③收割堆沤。将绿肥作物和野生杂草收割后集中堆沤，以基肥(或追肥)的形式用于石榴树。

④收割覆盖果园。每年让果园行间种植的绿肥自然生长(或让园内自然生草)，然后割倒后撒在果园树盘和行间，$3\sim5$年后耕翻1次，再重新播种。

绿肥还可用作喂养牲畜的饲料，牲畜的粪便又是优良的果园有机肥，种养结合，经济效益更高。

(8)果园测土配方施肥

石榴为多年生树种，多年生长后其根系周围土壤中的营养元素会出现一定的变化，有机质和氮、磷、钾等养分的含量会减少，需要每年进行补充。

测土配方施肥是指以土壤测试和田间试验为基础，根据树体的需肥规律、土壤的供肥性能和肥料效应，在合理施用有机肥的基础上，提出氮、磷、钾及各种中、微量元素的施用数量、施肥时期和施用方法。

"有收无收在于水，收多收少在于肥"，这是我国传统农业耕作者最虔诚的信条。然而，不科学地过度施用肥水，非但不能实现高产高效，反而会造成资源的浪费和环境的污染。在发达国家，施肥都以追求最高的效率为原则。实践证明，推广测土配方施肥技术，可增产$10\%\sim15\%$，甚至是20%以上，同时可提高化肥的利用率$5\%\sim10\%$，还能改善农产品的质量。

测土配方施肥涉及面比较广，是一个系统工程。在整个实施过程中需要科研机构、推广部门同生产者相结合，需要配方肥料的研制、销售与应用相结合，需要现代先进技术与传统实践经验相结合，具有明显的系列化操作、产业化服务的特点。

测土配方施肥主要有以下步骤：

①采集土样，土壤化验。土样采集一般在秋收后进行，主要要求是：地点选择以及采集的土壤要有代表性。一般以 3～7 hm² 面积为 1 个采样单位，如果地块面积大、肥力相近，采样单位可以放大一些；如果是坡耕地或零星地块、肥力变化大的，采样单位则可小一些。在 1 个采样单位中可选择东、西、南、北、中 5 个采样点，去掉表土覆盖物，按标准深度挖成剖面，按土层均匀取土。然后，将采得的各点土样混匀，用四分法逐项减少样品的数量，最后留 1 kg 左右即可。将取得的土样装入布袋内，袋的内外都要挂放标签，标明采样地点、日期、采样人及分析的有关内容。土壤化验要找县以上农业和科研部门的化验室来进行。各地普遍采用的是 5 项基础化验，即碱解氮、速效磷、速效钾、有机质和 pH 值。

②确定配方，加工配方肥。配方应由专业人员确定。首先由种植者提供采样地块种植的作物及其规划的产量指标，专业人员根据要求计算、确定肥料的配比和施肥量。这个肥料配方应落实到测试地块。

③按方购肥。取得配方后，按方购买配方肥料。配方肥料的生产，要求有严密的组织和系列化的服务，以保证质量。

④科学施肥，田间监测。平衡施肥是一个动态管理的过程，施用配方肥料后，要观察植株的生长发育情况，观察收效。应在专家指导下，做好田间监测并翔实记录，纳入地力管理档案，并及时反馈到专家和技术咨询系统，作为调整修订平衡施肥配方的重要依据。

⑤修订配方。按照测土得来的数据和田间监测的情况，由农业专家和专业农业科技咨询部门共同分析研究，确定肥料配方的修改方案，使平衡施肥技术措施更切合实际。

三、水分管理

1. 灌水时期

石榴树相对比较耐旱，但为了保证植株健壮生长和优质丰产，必须满足其对水分的需求。尤其是在一些需水高峰期，要根据不同的土壤条件和品种特性的要求，进行适时适量的灌水。一般 1 年灌水 3 次，即花前灌水、花后及果实膨大期灌水和封冻前灌水。

（1）花前灌水

花前灌水简称花前水。发芽前后，植株萌芽、抽生新梢即需要大量的水分。此期灌水，有利于根系吸水，促进树体萌发和新梢迅速生长，提高坐果率。因此，花前灌水对当年的丰产非常重要。特别是在干旱缺雨地区，由于早春干旱，前1年贮存的养分不能够有效地运输利用。

旱情严重时，花前灌水后最好覆盖塑料薄膜保水。土壤保水的最有效措施就是果园覆盖（覆盖塑料薄膜或覆草）。覆盖塑料薄膜后土壤水分蒸发量为裸露地表的 $1/4\sim1/3$。山地梯田果园，地膜覆盖可减少养分淋失、水土流失，加上挖截水沟、增施有机肥及穴施肥水，能更有效地节水保墒。

（2）花后及果实膨大期灌水

石榴的花期较长，分为头茬花、二茬花、三茬花及末茬花，产量一般由前3茬花坐果形成。为了促进坐果，使幼果发育正常，可在幼果期浇1次水。此期正是头茬花、二茬花的果实体积开始增大的时期，为了满足果实生长和花芽分化的水分需求，根据土壤情况适时浇水十分重要。

（3）封冻前灌水

土壤封冻之前浇水，能促进根系生长，增强根系对肥料的吸收和利用能力，提高树体的抗寒抗冻和抗春旱能力，促进来年萌芽和坐果。

花期及果实采收前不要灌水。石榴开花较晚，不易受倒春寒、气温骤然下降的影响。但花期灌水容易使地温不平衡，导致根系的吸水能力下降、花朵开放不整齐、花粉的成熟期不一致，不利于授粉受精。所以灌水要在花前10 d左右进行，这样既可使花期地温不致下降，又可解除旱情、促进新梢生长，还可以使花朵开放一致，确保授粉受精正常，保花保果。

花后子房膨大期如遇干旱、大风、无雨，要进行浇水，这对保证植株增产特别重要。

一般果园，如果春季、夏初特别干旱，可在花前浇水，同时注意保水。

采收期遇水会导致果实严重裂果，降低商品性。

2. 灌溉技术

应以"节约用水、提高效率、减少土壤流失"为原则确定灌溉方案。灌溉方式主要有以下5种：

①沟灌。在果园开深 $20\sim30$ cm、宽 $30\sim40$ cm 的灌水沟，配合水渠进行灌溉。沟的形式可为条状沟（果园行间开沟，密植园开1条沟，稀植园可根据行间距和土壤质地开沟）、井字沟（果园行间和株间纵横开沟）或轮状沟（沿树冠外缘挖环状沟与水渠相连）等。

②盘灌。在树冠投影内以土埂围成圆盘，与灌溉沟相连，引水入树盘内灌溉。

③穴灌。在树冠投影的外缘挖直径为 30 cm 左右的穴，深度以不伤大根为宜，将水灌入穴内，灌满为止。穴的数量以树冠大小而定，一般每株8～

12个。

④喷灌。果园行间开设暗沟，将水压入暗沟，再以喷灌机提灌。也可在园内设置固定管道，安设闸门和喷头自动喷灌。喷灌能节约用水，并可改变园内的小气候，防止土壤板结。

⑤滴灌。果园内设立地下管道，分主管道、支管和毛管，毛管上安装滴水头。将水压入高处水塔，开启闸门后水顺着管道的毛管到滴水头，缓缓滴入土中。该法灌溉节水效果好，土壤不板结，宜在旱区推广。

3. 节水栽培

我国水资源贫乏，人均水资源年占有量为 $2\,700\ m^2$，居世界第 127 位，仅相当于世界人均占有量的 1/4。我国大部分的石榴树种植在干旱和半干旱地区，节水栽培尤其必要。

应完善水道上游的水土保持工程，防止水源和输水渠道的渗漏。采用管道化输水、改良土壤、地面覆盖等措施，均能起到节水的作用。

不同的灌溉方式其节水效果也不相同，一般滴灌和地下灌溉方式的节水效果最好，其次是喷灌，地面漫灌最浪费。因此，有条件的地区应尽量采用滴灌或喷灌。为节约用水，表面灌溉时可采用细流沟灌结合地面覆盖，以有效地减少地面水分的蒸发。

4. 排灌工程

适时适量供水是保证石榴树生长健壮和高产优质的重要措施。但是如果水分偏多，会导致树体生长过旺、秋梢生长停止晚、发育不充实、抗寒性差，冬季易受冻害。当水分严重过量时，则会出现土壤通气不良，氧气缺乏，土壤中好气性微生物的活动受阻，根系呼吸困难，同时还会产生大量的有毒物质，严重时会使根系和地上部分迅速死亡。

水分过量主要是由雨量过大、灌水过多或地下水位过高等原因所致。因此，石榴园要因地制宜地安排好排涝和防洪措施，尽量减少雨涝和积水造成的损失。在平地和盐碱地，排水沟应挖在果园的四周和果园内地势低的地方，以便多余的积水可以被及时排出果园。另外，也可采用高畦栽植，畦高于路、畦间开深沟(两侧高、中间低)，天旱时便于灌溉，雨涝时便于排水。山地果园首先要做好水土保持工作，修整梯田，梯田内侧修排水沟。也可将雨季多余的积水引入蓄水池或中、小型水库内。在下层土壤有黏板层存在时，可结合深翻改土，打破不透水层，避免水分积蓄而造成积水为害。

四、花、果管理

花、果管理是现代石榴栽培的重要措施。采用适宜的花果管理技术，是石榴树连年丰年、稳产、优质的保证。

石榴花量大，双花、多花以及双果、三果现象很普遍，同时石榴开花期长，分为头茬、二茬、三茬、末茬。但由于落花落果严重，目前很多果农还保持着通过保花保果来维持高产的思想。这就造成了优质果率不高，直接影响了果品的品质和售价。

保持合理的花果量是优质的前提。树体的养分积累是一定的，如果负荷太重，常常会因营养不足导致果个小、糖分低、着色差。负荷过小时，尽管果个大、品质好，但产量低也会导致效益差。要保持合理的花果量，必须根据实际情况灵活采取保花保果和疏花疏果的措施。

1. 保花保果

坐果率是产量构成的重要因子。提高坐果率，充分利用有限的花朵，对于保证丰产稳产具有十分重要的意义。花量少的树体尤其如此。

石榴的花为两性虫媒花，但由于雌蕊的发育程度不同，可以形成完全花、不完全花和中间花 3 种。其中仅完全花的坐果率较高；不完全花为退化花，不能坐果。

(1)落花落果时期和原因

石榴树花量大时，就会出现严重落花落果现象。花器不全、粗放管理、树势弱以及授粉受精不良，是导致石榴树大量落花落果的主要原因。

(2)提高坐果率的措施

采取以下措施，可以提高石榴树的坐果率：

①抑制营养生长，调节生长与结果的矛盾，促进坐果。这类措施主要包括断根、摘心、疏枝、扭梢、环剥、肥水控制等。

②花前追肥。在新梢生长高峰期，树体需要大量的养分，要及时给予补充，以促进营养生长，增强光合作用，增加正常花的数量。此期以施氮肥为主，配合施用磷肥。此期氮肥供应不足将导致大量落花落果，而且还会影响营养生长。对衰老树和结果过多的大树，应加大追肥量；但对过旺的徒长性幼树、旺树，追肥时可以少施或不施氮肥，以免引起枝叶徒长，加重落花落果。

③喷施微量元素，刺激果实发育。花期喷硼可以促进花粉发芽和花粉管的伸长，有利于受精过程的完成。在花期喷 0.2% 的硼砂或硼酸，配合喷施 0.2% 的尿素，可明显提高坐果率。

④人工辅助授粉。在气候条件不良的情况下，昆虫活动受到限制，可采用人工方法辅助授粉。石榴的花期长，因此，人工授粉可进行 3~4 次。

⑤果园放蜂，增加授粉媒介。石榴为虫媒花，需异花授粉，蜜蜂是传粉的优良媒介，所以花期放蜂可提高授粉受精率。放蜂时将蜂箱置于行间，间

距以 500 m 为宜。

⑥防治病虫害。幼果膨大期，易产生桃蛀螟等为害，要及时进行防治。

2. 疏花疏果

疏花疏果是指人为地去掉过多的花或果实，使树体保持合理的负载量的一种措施。合理地疏花疏果，不仅可以保证丰产稳产、提高果实品质，还可以保证树体的健壮生长。果实生长和花芽分化均需要养分，有限的养分被过多的果实生长所消耗，会造成树体的养分积累不能达到花芽分化所需的水平。因此过大的负载量往往会造成第 2 年花量不足，产量下降。通过疏除部分花果，可以缓和树体器官间养分竞争的矛盾，从而保证每年都形成足够的花芽，实现丰产、稳产。同时，疏除过多的果实，使留下的果实能实现正常的生长发育，采收时果个大、整齐度高。另外，疏除过多的花果，还有利于枝叶及根的生长发育，提高树体养分的贮藏水平，从而增强抗寒、抗病能力。

（1）疏花疏果的时期和方法

从理论上讲，疏花疏果进行得越早，节约贮藏的养分就越多，对树体及果实生长也越有利。但在实际中，花量、气候、品种、疏除方法等不同，疏除的时期也略有不同，但均应以保证有足够的坐果率为原则。

先进行疏花(蕾)，疏果是在疏花之后根据幼果的多少而采取的补充措施。石榴树上保留的大量退化花会消耗树体大量的有机养分，及时疏除可提高坐果率 30%，疏除得越早越彻底，增产效应越明显。

①疏花(蕾)、疏果的时间。从肉眼可以分辨出正常蕾与退化蕾时起，直到盛花期结束均可进行疏蕾。盛花期，疏蕾、疏花同时进行。幼果基本坐稳后，再根据坐果的多少、坐果的位置进行疏果。疏果后，树上的留果量要比理论留果数多出 15%～20%，最后根据果实在树冠的分布情况进行定果。

②疏花、疏果的具体方法。摘除外形较小的退化花蕾和花朵，保留正常花和中间花。疏除时，树冠从上到下、从内到外，逐个果枝疏除，尤其要注意疏除结果枝顶生正常花以下的所有退化花和花蕾，保留果枝顶生花，减少脱落。盛花期可剪截退化花的串花枝到健壮的分枝处。

（2）疏花疏果的原则

疏花、疏果不能盲目进行，应掌握以下原则：

①分次进行。花量大的年份应尽早进行疏花，但应分几次进行，切忌一次到位。

②依果实成熟期的早晚进行。早熟品种发育早，宜早定果，中、晚熟品种可以适当推迟几天。

③依品种的坐果率高低进行。坐果率高的品种多疏，坐果率低的品种少疏或只疏果不疏花。

④人工疏除为主，适当结合化学疏除。最好人工疏除，尽量避免化学疏花。

⑤依枝势疏除。在保证负载量的前提下，应遵从"壮枝多留果、弱枝少留果、临时性枝多留果、永久性骨干枝少留果"的原则。

⑥依单果重和果枝长度留果。根据石榴的平均单果重，在果枝上按一定的距离均匀留果。一般平均 20 cm 可留 1 个果。大型果间距可略大一些，小型果间距可适当小一些。

⑦根据树势、树龄留果。幼树少留果，成龄树多留果，衰老期树少留果。强树势多留果，弱树势少留果。

3. 优质高档石榴的果实管理

疏花疏果完成以后，为了提高石榴的优质高档果率，还要采取各种措施来尽可能地提高果实品质。

(1)以树定产，以产定果

在坐果率一定的前提下，通过后期疏果定果，严格地控制结果个数，能确保提高单果重和果实含糖量等。定果工作可以从萼筒变绿、果实膨大时开始进行。定果时，应首先疏除病虫果、畸形果，重点保留头茬、二茬花所结的中、短梢果，丛生果只留 1 个发育最好的果，多疏除三茬、末茬花果。

定果时，为了保证留果程度适中，最好是本着"依株定产、依产定果、分枝负担"的原则进行。

最后将定下的果数，按主枝的大小和强弱进行合理分配，再依据各侧枝和枝组的强弱将各主枝上分得的果数进行进一步分配。为避免因病虫害、机械损伤、自然灾害等原因造成落果，实留数目可以适当多于理论数。这样的计算并非每株都要进行，只要做上几株，心中有数，即可全园铺开。

由于各果园的肥力、品种和修剪手法等不同，最好能自己摸索着确定定果数。有时可能要经 1~2 年的摸索，做一定的对比株试验，才能恰到好处地定果。

(2)促进果实着色，改善外观品质

果实的着色程度，是外观品质的重要指标，它关系到果实的商品价值。果实的着色状况受许多因素的影响，如品种、光照、温度、施肥水平、树势等。在生产实践中，应根据具体情况有针对性地采取相应措施，促进果实着色。

1)改善树体光照条件

光是影响果实着色的首要条件。要改善着色，首先要保证有一个合理的通风透光的树体结构，保证树冠内各部分有充足的光照。陕西临潼张军的资料表明，开心形树形比其他树形果实着色好，主要是因为该树形改善了冠内的光照状况。

2)树下铺反光膜

在树下铺反光膜，可以显著地改善树冠内部和果实下部的光照条件，生产出全红的果实。铺反光膜的时间为采收前 20～30 d。铺膜后适当进行疏枝和拉枝，以利树盘下反光向上透射。铺反光膜结合摘叶、转果、支、撑、拉等手法，使其达到最佳的着色效果。

3)摘叶、转果、除花丝

摘叶和转果的目的是为了使全果着色。摘叶一般分几次进行。套袋果要在除袋的同时摘叶，非套袋果要在采收前 30～40 d 开始摘叶。第 1 次摘叶主要是摘掉贴在果实上或紧靠果实的叶片，数天后再进行第 2 次摘叶。第 2 次摘叶主要是摘除遮挡果实的叶片。摘叶时期不宜过早，否则会影响果实的含糖量及果实增大。同时还应注意，不可 1 次摘叶过量，特别是套袋果，第 1 次摘叶时，如果摘叶过多，会产生日灼现象。

在果实的成熟过程中应多次进行转果，以实现果实全面均匀着色。转果的方法是使原来的阴面朝向阳面。因为石榴的果实，尤其是着生在大、中粗枝上的果实，果梗粗、无法转动，因此，摘叶 5～7 d 后，要通过拉枝、别枝、吊枝等方式，转动结果母枝的方位，促使果实背光面转向阳面，让果实全面着色。

在果实发育到核桃大小(4～5 cm)时除去萼嘴花丝，可以有效地防止蛀果害虫，并可保持果实洁净。

4)果实套袋

果实套袋最初是为了防止果实被病虫为害，但套袋实践中发现，套袋可以促进果实的着色。石榴套袋还可以减轻裂果。

果实套袋技术对果袋质量、套袋和摘袋的时期、摘袋后的管理都有严格的要求。

5)叶面喷施微肥或生长激素类物质

从采前 40～50 d 起，每隔 7～10 d 喷施 0.3％的磷酸二氢钾、高美施等，有促进果实着色、减轻采前裂果的作用。

4. 防止和减轻采前裂果

一些石榴品种在成熟前如果不采收，很容易产生裂果现象，轻者皮开裂影响外观，重者自萼筒以下果皮炸开、籽粒外露而悬挂枝头，影响销售，造成严重的经济损失。

(1)裂果的主要原因

如在早期幼果发育阶段气候特别干燥，采收前后又遇阴雨多湿，则在籽粒吸水膨大时果皮已经老化成形失去弹性，很易裂果。这种现象也是自然生长状态的石榴散落种子、繁衍后代的生理现象。早熟类型、薄皮品种及充分成熟的果实(如一茬果、二茬果)更易裂果。

(2)防止裂果的措施

①选择不易裂果的品种。尤其是在春、夏季干燥、秋季多雨的地区，推广抗裂品种是防止或减少裂果现象的根本途径。

②适当提早采收。当进入成熟期以后，如遇连阴雨可适当提早采收，以减轻果皮的老化、防止裂果。但采收过早会严重影响石榴的风味品质。

③及时分批采收。由于石榴开花和果实发育有先有后，应分批采收，先采头茬果，再采二茬果，三茬果、末茬果在开始成熟时再采收。不要等到三茬果、末茬果都已成熟时，才开始全园采摘。

④果实套袋。当石榴果长到核桃大小时进行套袋，成熟前再去袋，使果皮始终处于湿润的状态。或在果实转色期套微膜塑料袋，到成熟采收时去袋以减轻裂果。但在果实的转色期套袋，果实的着色度比不套袋果稍差，因此，采前没有阴雨时尽量不要套袋。

⑤推行树盘覆盖技术。坐果后覆盖树盘，既可减少土壤板结，又可减少杂草为害，保持土壤湿度、减少水分蒸发，缓解幼果发育阶段的水分供应缺乏状况，促进果皮果粒的均衡发育，减轻裂果。

⑥少施氮肥，叶喷微肥。少施和控制氮肥，同时叶面喷施 0.3% 的磷酸氢钾、0.5% 的氯化钙溶液，也可加喷 0.3% 的多效唑等，均有减轻和防止裂果的作用。

另外，采收时如逢阴雨，应加速采收。

第四节　主要病虫害综合防控技术

一、病虫害的防控目标与方向

石榴病虫害防治应坚持"预防为主，综合防治"的方针，综合运用农业、生物、物理、化学等防治措施，尽量将主要病虫为害控制在经济阈值以下。坚持以农业防治为基础，加强苗木的检疫，加强物理防治，注重生物防治，适时进行化学防治。

当主要病虫发生数量及为害程度达到一定的指标时，要选用获得国家认可的农药进行药剂防治。药剂防治应适时、适量，应选择低毒、低残留的无公害农药。病虫害的防控目标与方向要围绕无公害石榴生产进行。

农药按毒性可以分为高毒、中毒、低毒等。无公害石榴要求优先采用低毒农药，有限量地使用中毒农药，严禁使用高毒、高残留农药和"致癌、致畸、致突变"农药。

(1)石榴生产中禁用的农药

根据相关部门的资料，禁止使用的农药品种有：

①有机磷类杀虫剂，如甲拌磷、久效磷、对硫磷、乙拌磷、甲胺磷、甲基对硫磷、甲基异硫磷、氧化乐果等。

②有机砷类杀虫剂，如福美胂。

③有机氯类杀虫剂，如滴滴涕、六六六、三氯杀螨醇。

④氨基甲酸酯类杀虫剂，如百日威、灭多威、涕灭威。

⑤二甲基甲脒类杀虫剂、杀螨剂、杀虫脒等。

被国际粮农组织、联合国环境规划署制定的 PIC 程序(即事先知情同意程序，意为出口国在出口已在本国禁止或严格限用的化学品种和农药时，应向进口国发出通知，而且必须在得到进口国决定进口的回复后才能向其出口)列入化学品的共计有 27 类，其中农药有 22 类，包括我国大量生产、使用和出口的甲胺磷、久效磷、甲基对硫磷等。PTC 程序的实施，必将对我国农副产品的出口带来巨大的冲击。同时，联合国环境规划署正在着手制订推行 POPS 公约(即对某些持续性有机污染物进行限制的具体法律约束性的国际文书)，旨在全球范围内销毁、禁止使用滴滴涕、灭蚊灵、氯丹、毒杀酚、六氯苯、七氯苯、艾氏剂、狄氏剂、异狄氏剂及多氯联苯、多氯代呋喃、二恶英等 12 种有机污染物。

(2)允许、限制使用的农药

目前在我国的农业生产中，对中毒性农药要求有限制地严格使用。其主要农药品种包括敌敌畏、灭扫利、杀灭菊酯、高效氯氰菊酯、抗蚜威、乐斯本、杀螟硫磷、功夫、歼灭、氰戊菊酯等。

(3)提倡使用的农药

在石榴生产中，目前提倡使用的农药种类有：

①植物源杀虫剂，如烟碱、苦参碱、印楝素、除虫菊酯、鱼藤酮、茴蒿素、松脂合剂等。

②微生物源杀虫、杀菌剂，如 Bt、白僵菌、阿维菌素、中生菌素、多氧霉素、农抗 120 等。

③昆虫生长调节剂，如除虫脲、灭幼脲、卡死克、扑虱灵等。

④矿物源杀虫、杀菌剂，如机油乳油、柴油乳油、腐必清等。

⑤由硫酸铜和硫黄配制的多种农药制剂，如石硫合剂、波尔多液等。

⑥低毒、低残留化学农药，如吡虫啉、马拉硫磷、辛硫磷、敌百虫、双

甲脒、尼索朗、克螨特、螨死净、菌毒清、代森锰锌、新星、甲基托布津、百菌清、扑海因、甲霜灵、粉锈宁、多菌灵等。

无论是低毒还是中毒，农药都有一定的毒性。为了减少对土壤和农产品的污染，除了注意严格选择农药品种外，还要严格控制农药的使用浓度，应在有效浓度范围之内，尽量采用低浓度防治病虫害；要根据农药的残效期及病虫害发生的程度来确定喷药的次数及喷药的间隔日期。不要随意提高农药的使用剂量、浓度和次数，要从提高药剂的防治效果着手，改进喷施方法，提高喷药质量。另外，有些药剂在采收前 20～30 d 应停止喷施，以确保果实中的残留量不超标。

二、主要病害的识别与防控

石榴树的常见病害有干腐病、褐斑病和枯萎病。随地区、品种和树龄等因素的不同，其发病程度也有差异。

1. 干腐病

石榴干腐病不仅侵害枝条和生长期间的花、果，而且侵害贮藏果实。我国各产区均有不同程度的发生。

（1）为害状

干腐病菌可以引起石榴枝条发生很多突起黑点，病斑周围裂开，导致翘皮剥离、枝条枯死。病菌还可以侵染花、果。幼果的发病症状一般是萼筒周围发生不规则的褐色病斑，后逐渐扩大变为深褐色凹陷裂口。果实籽粒也从病处开始霉烂，直至果实全部坏掉。

（2）传播途径

干腐病为真菌病害，以菌丝或分生孢子器在果实和枝条内越冬，翌年产生分生孢子侵害幼果和枝条。此菌靠雨水传播，从伤口侵入。

（3）防治方法

①农业措施。在果园管理中，注意加强树体的土、水、肥管理，提高树体的抗疫病能力；结合冬季修剪，剪除病枝，收集病果进行集中销毁，消灭越冬菌丝和分生孢子器。修剪时应尽量避免造成大伤口，控制春季的剪枝，减少伤口侵入。

②药剂防治。在每年春季发芽前喷施 3～5°Bé 的石硫合剂，从 3 月下旬至采收前 15 d，喷洒 40% 的多菌灵胶悬剂 500 倍液或 50% 的甲基托布津可湿性粉剂 800～1 000 倍液 4～5 次。夏季 5～8 月，适时喷 3～5 次 1∶1∶200 的波尔多液，与多菌灵胶悬剂、甲基托布津可湿性粉剂交替使用。

2. 褐斑病

此病在多雨地区的石榴园比较常见。病害主要引起早期落叶，树势下降。

（1）为害状

褐斑病主要为害石榴叶片，受害叶片初期常出现浅褐色的圆形病斑点，以后逐渐扩大为黄褐色的病斑，使整个叶片变黄而脱落，造成石榴树的早期落叶。

（2）传播途径

褐斑病菌以菌丝团或孢子盘在落叶上越冬，翌年春形成孢子，由风雨传播，首先侵害树冠下部叶子，此后再多次感染。

（3）防治方法

①农业措施。集中烧毁病枝、病叶，减少病原；加强果园管理，提高肥、水管理水平，合理整形修剪，改善树体通风透光状况，增强树体抗性，提高树体免疫力，减少病菌感染。

②药物防治。每年冬季喷施 $3\sim5°Bé$ 的石硫合剂，7 月至 8 月中旬喷 $1:1:200$ 的波尔多液或 50% 的多菌灵可湿性粉剂 1 000 倍液。

3. 枯萎病

枯萎病是由甘薯长喙壳（Ceratocystis fimbriata）真菌引起的一种土传性病害，在云南蒙自石榴主产区有一定的为害。

（1）为害状

主要为害石榴树的根和茎秆，发病前期叶片发黄、脱落，最后造成整株枯死。

（2）传播途径

该病菌主要从根部伤口侵入，靠流水、劳动工具、农事活动等传播。

（3）防治方法

①果园免耕。提倡免耕或尽量减少中耕，最大限度地减少石榴根部的伤口，避免病菌侵入，降低发病率。

②劳动工具消毒。果树修剪、施肥松土、刨挖树根等所有的劳动工具均须进行消毒处理后才能再次使用。消毒方法：把劳动工具放入 5 000 倍氟硅唑药液中浸泡 $5\sim10$ min，以杀灭工具上所带的病菌。

③科学的水、肥管理。施用农家肥时最好沤成水肥泼浇；化肥尽量撒施，避免偏施氮肥。浇水时不能串灌，以防病菌顺水流传染。

④防治地下害虫。地下害虫可造成石榴根部伤口，增加病菌的侵染，因此，对地下害虫要及时防治。

⑤拔除病树，树塘消毒，防止交叉感染。

⑥药剂防治。在病害发生区域，进入雨季后，未发病的树用氟硅唑、三

唑酮等三唑类的药剂灌根 2～3 次，具有很好的防治效果。石榴树感病后，用药基本没有效果。结合施肥，盛果期果树每株用氢氨化钙(石灰氮)1～2 kg 树盘撒施(幼树减量)。

三、主要害虫的识别与防控

常见的石榴树害虫有棉蚜、黄刺蛾、桃蛀螟、石榴茎窗蛾等。

1. 棉蚜

棉蚜是石榴树的重要害虫，其大规模发生时对石榴生产可造成严重的损失。

（1）为害状

棉蚜主要以成蚜和若蚜为害，常群集在石榴的嫩叶背面和嫩茎上刺吸汁液。棉蚜在吸食前吐出的唾液能刺激寄主叶片畸形生长，重者可使受害叶片向背面卷曲或皱缩成拳状，甚至干枯落叶，破坏正常的代谢作用，使叶片变小、叶数减少，根系萎缩，推迟开花时间，最后造成减产。在天旱虫多的情况下，棉蚜在吸食时又能排出大量的水和蜜露落在下面的叶片上，使茎叶出现一片油光，既阻碍了寄主植物的光合、呼吸等生理活动的正常进行，同时还能诱致病菌的寄生。招引的蚂蚁在取食蜜露时，还能影响天敌的活动。棉蚜大量发生时如不及时防治，在生产上可造成严重的损失。

（2）发生规律

棉蚜在我国黄河流域、长江流域和华南地区每年发生 20～30 代。冬季棉蚜的卵在寄主上越冬，木本植物多在冬芽内侧及附近或树皮裂缝中越冬，草本植物则一般在根颈部越冬。翌年春天，先在越冬寄主上为害。5 月初产生大量的有翅蚜虫，移到石榴树上大量繁殖、为害。有翅的蚜虫还可再迁飞到其他植株上扩散为害。秋季气温下降，棉株老化，棉蚜也可从棉株上大量飞往石榴树，并孤雌胎生有翅雄蚜和无翅雌蚜，雌、雄交配后产卵越冬。

棉蚜的繁殖力很强，早春、晚秋季节气温低时，每 10 d 繁殖 1 代，在天气温暖的夏季，4 d 即可繁殖 1 代。

棉蚜一般在干旱时发生较多，为害严重。如在河南地区 6 月下旬至 7 月上旬，一般因干旱常会出现来势凶猛的严重为害，这段时间若再降温或出现绵雨，蚜虫的为害时期也会延长。

（3）防治方法

①农业防治。加强果园管理，合理施肥，使石榴植株健壮早发，既可抑制蚜虫的发生数量，又可减慢其增殖速度。清除的虫枝病叶等应一律带出果园集中销毁。施肥时，不要只施或多施氮肥，应将多种肥料混合后施用。

②物理防治。一方面注意消灭越冬寄主上的虫卵和蚜虫。冬季要消除除石榴以外的越冬寄主，如花椒、木槿、菊花、车前草等，结合修剪注意剪除有卵枝条。另一方面也可利用蚜虫的趋光性集中杀灭。生产中根据害虫发生规律在果园中悬挂黄板，可有效控制害虫的初期数量，减少农药的用量。

③生物防治。注意保护棉蚜的天敌昆虫，利用瓢虫、草蛉等蚜虫的天敌防治蚜虫。捕食蚜虫的最好天敌昆虫是瓢虫，如七星瓢虫、异色瓢虫、多异瓢虫等。在石榴发芽开花期蚜虫发生时，可以在麦田内用网大量捉瓢虫放入石榴园内，防治效果显著。也可人工饲养草蛉、食蚜瘿蚊和食蚜斑腹蝇、黑食蚜盲蝽、华野姬猎蝽等。蚜茧蜂把卵产于棉蚜幼虫体内寄生，可致棉蚜死亡。

④药剂防治。药剂防治棉蚜的最好时机是发芽到开花时，其后在追肥时亦可以使用内吸型农药。冬季施用石硫合剂杀灭越冬虫卵。当生长季节田间有蚜率达20％、每株有蚜虫30头以上时，应立即喷药防治。将50％的敌敌畏稀释成2 000倍液，或50％的辟蚜雾可湿性粉剂3 000倍液，或10％的吡虫啉可湿性粉剂1 500～2 000倍液喷洒于叶面，并结合悬挂黄色诱板诱杀成虫。

喷药防治以在各次有翅蚜大量发生以前效果最好。喷药时最好使用内吸剂，或刷在叶面上，或采用涂茎叶法。切忌大量向果面和叶背面喷药，以保护天敌。上述防治方法一般可以杀死蚜虫而不伤害天敌。

2. 黄刺蛾

黄刺蛾又叫洋辣子，是一种食性很杂的食叶性害虫。其寄主有包括石榴在内的各种果树和花卉植物。

（1）为害状

黄刺蛾主要以幼虫为害叶片。幼龄幼虫仅食叶肉部分，叶脉残留，使叶片呈现网状。长大的幼虫则可使叶片出现缺刻，为害严重时可将全枝或全株叶片吃光，严重影响翌年的开花结果，削弱树势。

（2）发生规律

黄刺蛾在中原地区每年发生2代，以老熟幼虫在枝干或分杈处或树皮上结硬壳茧越冬。越冬代的幼虫于第2年5月中旬至6月上旬在茧内化蛹，6月中旬至7月上旬为羽化期。成虫羽化多在傍晚。

成虫夜间活动，白天静伏叶背，卵散生或数粒产在一起，多数产在叶背。每只雌虫产卵49～67粒，成虫寿命为4～7 d，卵期为7～10 d。

初孵幼虫先吃卵壳，然后食叶片的下表皮和叶肉，留下上表皮，形成圆形和半透明的小斑，隔1～2 d为害的小块能连成块。幼龄幼虫喜群集在一起，多在叶背啃食叶肉，幼虫长大后逐渐分散，食量也逐渐增大，4龄时能取食叶片成孔洞，5～6龄时能将叶片吃光仅留叶脉，大发生的年份，能将全枝或全树叶子吃光。

幼虫共有7龄。老熟幼虫结茧前在树枝上吐丝做茧，初做的茧透明，后即凝成硬壳。初结茧为灰白色，不久变为棕褐色，并显出白色纵纹。茧做好后，在茧顶部咬1个圆形伤痕，以便成虫羽化时冲破茧盖而爬出。结茧的位置一般在石榴树的分枝处，苗木则多结于树干。有时茧也可位于枝丫处或叶腋、叶柄、叶片上。

（3）防治方法

防治黄刺蛾应从消灭越冬虫茧入手，采用灯光诱杀和化学防治相结合的措施。

①灯光诱杀成虫。大部分黄刺蛾有较强的趋光性，因此，成虫羽化期，可在每天19：00～21：00，在石榴园内放置黑光灯进行诱杀。

②消灭初龄幼虫。黄刺蛾的初龄幼虫有群集为害的习性，被害寄主植物的叶片出现白色膜状的透明斑，幼虫群集为害叶背面。及时摘除并集中消灭被害叶片，可以有效减轻为害。

③消灭越冬虫茧。黄刺蛾越冬茧期历时长达7个月以上，这个时期也是农闲季节，可根据黄刺蛾的结茧部位，结合冬剪和清园，采用剪、敲的方法铲除越冬虫茧。果园附近林木上的虫茧也要同时清除，以压低第2年的虫口密度。剪下的虫茧不要用火焚烧，以免虫茧爆破、茧内幼虫的毒毛飞至人体皮肤或口鼻眼黏膜上。可就近挖坑深埋并压实。

④化学防治。黄刺蛾幼虫的抵抗力较弱，用干黄泥粉喷撒即可杀死；4龄以上的幼虫可喷施90％的敌百虫1 000倍液或20％的杀灭菊酯3 000倍液或青虫菌800倍液等，其防治效果都很好。

⑤生物防治。要保护好上海青蜂、赤眼蜂、小茧蜂等天敌。为了既防治害虫，又保护天敌，可将被天敌寄生的虫茧收集于纱笼中饲育，饲育笼的网孔要比黄刺蛾成虫的胸部小，以防黄刺蛾成虫飞出。春天挂于果园内，让寄生蜂羽化后钻出纱笼继续繁殖，效果更佳。

3. 桃蛀螟

桃蛀螟是一种重要的蛀果害虫，为害包括石榴在内的多种果树。

（1）为害状

桃蛀螟以幼虫为害果实，使果实停止发育、变色脱落或使果内充满虫粪而不能食用，对产量和质量的影响都很大，同时易引起石榴裂果。

（2）发生规律

桃蛀螟在河南及周边地区1年发生4代。以结茧在果树粗皮裂缝、高粱、玉米茎秆以及花穗中、埋果场等处越冬。长江流域越冬的幼虫一般于翌年4

月开始化蛹并羽化成虫。化蛹期先后不整齐。羽化多在 19：00～22：00 点，以 20：00～21：00 最盛。成虫有较强的趋黑性，对糖醋液也有趋性。白天及阴雨天时常停歇于石榴叶背面和绿叶丛中，傍晚以后开始活动，除取食花蜜外，还可吸取桃和葡萄等成熟果实的汁液。成虫羽化后 1 d 即开始交配，交配后 3～5 d 产卵。约于 5 月下旬开始在田间产卵，6 月中、下旬为产卵盛期。在石榴上多产于果柄及果实胴部，少数产于萼筒内。卵期为 5～8 d，清晨孵化，幼虫先在果面爬行 1～2 h，有 80% 的幼虫从萼筒内蛀入果内，少数从萼筒周围蛀入。幼虫 5 龄，经 15～20 d 老熟，幼虫多在石榴上紧贴果实的枯枝叶下结茧，也有少数在果内、萼筒内或树下结茧。

（3）防治方法

①农业防治。在早春越冬幼虫化蛹前，将石榴及周围桃树的老翘皮刮净，与玉米秆、高粱秆一起进行处理，用作燃料或沤肥，以消灭越冬虫源。这是综合防治桃蛀螟的重要环节。

②物理防治。可在果园内装黑光灯或用糖醋液等进行诱杀成虫。

③清理花丝，果实套袋。当果实长到核桃大小时，用木条轻轻刮除萼筒花丝，并喷洒 1 次杀虫剂。也可进行套袋，套袋前结合防治其他病虫喷药 1 次，以消灭桃蛀螟所产的卵。一般要在大量落花落果以后套袋，太早套袋袋内会有落果，太迟则幼虫已侵入为害。

④化学防治。套袋区在套袋前喷洒 1 次 50% 的杀螟松乳剂 1 000 倍液；不套袋区在第 1 代幼虫孵化初期，喷洒 90% 的敌百虫 1 200～1 500 倍液或辛硫磷乳油 1 000 倍液，有良好的效果。第 2 代幼虫孵化期可以同样选用上述的药剂，成虫发生期喷洒 1 次 50% 的杀螟松乳剂 1 000 倍液。

4. 石榴茎窗蛾

石榴茎窗蛾在华北、华中及云南均有分布。

（1）为害状

石榴茎窗蛾是石榴茎的主要蛀虫之一。据河南农业大学 1973 年在郑州调查，被害枝条率在 95% 以上，造成枝条枯死、产量下降，严重影响石榴树的生长、结果。

（2）发生规律

据河南农业大学在郑州调查，每年发生 1 代。幼虫在枝条内越冬，第 2 年 3～4 月恢复活动，继续在枝条内蛀食为害。幼虫老熟后，多在枝条分杈处下方约 2 cm 处向外开 1 个椭圆形的羽化孔，5 月中旬幼虫即在口下 2～3 cm 处化蛹。6 月上旬开始羽化，成虫在夜晚羽化，稍有趋光性。羽化后从羽化孔钻出，丁新梢顶端的几个芽腋处产卵。幼虫孵化后自芽腋处钻入，沿髓部向下蛀纵直隧道，并在不远处向外开 1 个排粪孔，3～5 d 内被害枝梢枯萎。随幼虫长大，隧道逐渐向下加深增大，排粪孔的距离也愈来愈远，为害到秋后，在主茎内越冬。这时由于枝条粗大，而虫道仅伤及髓部，皮层和木质部完好，枝条仍可生长，外表看不出被害症状，当年枯死的也较少。但若是头年被害过的枝条第2年又遭侵害，即会有枯死现象。幼虫自蛀食新梢以后，一般不再转枝为害。

(3)防治方法

①农业防治。春季萌芽后剪除未萌芽的虫枝并烧毁，消灭越冬幼虫。生长季剪除虫枝，每周检查1次被害情况，发现被害新梢立即从最后1个排粪孔下端剪除枝条并烧毁。休眠期清除被害枝条：秋季落叶后至第2年春萌芽前，结合整枝彻底清除被害枝条。根据虫孔或粪孔，就可以判定枝条内是否有虫，然后自最后1个排粪孔下方剪掉，一直剪到不见隧道为止。

②化学防治。幼虫发生期用磷化铝片堵虫孔，先仔细查找最后1个排粪孔，将1/6片磷化铝放入孔中用泥封好，10 d后进行检查，防治效果可达94.5%。卵孵化盛期及幼虫蛀梢前，用敌敌畏乳油1 000倍液、5%的敌杀死1 000倍液或2.5%的溴氰菊酯乳油2 500倍液每10 d喷1次。

第五节　无公害石榴生产标准

无公害石榴的生产要严格按照国家和地方规范性文件的最新条款执行，包括农药安全使用标准、农药合理使用准则、农田灌溉水质标准、绿色食品产地环境技术条件、绿色食品农药使用准则、绿色食品肥料使用准则等。

一、园地选择与规划

石榴园应优先在沙滩地、丘陵地和缓坡山地选址建园。要求≥10℃的年积温在3 000℃以上，pH值在6.5～7.5之间，有机质≥1.0%，地下水位在1 m以下，坡度20°以下，年最低气温在−17℃以上，灌溉和排水条件良好。

园内道路要求达到既便于机械化操作，又节约土地的原则。排灌系统包括干渠、支渠和园内灌水沟，有条件的提倡使用滴灌等节水灌溉技术。

授粉品种配备比例为5～8∶1。

二、栽植

株行距为2～3 m×3～4 m，分为秋植和春植2个时期进行栽植。平地以南北行向为宜，丘陵、山地采取等高栽植方式。栽前进行苗木检疫和消毒。按规划株行距栽植，一般水平下每公顷施腐熟的优质有机肥 60 t 以上及硫酸钾复合肥1 500 kg。栽后浇透水，加强田间管理。

三、土肥水管理

（1）土壤管理

包括深翻改土、中耕除草、园地覆盖、合理间作和种植绿肥等。

幼树（3 年以下）一般采用扩穴深翻，每年秋季果实采收后结合秋施基肥进行；成年树（3 年以上）一般采用全园深翻，一般在落叶后、封冻前进行。

降雨或灌水后，及时中耕松土，铲除杂草，保持土壤疏松。

园地覆盖在春季施肥、灌水后进行。覆盖材料可以用麦秸、麦糠、厩肥、落叶、玉米秸、干草等。将覆盖物覆盖在树冠下，厚度为 10～15 cm，上面压少量的土，连续覆盖 3～4 年后浅翻 1 次。也可结合深翻开大沟埋草，以提高土壤肥力和蓄水能力。

合理进行间作和种植绿肥。建园初期，在覆盖率低时间作一些豆类、花生、薯类、瓜类、药材等低秆作物，以提高土地的利用率。果园的行间也可以种植绿肥。

（2）施肥

施肥以有机肥为主，化肥为辅。所施用的肥料不应对果园环境和果实品质产生不良影响。

允许使用的肥料包括：腐熟的人畜粪尿、堆肥、沤肥、厩肥、沼气肥、绿肥、作物秸秆肥、泥肥、饼肥等农家肥料，按《绿色食品肥料使用准则》（NY/T394）标准执行的包括腐殖酸类肥、微生物肥、有机复合物、无机（矿质）肥、叶面肥、有机无机肥等肥料，不含有毒物质的食品、鱼渣、牛羊毛废料、骨粉、氨基酸残渣、屠宰场的下脚料、骨胶废渣、家禽家畜加工废料、糖厂废料等经农业部门登记允许使用的其他各种肥料。

禁止使用未经无害化处理的城市垃圾或含有有害金属、橡胶和其他有害物质的垃圾肥料、硝态氮肥和未腐熟的人粪尿以及未获准登记的肥料产品。

施肥的方法和数量可根据具体情况而定。一般基肥在秋季果实采收后施入，以农家肥为主，可混加少量的化肥。幼龄树一般株施有机肥 10 kg，结果树一般按生产 1 000 kg 果实施入 1 500～2 000 kg 农家肥的标准施肥。施用方法以沟施或撒施为主，施肥部位在树冠投影范围内。

土壤追肥量以当地土地条件和施肥特点确定，追肥后要及时灌水。最后 1 次追肥在距果实采收期 30 d 以前进行。

叶面喷肥全年 4～5 次，一般生长前期 2 次，以氮肥为主，后期 2～3 次，以磷、钾肥为主，并补施果树生长发育所需的微量元素。最后 1 次叶面喷肥在距果实采收期 20 d 以前进行。

(3)灌溉和排涝

灌溉水的质量应符合《农田灌溉水质标准》（GB/5084）的要求。依据石榴树的生理特点和土壤的含水状况灌水，成熟前 15 d 至采收禁止灌水，以免裂果。

当果园在短期内大量降水或遇连阴雨天造成积水时，要利用沟渠或机械设施及时排水，尽量减少涝害造成的损失。

四、整形修剪

整形修剪遵循"有利于光能的充分利用、有利于实现营养生长与生殖生长之间的平衡、有利于立体结果、有利于丰产稳产"的原则。适宜树形为单干小冠疏散分层形（新疆采用双层双扇形）。

冬季修剪在每年落叶后至次年发芽前进行，因一些品种容易受冻，修剪工作宜推迟到发芽前。

幼树修剪以选择培养骨干枝为主，扩大树冠，培养丰产树形，及时抹除萌蘖。初结果树的修剪，主要疏除徒长枝和萌蘖枝或将其改造成为结果枝组，对长势中庸的营养枝缓放促其开花结果，对长势弱的多年生枝轻度回缩复壮，以轻剪、疏枝为主。盛果期树的修剪，要注意更新结果枝组，适当回缩，及时疏除干枯、病虫枝、细弱枝、纤细枝、萌蘖枝，培养以中小枝为主的健壮结果枝组，重点留春梢，适当留夏梢，抹除秋梢。衰老树的修剪，以回缩复壮地上部为主，同时剪除老枝、枯枝，多留新枝、强枝，培养基部萌蘖，更新复壮，恢复树势，延缓衰老。

重视夏季树体管理，通过摘心、撑拉、圈枝等措施，达到促进幼树迅速扩大树冠、缓和生长势、提早结果、提前进入丰产期的目的。

五、花果管理

通过加强肥水管理、合理修剪、辅助授粉等措施提高坐果率。推荐石榴园放蜂，满足传粉需要。也可以采用人工授粉方法直接点授或机械授粉。

及时疏花疏果。及时疏去钟状花，越早越好，并疏去全部三次花。疏去细长果枝梢部的花和过于密集的花，留筒状花，保留稀疏适宜的花。

采用多留头茬果、选留二次果、疏去三次果的方法疏果。疏掉病虫果、畸形果、裂果及丛生果的侧位果，尽量保证单果生长。疏果应在幼果坐稳（基部膨大，色泽变青）后进行。

果实套袋在花谢后 30～40 d 幼果坐稳后进行，选用单层白纸袋。套袋前应先喷施防治病虫的药物，应在果实采摘前 20 d 除袋。

在果实着色期摘去遮光叶片和转动枝条使果实均匀着色。在着色期于树盘内铺反光膜，树冠内挂反光板，促进果实充分着色。

六、病虫害防治

病虫害防治要按"预防为主，综合防治"的方针，以农业和物理防治为基础，生物防治为核心，科学使用化学防治技术，有效控制病虫为害。

（1）农业防治

采取剪除病虫枝、清除枯枝落叶、刮除树干翘裂皮、翻树盘、地面覆盖、科学施肥等措施抑制病虫害的发生。

（2）物理防治

根据害虫生物学特性，采取糖醋液加农药诱杀蛾类，树干缠草绳诱杀介壳虫，用频振式杀虫灯和黑光灯诱杀蛾类、金龟子等，以及人工捕捉天牛、蝉、金龟子等措施杀灭害虫。

（3）生物防治

人工饲养或释放捕食性草蛉、瓢虫等天敌防治蚜虫、介壳虫，在土壤中施用白僵菌防治桃小食心虫，喷洒大袋蛾多角体病毒和苏云金杆菌防治蛾类，利用性诱剂诱杀害虫。

（4）化学防治

严格执行《农药安全使用标准》（GB4285）、《农药合理使用准则》（GB8321）和《绿色食品农药使用准则》（NY/T393）中 A 级绿色食品的规定，根据防治对象的生物学特性和为害特点，优先使用生物源农药、矿物源农药和低毒有机合成农药，有限度地使用中毒农药，禁止使用剧毒、高毒、高残留农药。严格控制农药的使用浓度、次数和安全间隔期。注意轮换用药，合理混配。

七、果实采收

采收时间应根据果实成熟度、用途和市场需求综合确定。成熟期不一致的品种应分期采收，达到商品要求的成熟度再进行采收。采摘时要轻剪轻放，果柄处要剪平，防止刺伤果实。

八、树体防冻

不抗寒品种在北方地区受冻害比较严重，冻害对生产危害较大。主要有使用抗寒砧木、树干涂白、果园熏烟、树干保护和培土、埋土等措施。

九、果园生产档案管理

（1）记录项目

①基本信息。包括园地所处的地理位置、交通状况和生态环境状况评价、土壤状况及水质分析报告等，品种来源及数量、面积和品种分布图等果园种植情况。

②果园管理记录。做好病虫害的监测，整理主要病虫害的发生规律。重点记录肥料和农药的种类、来源、使用时间、数量配比和使用方法，灌水时间、水源、灌水方式等。并做好使用时的天气状况和使用后的效果等记录，还有用工时间、数量及工作内容。

③物候期与灾害性天气记录。物候期记录包括萌芽、抽枝、开花、结果等。灾害性天气记录，包括发生时间、持续时间、对石榴树及农事活动的影响等，以及采取的应对或补救措施等。

④产出及效益记录。包括每年的产量、产品质量、优质果率，每年的销售状况、销售价格、效益情况等。

（2）记录要求

要有专人记录，记录内容要翔实，记载要及时，数据要保存完整。

参 考 文 献

［1］车凤斌，克里木·伊明．新疆匍匐石榴栽培技术讲座（三）［J］．农村科技，2008(3)：33-34.

［2］车凤斌，胡柏文．新疆匍匐石榴栽培技术讲座（四）［J］．农村科技，2008(4)：48-49.

［3］车凤斌，肖雷．新疆匍匐石榴栽培技术讲座（五）［J］．农村科技，2008(5)：50-51.

［4］车凤斌，吴明武，李忠强．新疆匍匐石榴栽培技术讲座（六）［J］．农村科技，2008(6)：49-50.

［5］陈冬亚．石榴桃蛀螟的防治［J］．西北园艺，2001(6)：29-30.

［6］陈冬亚，陈汉杰，张金勇．石榴主要病虫害综合防治历［J］．果农之友，2003(3)：28-29.

[7] 陈延惠. 优质高档石榴生产技术 [M]. 郑州：中原农民出版社，2003：30-108，134-138.

[8] 冯玉增，宋梅亭，康宇静，等. 中国石榴的生产科研现状及产业开发建议 [J]. 落叶果树，2006(1)：11-15.

[9] 郝庆，吴名武，陈先荣. 新疆石榴栽培与内地的差异 [J]. 新疆农业科学，2005(S1)：41-42.

[10] 侯乐峰，程亚东. 石榴良种及栽培关键技术 [M]. 北京：中国三峡出版社，2006：4-6.

[11] 胡久梅. 石榴病虫害防治技术 [J]. 现代种业，2013(20)：52-53.

[12] 胡美姣，彭正强，杨凤珍，等. 石榴病虫害及其防治 [J]. 热带农业科学，2003，23(3)：60-68.

[13] 黄云，李贵利，李洪雯. 大绿子石榴栽培技术 [J]. 四川农业科技，2010(5)：30-31.

[14] 李春梅. 蒙自地区石榴主要病虫害的发生规律及综合防治技术 [J]. 红河学院学报，2010，8(2)：59-62.

[15] 潘俨，车凤斌. 新疆匍匐石榴栽培技术讲座(一) [J]. 农村科技，2008(1)：33-34.

[16] 王道勋，娄志，李萍. 怀远地区石榴主要病虫害的综合防治 [J]. 中国果树，2002(1)：36-38.

[17] 王立新，郑先波，陈延惠，等. 论我国石榴现代生产基地的规划建设 [J]. 山西农业科学，2010(6)：31-32.

[18] 张建国. 石榴干腐病的发生症状与防治 [J]. 烟台果树，2001(3)：52.

[19] 张杰. 石榴主要病虫害防治 [J]. 安徽林业，2000(2)：18.

[20] 张中栋，朱守卫，吕宣升. 无公害果树病虫害综合防治技术 [J]. 山西果树，2004，7(4)：22-23.

[21] 周春涛. 石榴干腐病的发生与防治技术 [J]. 现代园艺，2009(11)：42-43.

[22] 周志翔，李国怀，徐永荣. 果园生态栽培及其生理生态效应研究进展 [J]. 生态学杂志，1997，16(1)：45-52.

[23] Intrigliolo D S, Nicolas E, Bonet L, et al. Water relations of field grown pomegranate trees (*Punica granatum*) under different drip irrigation regimes [J]. Agricultural Water Management, 2011, 98(4)：691-696.

[24] Mayuoni-Kirshenbaum L, Bar-Ya'akov I, Hatib K, et al. Genetic diversity and sensory preference in pomegranate fruits [J]. Fruits, 2013, 68(06)：517-524.

[25] Magwaza L S, Opara U L. Investigating non-destructive quantification and characterization of pomegranate fruit internal structure using X-ray computed tomography [J]. Postharvest Biology and Technology, 2014, 95(03)：1-6.

[26] Al-Izzi M A J, Al-Maliky S K, Khalaf M Z. Effects of gamma irradiation on inherited sterility of pomegranate fruit moth, Ectomyelois ceratoniae Zeller [J]. International Journal of Tropical Insect Science, 1993, 14(5-6)：675-679.

［27］ Vazifeshenas M，Khayya M，Jamalian S，et al. Effects of different scion-rootstock combinations on vigor，tree size，yield and fruit quality of three Iranian cultivars of pomegranate ［J］. Fruits，2009，64(06)：343-349.

［28］ Chandra R，Lohakare A S，Karuppannan D B，et al. Variability studies of physico-chemical properties of pomegranate(*Punica granatum* L.) using a scoring technique ［J］. Fruits，2013，68(02)：135-146.

［29］ Palmer J W. Changing concepts of efficiency in orchard systems ［J］. Acta Horticulturae，2008，03：41-49.

［30］ Al-Yahyai R，Al-Said F，Opara L. Fruit growth characteristics of four pomegranate cultivars from northern Oman ［J］. Fruits，2009，64(06)：335-341.

［31］ Hester S M，Cacho O. Modelling apple orchard systems ［J］. Agricultural Systems，2003，77：137-154.

第八章　石榴线虫(病)与防控对策

　　线虫病害是石榴的一类重要病害，随着石榴种植规模的不断扩大和树龄的增长，石榴的线虫病害问题越来越凸显，为害越来越严重，常导致石榴树衰退和死亡，直至毁园。由于线虫为害的隐蔽性(在土壤中，为害根部)、相似性(与土传的真菌、细菌为害以及与缺肥水的影响出现的地上部症状十分相似)，以及人们对线虫为害的认识不足，病原线虫对石榴的为害、石榴线虫病害的发生和扩展，在生产中往往被忽视，或被视为土传的真菌和细菌为害或水肥问题，不被重视，极大地影响了我国石榴产业的发展，已成为石榴生产上的重要障碍。

　　自 20 世纪 60 年代，尤其是 80 年代以来，国外就有关于石榴寄生线虫(以下称"石榴线虫")种类调查、物种多样性及控制的报道。Khurramov 等(1989 年)报道了 1968—1969 年、1973—1986 年在乌兹别克斯坦、塔吉克斯坦、土库曼尼亚、吉尔吉斯斯坦的 187 个石榴庄园中调查和采集的 8 600 份石榴根和根际样品的线虫鉴定结果，共发现 48 个属 269 种线虫，其中最常见的垫刃目(Tylenchida)占总数的 30%～38%，矛线目(Dorylaimida)为 11.%～32.7%，小杆目(Rhabditia)为 12.7%～27.7%，滑刃目(Aphelenchida)为 7.3%～21.9%；在乌兹别克斯坦 500 个野生石榴样品中有 41 种线虫，其中 19 种属于垫刃目、矛线目、滑刃目；在栽种的树木上根结线虫属 *Meloidogyne* 线虫较为常见，野生树木上 *Xiphinema pachtaicum* 较为常见。Khan 等(2005 年)在巴基斯坦信德省的石榴主产区调查发现了 9 种寄生线虫，发生普遍的主要是南方根结线虫(*M. incognita*)，其次为 *Xiphinema basiri*，并分析了其物种多样性和丰富度，物种多样性在 Chore Jamali 最大，卡拉奇大学校园内次之；在巴基斯坦俾路支省 18 个地区石榴园的调查中，在石榴根际发现了真滑刃属(*Aphelenchus*)、茎线虫属(*Ditylenchus*)、螺旋属(*Helicotylenchus*)、纽带线虫属(*Hoplolaimus*)、长针线虫属(*Longidorus*)、根结线虫属、默林线虫属(*Merlin-*

252

ius)、平滑垫刃线虫属(*Psilenchus*)、楯垫属(*Scutylenchus*)、矮化属(*Tylencho-rhynchus*)、垫刃属(*Tylenchus*)、剑线虫属(*Xiphinema*)12 个线虫属的线虫，优势种群是 *S. rugosus*，其次是 *X. basiri* 和南方根结线虫。生物多样性在 Piromal 最高，在 Surab 最低。Siddiqui 等(1986 年)对利比亚 17 个石榴园进行调查，发现了 12 个属的植物寄生线虫，其中南方根结线虫、爪哇根结线虫(*M. jawanica*)分布最广泛、最普遍。2006 年秋，Sudheer 等(2007 年)对印度安德拉邦阿嫩达布尔区的大部分石榴种植区进行了线虫调查，发现根结线虫严重为害该地区的石榴，且根结线虫为害的强度随植株的年龄增加而加重，一般来说 5 年以上龄期的植株能被根结线虫严重影响。2011 年，在巴基斯坦的 Swat、KPK 和 Archan 等地区，发现南方根结线虫为害石榴，这是该地区的首次报道。Day 和 Wilkins 报道了美国加利福尼亚的石榴遭受南方根结线虫的侵染；El-Borai 和 Duncan(2005 年)的研究表明，南方根结线虫成为美国中部石榴生产的限制因子。

在我国，石榴线虫病害的第 1 例报道是发生在安徽怀远的石榴根结线虫病。周银丽等自 2002 年以来，对云南蒙自、会泽的石榴根际寄生线虫种类开展了初步调查，鉴定了寄生石榴根际的线虫 15 属 12 种，并对根结线虫在云南石榴枯萎病发生过程中的作用进行了初步探索。刘云忠(2007年)用 4 种化学药剂对蒙自石榴根结线虫病进行了防治试验，唐兴龙等(2010 年)申请了专利"一种防治石榴根结线虫病的方法"。叶南锦等2011—2012 年对山东泰安、枣庄主要石榴产区的寄生线虫进行了初步调查和鉴定，初步鉴定了石榴根际的寄生线虫 13 属 10 种。其中寄生石榴的新记录属有 3 个：拟鞘属(*Hemicriconemoides*)、针属(*Paratylenchus*)、非类短体属(*Apratylenchoides*)；寄生石榴的新记录种有 5 个：畸形小环线虫(*Criconemella informis*)、芒果拟鞘线虫(*Hemicriconemoides mangiferae*)、美洲剑线虫(*Xiphinema americanum*)、燕麦真滑刃线虫(*Aphelenchus avenae*)、甘蔗滑刃线虫(*Aphelenchoides sacchari*)。关于石榴线虫病害的发生规律和防治的研究极少见报道。

第一节　石榴线虫病的种类与分布

目前，我国有关石榴线虫病害的研究尚少见报道，对石榴的根结线虫病的研究较系统一些。关于石榴寄生线虫，各产区的调查报道也不多，目前主要在云南、山东、安徽有一些调查，发现了 16 属 16 个种。

一、我国石榴寄生线虫的种类

目前，我国调查发现的石榴线虫 19 属 20 种。分别是：垫刃属（*Tylenchus*）；丝尾垫刃属（*Filenchus*）；平滑垫刃属（*Psilenchus*）；米卡垫刃线虫属（*Miculenchus*）；矮化属（*Tylenchorhychus*），厚尾矮化线虫（*T. crassicaudatus*）、克莱顿矮化线虫（*T. claytoni*）；短体属（*Pratylenchus*），咖啡短体线虫（*P. coffeae*）、刻痕短体线虫（*P. crenatus*）；非类短体属（*Apratylenchoides*）；螺旋属（*Helicotylenchus*），双宫螺旋线虫（*H. dihystera*）；盘旋属（*Rotylenchus*）；拟盘旋属（*Pararotylenchus*）；根结属（*Meloidogyne*），南方根结线虫（*M. incognita*）、北方根结线虫（*M. hapla*）、花生根结线虫（*M. arenaria*）、爪哇根结线虫（*M. javanica*）、高弓根结线虫（*M. acrita*）；针属（*Paratylenchus*）；小环属（*Criconemella*），弯曲小环线虫（*C. curvata*）、畸形小环线虫（*C. informis*）；环属（*Criconema*），畸形环线虫（*C. aberrants*）；拟鞘属（*Hemicriconemoides*），芒果拟鞘线虫（*H. mangiferae*）；滑刃属（*Aphelenchoides*），甘蔗滑刃线虫（*A. sacchari*）；真滑刃属（*Aphelenchus*），燕麦真滑刃线虫（*A. avenae*）；剑属（*Xiphidorus*），美洲剑线虫（*X. americanum*）、标明剑线虫（*X. insigue*）、短颈剑线虫（*X. brevicolle*）；长针属（*Longidorus*），伊朗长针线虫（*L. iranicus*）。

二、重要种类及分布

1. 根结属线虫

2003 年在我国安徽发现的第 1 例石榴线虫病害就是根结线虫引起的石榴根结线虫病。目前在云南、安徽、山东等石榴产区均发现有根结线虫为害石榴。调查发现，根结线虫是我国石榴分布较广、为害严重的一类重要病原线虫，主要有 3 种（表 8-1，图 8-1）：南方根结线虫（*M. incongnita*（Kofold & White）Chitwood，1949 年）、北方根结线虫（*M. hapla* Chitwood，1949 年）、花生根结线虫（*M. arenaria*（Neal）Chitwood，1949 年）。

（1）南方根结线虫（表 8-1，图 8-1）

雌雄异形，雄虫未见。雌虫虫体膨大，呈球形或洋梨形，有明显突出的颈部，唇区稍突起，略呈帽状，体长 586.0～750.0 μm，最大体宽 304.0～430.0 μm，口针长 13.0～16.0 μm；会阴花纹有变异，花纹呈椭圆形或近圆形，背弓较高，背弓顶部圆或平，有时呈梯形，背纹紧密，背面和侧面的线纹呈波浪形或锯齿状，有的平滑，侧区不明显，侧面线纹有分叉，腹纹较少，光滑，通常呈弧形由两侧向中间弯曲。2 龄幼虫线形，纤细，头端平，体长

373.0～393.0 μm，尾长 36.5～54.0 μm，透明尾长 10.4～13.8 μm。

为害症状：感病的石榴植株矮化、叶片发黄。病株根部长有许多根结，沿根呈串珠状着生，根结表面光滑，不长短须根。在调查的田块中，感染根结线虫的植株较为普遍。

表 8-1　为害石榴的 3 种根结线虫的主要形态指标测量值

形态指标	南方根结线虫	北方根结线虫	花生根结线虫
雌虫			
测计的标本数	20	20	20
体长/μm	614.4±88.6 (586.0～750.0)	758.9±70.5 (662.0～864.0)	618.4±175.6 (469.0～806.0)
最大体宽/μm	385.9±60.4 (304.0～430.0)	390.4±43.6 (351.5～425.0)	393.1±65.5 (278.5～490.0)
口针总长/μm	15.1±1.3 (13.0～16.0)	16.5±1.8 (12.5～15.0)	15.8±1.9 (14.0～18.0)
背食道腺开口至口针基部球的距离/μm	3.8±0.4 (2.9～4.4)	4.4±0.9 (2.9～6.2)	4.0±0.8 (2.9～5.8)
排泄孔至头端的距离/μm	17.2±1.9 (14.6～21.8)	27.1±6.4 (17.5～36.4)	34.2±5.6 (26.2～43.7)
2 龄幼虫			
测计的标本数	20	20	20
体长/μm	385.3±5.8 (373.0～393.0)	403.7±8.5 (395.0～417.5)	405.2±6.7 (395.0～422.0)
最大体宽/μm	13.5±0.8 (10.9～14.2)	14.2±0.4 (13.5～14.6)	14.5±0.2 (13.8～14.6)
尾长/μm	47.8±3.8 (36.5～54.0)	53.0±4.6 (43.5～58.0)	53.3±2.8 (49.0～58.0)
透明尾长/μm	12.0±0.009 (10.4～13.8)	16.4±1.8 (11.0～18.0)	16.4±1.5 (14.6～20.0)

注：每组数据后部括号里的数据是各指标的范围（最小值～最大值）。

分布：云南蒙自、会泽、建水，安徽怀远，山东泰安、峄城。

（2）北方根结线虫（表 8-1，图 8-1）

雌雄异形，雄虫未见。雌虫虫体梨形或长椭圆形，颈通常很短，颈部与体分界不明显，颈的前端尖，向后逐渐加粗，基杆为圆柱形，口针基球很小，球形。前缘向后倾斜，与杆部的界限明显。中食道球形或近似球形，排泄口的位置较后，位于口针基球后约 1.5 倍口针长度处，体长 662.0~864.0 μm，最大体宽 351.5~425.0 μm，口针长 12.5~15.0 μm；雌虫会阴花纹多为稍扁平的卵圆形，背弓多为扁平形，背腹线纹相遇处有一定的角度，有的形成"翼"，侧线不明显，在形成整个花纹的图案时线纹多有变化，从波浪形到平滑形不等，尾区通常有刻点。2 龄幼虫线形，尾部末端钝，尾透明末端界限多数明显，尾端有缢缩。体长 395.0~417.5 μm，尾长 43.5~58.0 μm，透明尾长 11.0~18.0 μm。

为害症状：病株根部长有许多根结，根结上长短须根，根结形成后，原来的根不再生长，产生次生根，次生根上又产生根结，整个根系畸形，根系不发达。感病石榴植株主要表现为生长缓慢，叶片发黄，个别叶片有不同程度的畸形。

分布：云南蒙自。

(3)花生根结线虫(表 8-1，图 8-1)

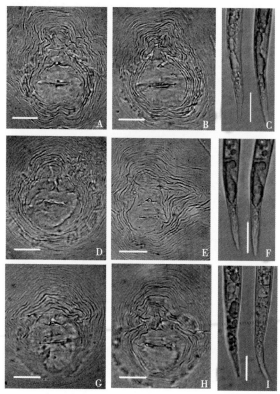

A、B、D、E、G、H：会阴花纹(比例尺：20 μm)；C、F、I：2 龄幼虫尾部特征(比例尺：10 μm)。

A、B、C：南方根结线虫；D、E、F：北方根结线虫；G、H、I：花生根结线虫

图 8-1　为害石榴的 3 种根结线虫的会阴花纹和 2 龄幼虫尾部特征

雌雄异形，雄虫未见。雌虫虫体乳白色，柠檬形，虫体大小变化较大，特别是体宽和颈长部分，少数虫体的颈部较长，而且细，但大多数虫体的颈部较短，与虫体的分界不明显。口针粗大，口针基部球近球形，前缘向后斜或平，中食道球形到椭球形，排泄口的位置变化较大，与头前端的距离平均约为口针长的 3 倍，体长 469.0～806.0 μm，最大体宽 278.5～490.0 μm，口针长 14.0～18.0 μm；雌虫会阴花纹的背弓多为扁平到扁圆形，近肛门处的线纹多为波浪形，背弓线纹多为平滑形，腹面的线纹和背面的线纹通常在侧线处相遇，并呈一定的角度。弓上的线纹在侧线处稍有分叉，且通常在弓上形成肩状突起，肩状突起形态各异，有的只有一侧肩状突起明显，有的则双侧都较明显。2 龄幼虫线形，尾末端尖圆，尾透明末端界限多数明显，有的不明显，体长 395.0～422.0 μm，尾长 49.0～58.0 μm，透明尾长 14.6～20.0 μm。

为害症状：病株根部长有许多根结，形成小的串珠状根结。感病石榴植株有的地上部无明显症状，而大部分则表现为植株矮化、叶片发黄或严重畸形，有的则枯死。

分布：云南会泽、建水。

2. 剑属线虫

调查发现了 3 种(表 8-2)：美洲剑线虫(*X. americanum* Cobb，1913 年)、标明剑线虫(*X. insigue* Loosi，1949 年)、短颈剑线虫(*X. brevicolle* Lordello & Costa，1961 年)。

(1)美洲剑线虫(表 8-2)

雌雄同形，为线性，雄虫未发现。雌虫温热杀死后虫体向腹面弯曲呈"J"形，体长 1 750～1 870 μm，体宽 35.2～41.9 μm，虫体两端渐变细，体表角质层较光滑，具细条纹，在尾端背腹面明显加厚。唇区圆，与虫体交界处缢缩较明显，齿针强壮，长为 125.0～155.0 μm，齿针尖长 80.1～107.0 μm，导环为双环，后环高度硬化，位于齿针尖后部靠近齿针尖与齿托相连接处。诱导环距头前端 52.5～87.7 μm。阴门位于近体中部($V=44.2～52.1$)，横裂，占所在体宽的 1/3 左右，子宫无特殊分化。尾长 30.1～36.8 μm，尾锥形，向腹面弯曲，尾端较尖，c' 值为 1.2～1.5。

分布：山东泰安、枣庄。

(2)标明剑线虫(表 8-2)

雌雄同形，为线性，雌虫未见。雌虫虫体粗、长，热杀死后虫体直或腹弯，虫体后部弯曲幅较大。虫体短于 2.8 mm，体长 2 121.0～2 545.0 μm，最大体宽 35.0～38.5 μm，虫体前端从齿针基部处开始逐渐变细，后端从肛门处开始明显变细。唇区半球形，头部圆，连续，有的略缢缩。齿针细长，高度硬化，约为延伸部的2倍，齿针基部呈叉状，宽10.5～11.2 μm。齿托基部呈显著的凹缘状。齿针导环为双环，后环高度硬化，导环位于齿针和齿托相连接处附近。被食道腺核位于背食道腺开口附近，大于腹亚侧食道腺核，食道腺长约为宽的5倍。雌虫双生殖腺，前后生殖腺均发育完全，阴门位于虫体前1/3处，子宫内有骨化结构，有的阴门唇略突起。卵巢1对，前后对称。尾部呈匀称的长圆锥形，末端钝圆。尾长98.0～136.5 μm，尾乳突3对。

分布：云南蒙自。

表 8-2　寄生石榴的3种剑线虫雌虫主要形态指标测量值

形态指标	美洲剑线虫	标明剑线虫	短颈剑线虫
测计的标本数	6	8	10
体长/μm	1 800±40.0 (1 750.0～1 870.0)	2 261.7±132.5 (2 121.4～2 546.9)	1 873.0±56.5 (1 809.1～1 960.0)
最大体宽/μm	38.6±2.3 (35.2～41.9)	35.5±1.2 (35.0～38.5)	42.6±1.6 (40.0～43.7)
齿针延伸部长/μm	88.4±9.5 (80.1～107.0)	61.3±5.2 (57.8～73.5)	51.7±2.7 (47.3～54.6)
齿针长/μm	135.5±10.8 (125.0～155.0)	145.1±3.1 (139.3～148.1)	140.3±2.2 (136.1～143.1)
尾长/μm	33.4±2.2 (30.1～36.8)	121.0±12.5 (98.0～136.5)	27.0±1.7 (24.8～29.9)
肛门处体宽/μm	24.2±1.1 (22.6～25.5)	22.2±1.8 (19.3～24.5)	27.6±1.5 (25.5～29.1)
体长/最大体宽	47.0±2.5 (43.9～51.1)	63.7±2.1 (60.6～66.2)	44.0±1.4 (41.8～45.2)
体长/体前端至食道与肠连接处的距离	6.9±0.5 (6.3～7.4)	6.4±0.4 (5.8～7.1)	6.9±0.3 (6.3～7.3)
体长/尾长	54.4±4.0 (50.8～61.1)	18.8±1.3 (17.7～21.6)	69.5±4.6 (62.1～74.0)
体前端至阴门的距离×100/体长	49.9±2.9 (44.2～52.1)	31.1±0.6 (30.2～32.1)	51.8±0.4 (50.9～52.2)

（3）短颈剑线虫

雌雄同形，为线性，雄虫未见。雌虫虫体经热杀死后腹弯成 C 形，体呈圆柱形，末端逐渐变细。体长为 1 809.0～1 960.0 μm，体表环纹较细，无 Z 形器官。唇区前端平，中间稍凹，头体缢缩明显，齿针全长为 136.1～143.1 μm，齿针延伸部分长 47.3～54.6 μm，齿托基部为明显的凹缘形。导环距头顶 72.8～78.3 μm，食道基部膨大，与肠分界明显。双生殖管，对生。阴门位于虫体中部附件。尾较短，被面向腹面弯曲，圆锥形，尾长约等于或稍大于肛门处体宽，尾长 24.8～29.9 μm。

分布：云南（会泽）。

3. 短体属线虫

从所采的样本中鉴定发现了 2 个种（表 8-3）：咖啡短体线虫（P. Coffeae (Zimmermann)Seinhorst，1959 年）、刻痕短体线虫（P. crenatus Loof，1960 年）。

（1）咖啡短体线虫（表 8-3）

雌雄同形，为线性，雄虫未见。雌虫经温热水浴杀死后虫体直或稍弯，虫体近圆筒形，两端渐变细，体中部角质层环纹清楚。唇区低，稍缢缩，前端平圆，唇环 2 个，唇骨架发达。口针粗壮，口针基部球宽圆形，背食道腺开口于基部球后 2 μm 处，中食道球近卵圆形，食道腺呈叶状覆盖肠的腹面，排泄孔位于食道腺前端水平处，半月体紧靠排泄口的前端。前伸单卵巢，卵母细胞单行排列，在生殖区偶尔双行排列，受精囊明显，长卵圆形，其内充满精子，后阴子宫囊一般为阴门处体宽的 10～15 倍处。尾部渐变细，末端圆、宽圆、平截或有缺刻。

分布：云南蒙自、会泽、建水，山东峄城。

（2）刻痕短体线虫（表 8-3）

雌雄同形，为线性，雄虫未见。雌虫经温热杀死后直形或尾部稍弯，体环纹明显，体中部体环宽约 1.8 μm。唇区较高，明显缢缩，具 3 条唇环，唇前端平，唇拐角尖，第 1 条唇环明显窄于后 2 条唇环。头架中等骨化，向后延伸至 1 个体环处。口针较发达，有较大的基球，高 1.8～2.9 μm，宽为 3.3～3.6 μm，基球呈角状。中食道球近卵圆形，宽为该处体直径的 3/5。食道腺从腹面覆盖肠的前端，覆盖长度为 30.0～40.0 μm。排泄口在食道与肠交界处的前方，半月体长约 2 个体环宽，紧靠在排泄口的前方。单卵巢，前伸，卵母细胞单行排列，在生殖区偶尔双行排列，阴门通常位于 78.5%～87.0% 处，受精囊空，后阴子宫囊长度约为阴门处体直径的 2 倍。尾常呈棒状，末端钝圆，具明显的表皮纹。

分布：云南蒙自。

表 8-3　寄生石榴的 2 种短体线虫雌虫主要形态指标测量值

形态指标	咖啡短体线虫	刻痕短体线虫
测计的标本数	20	20
体长/μm	538.7±28.64(502.3～586.0)	603.1±22.4(580.6～631.5)
最大体宽/μm	18.8±1.26(17.5～21.9)	20.7±0.9(18.9～21.8)
体前端至肠瓣交汇处距离/μm	106.8±9.6(94.6～116.5)	111.4±6.8(91～120.1)
体前端至食道腺末端距离/μm	132.9±9.7(112.8～147.4)	150.0±4.6(146～160)
尾长/μm	27.3±1.5(25.5～29.9)	30.5±3.0(23.7～32.8)
体前端至阴门距离/μm	432.1±25.2(400.4～469.6)	488.2±18.3(467.7～516.9)
口针总长/μm	15.0±0.4(14.2～15.3)	18.0±0.3(17.5～18.2)
口针锥体部长/μm	3.7±0.2(3.64～4.4)	5.1±0.86(4.4～6.9)
排泄孔至头端距离/μm	86.2±7.9(72.8～96.5)	92.7±3.0(87.4～98.3)
体前端至中食道球中部距离/μm	58.7±1.7(56.4～60.1)	62.8±1.9(60.1～65.5)
后阴子宫囊的长度/μm	19.1±1.7(16.4～21.8)	20.6±2.2(18.2～25.5)
肛门至阴门间距离/μm	78.7±3.2(74.6～85.5)	84.8±9.2(69.2～98.3)
背食道腺开口至口针基部球的距离/μm	6.9±2.0(4.4～9.1)	4.3±0.2(4.0～4.4)
头部高/μm	3.5±0.3(2.9～3.6)	3.2±0.5(1.8～3.6)
头部宽/μm	～7.28	7.31±0.1(7.28～7.64)
口针基部球高/μm	2.0±0.4(1.8～2.9)	2.77±0.44(1.8～2.9)
口针基部球宽	3.6±0.2(3.3～3.6)	3.58±0.13(3.3～3.6)
体长/最大体宽	28.7±2.1(25.1～30.3)	29.2±1.4(27～30.9)
体长/体前端至食道与肠连接处的距离	5.1±0.4(4.4～5.7)	5.4±0.4(4.8～6.4)
体长/尾长	19.8±0.6(18.6～20.5)	20.0±2.1(17.7～24.7)
尾长/肛门处体宽	2.1±0.2(1.8～2.3)	2.2±0.2(1.7～2.6)
体前端至阴门的距离×100/体长	80.2±0.8(79.4～81.5)	81.0±2.1(78.5～87.0)
口针锥部/口针长	0.3±0.01(0.2～0.3)	0.28±0.05(0.24～0.4)

4. 矮化属线虫

从所采集的土样中分离鉴定到 2 个种(表 8-4)：厚尾矮化线虫(*T. crassicaudatus* Williams，1960 年)、克莱顿矮化线虫(*T. claytoni* Steiner，1937 年)。

(1)厚尾矮化线虫(表 8-4)

雌雄同形,为线性,雄虫未见。雌虫经温热杀死后,虫体直或略向腹面弯曲,体环明显,近尾部体环更大。头部连续,头环不清楚,头端平,头架中等骨化,口针发达,口针针锥部长与杆部约相等,基部球稍向后倾斜。食道前体部细窄,中食道球明显,约占体宽的 1/3,食道腺梨形,与肠分界清楚,排泄口距头顶 91.0～101.5 μm,半月体和排泄口紧接。卵巢 2 个,对生,阴门位于虫体中部靠后,阴道长,阴门横裂。尾端棒状,尾末端半球形,透明、无刻痕。

分布:云南蒙自、会泽、建水。

表 8-4 寄生石榴的 2 种矮化线虫雌虫主要形态指标测量值

形态指标	厚尾矮化线虫	克莱顿矮化线虫
测计的标本数	20	13
体长/μm	800.7±46.5(724.5～875)	569.3±32.7(502.3～627.9)
最大体宽/μm	25.4±1.5(22.8～28)	21.5±0.7(20.0～22.6)
体前端至食道腺末端距离/μm	141.1±3.8(136.5～150.5)	114.9±4.8(107.4～123.8)
尾长/μm	38.0±2.4(31.5～42.0)	31.4±3.3(23.7～36.4)
肛门处体宽/μm	17.5±0.9(14.0～19.3)	14.8±1.2(12.7～17.5)
体前端/μm	452.3±23.1(406.0～476.0)	330.1±18.1(294.8～364.0)
口针总长/μm	14.8±1.1(14～17.5)	20.0±1.0(18.6～21.8)
排泄孔至头端距离/μm	98.4±3.1(91.0～101.5)	—
体前端至中食道球中部距离/μm	78.4±2.5(73.5～84.0)	58.0±3.0(52.8～63.7)
透明尾长/μm	11.3±1.06(10.2～14.0)	—
背食道腺开口至口针基部球的距离/μm	—	4.9±0.5(4.4～5.5)
体长/最大体宽	31.6±1.3(29.3～33.3)	26.4±1.0(24.6～28.3)
体长/体前端至食道与肠连接处的距离	5.7±0.3(5.0～6.1)	5.0±0.2(4.6～5.3)
体长/尾长	21.1±1.2(18.6～23.3)	18.3±2.2(15.8～24.8)
尾长/肛门处体宽	2.2±0.1(1.9～2.4)	2.1±0.3(1.6～2.5)
体前端至阴门的距离×100/体长	56.5±1.5(53.1～60.0)	58.0±2.1(54.1～61.2)
口针锥部/口针长	0.5±0.03(0.4～0.5)	0.22±0.04(0.18～0.34)

（2）克莱顿矮化线虫（表8-4）

雌雄同形，为线性，雄虫未见。雌虫经温热杀死后，虫体直或略向腹面弯曲。体圆筒形，两端稍细，唇区半圆形，稍缢缩。头架硬化。口针较细，基部球较大，扁圆形，前缘向后倾斜。排泄口位于食道峡部的基部。食道腺长梨形，与肠交界清楚。双卵巢，对生。尾圆锥形，末端钝圆，光滑。

分布：云南蒙自，山东泰安、峄城。

5. 螺旋属线虫

从所采的土样中鉴定了1个种：双宫螺旋线虫（*H. dihystera*（Cobb，1893）Sher，1961年）（表8-5）。

雌雄同形，为线性，雄虫未见。雌虫经温热杀死后，虫体呈螺旋形，体环明显，侧线4条，侧区在尾部终止。头部连续，半球形，有的唇端略平。口针强壮，口针基部球前缘平或稍凹，半月体位于排泄孔水平处。阴门位于体中后部，凹陷，双生殖腺，对伸，受精囊连续或稍缢缩，无精子。侧尾腺位于肛门前5～10个体环处，尾背弯弧较大，通常具有尾腹突。

分布：云南蒙自、会泽、建水，山东泰安、峄城。

表8-5 寄生石榴的双宫螺旋线虫雌虫主要形态指标测量值

形态指标	测量值
测计的标本数	25
体长/μm	686.6±37(627.9～748.0)
最大体宽/μm	25.1±0.8(22.9～26.2)
体前端至肠瓣交汇处距离/μm	133.3±5.7(124.5～142)
体前端至食道腺末端距离/μm	149.8±5.9(139.1～166.7)
尾长/μm	16.3±1.5(13.8～18.2)
体前端至阴门距离/μm	448.3±24.3(400.4～495)
口针总长/μm	24.6±1.0(21.8～25.5)
背食道腺开口至口针基部球的距离/μm	14.1±1.2(10.9～16.4)
体长/最大体宽	27.4±1.2(25.8～30.3)
体长/体前端至食道与肠连接处的距离	5.2±0.23(4.7～5.7)
体长/体前端至食道末端的距离	4.6±0.23(4.1～5.0)
体长/尾长	42.4±3.6(34.9～47.4)
尾长/肛门处体宽	1.02±0.1(0.89～1.25)
背食道腺开口距口针基部球的距离/口针长	0.57±0.05(0.43～0.66)
口针锥部/口针长	0.3±0.01(0.29～0.33)
体前端至阴门的距离×100/体长	65.3±1.2(61.6～68.6)

6. 环亚科线虫

这里将调查发现的弯曲小环线虫(*C. Curvata*(Raski)Luc & Raski，1981年)，畸形小环线虫(*C. Informis*(Micoletzky)Luc & Raski，1981年)，畸形环线虫(*C. Aberrans*(Jairajpuri & Siddiqi) Raski & Luc，1987年)，芒果拟鞘线虫(*H. mangiferae* Siddiqi，1961年)一起描述，故标题为"环亚科线虫"。

(1)弯曲小环线虫(表 8-6)

雌雄同形，为线性，雄虫未见。雌虫经温热杀死后，体略向腹面弯曲。虫体粗壮，头尾两端略变细，体环 71~75 个，略后翻，体中部体环宽 69.0~73.0 μm。头部圆，不缢缩，口唇盘略隆起，圆形。口针粗壮，口针长 63.7~69.2 μm，口针基部球锚状，食道是典型的环形食道，峡部粗而短，被神经环围绕。成熟雌虫阴门略张开，阴门到尾端的体环数为 6 个。肛门靠近尾端，肛门到尾端的体环数为 4 个，阴门后体部宽圆锥形，尾端钝圆。

分布：云南会泽。

(2)畸形环线虫(表 8-6，图 8-2)

雌雄同形，为线性，雄虫未见。雌虫经温热杀死后，虫体直或略向腹面弯曲。虫体粗壮，头尾两端略变细，体环明显后翻，体环 37~41 条。有 2 条光滑的头环，第 1 环略前倾或平，大如草帽状；第 2 环收缩，小于第 1 环，似明显的颈。侧面观唇区突出如盘状，相连体环后翻，体环后缘钝齿状，体中部体环宽 11.6~14.6 μm。口针粗壮，口针长 72.8~85.5 μm，口针基部球锚状，食道是典型的环形食道，峡部粗而短，基部与食道基球合并，被神经环围绕。雌虫阴门闭合，阴门到尾端的体环数为 4~5 条。肛门不清，常靠近阴门，肛门到尾端的体环数为 2~3 条，阴门后体部宽圆锥形，尾末端钝圆，有多条棘片聚集在一起。

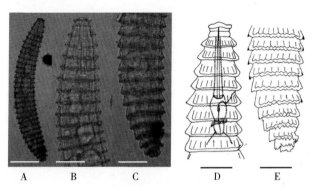

比例尺：A=100 μm；B~E=50 μm

A. 整体，B. 头部，C. 尾部，D. 头部，E. 尾部

图 8-2 畸形环线虫

分布：云南会泽，山东泰安、峄城。

表 8-6　寄生石榴的 2 种环线虫雌虫主要形态指标测量值

形态指标	弯曲小环线虫	畸形环线虫
测计的标本数	5	5
体长/μm	438.6±32.0(398.6～465.9)	470.7±29.4(445.9～526)
最大体宽/μm	38.4±0.4(38.2～39.3)	52.1±5.7(45.5～61.9)
体前端至食道腺末端距离/μm	111.7±3.2(107.4～116.5)	132.9±8.9(123.8～149.2)
体前端至阴门的距离	408.3±29.0(372.3～433.2)	406.6±23.6(380.4～436.8)
尾长/μm	21.3±1.4(20.0～23.7)	
口针总长/μm	65.9±2.1(63.7～69.2)	77.2±4.7(72.8～85.5)
体长/最大体宽	11.4±0.8(10.4～12.2)	9.1±0.5(8.5～9.8)
体长/体前端至食道与肠连接处的距离	3.9±0.2(3.7～4.1)	3.5±0.03(3.5～3.6)
体长/尾长	20.7±2.1(18.3～23.2)	
体前端至阴门的距离×100/体长	93.1±0.3(92.6～93.4)	86.4±2.7(83.0～91.2)
体中部位环的宽度/μm	7.2±0.2(6.9～7.3)	12.9±0.9(11.6～14.6)
唇盘与口针基部之间的体环数	12～13	8～9
阴门与尾端之间的体环数	5～6	4
肛门与尾端之间的体环数	3～4	
总体环数	71～75	37～41

(3)畸形小环线虫(表 8-7，图 8-3)

雌雄同形，为线性，雄虫未见。雌虫经温热杀死后，体略向腹面弯曲。体圆筒形，体长 333.6～500.8 μm。头尾两端略尖，体环明显后翻，体环数为 58.0～68.0 条。头部略呈圆锥形，连续，头环 2.0～3.0 条，不后翻。唇盘小，且略突出。口针长 49.0～70.9 μm，锥体长 38.7～54.3 μm，口针基球锚形。有典型的环形食道，中食道球瓣门骨化明显。峡部较细短，被神经环围绕。食道腺末端距头端 86.9～132.0 μm。肠不清晰。雌虫阴门闭合，位于体长的 78.2%～89.0%处，阴门到尾端体环为 4.0～6.0 条。肛门到尾端体环为

3.0～4.0条。排泄孔位于食道基球附近，到头端距离为75.6～129.9 μm，体环为14.0～23.0条。阴门后虫体圆锥形，渐变细。尾部钝圆，尾端常有2裂或3裂，有时为元宝形。

分布：山东泰安、峄城。

表 8-7 畸形小环线虫和芒果拟鞘线虫在山东石榴上的测量值

形态指标	畸形小环线虫	芒果拟鞘线虫
测计的标本数	22	30
体长/μm	407.5±47.6(333.6～500.8)	443.5±33.4(399.8～550.2)
最大体宽/μm	34.2±3.2(30.1～40.1)	27.3±2.0(23.8～35.0)
体前端至食道腺末端距离/μm	114.0±11.1(86.9～132.0)	114.9±6.5(94.5～128.0)
体前端至阴门距离/μm	345.2±43.4(285.2～442.6)	402.5±31.1(362.0～498.8)
口针长/μm	61.1±5.5(49.0～70.9)	75.4±3.3(69.1～82.5)
口针锥体长/μm	45.2±4.6(38.7～54.3)	
尾长/μm	17.3±2.1(13.5～21.0)	22.1±2.5(15.6～26.6)
排泄孔至头端的距离/μm	100.5±13.1(75.6～129.9)	129.0±5.6(123.0～134.0)
阴门处体宽/μm	25.1±2.4(20.9～31.0)	22.0±1.4(19.6～26.1)
肛门处体宽/μm	20.7±2.3(16.5～26.2)	16.1±1.3(13.0～18.3)
体环总数	64.2±2.8(58.0～68.0)	112.9±6.3(104.0～136.0)
排泄孔至头端的体环数	19.1±2.4(14.0～23.0)	37.3±1.2(36.0～38.0)
阴门与肛门之间的体环数	1.8±0.5(1.0～3.0)	5.4±0.8(4.0～7.0)
阴门至尾端的体环数	5.0±0.6(4.0～6.0)	12.1±0.8(11.0～13.0)
肛门至尾端的体环数	3.2±0.4(3.0～4.0)	6.6±0.8(5.0～8.0)
食道基球末端至头端的体环数	22.5±3.4(17.0～30.0)	
口针基球至头端的体环数		22.9±1.0(21.0～25.0)
体长/最大体宽	11.9±1.0(9.8～13.3)	16.3±1.5(11.9～19.9)
体长/尾长	23.7±2.4(20.9～32.3)	20.3±2.5(16.1～27.7)

续表

形态指标	畸形小环线虫	芒果拟鞘线虫
体长/体前端至食道与肠连接处的距离	3.6±0.4(2.9～4.6)	
体长/体前端至食道末端的距离		3.9±0.4(3.4～5.1)
尾长/肛门处体宽	0.8±0.1(0.7～0.9)	1.4±0.2(1.1～1.6)
阴门至头部的距离/阴门处体宽	13.7±1.4(12.0～18.1)	18.3±1.4(14.7～22.2)
体前端至阴门的距离×100/体长	85.2±2.6(78.2～89.0)	90.7±0.8(89.3～93.2)
口针长×100/体长	15.1±1.0(13.6～17.2)	17.1±1.1(13.0～18.9)
排泄孔至头端的距离×100/体长	25.4±4.1(18.8～35.2)	

（4）芒果拟鞘线虫（表 8-7）

雌雄同形，为线性，雄虫未见。雌虫温热杀死后体略向腹面弯，体圆筒形。体长 399.8～550.2 μm，体环数为 104.0～136.0 条。体表角质层 2 层，体环平滑，环纹呈拱形，规则排列，不向后弯。唇部明显骨化，前端平，边缘角状。唇部有 2 个唇环，第 1 环完整，边缘稍向前翘起，第 2 环后倾，并与其他环相连。唇盘圆，稍隆起。口针发达，长 69.1～82.5 μm，口针基部球前缘突起呈锚状。唇盘至口针基部球间的体环数为 21.0～25.0 条。 典型的环

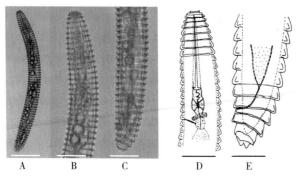

比例尺：A＝100 μm；B～E＝50 μm

A. 整体，B. 头部，C. 尾部，D. 头部，E. 尾部

图 8-3　畸形小环线虫（Luc 和 Raski，1981 年）

形食道。峡部粗而短，被神经环环绕。单卵巢，发达，前伸。阴道前倾，阴门横裂，位于体长的 89.3%～93.2%处，阴门至尾末端的体环数为 11.0～13.0 条。肛门至尾末端的体环数为 5.0～8.0 条。排泄孔位于食道后部，排泄孔至头前端距离为 123.0～134.0 μm。阴门后虫体渐变细。尾呈圆锥形，末端钝圆。

分布：山东峄城。

第二节　发生规律及为害

发生较为严重的石榴线虫病是根结线虫病，初侵染源主要为带根结线虫的石榴苗木，苗圃中的果苗虽然地上部生长正常，但根部有许多瘤状物，如进行分离，可得到 2 龄幼虫及根际寄生线虫。刚孵化出的幼虫可在土壤中做短距离移动，然后再侵入植株根部，在取食植物根汁液的过程中分泌激素，刺激根部细胞形成"根瘤"，其内的幼虫发育为成虫后，即行交配、产卵，不断地繁殖。栽种地（石榴园）的土壤中本身也可能存在根结线虫，即使苗木是健康无病的，但是种植到带有根结线虫的石榴园中之后，也会被侵染，经过1～2年的时间，也能表现出被害状，提示有根结线虫病发生。农事活动、农具以及灌排水、人为因素均可将线虫传播到其他健康石榴苗或石榴树上。所以在坡地种植的果苗，往往山脚发病重于山顶，而在平地栽培的石榴园，根结线虫病的发生表现为发病率及病情指数差异较大；栽培管理措施好，肥水供应充足、均匀，植株生长健壮的发病较轻，反之发病重；干旱高温季节发病较重，沙壤土的地块发病较重。

石榴根结线虫病在苗期症状不明显，主要在种植半年后出现病症。初侵染时一般不表现特殊症状，与干旱、营养不良及缺素症类似，不会引起人们的重视。随着根结线虫的不断繁衍，可吸收根受害逐渐增多，病情逐渐加重，发病较重的果苗，叶色萎黄、叶片稀少、生长缓慢；发病较重的果树表现为叶缘卷曲、无光泽，开花多而挂果少、产量低等现象。病株根系肿胀呈鸡爪状、表皮变褐，主根肿大腐烂，侧根着生大大小小的根瘤，刺激产生很多须根，须根之上再产生根结，其上可见细小如针头大的侵入点或附着卵块，最后整个根系腐烂，失去生命力，树冠表现出比健康树生长势差、树势衰弱的现象，即出现抽梢少、叶片小，影响根系的发育和功能。高温时症状最明显，干旱时病情更严重，重病株严重矮化、叶片发黄下垂，花果生长受阻，枝枯叶落，严重的会引起整株枯死。发病株根系自下而上布满"根瘤"（虫瘿），剖开虫瘿，可见大大小小的根结线虫，虫体呈乳白色洋梨状，肉眼可见(图8-4)。

图 8-4　根结线虫为害石榴根系的症状

王新荣等(2010 年)对根结的形态及形成机理进行了评述，认为植物根结形态和根结内巨型细胞的数目以及大小由植物—根结线虫互作体系共同决定。通过比较常见的感染根结线虫的植物根结结构及其形成过程，可将根结分成单根结和重根结 2 种类型，并将根结线虫引起寄主植物形成根结的发展过程分为诱导、发展、成熟和衰败 4 个阶段。根结内含物成分与正常根尖细胞的内含物有较大的差异。植物细胞分裂周期基因、细胞有丝分裂激酶、细胞壁裂解酶基因以及水通道蛋白基因等与根结的结构及内含物密切相关。

Khan 等(2008 年)研究了爪哇根结线虫对石榴根系的影响，其病理学研究表明，爪哇根结线虫幼虫进入根之后用口针进行穿刺取食的行为，导致邻近的细胞被线虫严重损坏，寄主植物细胞壁破损进而形成巨型细胞。成熟雌虫产生卵块可孵化出幼虫，幼虫可再次侵染石榴根。目前对病理症状观察的研究结果表明，爪哇根结线虫主要是通过破坏石榴根的皮层组织导致根吸收水分和养分的能力降低，最终影响石榴的生长。

第三节　防控对策

植物线虫病害是一类十分顽固的病害，防控极为困难，是一个世界级的难题。究其原因：其一，线虫为害具有隐蔽性，绝大多数线虫为害植物的地下部分，人们能见到地上部的被害症状，与水肥不足、根部真菌和细菌为害以及其他的根部因素伤害极为相似，因为人们对植物线虫认识的程度有限，常常不会想到是线虫的为害。其二，植物线虫是一种生命力极强的小动物，它通过口针取食植物细胞液，因此一般农药对它儿乎没有毒害作用，除非这些农药被植物吸收，且在其细胞液中达到相应的水平，而这点常被人们忽视，以为只要是农药即可杀死线虫；同时，因线虫体壁结构特殊，药剂难以渗入其体内，在生产实践中能杀死线虫的农药，必须是一些熏蒸剂。其三，植物线虫的为害，常常为其他土传病害的病原打开"通道"，与其他土传病害的病原形成复合侵染，而加大了线虫病害和其他土传病害的难度。

在生产实践中，防控石榴线虫病害的策略主要有：选育和选用抗性品种，农业防治、化学防治等多种措施结合，进行综合治理。

一、选育抗性品种

抗性品种在避免线虫对作物的损失方面，具有对环境友好、持久、经济的优点，农户及农业科技人员对抗性品种越来越感兴趣。对农户来说，种植抗性品种最大的好处就是能提高产量。De Waele 和 Elsen（2002 年）、Peng 和 Moens（2003 年）列出了许多迁移性线虫的抗性资源。Peng 和 Moens 对 81 种线虫作物—线虫专化性组合研究表明，46 种作物对 12 属中的 30 种线虫具有抗性，在 81 个组合中有 25 个育成品种具有抗性。Roberts（1982 年）和 Sikora 等（2005 年）列出了 22 种高产作物，其中包括 1 年生的作物、树木和其他多年生的植物，这些品种对 9 属中 19 种线虫具有抗性。

在石榴的抗性品种研究方面，Shelke 等（2000 年）评价温室内 35 种基因型石榴对南方根结线虫 2 号小种的抗性结果表明，35 种基因型石榴都感染了南方根结线虫，有 7 个基因型表现为中度抗性。Westphal（2011 年）的研究表明，种植抗南方根结线虫的经济作物可减少南方根结线虫的虫口密度。谷物覆盖可以被抗南方根结线虫的作物或具有土壤生物熏蒸潜力的作物覆盖所取代，在移栽西瓜幼苗的同时接种有益的菌根真菌可提高早期产量。

随着分子线虫学的发展，科技工作者挖掘了很多抗线虫的基因，如在野生番茄种中找到了抗根结线虫的 Mi 基因；茎线虫的抗性在土耳其斯坦（Turkestan）的紫花苜蓿材料中得到鉴定，通过混合选育，选出了 Lahontan 品种，此抗性已在世界范围内得到广泛应用。随着抗性品种及抗性基因的不断发现和报道，对线虫与植物互作机制的研究不断深入，对寄生线虫 RNA 干扰研究的不断进展，在未来选育出抗根结线虫的石榴品种是很有可能的。

二、农业防治

(1)栽培技术

如果栽培措施得当，则石榴长势好，可增强石榴对病虫害的抵抗能力，即使土壤中有根结线虫且成功侵入石榴根部,因只是少量根被破坏,也不容易显示症状,石榴地上部分仍然会生长正常。因此应加强肥水管理,按时按需勤施薄施水肥,每月坚持施沤制腐熟的粪水或花生麸、菜子饼等2次,可降低石榴根结线虫的为害。Khan等(2011年)的研究表明,芥末及蓖麻饼能显著降低石榴根结线虫的种群。油渣饼、木屑、纤维素废料、甘蔗渣及其他生物废料,如几丁质、骨粉、污泥、禽畜排泄物等对控制线虫的种群也有较好的效果(Akhtar和Alam,1993年)。如几丁质的添加有助于土壤和根际中产几丁质酶的微生物增加,几丁质酶能够降解线虫上富含几丁质的卵壳。尽管施用改良剂后线虫拮抗物数量会有所增加,几丁质对线虫的防效却主要取决于施用后不久氨的释放。另外,重施有机肥,可改善土壤结构和肥力,改善作物的抗线虫水平,同时释放对线虫有毒的复合物,有利于寄生线虫的真菌、细菌及其他线虫拮抗生物的生长。当然,有机物在植物疾病控制和刺激微生物生长的模式是复杂的(Akhtar和Malik,2000年)。Dong等(2012年)研究了温室内蔬菜根结线虫的控制方法,结果表明,蓖麻、辣椒或茼蒿套种黄瓜减少南方根结线虫的感染率分别为71.54%、25.90%和40.42%,然而与蓖麻、辣椒间作抑制黄瓜根的生长。此外,烟草残余物能降低土壤线虫的虫口密度的29.38%,但却增加了番茄感染线虫的概率。用烟草残余物(15 g)与茼蒿对番茄根结线虫进行综合治理,则可降低56%的根结指数和57.35%的虫口密度。所以认为,在温室环境中对南方根结线虫进行治理时,茼蒿是最好的间作作物,烟草残余物(15 g)与茼蒿这一组合是一个较好的潜在的线虫控制方法。另外,干旱季节经常按需浇水,保持根部湿润,投产果园重施钾肥,同时结合喷施叶面肥(常用的叶面肥有丰产素、生物钾、磷酸二氢钾等),可增强石榴树的抗逆性。

(2)大田石榴病树的处理

大田种植一段时间后,若发现嫩芽变黑干枯、叶色变黄、石榴树长势衰弱,就必须采取措施,控制其进一步发展。由于石榴根部受害时其吸收水分及养分的能力减弱,树干与土壤接触的地方极易萌发新根,应保护萌发的新根不再被线虫感染。方法是:轻轻翻开树干周围的土壤,直到见到有新根为止。尽量不要碰伤新根,在树干周围撒3%的克百威颗粒剂50 g左右,然后回土,培高至约高出原来3~4 cm,按需适时浇水及施肥,让新根快速生长,同时在石榴树没有恢复生长之前不能留果。Darekar等(1989年)的研究表明,克百威在控制石榴剑线虫、根结线虫、根际螺旋线虫方面非常有效,跟对照相比,可减少55.95%的虫口密度并增加33.27%的石榴产量,其次为用2.5 t/hm^{2}的印楝(*Azadirachta indica*)饼,再次是水黄皮(*Pongamia pinnata*)、阔叶雾冰藜(*Bassia latifolia*)和蓖麻(*Ricinus communis*)饼。Schneider等

(2009 年)的研究表明，施用 30∶70 或 50∶50 的碘甲烷∶氯化苦且用油布进行覆盖产生的线虫防效相当于1,3-二氯丙烯，虽然效果不如溴甲烷。用碘甲烷与氯化苦的组合对线虫进行防治的技术在美国的几个州都已进行了注册，并建议在加利福尼亚常年种植水果和坚果作物苗圃的线虫防治中作为替代溴甲烷的试剂进行使用。

李维蛟等(2009 年)采用浸渍法测定不同稀释浓度的木醋液对石榴根结线虫 2 龄幼虫抑制作用，研究了木醋液及其配剂对石榴根结线虫病的大田防治。结果表明，不同稀释浓度的木醋液对 4 种常见根结线虫的 2 龄幼虫均有抑制作用，随着稀释倍数的增加，抑制作用减小。木醋液和木醋液配剂对石榴根结线虫病有较好的防治效果，防治效果分别达到 63.9％和 50.5％。用木醋液稀释液(浓度为 150 倍)处理 72 h 时，北方根结线虫、花生根结线虫、南方根结线虫、爪哇根结线虫的校正死亡率分别达到 76.3％、78.4％、77.9％和72.2％。木醋液和木醋液配剂对番茄根结线虫病的防治效果，分别为 54.1％和 28.6％，个旧分别为 27.8％和 19.6％，初步证明木醋液对根结线虫 2 龄幼虫有抑制作用，对石榴根结线虫病和番茄根结线虫病有防治效果，对防治根结线虫病有研究价值、应用价值和开发前景。

Thoden 等(2009 年)研究了可在数百种植物中发现的植物次生代谢产物——吡咯双烷类生物碱对植物寄生线虫和自由生活的线虫的影响，结果表明，吡咯双烷类生物碱对不同的植物寄生和自由生活的线虫都有杀卵和杀虫效果。产生吡咯双烷类生物碱物质的植物包括猪屎豆(*Crotalaria*)、藿香(*Ageratum*)和千里光属植物(*Senecio*)，这些种类的植物在线虫防治中都有较好的应用前景。这些研究对石榴线虫病害的防治有很好的参考价值。

三、化学防治

(1)培育健康的石榴苗

使用消毒的种植材料，包括如土壤、泥炭、蛭石等栽培介质及所使用的盛放苗木的容器。对这些种植材料进行消毒处理是防治石榴线虫病害的一个重要方法，能有效降低线虫对大田作物的影响及限制线虫转移到其他未遭受线虫病害的区域。如发现培育的石榴苗已有线虫感染，移栽前必须集中对石榴苗进行杀虫处理，把病虫害数量降到最低限度。可用虫线清 300 倍液与其他杀菌剂混合喷施，也可用虫线清 200 倍液淋施，待 4 d 后移栽到大田。对于发病症状比较明显的，应重点处理。

(2)土壤处理

为防止石榴线虫病害的发生，在移栽石榴苗前有必要对大田中的土壤线虫进行调查，如果发现其中有致病性强的线虫种类，如根结线虫、根腐线虫、剑属线虫且种群密度较高时，必须对土壤进行消毒处理。早在 20 世纪上半叶，随着三氯硝基甲烷、1,3-二氯丙烯、溴甲烷、1,2-二溴-3-氯丙烷(1,2-DBCP)、1,3-二氯丙烯和 1,2-二氯丙烷的混合物(DD)、甲醛、威百亩钠和棉隆的引进，熏蒸剂得到了较快的发展。由于其中很多熏蒸剂对全球气候变暖造成了威胁，蒙特利尔协议(Montreal Protocol)规定从 2005 年开始在发达国家禁用过去一直使用的溴甲烷。20 世纪下半叶，有机磷酸酯类杀线剂，如克线磷、灭线磷、噻唑磷，与氨基甲酸酯类杀线剂，如克百威、涕天威和杀线威同步发展。现在较为环保的方法是用日晒法对带虫土壤进行消毒。现在，日晒热处理已成功应用于土壤消毒，这种方法起初用于在较热气候条件下的较浅土壤中(Gaur 和 Perry，1991 年)。很多研究者描述了日晒的具体方法，Widyawan 的方法是：首先进行整地，清除石块、杂草等杂物，然后在盛夏对需要消毒的土地进行灌溉，使土壤保持一定的湿度，用干净的聚乙烯薄膜覆盖在土壤上，把薄膜边缘进行埋压，依据当地的太阳辐射进行 2~9 周时间的消毒，最后去除聚乙烯薄膜即可。建议最高日照强度下进行日晒，这样可提高处理效果。另外，可将日晒处理和杀线虫制剂结合起来应用，以提高消毒效果。McSorley 等(2000 年)的研究表明，不同的线虫种类对这些消毒手段的反应是不同的，只有理解和认识到存在这样的差异性，才能优化使用日晒和其他杀线剂结合的方法对线虫进行管理的策略。Butler 等(2012 年)对厌氧土壤消毒与单独的日晒土壤消毒进行比较，研究其作为溴甲烷的替代方法在防治植物寄生线虫及土传病原菌方面的差异，结果表明：处理过后的土壤在植物(辣椒)第 1 个生长季节，其寄生线虫种群普遍较低，而在第 2 个季节末期，栽种的植物为茄子，南方根结线虫的虫口密度在没有施入制糖废液、只用日晒或没有进行灌溉处理的地方，平均每 100 cm^2 土壤有超过 200 条线虫，而如果进行厌氧土壤消毒即施入制糖废液，或施入制糖废液与日晒结合再灌溉 5 mL 或 10 mL 的水，平均每 100 cm^2 土壤只有 10 条线虫。厌氧土壤处理结合日晒，已作为一个替代土壤熏蒸控制土传病原菌和植物寄生线虫的方法，在佛罗里达州蔬菜生产中应用。也可在种植回穴前，在穴边撒施 0.2~0.3 kg 的石灰粉，每株施 3% 的呋喃丹颗粒剂 25~40 g，尽可能施在石榴根系周围，以保证抽出的新根不再感染根结线虫。

四、生物防治

(1)生防菌及其使用

由于环境和健康愈来愈被人们重视，寻找控制植物寄生线虫的化学杀虫剂的替代措施成为研究的热点。生物防治在植物害虫和疾病管理方面被认为是生态友好的一个选择，现已知一些微生物对植物寄生线虫有拮抗作用。现有的研究表明，生防因子普遍只能提供较低的防治效果并且难于单独发挥作用，在可持续管理体系中生防因子的成功应用有赖于和其他治理措施的综合应用。Moosavi 等（2012 年）则认为利用真菌来生物控制植物线虫是一个激动人心及快速发展的研究领域，越来越多的研究在致力于寻找拮抗植物线虫的真菌。他将重要线虫的寄生及拮抗真菌分成了食线虫真菌和内寄生真菌，并对它们的分类、分布、生态学、生物学和作用方式进行了阐述。食线虫真菌是指寄生、捕捉、定殖和毒害线虫的一类真菌，这类真菌是自然界中线虫种群控制的重要因子。目前全世界共报道 700 余种食线虫真菌，包括捕食线虫真菌 380 余种、线虫内寄生真菌 120 余种、产毒真菌 270 余种和大量机会真菌。针对丰富的食线虫真菌资源，近年来世界各国尤其是中国科学家对其进行了广泛研究，在捕食线虫真菌资源的分类、系统进化、生态分布、有性无性联系等方面的研究取得了重要进展，在线虫内寄生真菌侵染宿主的方式及产毒真菌的次生代谢产物挖掘等方面也进行了广泛研究。食线虫菌物包括利用收缩环捕食线虫的指状节丛孢菌（*Arthrobotrys dactyloides*）和利用非收缩环和黏球捕食线虫的隔指孢（*Dactylella grove*），椭圆单顶孢（*Monacrosporium ellipsosporum*）则通过黏球或产生菌环黏性分支捕食线虫，少孢节丛孢（*Arthrobotrys oligospora*）能利用三维菌网来捕获土壤中的线虫，还包括淡紫拟青霉（*Paecilomyces lilacinus*）、普可尼亚菌（*Pochonia*）等。而细菌通过产生抗生素、酶或毒素可干扰线虫的习性、取食或繁殖，如伯克霍德菌属（*Burkholderia* spp.）、假单胞菌属（*Pseudomonas* spp.）、芽孢杆菌属（*Bacillus* spp.）和放射状土壤干菌（*Agrobacterium radiobacter*）可能会通过影响线虫孵化和移动能力或诱导植物抗性来降低线虫对根部的侵染。寄生于线虫的巴氏杆菌属（*Pasteurella*）是目前研究最多、也是最有希望的生防因子。

（2）生物熏蒸

生物熏蒸主要用于土壤处理，即利用来自十字花科或菊科的有机物释放有毒气体杀死土壤害虫、病菌。其中主要的有效成分是葡糖异硫氰酸酯，而葡糖异硫氰酸酯是十字花科或菊科植物中的一大类含硫化合物。当因害虫侵袭、收获、食品加工或咀嚼而使植物组织遭到损害时，葡糖异硫氰酸酯能与内源性黑芥子酶接触，并立即反应，形成各种各样的分解产物，包括哑烷硫酮、腈、硫氰酸酯和不同结构的异硫氰酸酯等水解产物，其中的异硫氰酸甲酯对有害生物有非常好的生物活性。另外，含氮量高的有机物能产生氨，从而杀死根结线虫。因此，利用生物熏蒸，可以杀死土壤中的有害病原菌、害虫、线虫和杂草等。

生物熏蒸的应用方法比较简单：在夏季将土地深耕，使土壤疏松，再把用作熏蒸的植物残渣切碎或是在新鲜的家禽粪便、牛粪、羊粪中加入稻秆、麦秆等，也可用海产品与土壤充分混合后按一定比例撒在土壤表面之后浇足量的水，然后覆盖透明塑料薄膜。日照时间的长短、环境温度、湿度都会影响生物熏蒸的效果。石榴寄生线虫病的防治也可参考此种方法。

五、综合治理

在世界农业发展的历史中，依赖化学农药控制植物病害的历史不足百年，在几千年的传统农业生产中，作物品种的多样性无疑是持续控制病害的重要因素之一，生物多样性与生态平衡无疑是维系生物发展进化的自然规律之一。生物多样性通常包括遗传多样性、物种多样性和生态系统多样性3个组成部分。目前利用生物多样性对植物病虫害进行防治已成为一个热点，且已取得了可喜的进展。Keesing等（2010年）的研究表明，生物多样性的减少影响传染性疾病在人类、动物和植物间的传播。以理论的观点来看，生物多样性的丧失可以增加或减少病害的传播。然而，越来越多的证据表明，生物多样性的丧失往往会增加病害的传播。与此相反，自然生物多样性丰富的地区也可能作为一个新的病原体的聚集地。尽管有许多尚待解决的问题，但总体来说，目前的证据表明，保存完整的生态系统和其特有的生物多样性一般能减少传染性病害的流行。利用生物多样性对线虫病害进行防治方面也有较多的报道。

Stirling（2011年）指出，因为线虫在土壤食物网、养分循环、影响植被组成中的作用，以及它在自然生态系统中的指示价值，自然生态系统中的线虫生态学正在引起科研工作者日益浓厚的兴趣。此外，在自然生态系统中栖居的土壤线虫，其环境的多样性远胜于农业土壤。随着基于分子的新方法不断应用于自然生态系统中线虫的研究，新的突破有望出现。生化和分子生物学方法正在改变我们对自然界中共同进化的植物—线虫—拮抗生物相互作用、土壤食物网内相互连接的程度、线虫如何参与不同类型的土壤过程及参与程度等的理解。Stirling预见，只有不同学科共同努力，从分子到生态层面来研究这些相互作用，上述问题才有希望被完全理解，线虫的管理和控制才能有效进行。

事实上，采用单一的防治措施很难达到治理石榴线虫的目的。Collange等（2011年）研究了几个可供选择的技术措施，包括卫生系统、土壤管理、有机修复、施肥、生物控制和热处理对蔬菜根结线虫进行治理，分析了每个措施的影响和各种技术措施之间的相互作用，发现了研究结果存在很大的差异。在线虫控制方面，许多实践措施只在某些部分有效。因此，在一个系统中如何对线虫进行综合治理极具挑战性。成功的治理措施应该是与时俱进的，是对种植系统、有害生物种群控制灵活和适应性较强的措施，所以我们应该从多个角度来考虑，选择恰当的方法，合理整合各个措施，以达到综合治理石榴线虫病的目的。

参 考 文 献

[1] 范成明，刘建英，吴毅歆，等. 具有生物熏蒸能力的几种植物材料的筛选 [J]. 云南农业大学学报，2007，22(5)：654-658.

[2] 郝玉娥，张铭洋，谭胜全，等. 水生捕食线虫真菌季节性分布及多样性研究 [J]. 南华大学学报：自然科学版，2012(1)：87-92.

[3] 胡美姣，彭正强，杨凤珍，等. 石榴病虫害及其防治 [J]. 热带农业科学，2003，23(3)：60-68.

[4] 贺现辉，朱兴全，徐民俊. 寄生线虫 RNA 干扰研究进展 [J]. 中国畜牧兽医，2011，(3)：65-68.

[5] 简恒. 植物线虫学 [M]. 北京：中国农业大学出版社，2011：307-354.

[6] 李瑶，朱立武，孙龙. 石榴根结线虫病发现简报 [J]. 中国农学通报，2003，19(3)：128.

[7] 李明社，李世东，缪作清，等. 生物熏蒸用于植物土传病害治理的研究 [J]. 中国生物防治，2006，22(4)：296-302.

[8] 李维蛟，李强，胡先奇. 木醋液的杀线活性及对根结线虫病的防治效果研究 [J]. 中国农业科学，2009(11)：4120-4126.

[9] 刘云忠. 石榴根结线虫防治试验 [J]. 中国南方果树，2007，36(5)：80.

[10] 吕平香，杨永红，杨信东，等. 生物熏蒸——甲基溴替代技术 [J]. 世界农药，2007，29(1)：39-40，49.

[11] 曲泽州，孙云蔚. 果树种类论 [M]. 北京：农业出版社，1990：139-143.

[12] 唐兴龙，王和绥. 一种防治石榴根结线虫病的方法：中国，CN 101843202 A [P]. 2010-09-29.

[13] 王爱伟，孟繁锡，刘春鸽，等. 我国石榴产业发展现状及对策 [J]. 北方果树，2006(6)：35-37.

[14] 王新荣，马超，任路路，等. 根结线虫引起的植物根结形态与形成机理研究进展 [J]. 华中农业大学学报，2010 (2)：251-256.

[15] 叶南锦. 山东石榴产区植物寄生线虫的种类和分布研究(硕士学位论文) [D]. 昆明：云南农业大学，2013：1-81.

[16] 叶南锦，刘强，胡先奇，等. 中国山东省石榴根际 3 种环亚科线虫记述 [J]. 华中农业大学学报，2013，32(6)：55-59.

[17] 张颖，李国红，张克勤. 食线虫真菌资源研究概况 [J]. 菌物学报，2011(6)：

836-845.

[18] 周银丽. 石榴寄生线虫种类和主要根病复合侵染的研究（硕士学位论文）[D]. 昆明：云南农业大学，2005：1-83.

[19] 周银丽，张国伟，张薇，等. 石榴根际寄生线虫的种类研究 [J]. 安徽农业科学，2008，36（4）：1478，1493.

[20] 周银丽，杨伟，余光海，等. 中国云南省石榴根结线虫的种类初报 [J]. 华中农业大学学报，2005，24（4）：351-354.

[21] 周银丽，胡先奇，王卫疆，等. 根结线虫在云南石榴枯萎病发生过程中的作用初探 [J]. 江苏农业科学，2010（1）：149-150.

[22] 朱有勇. 遗传多样性与作物病害持续控制 [M]. 北京：科学出版社，2007：1-6.

[23] Akhtar M，Alam M M. Utilization of waste materials in nematode control：a review [J]. Bioresource Technology，1993，45（1）：1-7.

[24] Akhtar M，Malik A. Roles of organic soil amendments and soil organisms in the biological control of plant-parasitic nematodes：a review [J]. Bioresource Technology，2000，74（1）：35-47.

[25] Butler D M，Kokalis-Burelle N，Muramoto J，et al. Impact of anaerobic soil disinfestation combined with soil solarization on plant-parasitic nematodes and introduced inoculum of soilborne plant pathogens in raised-bed vegetable production [J]. Crop Protection，2012，39：33-40.

[26] Collange B，Navarrete M，Peyre G，et al. Root-knot nematode（Meloidogyne）management in vegetable crop production：The challenge of an agronomic system analysis [J]. Crop Protection，2011，30（10）：1251-1262.

[27] Darekar K S，Mhase N L，Shelke S S. Management of nematodes infesting pomegranate [J]. International Nematology Network Newsletter，1989，6（3）：15-17.

[28] DeVay J E，Stapleton J J，Elmore C L. Soil Solarization [J]. FAO Plant Production and Protection Paper，1991：109.

[29] Dong L，Huang C，Huang L，et al. Screening plants resistant against Meloidogyne incognita and integrated management of plant resources for nematode control [J]. Crop Protection，2012，33：34-39.

[30] Fairbairn D J，Cavallaro A S，Bernard M，et al. Host-delivered RNAi：an effective strategy to silence genes in plant parasitic nematodes [J]. Planta，2007，226（6）：1525-1533.

[31] Gaur H，Perry R N. The use of soil solarization for control of plant parasitic nematodes [J]. Nematological Abstracts，1991，60（4）：153-167.

[32] Hashim Z. Plant-parasitic nematodes associated with pomegranate（*Punica granatum* L.）in Jordan and an attempt to chemical control [J]. Nematologia Mediterranea，1983，11（2）：199-200.

[33] Khan A，Bilqees F M，Khatoon N，et al. Histopathology of pomegranate roots infec-

ted with Meloidogyne javanica [J]. International Journal of Biology and Biotechnology, 2008, 5: 3-4.

[34] Khan A. A survey of nematodes of pomegranate in lower Sindh, Pakistan [J]. Sarhad Journal of Agriculture, 2005, 21(4): 699-702.

[35] Khan A, Shaukat S S, Siddiqui I A. A survey of nematodes of pomegranate orchards in Balochistan Province, Pakistan [J]. Nematologia Mediterranea, 2005, 33(1): 25-28.

[36] Khan A, Shaukat S S, Sayed M. Management of plant nematodes associated with pomegranate(*Punica granatum* L.)using oil-cakes in Balochistan, Pakistan [J]. Indian Journal of Nematology, 2011, 41(1): 1-3.

[37] Keesing F, Belden L K, Daszak P, et al. Impacts of biodiversity on the emergence and transmission of infectious diseases [J]. Nature, 2010, 468: 647-652.

[38] Khurramov Sh Kh. Analysis of the nematode complexes of cultivated and wild pomegranates in Central Asian republics [Russian] [J]. Byulleten' Vsesoyuznogo Instituta Gel'mintologii im. KI. Skryabina, 1989, 50: 95-103.

[39] Lilley C J, Bakhetia M, Charlton W L, et al. Recent progress in the development of RNA interference for plant parasitic nematodes [J]. Molecular plant pathology, 2007, 8(5): 701-711.

[40] McSorley R, McGovern R J. Effects of solarization and ammonium amendments on plant-parasitic nematodes [J]. Journal of nematology, 2000, 32(4): 537-541.

[41] Moosavi M R, Zare R. Fungi as biological control agents of plant-parasitic nematodes [J]. Plant Defence: Biological Control Progress in Biological Control, 2012, 12: 67-107.

[42] Nasira K, Shaheen N, Shahina F. Root-knot nematode Meloidogyne incognita wartelles on pomegranate in Swat, KPK, Pakistan [J]. Pakistan Journal of Nematology, 2011, 29(1): 117-118.

[43] Schneider S M, Hanson B D. Effects of fumigant alternatives to methyl bromide on pest control in open field nursery production of perennial fruit and nut plants [J]. HortTechnology, 2009, 19(3): 526-532.

[44] Shelke S S, Darekar K S. Reaction of pomegranate germplasm to root-knot nematode [J]. Journal of Maharashtra Agricultural Universities, 2000, 25(3): 308-310.

[45] Siddiqui Z A, Khan M W. A survey of nematodes associated with pomegranate in Libya and evaluation of some systemic nematicides for their control [J]. Pakistan Journal of Nematology, 1986, 4(2): 83-90.

[46] Stirling G R. Suppressive biological factors influence populations of root lesion nematode(*Pratylenchus thornei*) on wheat in vertosols from the northern grain-growing region of Australia [J]. Australasian Plant Pathology, 2011, 40(4): 416-429.

[47] Sudheer M J, Kalaiarasan P, Senthamarai M. Report of root-knot nematode, Meloid-

ogyne incognita on pomegranate, *Punica granatum* L. from Andhra Pradesh [J]. Indian Journal of Nematology, 2007, 37(2): 201-202.

[48] Thoden T C, Boppré M, Hallmann J. Effects of pyrrolizidine alkaloids on the performance of plant-parasitic and free-living nematodes [J]. Pest Management Science, 2009, 65(7): 823-830.

[49] Verma R R. Susceptibility of some pomegranate varieties to root-knot nematode [J]. Indian Journal of Nematology, 1985, 15(2): 247.

[50] Westphal A. Sustainable approaches to the management of plant-parasitic nematodes and disease complexes [J]. Journal of nematology, 2011, 43(2): 122-125.

第九章　石榴果实套袋栽培技术

　　石榴果实裂果(图 9-1)、日灼(图 9-2)及病虫为害(图 9-3，图 9-4，图 9-5)严重，制约了石榴产业的可持续发展。套袋栽培可有效地克服以上制约产业发展的关键问题，是提高果实商品率、改进果实外观品质(图 9-6)的重要技术措施。

图 9-1　石榴裂果(苑兆和)

图 9-2　石榴日灼果实(苑兆和)

图 9-3　石榴疮痂病(苑兆和)

图 9-4　假尾孢褐斑病(苑兆和)

图9-5 蚜虫造成的煤污病(苑兆和)

图9-6 光洁的套袋果实(苑兆和)

石榴套袋最早是在 20 世纪 90 年代末开始应用的，经过近 20 年的发展，现在已经在四川会理、云南蒙自、陕西临潼等主产区广泛应用。

第一节　石榴果实套袋栽培现状

石榴果皮易生锈斑、黑点或着色不全、色泽不鲜亮，严重影响其外观品质和商品价值。果实套袋是一项改善果实外观品质、增加果品商品性、提高生产效益的重要技术措施。与其他果树品种相比，石榴套袋技术应用得较晚。殷瑞贞等(1998 年)在河北元氏县以满天红石榴为试材，用单层防虫袋和双层小林袋做套袋试验，套袋时间在 6 月下旬至 7 月上旬，9 月上旬果实横径达到 2.5～3.0 cm 时除袋。经过 5～7 d 果实着色期，果面颜色鲜艳，单层袋比双层袋套袋效果好。刘启光等(2001 年)采用 3 种套袋方式对四川攀枝花地区石榴日灼病的防治效果进行了比较，认为在防治石榴日灼病时，阳面牛皮纸遮光处理的效果好。

6 月上、中旬对四川西昌市青皮软籽石榴套不同纸袋的试验表明，日本青木双层纸袋的质量好，但对石榴果实套袋时，由于其纸袋规格偏小，致使烂袋较多，优质果偏少，套袋效果不理想。同时，因其价格高，农民难以接受。用山东凯祥双层袋和西昌鹏程双层袋对石榴果实进行套袋效果较好，因其价格适当，农民易于接受，建议可在攀西地区石榴生产上大面积推广(张旭东等，2002 年)。在山东泰安地区，6 月底对泰山红石榴套深红褐色单层蜡纸袋，分别于采收前 10 d、15 d 和 25 d 摘袋发现，泰山红石榴套袋可明显改善果实的外观品质：底色变浅，着色浓艳、均匀全面，果面洁净、光泽度好，可防止或减轻果面小黑点和锈斑的发生，对减轻裂果也有一定的效果，而对果实的内在品质无不良影响，可全面提高果实的商品价值。摘袋时期对套袋效果有一定的影响：摘袋太晚颜色较淡；摘袋太早易生锈斑，但着色浓、含糖量高。综合考虑，泰山红石榴以采前 25 d 左右摘袋较适宜。

在西昌地区，不同时期套袋对金丝石榴果实的外观品质有较大的影响，套袋时期越早，果面底色越浅、着红晕越少、果面光洁度越差。其中以花后 75 d 套袋表现最好，果实表面锈斑面积占 5％，果锈颜色呈浅褐色，且果面光洁，着红晕较多，能够达到优质商品果的基本要求。因此，初步认为西昌地区石榴果实套袋的最佳时期为花后 75 d，以采前 20 d 去袋为宜。在陕西临潼，7 月中旬套液膜果袋、纸袋和塑料袋，9 月上旬采果发现，液膜果袋的防病效果较好。套液膜果袋后，石榴果实的感病率比对照和其他各处理显著降低，提高了果实的外观质量，减少了果实农药残留量，并且具有成本低、操作方便、省工等特点。

在云南蒙自石榴园，对甜绿籽、甜光颜、甜砂籽 3 个品种进行套袋与不套袋处理后发现，套袋石榴中金属元素的含量低于未套袋石榴，但不同品种套袋石榴之间或未套袋石榴之间的金属元素含量差别较小。套袋石榴中铬、铅等有害元素的残留量明显低于未套袋石榴，差异达显著或极显著水平。可见，套袋技术的应用可大大减少一些有害元素的残留。加上套袋技术可以明显改善石榴果实的外观、防治病虫害（如日灼、褐斑病），可作为一种生产无污染、无公害、安全优质石榴的技术加以推广。

周民生等（2005 年）在湖北兴山对蒙阳红石榴进行套袋试验发现，选用白色纸质单层袋，于 6 月 12 日前后进行套袋，9 月 20 日左右解袋可获得较好效果。杨列祥（2005 年）在山东峄城，用单层黑色、单层灰色、单层白色、内黑外灰 4 种果袋对大青皮石榴进行套袋试验后发现，单层黑袋防治裂果效果好，套袋时间以 7 月上旬为宜，果个大小以鸡蛋大小为宜。摘袋在果实成熟前 7～10 d 进行。

陈延惠等（2006 年）在河南荥阳刘沟村石榴园对净皮甜石榴进行了套袋试验，分单层白色纸袋、单层黄色纸袋、单层内黑纸袋、双层内白纸袋、双层内黑纸袋和未套袋 6 个处理，结果表明：套袋明显改善了果实的光洁度，但也降低了果实的着色指数；单层白色纸袋处理的效果显著优于其他处理。王宝森等（2006 年）在云南蒙自石榴园，比较甜绿籽、甜砂籽、甜光颜石榴套袋与不套袋果汁中总氮和总磷的含量后发现，套袋石榴汁的总氮含量比未套袋石榴的高。除甜光颜石榴外，套袋石榴汁的总磷含量比未套袋石榴的高。甜绿籽石榴随成熟度增加和挂果时间的延长，总氮含量增多，但总磷含量降低，且套袋甜绿籽的总磷含量增加幅度很小，石榴汁中的总磷含量高于总氮。

苏胜茂等（2008 年）在山东枣庄、峄城、蒙阴，以大青皮和泰山红为试材，选择 4 种果袋对石榴果实进行套袋处理后发现，套袋后，石榴果实果面鲜艳有光泽，病虫果率较对照（不套袋）明显降低，果袋的防治效果从高到低依次为：外灰内黑双层＞外白内黑双层＞外黄内黑单层＞外白内白单层。赵艳莉（2008年）6月中旬后（果实完成转色后）在河南开封做套纸袋试验后发现，以白色蜡纸袋的效果较好，双层袋、有色袋的效果较差。塑膜袋不透气，袋内温度高，过早使用易发生日灼，以8月上、中旬使用为好，应选择韧性强、透光性好的塑膜袋。

在陕西临潼6月中旬进行套袋试验，研究纸袋和膜袋2种果袋对净皮甜石榴的果实生长的影响，表明套纸袋石榴的果实体积增长较膜袋石榴的果实快，纸袋石榴的果实体积净生长出现1个生长高峰，但纸袋石榴果实的裂果明显；膜袋石榴的果实成熟期较纸袋果实晚、发育时间长，膜袋石榴的果实体积净生长出现2个稳定生长期、2个生长高峰。可见，临潼地区的石榴果实套袋，应以膜袋为主、纸袋为补充，或者采用纸袋＋膜袋的方式，前期套纸袋，后期套膜袋。在新疆喀什地区，对葛尔甜石榴单纯套白色纸袋发现，套袋可明显降低裂果率，还可避免病虫害及风、雨等外界环境剧烈变化对果实表面的直接刺激，使果皮发育正常，从而保持果面的完整性，使果面洁净有光泽，提高果品的商品价值。

在云南会泽地区，对花红皮石榴套单层白色蜡纸袋后发现，套袋可有效提高石榴的外观品质及食用安全，减少农药使用量，增加果农收入，综合效益高，可在生产中推广使用。但需加大有机肥的施用量，控制氮肥的施用量。在云南永仁，用塑料袋和白色单层蜡纸对大青皮石榴进行套袋，极大地提高了优质果率，优质果率达到80％以上。

李祥等（2011年）在陕西临潼，6月底进行套袋试验，研究套袋方式（纸袋、膜袋）对净皮甜石榴生长规律、石榴品质及安全性的影响，表明套袋栽培技术能明显改善石榴果实的色泽及光滑度，减少裂果率，增加单果重量；套袋石榴果实中的还原糖含量明显低于对照组（未套袋）石榴果实，而可滴定酸的含量略高于对照组果实；套袋石榴果实中的重金属（铅、砷、汞）含量、农药残留量（氯氰聚酯）明显低于对照组（未套袋）石榴果实。这说明，石榴套袋栽培技术是生产优质石榴、提高石榴生产效益的重要措施。

第二节　石榴果实套袋栽培技术

石榴果实套袋，有改善果品的外观质量、减少农药污染和显著提高内在品质等作用。现将果实套袋栽培技术进行简要概括。

一、套袋种类与特点

在我国当前的生产中石榴果实使用的套袋主要有纸袋(图 9-7)和塑膜袋(图 9-8)2 种。

图 9-7　陕西套纸袋栽培(苑兆和)　　　　图 9-8　四川会理套塑膜袋栽培(苑兆和)

纸袋具有较好的透气性,坐果后即可套袋,套袋后树上可不必再喷杀虫剂,果实成熟早、色泽好、品质优,缺点是有破损、代价大、成本高,果实成熟后要及时采收,若延误采收,果面易老化,影响外观品质和商品性。与纸袋相比,塑膜袋有价格低、易操作、延迟(约 30 d)采收、果面不老化、增产幅度大等优点;缺点是透气性差,早期使用会影响果实发育,只能从 7 月中、下旬开始使用,所以,前期应按裸果进行病虫害防治。由于膜袋透气性差,果实着色欠佳,影响外观色泽,在市场上缺乏竞争力。另外,因采收过晚,使树体在采后恢复期明显缩短,越冬前树体营养亏缺,降低了树体越冬抗寒能力,使树体冬季冻害加重。

二、套袋时间与方法

(1)套袋前的准备工作

合理整形修剪。计划套袋的果园,应根据该园的密度、品种,选择合理的树体结构。修剪方法以轻剪、疏剪为主,采取冬剪和夏剪相结合的原则。冬剪时,应疏除内膛的徒长枝、过密枝和外围的竞争枝,达到树冠通风透光、结果母枝粗壮、结果部位均匀的目的。

负载量调整与疏果技术。对于套袋的果园,要注意选留短结果枝上的果,保留中长结果枝上的顶生果,在坐果率高的情况下,应全部留单果,疏除全部的腋生果。疏果时先疏除畸形果、病虫果,以及果面有缺陷的果实,然后疏除双果、簇生果、彼此相近及过密果,按照石榴留果标准保留果实,一般按叶果比 12～15：1 留果，每隔 20～25 cm 定果 1 个，使果实在树上分布均匀。为确保定果的质量，疏果定果可多次、反复进行，确保套 1 个保 1 个。

以果实为主，套袋前喷 1 次药。喷施的杀菌剂应选择广谱、高效、长效杀菌剂。如兼具保护、治疗、铲除作用的三唑类杀菌剂，如氟硅唑（福星）、烯唑醇（速保利）等；起保护作用的杀菌剂，如代森锰锌，以进口的 80％的大生 M-45 质量最好。套袋前喷的杀虫剂应选用既能杀虫又能杀螨的广谱高效杀虫剂，可采取阿维菌素、高效氯氟氰菊酯（功夫）、联苯菊酯（天王星）、蚜灭磷、乙酰甲胺磷、乐果等低毒有机磷类农药和丁硫克百威等氨基甲酸酯类低毒农药混合喷施的方法。

（2）纸袋选择

纸袋具有强度大、风吹雨淋不变形和不破碎的特点。研究发现，以白色单层蜡纸袋较好。在选购纸袋时应做到 6 看：一看果袋强度。制作果袋的纸要求是纯木浆纸。鉴别方法是看其抗湿能力。可将果袋放入水中浸泡 1～2 h 后取出，双手均匀用力向外轻拉，反复几次。如果具有一定的柔韧性并拉不断，说明抗湿度大，可达到合格果袋的要求。二看疏水性。鉴别方法是向外倒一些水，然后将袋倾斜，如果水很快流走，在袋上不粘或基本不粘，说明疏水性能好。遇到下雨后不变形，则说明是质量好。三看纸袋的规格。纸袋规格为 20 cm×22 cm。四看透气性。果袋应具有良好的透气性，以便调节袋内的温度和湿度，防止袋内的温度过高或湿度过大。五看袋口有无缺口。合格的纸袋袋口一面中央应有 1 个半圆形缺口，其顶部向下开有长约 3 cm 的纵向切口。六看袋口一侧有无铁丝。为了便于封袋口，提高工效，袋口一侧纵向粘胶处夹有 3～4 cm 长的铁丝，要求铁丝细软。

（3）套袋时间

套袋时间以谢花后 20～30 d（果实完成转色期后）为好，但石榴果实花期长，坐果时间有差异，因此建议是以果实横径大小在 2～3 cm 时套袋，且宜早不宜迟。一般套袋后，由于纸袋的保护，可使石榴免遭虫害。在石榴上应用的纸袋品种较多，但在实践中，单层白色蜡纸袋效果较好，而双层袋、有色袋的效果较差。塑膜袋以 8 月上、中旬使用为好，为避免病虫为害，套袋前同样应使用农药防治（方法同套纸袋）。

（4）套袋方法

套袋时应先套树冠上部，再套树冠中下部，最后套外围果，上下左右内外均匀分布，每袋只套 1 个果，不可 1 袋双果。

① 打开纸袋，用左手握拳伸入袋内，跷起大拇指与小拇指（分别顶向袋的 2 个底角），然后用右手轻压果袋，使果袋胀圆。

②将果袋套向果实，务必使果实悬于袋内，以不与果袋接触为好（谨防果

袋与果实接触，出现日灼）。若果实着生在叶丛枝上，套袋时应连同结果枝一并套入。用果袋口边上的细铁线将袋口收紧绑扎在果柄台基部位或果柄着生在枝条的部位上，用另一只手的拇指拧紧扎丝即可。塑膜袋不透气，袋内温度高，过早使用易产生日灼，而且影响果实的生长。要求果袋底部的漏水孔朝下，以免雨水注入袋内沤坏果实或引起袋内霉变。为促进树冠内膛和下部的果实着色，取袋前 20 d 左右还可在树冠下铺银色的反光膜。塑膜袋的品种很多，但最好选用正规果袋厂生产的产品。果袋以韧性好、透光好、抗老化、薄厚均匀的为好，切勿为省钱而购买质地差的果袋，这种袋不能经风雨、破损率高，影响效果。此外，按照大市场对果品综合质量的标准要求，供使用的塑膜袋品种还需继续研究、改进和提高。

套袋注意事项：用力方向要始终向上。对于低处的果实直接套袋，高处的用凳子或搭梯子，以免拉掉果子。用力宜轻，尽量不触幼果，严封袋口。防止害虫爬入袋内或纸袋被风吹掉。套袋顺序以先上部后下部，先内膛后外围，逐一进行。目前在我国石榴主产区，四川会理主要用纸袋，陕西临潼、云南蒙自主要用塑膜袋，山东枣庄和安徽等地石榴套袋还有待于推广。

三、套袋后管理

石榴果实套袋后应注意做好以下几方面的工作：一是及时清理果袋周围的枯枝、茎刺。石榴枝条稠密且生有茎刺，套袋后，因果实增大，随枝下垂，易使果袋破损伤及果实，所以，应经常检查及时处理，确保果袋与果实的完整。二是要注意防治病虫害。套袋能有效控制食心虫对果实的为害。但介壳虫（石榴绒蚧）会因果袋的保护而加重为害，因此，在石榴树萌芽前，对拟套袋的果园，早春应认真仔细地喷好石硫合剂，以控制其发生。

在石榴果实膨大期和果实转色期追施氮、磷复合肥，并适时浇园补充水分，有利于果实膨大期的营养供应。每年果实采收后立即深施基肥，每公顷施有机肥 45 t、磷酸钙 4.5 t 及少量的速效氮肥。在 28～30℃ 的高温多雨季节，于炭疽病发病初期每隔 2～3 周喷药 1 次，连喷 2～3 次，雨季则应隔周喷药 1 次，着重喷射果实及附近叶片。药剂选用 50% 的多菌灵800 倍液或 70% 的甲基托布津 800～1 000 倍液。喷药时间在晴天下午或早上露水干后，喷药后如遇雨应及时补喷。修剪时，以开张角度扩冠和疏枝长放为主要措施，便于形成大叶丛短枝，秋后即形成大量的结果母枝，可保证翌年花多果多。

四、除袋

套袋果除袋在采前 20～25 d 进行。为减少日灼发生，最好选在阴天或晴天的 10：00 以前、16：00 以后为宜。先将纸袋下边撕裂，使袋口完全张开，待袋内果实适应 3～5 d 后去除果袋。除袋后，当天及时喷施 1 次杀菌剂，防止果实二次感染。塑料袋可以不除去。

参 考 文 献

[1] 陈延惠，张立辉，胡青霞，等. 套袋对石榴果实品质的影响 [J]. 河南农业大学学报，2008，42(3)：273-279.

[2] 樊秀芳，杨海，柏永耀，等. 液膜果袋在石榴上的应用效果 [J]. 西北农业学报，2003，12(1)：90-92.

[3] 李祥，马健中，史云东，等. 不同套袋方式对石榴果实品质及安全性的影响 [J]. 北京工商大学学报，2011，29(5)：21-24.

[4] 李祥，于巧真，吴养育，等. 石榴套袋方式对石榴品质的影响 [J]. 北方园艺，2011(02)：48-50.

[5] 刘会香，公维松，钟呈星. 我国苹果套袋技术的应用和研究新进展 [J]. 水土保持研究，2001，8(3)：84-89.

[6] 刘启光，李顺康，曾朝华. 三种套袋方式对攀枝花地区石榴日灼病的防治效果对照 [J]. 四川农业科技，2001，10：28.

[7] 吕雄. 花红皮石榴套袋试验 [J]. 中国果树，2010，4：76.

[8] 申东虎. 不同果袋对石榴果实生长的影响 [J]. 安徽农业科学，2009，37(34)：16809-16810.

[9] 苏胜茂，路超，曲健禄，等. 不同果袋处理在石榴上的应用效果研究 [J]. 山东农业科学，2008，7：28-29.

[10] 王宝森，张虹，郭俊明，等. 套袋和未套袋石榴中氮和磷含量分析比较 [J]. 安徽农业科学，2007，35(15)：4522-4526.

[11] 王少敏，高华君，史新. 泰山红石榴套袋试验 [J]. 山西果树，2002，2：34-35.

[12] 夏正琼. 永仁县石榴果实套袋技术 [J]. 现代园艺，2010，3：18-19.

[13] 杨磊，傅连军，席勇，等. 影响喀什石榴裂果相关因素的初步研究 [J]. 新疆农业科学，2010，47(7)：1310-1314.

[14] 杨列祥. 套纸袋对预防石榴果实裂果的影响 [J]. 中国园艺文摘，2010，8：32-33.

[15] 殷瑞贞，崔璞玉，左占书. 石榴套袋试验初报 [J]. 河北果树，1998，2：44-45.

[16] 张猛，徐雄，刘远鹏，等. 果实套袋在西昌石榴生产上的应用初报 [J]. 四川农业

大学学报，2003，21(1)：27-28.

［17］张旭东，杨挺，周海波. 浅谈攀西地区石榴套袋技术存在的问题与对策［J］. 西昌农业高等专科学校学报，2002，4：25-27.

［18］张旭东，熊红，杨挺，等. 石榴果实不同纸袋套袋比较试验［J］. 西南林学院学报，2002，4：30-31.

［19］周民生，蒋迎春，罗前武，等. 湖北兴山石榴果实套袋栽培试验［J］. 中国南方果树，2007，36(2)：68-69.

［20］赵艳莉，曹琴. 石榴的套袋技术［J］. 山西果树，2008，3：49.

［21］Abd El-Rhman I E. Physiological Studies on cracking phenomena of pomegranates ［J］. Journal of Applied Sciences Research，2010，6(6)：696-703.

［22］Yuan Z H，Yin Y L，Feng L J，et al. Evaluation of pomegranate bagging and fruit cracking in Shandong，China ［J］. Acta Horticulturae，2012，940：125-129.

第十章　石榴采后贮藏与加工

适时采收和科学贮藏石榴果品是保证其商品价值的重要措施。因石榴有分批次开花的特性，同株果树的果实成熟期也不一致，应分批、适时采收。果实采收后要经预冷、分级、包装进行贮藏。采后贮藏的重要环境条件包括温度、湿度和气体成分等，其贮藏保鲜方式主要有简易贮藏、冷藏和气调贮藏。石榴营养丰富，皮、汁、种子、花和叶等均可加工成不同的产品，综合利用价值较高。

第一节　果实采收

石榴1年多次开花，故有一、二、三、四次果，同一树上果实的成熟期差别较大。采收过早，则风味不足，耐藏性差，表皮易失水、皱缩，贮藏期品质劣变和病害严重；采收过晚，果实在树上充分成熟后易发生裂口，果皮破绽、籽粒外露，容易受到病虫害侵染而腐烂。因此，应根据品种特性、果实成熟度与气候条件等分批、适时采收。

石榴果实成熟的标志是：果皮由绿变黄，有色品种充分着色，果面出现光泽；果棱显现，果肉细胞中的红色或银白色针芒充分显现，红色品种色彩达到固有的程度；籽粒饱满，果实汁液的可溶性固形物含量达到该品种应有的浓度，或者品尝时其风味达到该品种特有的风味。

北方产区，以秋分至寒露期间为采收适宜期；南方石榴更强调分批采收，应先采头花果、大果，后成熟的后采。采摘时，病果和裂果应由专人采摘，集中处理，以防病源微生物交叉感染蔓延。要选在晴天采摘，雨前要及时采收，以免有些品种雨后大量裂果。如果是用于贮藏保鲜的石榴果实，一般要放在雨后3 d，于晴好的天气采摘。雨天采收的石榴果实，萼筒内易积水，致病菌易孳生，采后短期内腐烂严重。采摘时，一手扶树枝，一手摘果，最好用剪刀摘果，尽量轻摘轻放，防止石榴果实受到机械伤害，尤其要防止内伤，即果实因为挤压而发生的内伤，内籽粒破裂，在后续的贮运过程中，破碎组织流出的汁液会影响到其他健全的部分，使之变质、变味，失去商品价值。果实采收后，应剔除病果、伤果和裂果，对怀疑有内伤的果实也要及时挑出，用于贮藏、销售的健全无伤的果实要进行采后处理和包装。

第二节　果实采后处理

一、采后生理及贮藏保鲜的环境条件要求

1. 石榴采后的生理变化

石榴采后品质下降主要包括果皮失水皱缩、皮肉褐变和病虫害引起的腐烂3大方面。

石榴由于萼筒处是对外开放的，萼筒和果实连接处果皮结构疏松、无蜡质层等，贮藏过程中极易发生失水现象，随着水分流失的累积，很快出现表皮皱缩、变硬、失去光泽等症状，使得采后石榴看起来不新鲜，商品性降低或者失去商品性。

石榴果皮富含酚类物质，遇到机械损伤、碰撞等，果皮极易发生褐变，导致石榴果品的商品性降低。目前，针对石榴果皮褐变，主要通过精细包装，减轻表皮机械伤害及运输过程中的挤压等内伤，以达到抑制石榴表皮和果肉与果肉中间隔膜褐变的目的。

由于在石榴的生长过程中萼筒是开放的，同时石榴的花蕊在衰败后也能给微生物生长提供必需的营养和场所，因此在其生长期间易受到致病菌的侵染。但是因为当时石榴的果实正处在旺盛的生长期，果实对致病菌有比较强的防御能力，对致病菌的发生和发展都有一定的抑制作用。当果实成熟采收后，果实脱离树体，通过呼吸代谢营养物质受到损耗，自身的抗性逐渐减低，这时候，生长期已经侵入的致病菌就大规模地发作，导致贮藏过程中腐烂现象严重。在一定程度上，采后低温环境可以抑制微生物的生长速度，但是不能从根本上解决由于先期微生物感染而引起的石榴采后腐烂。

采后的石榴已经脱离了树体，没有了营养供给，但还是一个活的有机体，还在进行着呼吸代谢，所以贮藏的过程，就是一个能量消耗的过程。伴随着贮藏时间的延长，石榴中的糖分、酸性物质都在不断降解，果实的 pH 值在不断发生变化，随之而来果皮和果肉中的花色苷等物质也在不断降解，使得

果皮和果肉看起来不再鲜艳亮丽，而变得暗淡无光；果肉因为糖分和苹果酸、柠檬酸等的降解，品尝起来也不再酸甜可口，而变得寡淡无味，失去其应有的感官品质和商品性。

2. 石榴贮藏的环境条件

（1）温度

根据品种的不同，石榴适宜的贮藏温度介于 $0\sim10℃$，温度高于 $10℃$ 时石榴呼吸旺盛，低于 $0℃$ 时会有冷害发生。不同石榴品种的耐贮藏性差异较大，一般晚熟品种较耐低温，同样也耐贮藏，早熟、味甜的品种耐贮藏性较差。适宜的贮藏温度，还要根据栽培技术、管理水平、土壤条件和当年的气候情况等进行一定的调整。石榴遇冷害后，表面出现果皮凹陷，籽粒褐变、褪色，严重者汁液外流。石榴对冷害的敏感性因产地和品种不同而差异显著，在适宜的温度条件下，耐贮藏品种的贮藏期可达 $5\sim6$ 个月。但也有报道称，$4\sim5℃$ 是石榴的温度敏感点，在该温度范围内，石榴更容易发生褐变。

（2）湿度

石榴贮藏环境的适宜空气相对湿度为 $85\%\sim95\%$。湿度过低，果皮易失水干缩、褐变，严重降低商品价值；湿度过大，则易受到病害的侵染，导致贮藏期的腐烂率升高。

（3）气体成分

石榴是呼吸非跃变型的果实，采后无呼吸高峰，呼吸作用产生的乙烯浓度低，自我催熟和衰老的作用较弱，但是石榴对 O_2 和 CO_2 浓度比较敏感。石榴适宜的气调浓度为 O_2 在 $3\%\sim6\%$，CO_2 在 $3\%\sim9\%$，低氧和高 CO_2 都不利于石榴的贮藏。

二、采后预冷、分级、包装和运输

1. 预冷

石榴采后贮藏前，特别是在分级、包装和运输前，最好能及时采用一系列的措施来降低石榴的温度，使其尽快降到接近理想贮运温度，这个过程叫作石榴的预冷处理。具体的做法是将石榴放在阴凉的场所，有条件的地方可以将采后的石榴放在预冷库或者预冷设备中，通过空气的流动降低石榴的温度。自然预冷的时间一般是 $18\sim24$ h，强制预冷的时间是 $12\sim24$ h，石榴预冷的终结温度应在 $8\sim9℃$。

预冷的主要目的是散发石榴在田间因阳光辐射或环境温度而带有的田间热，降低石榴的呼吸强度，同时预冷能有效地散去果皮表面从田间带来的水分，有利于贮藏和包装、运输。预冷对石榴贮运的必要性在于：经过预冷的石榴，其呼吸强度及果胶酶、多酚氧化酶等物质的活性迅速得到抑制，由此降低了果肉质地由脆变软的转化速度，并有效地减少了石榴果皮果肉的褐变；经过预冷后能迅速抑制石榴果梗和萼筒叶绿素的分解，能减轻果梗和萼筒伴随呼吸带来的水分丧失，保持果梗和果实的新鲜度；采后及时预冷能有效地控制病原微生物所引起的腐烂。

2. 分级

从果树上采收的石榴，其果重、大小、形状、颜色、品质等的差异很大，很难达到优质果品的标准，因此分级的目的和意义在于：满足不同用途的需要，减少损耗，便于包装、运输与贮藏，实现优质优价，提高产品市场竞争力。

在当前石榴生产还没有普及机械化分级设备的情况下，普遍采用人工分级。人工分级的误差较大，为了缩小误差，可在分级工人的面前放不同等级的标准果供对比参考，以提高工作效率、减少误差。经过人工分级的果品按等级分别装箱，并作标记。

石榴分级标准的主要项目有：大小、果皮的颜色、形状、色泽、风味、口感、机械伤、药害、病害、裂果等。目前鲜食石榴还没有国家级的行业标准，各地不同品种的石榴分级普遍按照以下方法进行：人工挑选，剔除小果、病虫果、畸形果、机械伤果，先根据品种按照大小要求分为不同的等级，再用分级板按果实的横径分级。分级板为装订在一起的直径不同的圆形带柄硬质塑料板，对于同一品种的水果，按照果实的大小决定最小和最大的孔径，依次每孔直径增加 5 mm，分出各级果实。一般 1 套分级板有 6～10 个等级，可以适用不同的品种。因为石榴果实表皮的光滑度和着色度差异很大，在要求比较高的分级中，应先根据单果重分级，再根据果皮的着色度、干净度及光滑度进行进一步分级。

现在已有很多机械化、自动化的分级设备，主要有果实大小分级机、果实重量分级机、光电分级机(红外无损伤检测机、电子鼻、电子舌等)等。

3. 包装和运输

合理的包装是果实商品化、标准化以及安全运输和贮藏的重要措施。科学的包装可以减少果实在搬运、装卸过程中的机械损伤，减少果实的腐烂，保持果实的品质，延长其贮藏寿命。

对包装材料的要求主要有：坚固、轻便、美观，对顾客有一定的吸引力，经得起长途运输和堆码；具有一定的保湿能力和透水性，能保持包装内的空气相对湿度在 90% 左右，同时要求材料内壁不挂水、不结露；有一定的抗菌功能，能有效抑制微生物的孳生、繁殖，保持果品的品质；对 O_2、CO_2 有一定的选择透过性，能控制 O_2 浓度在 3%～6%、CO_2 浓度在 3%～9%，达到抑制石榴的呼吸强度、延长贮藏期和保鲜期的目的（不同品种、不同栽培模式、不同产区的石榴其贮藏气体参数有一定差异）；有良好的热交换性，能及时散发包装内果品的呼吸热，降低其呼吸速率。

对包装容器的要求主要是：有合适的大小和重量，以便于包装和垛码；内部要光滑，以免刺伤内包装和石榴；不能过于密封，应该使内部果品与外界有一定的气体和热量交换。目前新型的包装容器还具有折叠功能，可以折叠堆码、节约空间、降低车辆的空载率。

目前生产上石榴一般采用硬纸盒、硬纸箱包装，也有采用塑料周转箱的。销售的石榴一般采用软纸单果包装，大多数不用保水材料包装或者用塑料薄膜进行简单的保水，所以贮藏后期石榴失水特别严重，主要表现在表皮皱缩、硬化、失去光泽等，严重影响其商品性。

三、贮藏设施及保鲜技术

石榴的贮藏可以分为简易贮藏、冷藏和气调贮藏 3 大类，其中简易贮藏的分类较多。

1. 简易贮藏

石榴在室内简易贮藏方法虽然能贮藏一段时间，但一般贮藏量都较少。

（1）挂藏

石榴在采收时留有一段果柄，用细绳拴住果柄绑成串（类似辣椒串），悬挂在阴凉的房屋里，一般可贮藏 2～4 个月。挂藏适用于云南、四川、苏南等较潮湿的地方。

（2）堆藏

选择阴凉通风的房间，将其打扫干净后适当洒水以保持贮藏环境的湿度，在地上铺 5～6 cm 厚的鲜马尾松松针或稻草等，其上按 1 层石榴 1 层松针相间堆放，以 5～6 层为限，最后用松针将堆的四周全部覆盖。在贮藏期间每隔 15～20 d 翻堆检查 1 次，剔除烂果并更换 1 次松针。耐贮藏的品种一般可以存放 6 个月左右。堆放前果实一定要彻底冷却，并用 500 mg/L 的次氯酸钙或 500 mg/L 的咪鲜胺类防菌剂进行表面消毒。

（3）袋藏

将用上面"堆藏"中所述的杀菌剂处理过的石榴控水晾干后装入聚乙烯袋中，扎好袋口，置于阴冷处。此法贮藏期可达 4 个月。如果用具有防霉菌效果的软纸包装后袋藏，效果更佳。

（4）缸藏

缸藏也叫罐藏，主要用于偏远地区少量石榴的贮藏。将缸、罐、坛等容器用生石灰水消毒后，洗涤干净晾干备用。石榴采后先用杀菌剂进行果实表面灭菌，在阴冷通风处放置 2～3 d，然后在容器底部铺 1 层湿沙，湿度以手捏成团松手后刚能散开为宜，厚度为 5～6 cm，沙子要先在太阳下暴晒。在沙子中央插 4～5 根玉米秆或若干根稻草以形成通风道，在通风道周围装石榴。以软纸分层，直到距容器口 5～6 cm 时用湿沙盖严。用塑料薄膜封口，以后每隔 20 d 左右检查 1 次，剔除腐烂果。缸藏石榴的成熟度不能太高。晚熟、皮厚的石榴品种适宜缸藏。

(5)井窖贮藏

选择地势较高、地下水位较低的地方，挖直径为 1 m、深度为 2～3 m 的干井(窖)，从井底向四周挖几个拐洞，洞的大小依贮藏量而定，但要保证稳固、不塌方。在窖底先铺 1 层干草，然后在上面摆放 4～5 层石榴。贮藏的石榴需要经过严格的挑选，并进行表面灭菌。贮藏时，一般按石榴的大小和品种放入不同的拐洞。盖窖盖时要留 1 个小气孔，每隔 10 d 左右检查 1 次，剔除烂果。每次检查时先要放蜡烛下窖，看 CO_2 的含量是否较高，如果蜡烛熄灭，则需要用鼓风机强制通风。一般井窖式贮藏适合晚熟的石榴。在栽培条件较好的情况下，井窖贮藏可以将石榴存至春节。

(6)沟藏

选择排水良好、背风向阳的地方，挖深度为 70 cm、宽为 100 cm 的沟，沟的长度根据贮藏量而定。在较寒冷的地区，沟的走向以南北为宜，较温暖的地方则以东西向为宜。在贮藏沟内每隔 1～1.5 m 设置 1 个通气孔(可用玉米秆、竹竿、稻草等)，下至沟底，上高出地面 20 cm，沟底铺 5 cm 厚的湿沙。分层码放石榴，层间用湿沙分隔，可以码放 6～7 层，最后覆盖 10 cm 厚的湿沙，以席子封顶。贮藏初期，白天用席子盖严以遮蔽阳光，夜间揭掉席子利用冷空气来降低沟内的温度；贮藏中期，加厚沟面的覆盖层，保持沟内温度的稳定，并使沟面高出地面，避免积雪融化后渗入沟内；贮藏后期，注意降低沟内的温度，以延长贮藏期。该贮藏法广泛适用于陕西、山西、苏北、山东等冷库设施不健全的地方。

2. 冷藏

冷藏前需要对冷藏库进行消毒处理，并且要对设备进行检查，确保设备能正常运行。一般如果能在 4～8 h 内将库温降至 4～5℃，就认为其冷库的设备完好，可以正常使用。

将预冷、分级、装箱后的石榴入库码垛。为了利于通风和检查，石榴呈"品"字形码垛，垛与库顶及墙面保持 80 cm 左右的距离。垛层间距约为 30 cm，一般码 7～10 层。如果有货架，以货架的设计为准。封库后应在尽可能短的时间内将库温降至要求温度。

贮藏期的管理主要是控制库温。根据品种和贮藏期的不同，库温控制在0～10℃，空气相对湿度控制在85%～95%。若库内湿度不够，可以用加湿器加湿，没有条件的可以通过洒水等措施保湿。贮藏期间需要定期进行抽查。一般来说，贮藏前期每 20 d 抽查 1 次，贮藏后期则视情况增加抽查的次数。抽查的数量以 3%～5% 为宜，抽查项目包括腐烂率、失重率、褐变情况、皱缩情况等。抽查的结果要及时记录，对出现的问题要及时处理。出库前应逐箱检查，剔除不合格的石榴果实。

3. 气调贮藏

气调保鲜是在冷藏的基础上，通过控制气体组分(O_2 与 CO_2 的占比)来提高冷藏效果的贮藏方法。对不同品种而言，贮藏最佳气体组分的差异性比较大，赵迎丽等(2011 年)在贮藏温度为 8℃、相对湿度为 95% 的条件下，发现新疆大籽的最佳气调条件是 5% 的 CO_2 ＋3%～5% 的 O_2，在该条件下，能显著地保持石榴贮藏品质和减轻果皮褐变。Kupper 等(1995 年)的研究表明，在6℃时，最佳气调条件为 6% 的 CO_2 ＋3% 的 O_2。张润光等(2006 年)发现，在贮藏温度为 4～5℃、相对湿度 85%～95% 的条件下，3% 的 CO_2 ＋3% 的 O_2 能显著降低净皮甜的褐变率和腐烂率。研究还表明，富含 CO_2($CO_2 \geqslant 10\%$)的环境容易引起石榴的厌氧呼吸，导致乙醇和乙醛的积累，降低贮藏品质。

第三节　主要贮藏病害及其防治

石榴贮藏期主要有软腐病、干腐病、黑斑病等真菌性病害及褐变、虎皮病等生理性病害。对石榴果实产生为害的病原菌有曲美霉、青霉、镰刀菌、链格孢、灰霉、石榴鲜壳孢、假丝酵母等。病原菌在栽培期侵染、潜伏，后期发病引起贮藏库内的石榴腐烂。石榴的黑斑病是由链格孢菌引起的，该病原菌具有广泛的侵染性，侵染冬枣、梨、苹果、桃、葡萄、柑橘、核桃、芒果、花椰菜、青菜、杨树等植物；石榴黑斑病和腐烂病是导致石榴产业损失的最重要病害，主要为害果实，侵染花蕾、花朵、果台和新梢。

一、石榴干腐病和软腐病

石榴干腐病通常是由果肩至果腰部通过皮孔或伤口侵染果实，初侵染阶段的侵染部位可观察到红色针孔大小的小点，发病初期表现为褐色水渍状不规则斑块，随后可蔓延至整个果实，病斑部位逐渐失水干缩，颜色变为黑褐色，并在果面形成黑褐色颗粒状物质。但付娟妮等(2007 年)利用分子标记鉴定技术进行研究后认为，引起石榴腐烂（软腐和干腐）的致病菌主要是葡萄座腔菌。以陕西主栽品种净皮甜为材料的研究发现，石榴的软腐和干腐是由同一种病原菌造成的，出现不同的症状主要是由环境中的相对湿度决定的。研究发现，葡萄座腔菌潜伏时间可达 3～4 个月，贮藏 2 个月后是发病的高峰期，在湿度比较大的地方主要表现出水渍状斑块，继而发展成整个果面布满黑褐色颗粒状物、籽粒变褐腐烂的软腐症状，在湿度较低的地方则失水干缩成褐色干疤的干腐状，通常失水干缩后的病斑不再向果实内部发展。因为其 2 种截然不同的表现而分为软腐和干腐，其实致病菌是由同一种致病菌导致的。

一般年份采收期病果率达到 10% 左右，严重时达 60% 以上，在贮藏期造成大量的烂果。对于干腐病，采用综合防治措施才能收到良好的效果。防治要从田间管理开始，一直坚持到采后。具体防治措施如下：

①农业措施。冬春修剪时要清除病果、病枝、病果台；生长期要清除树上树下的病变组织以清除菌源，降低病源基数。及时施肥灌水，增强树势，提高树体的抗病性。及时防治病虫害，减少虫害造成的伤口；坐果后及时套袋切断侵染的途径。修剪时应尽量避免大伤口，控制春季的修剪量，减少病原菌从伤口侵入的机会。

②喷药保护果实。一般年份，从花期至采收期喷药 4～5 次。喷布波尔多液 200 倍液、40% 的多菌灵 500～800 倍液或者 50% 的可湿性甲基托布津 500～800 倍液，防效较好。冬季可全园喷布 3～5°Bé 的石硫合剂以铲除菌源。由于侵染期正值石榴漫长的花期，为了控制干腐病的蔓延，人工摘除病花也是有效的防治措施。

二、石榴采后褐变

石榴的生理性病害主要是采后褐变。生育期的石榴果实不发生褐变，褐变发生在果实采后的贮藏过程中，而且随着贮藏时间的延长褐变加重。多酚氧化酶（PPO）是导致石榴果皮褐变的主要酶，其将酚类物质氧化成醌类物质，导致组织发生褐变。正常的活细胞具有完整的亚细胞结构，能保证各种生理生化反应的正常进行。酚类物质主要存在于液泡中，多酚氧化酶主要存在于细胞质中，在完整的细胞结构中两者不能互相接触，不会发生酶促褐变。随着果皮组织的衰老，膜系统的通透性增加，导致组织结构和细胞空间区划丧失，使原来酶与底物的分区定位遭到破坏，从而酶与底物接触，诱发了果皮褐变。

果皮褐变主要跟不同品种果皮内含有的多酚和脂溶性抗氧化物质的含量及活性有关。对于同一品种而言，在耐受的温度范围内，不同温度贮藏的石榴褐变程度不同。刘兴华等（1998 年）通过对陕西天红蛋、净皮甜和大红甜 3

个品种的研究发现，在不同温度下贮藏的 3 个品种，果皮均不同程度出现褐变，但不同品种的褐变程度存在较大的差异，其中在 0℃、4℃、8℃这 3 个温度水平上，褐变的程度从大到小排序是 4℃的褐色程度＞0℃的褐色程度＞8℃的褐色程度。

延缓石榴的衰老进程是降低石榴果皮褐变的有效途径。利用 1-甲基环丙烯(1-MCP)、2-二硫代氨基甲酸盐(MANEB)、二苯胺(DPA)等处理石榴，能够显著抑制石榴果皮的褐变。对不同品种、不同产地的石榴，必须摸索其最适宜的保鲜温度。

第四节　石榴综合加工技术及开发利用

石榴果实多汁，含糖量丰富，主要以鲜食为主。但由于果皮坚韧并含有大量的色素，食用时很不方便，同时石榴的收获时间相对集中、耐贮运性能较差，所以对石榴果实进行加工尤显必要。石榴营养丰富，全身是宝，根、茎、叶、花、种子、果实、果皮等均可加工成不同的产品，市场非常广阔。在努力提高加工的技术含量和规模，促进产品的系列化、高档化的同时，应该注重石榴皮、籽、花、叶等的应用开发，提高石榴的综合利用价值。

一、鲜榨石榴汁和石榴浓缩汁的加工

1. 原料选择

高品质的石榴果汁源自高品质的石榴原料。要保证原料的品质，首先要正确选择加工水果原料的品种，应根据产品要求来选择加工品种。

品种的选择应考虑：果实出汁(率)高，糖酸比适宜，香气浓郁，有良好的果肉色泽，营养丰富且在加工过程中保存率高，可溶性固形物含量较高，质构适宜，果实的大小及形状合适。此外，还要考虑石榴汁加工原料的质量特征及标准，如成熟度、新鲜度、清洁度、健康度和农药残留等要符合优质果汁加工的标准。我国石榴品种多以地方品种为主，如玉石籽、玛瑙籽、大笨子、大红甜、大白甜、大青皮甜、大马牙甜、净皮甜、天红蛋、世纪红、豫石榴等。从园艺学角度来讲，按石榴籽粒的风味可将其分为甜、酸甜、酸 3 个类型。糖酸比在 40：1以上为甜，糖酸比在 10：1以下的为酸，介于两者之间的为酸甜。酸甜石榴比较适合加工。

2. 加工工艺

现代石榴果汁的加工工艺是在传统果汁加工工艺的基础上，将一些先进的加工技术(如护色技术、酶解技术、膜分离技术、非热杀菌技术等)应用于石榴果汁加工中，使石榴果汁加工工艺更科学、更先进、更合理，生产的石榴果汁品质更好。图10-1给出了石榴果汁的现代加工工艺流程，供参考。

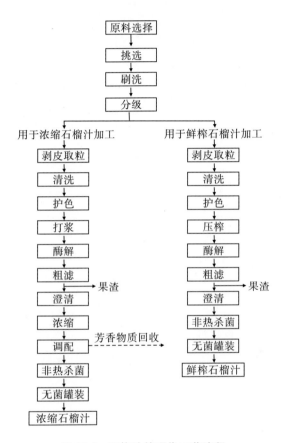

图10-1　石榴汁的现代工艺流程

鲜榨石榴汁及石榴浓缩汁现代加工工艺的主要操作要点有：

①选择原料。选择适合加工的品种，九成熟以上、无病虫害、无霉变、无腐烂的新鲜石榴，以保证果汁的质量。

②清洗果实。清洗是减少杂质、微生物污染，保证果汁品质的重要措施。将石榴用清水浸泡后喷淋或流动水洗，洗除表皮的灰尘、杂质、微生物和部分残留农药。农药残留较多的，可加盐溶液或脂肪酸系洗涤剂进行浸泡；表面微生物污染严重的，可用漂白粉或高锰酸钾溶液进行浸泡消毒。

③剥皮取籽。采用高性能石榴去皮机剥去果皮，取出籽粒。

④籽粒清洗。用符合标准的饮用水流动冲洗石榴籽，除去剥皮时残留下

的破碎表皮和隔膜等杂质，洗去附在籽粒上的微生物，洗完后沥干。

⑤护色。将石榴籽浸泡于护色液（如柠檬酸、维生素 C 等）中，以防石榴在打浆后果汁变色。护色液用量为果肉重的 3 倍，在常温下护色 15 min 后打浆。

⑥打浆。将上述处理后的籽粒用打浆机打浆，过程中严格控制工作条件，使果核与果肉既能充分分离，又不会导致果核破裂（破裂后会引起石榴汁的变色与变味）。机械设备与原料直接接触的部分要求采用不锈钢制造，以防变色、变味，影响品质。

⑦酶解。果浆酶的作用是酶解果浆或果渣的细胞壁物质和果胶，降低果汁的黏度，使果汁更容易流出，大大提高产出率。同时，部分纤维素和半纤维素物质在酶的作用下可以被分解成可溶性的小分子，从而增加了果汁中可溶性固形物的含量。

⑧粗滤。用板框压滤机过滤除去打浆时残留在果汁中的果渣。

⑨果汁澄清及浓缩。将粗滤后的石榴汁通过聚酰胺中空纤维膜或陶瓷膜在一定的膜压差下超滤，除去能引起浑浊的物质，以保证果汁质量的稳定。澄清后的石榴汁再通过反渗透膜浓缩。澄清和浓缩在常温下操作，避免了热敏性成分的破坏，使得产品的质量较高，色泽、风味较好。

⑩非热杀菌。果汁的非热杀菌是指不用热能杀死微生物的新兴杀菌技术，该技术不影响果汁的营养、质地、色泽和风味。非热杀菌包括微波杀菌、超高压杀菌、高压脉冲电场杀菌等技术。

⑪无菌灌装。杀菌后的石榴果汁应立即灌装，灌装容器应清洗灭菌，符合卫生要求。

3. 质量指标

感官指标：鲜榨石榴汁应具有与成熟鲜石榴近似的颜色，无明显的变色现象，无杂质、无明显沉淀，具有石榴的香气和滋味，无异味。石榴浓缩汁颜色应与鲜榨石榴汁相似且略深，无明显褐变现象，无杂质，具有石榴的香气和滋味，无异味。

理化指标：石榴浓缩汁的可溶性固形物≥65%。

重金属指标：As≤0.2 mg/kg、Pb≤1.0 mg/kg、Cu≤10 mg/kg。

卫生指标：细菌总数≤50 cfu/mL，大肠杆菌群≤6 cfu/mL，不得检出致病菌。

二、石榴酒的加工

石榴具有很高的营养价值和保健功能，以石榴为原料酿制而成的发酵酒，是一种易于吸收的低度营养保健酒。石榴酒的研制与开发，大大提高了石榴原料的附加值，为其深加工开拓了新途径。石榴发酵酒的工业化生产前景十分诱人。

1. 原辅材料及主要设备

原辅材料：石榴、果酒酵母、澄清剂、亚硫酸氢钠、白砂糖、柠檬酸等。

主要设备：高压灭菌锅、酸度计、电子天平、显微镜、破碎机、恒温培养箱发酵设备、过滤机、杀菌灌装设备等。

2. 生产工艺流程(图 10-2)

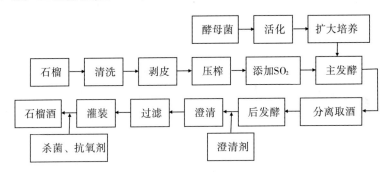

图 10-2　石榴酒生产工艺流程

3. 操作要点

(1)原料种类

不同品种、不同产地的石榴，因所含的可发酵性糖、酸和风味物不尽相同，其发酵酒的品质差异很大。石榴汁自身的含糖量较葡萄、苹果低，发酵后酒度也低，只有 7％，这不利于石榴酒的长期贮存。另外，与甜石榴相比，酸石榴因总酸的含量过高，发酵不能正常进行，其发酵酒的酒度更低。但是，酸石榴酒的色泽美丽，风味更加独特。因此，生产中可将酸石榴和甜石榴按一定比例混合后进行发酵，这样既弥补了甜石榴酒的酸味不足，又可使发酵更彻底。

(2)石榴酒原料的前处理

石榴取汁较浆果类水果如葡萄等复杂，不能全靠压榨法取汁。石榴皮中含有大量单宁、色素和苦味物质，若全果经破碎后直接压榨取汁，发酵酒的质量则会很差，味苦涩；压榨时种子破碎会导致油脂类物质大量溶于酒中。另外，去净石榴皮后的石榴汁发酵酒，因单宁含量低，酒体太轻；但不去皮，全果破碎压榨取汁，发酵酒的单宁含量又太高，酒体太重，苦涩；用带 1/3 果皮的石榴发酵的酒质量较好。

（3）菌种活化及扩大培养

将斜面酵母菌种转接于 50 mL 三角瓶中的麦芽汁液体培养基中，在 28℃温度下培养 24 h 后，转接于 250 mL 三角瓶中的甜石榴汁液体培养基中，石榴汁可溶性固形物含量（SSC）为 80 g/kg，在 25℃温度下培养 48 h。

（4）石榴酒发酵

选择无腐烂、无霉变的新鲜石榴，切除萼片和果柄，洗净后剥取石榴籽，用榨汁机压榨取汁，汁液用 0.15 mm 的筛网过滤。榨汁时应防止种子破碎。将石榴汁输送到发酵罐中，迅速加入 $NaHSO_3$，调整其 SO_2 浓度，按 30 g/L 的添加量接入活化后的酵母菌，调节温度进行发酵。待主发酵结束后，压榨分离酒渣，转入发酵罐中进行后发酵，发酵时间为 20 d。

（5）后处理

在后发酵结束后的石榴酒中加入澄清剂，搅拌，再用板框过滤机过滤澄清。澄清的酒液尚需调配，达到一定的质量指标后，进行灌装、压盖，然后采用水浴加热杀菌。杀菌方法为：将酒瓶置于水浴中，缓慢升温至 78℃，并保持 25 min，然后分段迅速冷却至室温，即为成品。另外，石榴酒具有氧化不稳定性，可添加适量的抗氧化剂，以维持其稳定性。

4. 产品质量标准

执行国家标准 GB 2758—81《发酵酒卫生标准》。

感官指标：澄清、透明、有光泽、酒体呈石榴红色，具有浓郁的石榴果香和发酵酒香，酒体丰满，酸甜适口，口味绵延，协调怡人，风格独特。

理化指标：酒度为 80（体积分数），糖度为 4 g/100 mL，酸度为 0.68～0.72 g/100 mL。

三、石榴皮的成分研究与加工利用

石榴果皮为不规则的片状或瓢状，大小不一，厚 1.5～3 mm。外表面红棕色、棕黄色或暗棕色，略有光泽，粗糙。内表面黄色或红棕色，有隆起呈网状的果蒂残痕。质硬而脆，断面黄色，略显颗粒状。果皮占到石榴总重的 30％左右。石榴皮性酸，味苦涩，为常用中药，有涩肠止泻、止血、驱虫等功效，主要用于治疗细菌性痢疾、阿米巴痢疾和多种感染性疾病。石榴皮中含有苹果酸、鞣质、生物碱和石榴皮素、白桦脂酸、熊果酸等化学成分。单宁是石榴皮的主要活性成分，在新鲜石榴皮中的含量为 10.4％～21.3％，具有抗肿瘤、抑菌及抗病毒活性、抗氧化和延缓衰老等生理活性。安石榴苷是石榴皮单宁的主要单宁成分，具有很强的抗氧化、抑制肿瘤及抗动脉粥样硬化等作用。石榴皮中的这些成分在医疗、保健、功能性食品和化妆品领域都有很大的利用价值。在石榴汁、石榴酒等的加工中，果皮大部分被丢弃，没有被充分利用。

朱静等(2009年)对石榴皮单宁和安石榴苷的提取纯化工艺进行了研究，还比较了安石榴苷和不同提取方法所得产品的抗氧化活性以及它们和组成成分之间的关系。该研究确定了石榴皮单宁的最佳提取条件为：块状石榴皮：40％的乙醇＝1：30，超声提取30 min(35~45℃，50 kHz)，相同条件下提取2次，所得粗品单宁含量可达59.3％，100 g干石榴皮可获得30.1 g单宁。SP-700大孔吸附树脂用于石榴皮单宁的纯化时，具有吸附量大、吸附速度快、易解吸的特点，是纯化石榴皮单宁的理想介质。在25℃下，以5 mg/mL的质量浓度上样，使用4BV70％的乙醇作解吸剂，100 g石榴皮可得单宁含量为81.9％的产品26.5 g。该研究建立了工业生产较高纯度安石榴苷的工艺路线：70％的甲醇：干石榴皮＝6：1，在60℃条件下回流提取3 h，滤渣加入5倍体积的70％甲醇，60℃提取2 h，所得粗品安石榴苷纯度和获得率分别达到23％和10％以上。较以水为溶剂的提取工艺分别提高了10％和8％。AB-8树脂对安石榴苷具有良好的选择吸附性，1 g树脂的吸附量可达20 mg。使用30％的甲醇或30％~40％的乙醇作为解吸剂时，其纯度可达原产品的2.5倍，基本达到了工业生产的要求。

此外，朱静(2009年)通过测定安石榴苷和鞣花酸及其不同提取方法提取物的抗氧化活性，发现在相同的浓度下，抗氧化活性的强弱顺序依次为：安石榴苷＞鞣花酸＞维生素C；超声提取所得粗品抗氧化活性最高，回流提取次之。研究结果表明，在它们的组成成分(多酚、类黄酮、多糖、安石榴苷、鞣花酸)中，多酚是最主要的成分，超声提取所得多酚含量和获得率最高，粗提物多酚获得率可达48％，干石榴皮多酚获得率为27％。结合其抗氧化活性研究说明，多酚含量越高的提取物其抗氧化活性也越高，两者之间有显著相关性。超声提取是获得含高抗氧化活性的石榴皮提取物的最佳方法。回流提取所得的安石榴苷含量(粗提物26.5％)和获得率(干石榴皮15.7％)最高，可见回流提取是得到高含量安石榴苷的最佳方法。该研究为石榴皮单宁和安石榴苷的工业生产价值提供了理论支持。

四、石榴籽的成分研究与加工利用

在石榴产品加工过程中，含有丰富有益成分的石榴籽常常被当作废料抛弃，造成了资源的浪费。据报道，石榴籽中粗脂肪含量占18.22％、粗蛋白占12.30％、总糖占9.54％、还原糖占7.27％、灰分占1.19％、粗纤维占58.76％，石榴籽中还含有钾、镁、钙、锌等微量元素。有研究发现，石榴籽的含油量高达 50.9%，石榴籽油中含有 6 种主要脂肪酸，分别是石榴酸、亚麻酸、亚油酸、油酸、棕榈酸和硬脂酸。对石榴籽油中脂肪酸的成分分析（见表 10-1）表明，其中含量最多的是石榴酸，约占 86%，它包括顺-9、反-11、顺-13 十八碳三烯酸，具有共轭体系，性质非常活泼，是一种非常独特的有效抗氧化剂，可以抵抗人体炎症和氧自由基的破坏，具有延缓衰老、预防动脉粥样硬化和减缓癌变进程的作用。石榴籽油及其提取物具有较好的抗氧化、防治乳腺癌、降血糖、抗腹泻等作用，将其开发成功能保健品具有广阔的前景。石榴籽石油醚的提取物在切除卵巢的小鼠和大鼠身上显示有较强的雌激素活性，并且此作用能被黄体酮所拮抗。国外的一些研究发现，石榴籽具有多方面的药理活性：如石榴籽有显著的抗人体乳腺癌和抗氧化活性，可用于预防和治疗乳腺癌及动脉硬化引起的心脏病、延缓人体衰老；石榴籽甲醇提取物具有降低糖尿病小鼠的血糖和抗腹泻等作用。

表 10-1　石榴籽油脂肪酸组成（%）

棕榈油	硬脂酸	油酸	亚油酸	亚麻酸	石榴酸
2.91	1.52	3.81	5.14	0.61	86.01

综上所述，石榴籽中所含油脂可以作为保健品和药品的原料，是极具开发价值的功能性油脂。目前，根据提取所用的溶剂，石榴籽油的提取方法可以分为 2 大类：一类是以有机溶剂（如石油醚、苯、丙酮、正己烷、乙醇、甲醇等）为溶媒的索氏提取法（SE）、微波辅助提取法、超声波辅助提取法等方法，另一类是以超临界 CO_2 流体为溶媒的超临界流体萃取法（SFE）。聂阳等通过 GC-MS 比较这 2 种提取方法所获得石榴籽油的化学成分，得出 2 种方法提取的石榴籽油的主要成分为脂肪酸，但组成和含量差异明显。SE 法提取的石榴籽油中鉴定出 8 种成分，占总峰面积的 71.50%，其中 5 种不饱和脂肪酸占总峰面积的 53.19%，为石榴酸 38.24%、油酸 10.31%、亚油酸 1.49%、花生烯酸 0.66% 和 11-花生烯酸 2.49%。SFE 法提取的石榴籽油中共鉴定出 11 种结构明确的成分，占总峰面积的 84.30%，主要成分为脂肪酸及少量不饱和烯醛，其中 6 种不饱和脂肪酸占总峰面积的 72.78%，为石榴酸 50.36%、油酸 15.21%、亚油酸 3.54%、亚麻酸 2.05%、花生烯酸 0.73% 和 11-花生烯酸 0.89%。超临界 CO_2 萃取法提取时间短、油获得率高、药效成分提取率高，是一种较好的提取方法。

五、石榴花和叶的加工利用

石榴花酸涩平，具有止血收敛的功效，适用于创伤止血、中耳炎，还可泡水洗眼，有明目之效。石榴花常用来提取色素，一般工艺为：取新鲜的石榴花瓣适量，稍加破碎后加入 95％的食品级乙醇，以浸没样品为宜。室温浸提 24 h 后过滤，滤液减压蒸馏，得深橙红色浸膏，移至真空干燥箱内，在 80℃、1 300 Pa 的条件下干燥 4 h，得红色素，蒸出的乙醇可循环用作提取剂。该色素对光、热的稳定性及耐糖性较好，适于在食品工业中应用。与利用石榴汁提取的色素相比较，2 种色素对热、光的稳定性都较好。

石榴叶中含有丰富的维生素、矿物质和药效成分，可制成石榴保健茶。其工艺为：采摘老嫩适中的石榴叶，用水清洗后控干，用合理的蒸制或烘炒方法除去异味，这样既不破坏石榴叶的营养和药效成分，又基本保持了其原有的颜色。饮石榴茶能保护肝脏，防止血栓形成，抗坏血病及各种出血性疾病，并可降血脂、降血糖，防治肿瘤、心血管病、风湿、贫血等。对治疗不思饮食、睡眠不佳、高血压等有奇效。此外，石榴叶捣碎外敷，可治跌打损伤。

参 考 文 献

［1］陈栓，宫永宽，沈炳岗. 石榴中提取单宁研究简报［J］. 陕西农业科学，1996，(3)：38.

［2］陈驹声. 葡萄酒、果酒与配制酒生产技术［M］. 北京：化学工业出版社，2000：14-27.

［3］陈延惠. 科学采收石榴［J］. 农村·农业·农民(B 版)，2011(4)：43.

［4］戴芳澜. 中国真菌总汇［M］. 北京：科学出版社，1979.

［5］付娟妮，刘兴华，蔡福带. 石榴贮藏期腐烂病害药剂防治实验［J］. 中国果树，2005(4)：28-30.

［6］付娟妮，刘兴华，蔡福带，等. 石榴采后腐烂病病原菌的分子鉴定［J］. 园艺学报，2007，34(4)：877-882.

［7］高翔. 石榴的营养保健功能及其食品加工技术［J］. 中国食品与营养，2005，(7)：40-42.

［8］胡青霞. 石榴贮藏保鲜技术研究及病原菌鉴定［D］. 杨凌：西北农业大学，2001.

［9］花旭斌，徐坤，李正涛，等. 澄清石榴原汁的加工工艺探讨［J］. 食品科技，2002(10)：44-45.

［10］花旭斌，邓建平，柳刚. 浓缩石榴汁的加工工艺探讨［J］. 西昌农业高等专科学校学报，2002，16(4)：38-39.

［11］冷怀琼，曹若彬. 果品贮藏的病害及保鲜技术［M］. 成都：四川科学技术出版社，1991.

［12］李璐. 石榴花红色素的提取及其性质研究［J］. 楚雄师专学报，2001，16(3)：

79-83.

[13] 刘兴华，胡青霞，罗安伟. 石榴果皮褐变相关因素及控制研究 [J]. 西北农业大学学报，1998，26(6)：51-55.

[14] 牛俊丽，李新. 石榴种子含油量的测定 [J]. 新疆农业科学，2001，38(4)：176.

[15] 仇农学，罗仓学，易建华. 现代果汁加工技术与设备 [M]. 北京：化学工业出版社，2006.

[16] 苏海燕，申东虎. 石榴果实的冷藏保鲜技术 [J]. 西北园艺(果树专刊)，2010，4：52-53.

[17] 汤逢. 油脂化学 [M]. 南昌：江西科学技术出版社，1998.

[18] 唐丽丽. 石榴皮多酚类物质的提取、纯化及抗氧化性研究 [D]. 杨凌：西北农林科技大学硕士学位论文，2010.

[19] 王慧，李志西，李彦萍. 石榴籽油脂肪酸组成及应用研究 [J]. 中国油脂，1998，23(2)：54-55.

[20] 武云亮. 石榴资源的开发利用与产业化发展 [J]. 生物资源，1999，15(4)：208-209.

[21] 修德仁. 2004. 葡萄贮运保鲜实用技术 [M]. 北京：中国农业科学技术出版社，2004.

[22] 杨彬彬. 我国石榴浓缩汁的产业现状及发展趋势 [J]. 陕西农业科学，2009(1)：94-96.

[23] 佚名. 石榴的保鲜和贮藏 [J]. 农村·农业·农民(B版)，2012，1：56.

[24] 张宝善，田晓菊，陈锦屏，等. 石榴发酵酒加工工艺研究 [J]. 西北农林科技大学学报：自然科学版，2008，36(12)：172-179.

[25] 张立华. 石榴果皮褐变的生理基础及控制研究 [D]. 泰安：山东农业大学，2006.

[26] 张玉萍，安永红. 影响石榴保鲜效果的因素和贮藏技术 [J]. 山西果树，2005(1)：22-24.

[27] 张润光. 石榴贮藏生理变化及保鲜技术研究 [D]. 西安：陕西师范大学硕士毕业论文，2006.

[28] 张润光. 我国石榴贮藏保鲜技术研究进展 [J]. 陕西农业科学，2007(1)：83-85.

[29] 张润光，张有林，陈锦屏. 石榴适宜气调保鲜技术研究 [J]. 食品科学，2006(2)：259-261.

[30] 张有林，陈锦屏，杜万军. 石榴贮藏期生理变化及贮藏保鲜技术研究 [J]. 食品工业科技，2004(12)：118-121.

[31] 张建国. 石榴干腐病的发生症状与防治 [J]. 烟台果树，2001，3：52.

[32] 张美勇，徐颖. 石榴栽培与贮藏加工新技术 [M]. 北京：中国农业出版社，2005.

[33] 朱静. 石榴皮中生物活性成分的提取纯化 [D]. 北京：北京化工大学硕士学位论文，2009.

[34] 云南红河州科学技术情报研究所. 石榴产业调研提要 [J]. 决策参考，2003(1).

[35] Artes F，Tudela J A，Gil M I. Improving the keeping quality of pomegranate fruit by

intermittent warming [J]. Lebensm Unter Forsch A，1998，27：316-321.

[36] de Nigris F，Balestrieri M L，Williams-Ignarro S，et al. The influence of pomegranate fruit extract in comparison to regular pomegranate juice and seed oil on nitric oxide and arterial function in obese Zucker rats [J]. Nitric Oxide，2007，17(1)：50-54.

[37] Li Y F，Guo C J，Yang J J，et al. Evaluation of antioxidant properties of pomegranate peel extract in comparison with pomegranate pulp extract [J]. Food Chemistry，2006，96(2)：254-260.

[38] Palou L，Crisosto C H，Garner D. Combination of postharvest antifungal chemical treatments and controlled atmosphere storage to control gray mold and improve storability of 'Wonderful' pomegranates [J]. Postharvest Biology and Technology，2007，43：133-142.

[39] Zhang Y L，Zhang R G. Study on the mechanism of browning of pomegranate(*Punica granatum* L. cv. Ganesh)peel in different storage conditions [J]. Agricultural Sciences in China，2008，7(1)：65-73.

第十一章　石榴盆景产业与制作技术

石榴因其枝叶花果皆美，历来是我国园林和庭院绿化、观赏的名贵树种，是制作盆景的上好素材。制作石榴盆景，就是把石榴树栽植在花盆内，在继承、发扬我国树桩盆景造型艺术的基础上，根据石榴树生长结果的特性，经过一定的艺术加工处理，形成观赏价值更高的艺术品。石榴是美化庭院、公园、广场、宾馆、会议室、展室等公共场所的上等材料。近年来，我国石榴盆景产业发展迅速，制作技术日趋成熟，风格多样化，社会效益和经济效益显著。

第一节　石榴盆景产业概述

一、盆景发展历史与产业现状

石榴自汉代传入我国后，汉武帝曾下旨，只许在上林苑栽植，严禁传入民间。汉武帝驾崩后，石榴传出御花园，以多种方式进行栽植。自汉代以后，石榴盆栽的种植水平不断提高，逐步发展成为石榴盆景。唐宋时期，石榴盆景已发展到较高的水平。宋代的盆景植物分类，出现了"十八学士"的记载和绘画，其中就有石榴，可见当时石榴盆景发展之盛。明清时期石榴盆景依然保持了良好的发展势头，甚至比唐宋还要兴盛，意境水平还要高。清康熙帝曾对御制石榴盆景赋诗咏叹："小树枝头一点红，嫣然六月杂荷风，攒青叶里珊瑚朵，疑是移银金碧丛。"清嘉庆年间五溪苏灵所著的《盆景偶录》，把盆景植物分成四大家、七贤、十八学士和花草四雅，石榴被列为"十八学士"之一。时至今日，石榴已成为扬派、苏派、川派、海派等树桩盆景流派的常用树种之一。

据考证，汉丞相匡衡在成帝时，将石榴从上林苑带出，并引入故里丞县（今山东省枣庄市峄城区）栽培。明万历年间编纂的《峄县志》记载："石榴、枣、梨、李、杏、柿、苹果、桃、葡萄……以上诸果土皆宜，石榴、枣、梨、杏尤佳他产，行贩江湖数千里，山居之民皆仰食焉。"这说明，明万历年间"峄城石榴"已形成规模，是山区百姓重要的经济来源。经过当地百姓的长期培育，"峄城石榴"集中连片面积之大、石榴树之古老、石榴古树之多、石榴资源之丰富，为国内外罕见，赢得了"峄城石榴甲天下"之美誉，使峄城成了最著名的"中国石榴之乡"。

新中国成立后，特别是改革开放以后，峄城石榴的栽培规模日趋扩大，为石榴盆景发展提供了丰富的物质基础。自20世纪80年代中期始，峄城部分盆景爱好者，以石榴古树为材料，开始制作石榴盆景。1997年4月，在上海举办的第四届中国花卉博览会上，峄城石榴盆景爱好者杨大维创作的石榴盆景《一勾弯月》获金奖。至20世纪90年代中、后期，峄城石榴盆景初具规模，大、中、小、微型石榴盆景达4万余盆，为我国现代石榴盆景产业之开端。

近30年来，峄城石榴盆景多次参加国际和国内的园艺花卉博览会、艺术节及盆景展，获金、银、铜奖280余项。其中，峄城石榴盆景艺人张孝军的作品《老当益壮》，在1999年昆明世界园艺博览会上获得金奖，是整个世博会唯一获金奖的石榴盆景，也是山东代表团获金奖的唯一盆景作品。2008年峄城石榴盆景艺人培育的《神州一号》《东岳鼎翠》《漫道雄关》等29盆翡果累悬、碧翠争艳的石榴树桩盆景，被北京奥运花卉配送中心选中，在奥运主新闻中心陈列摆放。2009年10月，在北京举办的第七届中国花卉博览会上，峄城石榴盆景爱好者萧元奎创作的石榴盆景《凤还巢》、张永创作的《擎天》均获金奖。2012年10月，在陕西安康市由中国风景园林学会等主办的第八届中国盆景展览会上，峄城石榴盆景爱好者张忠涛的《汉唐风韵》获金奖。部分精品峄城石榴盆景还走进了全国农展馆、北京颐和园、上海世博会等。这些都标志着峄城石榴盆景艺术、管理水平达到了国际领先水平。

每次参展获奖，都有力地促进了峄城石榴盆景的发展。在1997年第四届中国花卉博览会上峄城石榴盆景获得大奖后，当地政府把石榴盆景作为当地花卉产业的拳头产品来抓，先后规划建设了4处，占地30余 hm²，集生产、展示、观赏、销售为一体的"石榴盆景园"（图11-1）。

图 11-1 峄城石榴盆景园一角

山东省枣庄市花卉协会还举办了2届以石榴盆景为主的花卉盆景精品展，这些都极大地推动了石榴盆景产业的发展和石榴盆景制作技艺的交流与提高。截至2013年年底，峄城现有石榴盆景艺人400余位，年产各种规格的石榴盆景20余万盆，峄城石榴盆景俏销全国，年销售收入近亿元。

自2000年始，在峄城石榴盆景艺人的指导以及石榴盆景产业的带动下，山东枣庄薛城、市中、山亭，以及安徽烈山、怀远，江苏铜山，河南郑州、荥阳、平桥，陕西临潼，四川会理，湖北樊城，天津武清等地，相继利用当地丰富的石榴资源，生产制作石榴盆景，有的初具规模，有的形成商品生产，产生了很好的经济和社会效益。截至2013年年底，全国年产各种规格的石榴盆景约30万盆，年产值约为1.2亿元，小小的石榴盆景真正做成了大产业。

石榴盆景一般每盆可结石榴3～5个，多的为7～9个，最多的达20多个，即使盆景不出售，每年也有一定的经济效益。

石榴盆景的艺术造型和意境题名，向人们传递着积极进取、文明向上、自强不息的思想感情。经常欣赏石榴盆景，能提高人们的艺术修养水平，培养人们热爱大自然、热爱生活、热爱祖国锦绣山河的高贵品质，有益于促进人们的工作。石榴盆景还是普及石榴栽培技术的活教材。

石榴盆景作为家庭摆设，可以起到美化环境、净化空气的作用。检测表明，石榴树对二氧化硫、氯气、氟、硫化氢、铅蒸气等均有吸附作用，还能分泌杀菌素杀灭空气中的细菌。此外，在夏天，石榴盆景能降低庭院或阳台温度、增加湿度、吸纳灰尘，具有良好的生态效益。

二、盆景艺术的特色与欣赏

石榴盆景造型主要有桩景和树石2类，以石榴树桩盆景为主。近年来，又推出了石榴微型盆景。石榴树桩盆景又因干、根的造型不同而有多种变化。石榴盆景除具有一般树桩盆景所具有的艺术风格，如缩龙成寸、小中见大、刚柔相济、师法自然、高于自然之外，还具有独到的艺术特色和较高的欣赏价值。

(1)石榴盆景具有综合观赏价值高的特点

一方面，石榴盆景芽红叶细，花艳果美，干奇根异，各个部位都可观赏；另一方面，一年四季都可赏玩：仲春，新叶红嫩、婀娜多姿；入夏，繁花似锦，红花似火、白花如雪、黄花如缎；深秋，硕果高挂，红如灯笼、白似珍珠，光彩照人；至冬，铁干虬枝，遒劲古朴，显示出铮铮傲骨和蓄而待发的朦胧之美。其中花石榴株矮枝细，叶、花、果均较小，制作盆景，小巧玲珑，非常适合表现盆景"小中见大"的艺术特色；果石榴则树体较大，山东枣庄峄城有100~200年生，甚至300~400年生的古树十几万株，以其制作盆景，最能表达山东人的豪爽气质和山东枣庄峄城"冠世榴园"的恢宏气势（图11-2）。

图 11-2　峄城百年石榴古树

（2）石榴盆景根的特点与欣赏

按照树根是否暴露，石榴盆景分为露根式和隐根式2类。桩干比较粗壮、雄伟、苍劲、古朴的，一般不露根，将根埋于土内，着力表现桩景；而桩干比较细小，树龄较年幼、干较矮的，多数都露根，或提或盘，经过加工造型，以使其显得苍老奇特、古朴野趣，以此来衬托桩干，弥补桩干的单薄。露根式盆景根的造型，主要是与桩干结合起来，或与象形动物的桩干结合，作为爪、腿、尾等，栩栩如生；或与非象形桩干结合，梳理成盘根错节之态；或应用于丛林式盆景中作连接状，形如龙爪，别具一格。

（3）石榴盆景干的特点与欣赏

石榴盆景造型的重点集中在桩景主干上，几十年生以上的果石榴树干，均扭曲旋转、苍劲古朴，用其制作盆景，造型十分奇特，具有很高的观赏价值和特殊的艺术效果。在桩景制作上，不论什么款式，主要运用枯朽、舍利干、象形干（人物、动物）、干上孔洞或疙瘩等手法，着力表现石榴桩景的古老、奇特。如枯朽的运用，将大部分木质部去除，仅剩少量的韧皮部，看上去几近腐朽，但仍支撑着一片绿枝嫩叶、红花硕果；干身疙瘩，主要是运用环割、击打等方法刺激形成层形成分生组织和愈伤组织，包裹腐朽的木质部；舍利干，主要是将大部分韧皮部剥掉，在木质部上顺干磨成一些沟状裂纹，或凿成透光的孔洞。这些无不表现出其顽强之生命、铮铮之铁骨、刚劲之力量的意境神韵。

（4）石榴盆景花、果的特点与欣赏

石榴花、果期长达 5 个多月，其欣赏价值是其他盆景不可比拟的。花色有红、粉、黄、白、玛瑙 5 色，且有单、复瓣之分。花朵有小有大，花期一般在 2 个月以上，月季石榴从初夏到深秋开花不断。石榴以其绚丽多彩的花朵闻名于世，特别是春光逝去、花事阑珊的时节，嫣红似火的榴花跃上枝头，确有"万绿丛中红一点，动人春色不须多"的诗情画意。石榴果则有青、白、红、粉、紫、黄等色，花、果形成鲜明的对比，展现出和谐的生命活力，淋漓尽致地表现出大自然的美。尤其是花石榴品种，花果并垂、红萼挂珠，果实到翌年 2～3 月仍不脱落，观赏期更长。总之，花、果是石榴盆景的重要组成部分，以形载花、果，以花、果成形，形、花、果兼备，妙趣横生，极富生活情趣和自然气息。

(5)粗犷、自然、多样的造型风格

石榴盆景既是树桩盆景，又是花果盆景。在造型手法上，除研究造型以外，还注重培养花、果。而花、果的培养需要具有一定生长势的枝条和一定的叶面积。而石榴花果都生长在当年生枝条上，这就决定了石榴花果盆景不能像一般盆景那样对枝叶进行精扎细剪。石榴盆景的自身特点决定了在造型和修剪上粗犷、自然和多样的风格。在形体上，有大型、中型、小型，还可是微型；在树冠枝叶修剪上，注重花果，可以分出层面，但一般不剪成薄薄的"云片"，以蟠扎为主、修剪为辅，以使盆景正常开花、结果，达到桩、枝、叶、花、果皆美的艺术效果；如不注重花果，也可像其他盆景那样剪成"云片"，以枝、叶、干欣赏为主，也具有很高的欣赏价值。

第二节　石榴盆景创作的基本原则

任何艺术品创作都有原则可循。所谓原则，是指创作的原理及规则。虽然我国的树桩盆景艺术流派众多、风格多样、造型布局纷繁，但都遵循一些共同的规律和基本原则。石榴盆景，既是树桩盆景，又是花果盆景，因此，在创作中既要遵循一般树桩盆景的创作原则，又要遵循一般花果树木盆景的创作原则，更重要的是必须遵循石榴的生长结果习性进行创新立派。

一、外观美原则

盆景的人工美，就是强调人的劳动加工再造，达到自然美与艺术美的统一。这就要求在创作时要注重主次分明、繁中求简、疏密得当、曲直和谐。

在树桩盆景造型中经常用到主次分明的构图原则：在双干式树桩盆景造

型时，用较小的一棵来衬托主景的高大；在丛林式或一盆多干式盆景造型中，也是用较小的一棵（或一枝干）来衬托较大一棵（或一枝干）的高大雄伟。

盆景表现大自然的美丽，不需要也不可能将所有的景物都表现出来，而是选取其中最典型的景物作为表现对象，抓住特点，着力刻画，这就是繁中求简。在树桩盆景定型修剪时，有的把枝干的大部分都剪除，仅留较短的一段主干和3～5根枝条，这就是"繁中求简"在树桩盆景造型中的具体运用。这里所说的简，并不是目的，而是手段，不是简单化，而是以少胜多、以简胜繁。

在树桩盆景造型时，枝干的去留、枝片之间的距离，也应有疏有密，不能等距离布局，否则会显得呆板；在丛林式盆景造型布局时，树木之间的距离应有疏有密。主景组第一高度的树木周围，要适当地密一些，客景组树木要适当疏一些。

在树桩盆景艺术造型中，曲与直的和谐统一是人工美的重要组成部分。曲线表示柔性美，直线表示刚性美，曲直和谐、刚柔相济乃属上乘之作。如果曲中再曲，必然显得软弱无力；如果直中有曲、刚中有柔、以直来衬托曲，曲就显得更加优美。

要达到上述要求，关键是处理好"取与舍"的关系。在树桩盆景创作中，自始至终，作者都要面对"取"与"舍"的问题。所谓取舍，就是舍去一般，留取精华；舍去平淡，突出主题；舍去粗俗，保留高雅。没有取，就不能树立作品的主体形象，没有主体形象，就不能表现作品的主题和意境；没有舍，就好似眉毛胡子一把抓，什么都想表现，结果是什么都不突出，主题、意境的力度被严重削弱，变得模糊不清。因此，在盆景创作构图之前，就要理顺取与舍的关系。凡为主题与意境起烘托作用的就取，凡与主题不一致、分裂主题、与主题唱对台戏、有碍主题意境表达或喧宾夺主的就坚决舍弃。

二、静中有动原则

树桩盆景不是死的，是活的，是有生命力的。这个生命力，不仅是盆景树桩有机体本身的生命，而且还包括其鲜活的艺术生命力。这就要求树桩盆景静中有动、形神兼备、无声胜有声。盆景造型布局虽千姿百态，但都需姿态自然，既在情理之中，又在意料之外。所谓"情理之中"，是指树桩的各种造型必须符合自然生长规律，而不能"闭门造车"、凭空捏造；所谓"意料之外"，是指树桩造型比天然生长的树木姿态更奇特美观而自然入画。

树桩盆景如果仅有静态而无动势，就显得呆板而无生机。好的盆景作品应静中有动、稳中有险、抑扬顿挫、仪态万千。按人们的欣赏习惯，认为树干笔直、树冠呈等腰三角形的造型比较呆板；树干适当弯曲、树冠呈不等边三角形的造型布局，既符合植物的生长规律，又合乎动势的要求。自然界中的树木因生长条件不同，许多树冠自然呈不等边三角形。生长在悬崖上的树木，靠近山石一面的枝条短小，而伸向山崖一边的枝条既长又多，如黄山的迎客松、泰山的望人松等。在高山风口处生长的树木，枝干多弯曲，体态矮小，自然结顶；迎风面的枝条短，背风面的枝条长，这就是自然生长的树木静态中的动势。

增强盆景树桩动势的基本途径有：

①主干定势。主干的延伸及其方向、角度决定了其树势。比如，直干伟岸，有顶天立地之势；斜干灵气，有横空出世之势；曲干流动，有逶迤升腾之势；卧干怡然，有藏龙卧虎之势。悬崖跌宕，有飞渡探险之势；丛林竞起，有郁郁葱葱之势。

②枝向助势。枝、干反向伸延，制造对抗矛盾显力以助势，如跌枝；枝托强调夸张制造不平衡以助势，如大飘枝；枝托群体相向，制造统一以助势，如风吹枝。

③根基稳势。根基为势之基础，干势应与根基相匹配。一般而言，直干板根，正襟端生，气宇轩昂；斜干拖根，干、根反向延伸，看似各自东西，实乃相抗得势，卧干以干代根，道是无根胜有根，气度不凡。假山丛林以"山"为根，三角构架，峰峦起伏，具有托住层林竞秀之势；悬崖爪根，咬住山岩，方可盘旋而下，感觉有惊无险之气势。

④外廓显势。外廓为枝杈、叶片边缘凹凸起伏、似断却连的周边轮廓。枝片开合，气脉相通，体现树相整体趋势。不能机械地套用等腰三角或不等腰三角图，应把握枝干类型特征、树势倾向，有所夸张强调、有所张扬抑制，使其外廓边缘凹凸起伏、片断意连，取得既显空灵又显树势的艺术效果。

三、欲现先隐原则

现与隐或露与藏，是树桩盆景创作中常用的艺术手法，是指创作的艺术形象呈若隐若现、欲即欲离状。现与隐既对立又统一，隐以现为存在的前提和依托，现则需要隐升华内涵，增添生气和韵致。在艺术领域，隐与模糊、朦胧、含蓄是同义词，隐是创造掩映作态、耐人寻味艺术形象的一种技巧，目的是通过隐与现的巧妙运用，使作品形象避免"直现"，做到"曲现"（即巧现），把艺术形象的"言外之意"（意味）表现出来。树桩盆景讲究"诗情画意"，在创作中做到"巧现于隐、巧隐于现"，使作品意象空灵、形象含蓄，给欣赏者留下想象和再创造空间，以便把观众引入由"少"见"多"、由

"点"及"面"的欣赏佳境。树桩盆景部分形体"隐藏"是靠"显现"着的部分来映衬的，因此，在制作形体"隐藏"时，必须事先选定形体的某些"闪光点"加以显现，以扩大"隐""现"之间的反差，增强其刺激想象作用。

四、形果兼备原则

花果树桩盆景等于造型加花果，就是说，它既要具有根、桩、形、神等造型艺术，又必须兼有足够数量的花果，二者缺一不可。在花果树桩盆景中，花果是形的重要组成部分，花果的多少、布局、大小、色彩，是构成花果树桩盆景艺术的重要部分。这就决定了花果树桩盆景不能像一般树桩盆景那样对枝叶随心所欲地精扎细剪，而是在创作造型中，从根、干、枝、叶、花、果、形等方面进行整体考虑、综合考虑，达到以形载果、以果成形、形果兼备、妙趣横生的境界。

五、技术多样原则

花果树桩盆景创作技术，既不同于一般的树桩盆景，又不同于一般的果树栽培技术。从原理上，它是二者的融合；从技艺上，它是二者的发展。花果树桩盆景自身特点要求既要保证当年形成足够数量和质量的果实，又要保证翌年形成足够的产量，要依其生长结果习性，综合运用树桩盆景制作和果树栽培的各种技术，方可达到满意的效果。

六、以小见大原则

中国历代盆景艺术家，从实践到理论均强调以小见大(也称缩龙成寸)的创作原则。树桩盆景首先要表现的是自然美，但不可能完全模仿自然；而是"以咫尺之图，写千里之景"，是把大自然景观缩小在盈尺之盆，但不是机械地按比例缩小，而是以小的画面，艺术地再现大自然的雄伟壮丽。所谓"小"，是指树桩盆景作品的现实空间，不是真正的小，而是以小见大；而"大"，则是通过树桩盆景所表现出的艺术空间，不是简单的大，而是寓大于小。"见"不是直接的见到，而是表现、观赏、想象。"小"是有限的现实，"大"是无限的想象。"小"是手段、是形式，"大"是空间、是目的。小中见大，能给欣赏者留下更多更大的想象空间，也有利于树桩盆景进入家庭、走向市场，扩大交流。

七、艺术美高于自然美原则

树桩盆景艺术源于自然而高于自然，即艺术美高于自然美。树桩盆景艺术美的实现，是在自然美的基础上，以修剪、蟠扎、雕琢、配盆、养护等技术为手段来实现的，但技术还不是艺术，技术手段表现的是外部的形，而艺术表现的是形和神的统一，既有技术性的物质加工，又有艺术性的思维活动。我国树桩盆景历来讲究形神兼备、以形传神。"形"就是树桩盆景外部的客观形貌，"神"是指树桩盆景所蕴含的"神韵"及其独特的个性。形似逼真，只是树桩盆景创作的初级阶段，而神似才是创作者追求的更高境界。因为树桩盆景中的树木，虽取材于自然界，但不是照搬自然界树木的自然形态，而是经过概括、提炼和艺术加工，把若干树木之美艺术地集中于一棵树木上，使这棵树木具有更普遍、更典型的美，给人以"无声胜有声"的艺术感受。因此，艺术美之所以高于自然美，就是因为人在艺术创作中花费了大量的"人工"，使自然的树木经过"人化"后变得更美。

八、意境决定造型原则

内容决定形式是唯物辩证法的基本法则之一，树桩盆景创作也必须遵循这一法则。树桩盆景创作中的内容就是意境，形式就是造型。树桩盆景的构成形式(即造型)对其艺术水平的高低有很重要的影响作用，但起决定性作用的不是造型，而是意境。意境的本质，是树桩盆景艺术的核心、是灵魂，造型是为意境服务的。所谓意境是指作者以强烈的思想感情所要表达的主题思想和艺术作品塑造的形象相契合，创造出那种不是自然而胜似自然、源于真实生活而高于真实生活，并且情景交融、形神兼备的艺术境界。要有高的意境，首先要立意，即确立盆景创作的主题思想。中国树桩盆景从古至今都讲究"诗情画意"，创作时总要先立意，然后才选择题材和素材。

树桩盆景的立意一般有以下 3 种途径：

①因意选材。作者的情感受到外界的激发，或受到某种事物的启迪，欲把无形而抽象的情感寄寓在具体可感的外在景物中，使抽象的思想感情具体化、形象化、可感化，从而产生创作的欲望，并依据这一欲望进行立意，然后选材进行创作。选择能够承载作者所要抒发的思想感情的具体形象，赋予其强烈的主观色彩，创造出一种完美的意境，从而震撼并感染观赏者的心灵，这在树桩盆景创作中谓之缘情造景或借境达意，通俗的说法是"因意选材"。

②见树生意。当创作者遇到一棵好的树木时，树桩盆景创作的经验使创

作者不会草率下手，而是上下打量、反复推敲。当眼前的树木和头脑中储有的图像造型结合在一起时，构思就完成了，立意也就产生了，这也叫缘景生情，多用于自然式造型。

③贴物载情。人们在长期的生活实践中，由于受物境的某些特征的影响而做出某些决定，是因为某物境已被人们固定化为某种感情的替代物，即为贴物载情。它带有一定的客观性，并使对象人格化。如青松高风亮节，柏树坚韧不拔，柳轻柔飘逸，竹潇洒耿直，牡丹国色天香；又如盆景直干式雄伟挺拔、曲干式婀娜多姿、悬崖式百折不挠、枯干式枯木逢春、丛林式众志成城、古老者老当益壮、年幼者风华正茂、结果的硕果累累、开花的繁花似锦，等等，这些物境所具有的感情为约定成俗，易被人们所接受。

九、创新立派原则

树桩盆景是一种多变的艺术，也是一种不断发展创新的艺术。凡经历过盆景创作的人，都知道树桩盆景的创作不能按图索骥，只可因形赋式、因式赋神。更何况，石榴在园艺学分类中独为一科，科内仅此一属一种，有着它独特的生物生态学特性，若违背这一特性，按照某些既定的画图来强扭硬扎，则会弄巧成拙、适得其反。石榴树桩盆景虽是某些流派的常用树种，但并未形成石榴树桩盆景创作的独特体系，只形成了以"峄城石榴盆景"为中心的地方风格，而"峄城石榴盆景"不属于任何流派，因此也没有固定的创作模式。这就有利于广大石榴盆景爱好者不受框框本本的束缚和限制，充分施展自身潜能去实现石榴盆景的创新目标，形成石榴盆景独特的艺术流派。

第三节　石榴盆景树桩采集

石榴树桩是石榴盆景最主要的组成部分，其来源有：野外挖掘、市场采购、人工培育。此外，幼龄果园密植的石榴树、因品种改良而淘汰的石榴树、生产上进入衰老期的石榴树、采穗圃中计划更新的石榴母树、育种圃中准备淘汰的石榴树等，都是制作石榴盆景的好材料。

一、野外挖掘

我国石榴主产区山坡的中上部，尤其是在悬崖峭壁、石缝沟边等地，多生长着一些古老的石榴树。这些地方水土流失严重，土层瘠薄，加之樵伐畜伤、风吹雨打，石榴树往往生长矮化、分枝增加、节间较短、枝干老朽，这些特点正是盆景制作者所求之不得的。留心挖掘，往往能获得很好的石榴树桩。

(1)树桩采掘

春季是采掘石榴树桩的最佳时间，深秋初冬也可挖掘，但到冬季须采取保温措施。挖掘前应准备好铁镐、铁锨、手锯、修枝剪，以及草袋、绳索等工具，挖掘前还要仔细观察，判断干枝的趋势、根的走向，作出初步设计，以便心中有一个造型的初稿。为便于挖掘和运输，可对树冠进行初步修剪，除去造型不需要的枝条。在挖掘过程中要尽可能多地保留须根，防止根干严重受伤、劈裂。待树根截断后才可起桩，切不可根未断就急于乱摇强拽。

对造型优美奇特而根系不良的珍贵树桩，为确保其成活，可采用多次掘取法。即第1年掘开树桩的一侧或两侧，将根系按造型要求修剪，然后填入肥沃土，踏实并浇水，促使其发生大量须根。翌年处理另一侧或两侧，第3年再全部采掘。此法采掘的树桩根系强壮，须根多而集中，上盆后成活率高且生长旺盛。

挖掘时还要注意以下几点：一是挖掘树桩后留下的土坑要及时回填，以利保护环境，防止水土流失，可促使残留根萌生新株，保持石榴资源不减；二是做到"五不挖"，即缺乏盆景艺术价值的树桩不挖，风景园林控制区范围内的树桩不挖，特大的古树桩不挖，影响地坎、堤岸、路基等安全的树桩不挖，生产栽培后还有结果价值的树桩不挖。

(2)树桩处理

石榴树根系易失水，对挖掘到的树桩应及时蘸泥浆保持水分。先将黏土用水调成稀糊状，再将树桩根部浸入泥浆，使全部根系蘸上泥浆即可。待泥浆稍干即可用稻草、蒲包等包装。处理后及时运回，否则应暂放避风、背阴、潮湿处保存，或临时埋入土中并浇水假植保存。

二、市场采购

我国各石榴产地，以及太行、六盘、秦岭、大别、大巴、巫山、武夷、雪峰、横断、泰莱、沂蒙、伏牛等山脉、山区，均有一定数量的石榴古树资源，当地农民从野外挖掘石榴树桩到集市出售，有些不乏造景价值，买回来自己种植，可省去野外挖掘的许多麻烦和辛苦。但应注意不要购买栽活无望、不易成活的树桩，以及树干外皮环状坏死的树桩。

购买树桩的时间，从11月到翌年3～4月均可，但最好是春季购买，栽植1～2个月即可发芽，养护时间短，成活率高。

三、人工培育

随着石榴盆景艺术和产业的不断发展，石榴盆景爱好者越来越多。然而，比较理想的石榴树桩，经多年挖掘，数量锐减，资源已十分匮乏。城市盆景爱好者，到野外挖掘树桩，更属不易。故而，人工培育石榴树桩，已成为制作石榴盆景所需桩材的重要来源。尤其是在保护自然生态环境、保护野生树木资源呼声甚高的今天，通过人工培育获得盆景桩材，应成为石榴盆景桩材的主要来源，也是大幅度降低石榴树桩盆景生产成本最有效的方法。用此方法创建石榴盆景生产基地，是石榴盆景产业应走的可持续发展之路。

石榴树桩培育方法很多，实生、扦插、分株、埋条、压条、嫁接等方法都可应用，生产上主要采取幼枝扦插、老枝嫁接、老干扦插、老枝干树上套土袋等方法培育。

（1）幼枝扦插

这是培育微型石榴盆景树桩的主要方法。在制作石榴盆景、盆栽时，采用幼枝扦插培育树桩，有利于按照作者的意愿，从小开始定向培育、造型。一般采用对苗木进行多次、多年重短截的方法，使之再生新枝，经5～7年养成树冠后，即可造型。

（2）老枝嫁接

这是指利用石榴生产修剪掉的多年生结果枝组（一般具有2～4个分枝）作为接穗进行嫁接，只需1～2年即可成形，能快速成形、快速开花、快速结果，并达到快速培育石榴盆景的目的。

老枝嫁接又分为接枝和接根2种方法。一是接枝。即以老枝为接穗，以粗细相当的根桩为砧木进行嫁接。二是接根。即在老枝干下端直接嫁接石榴根。1个枝干可接多条根，一般视枝干粗度嫁接3～5个，嫁接的根越多越易成活。石榴根以生长健壮、新鲜、未失水、须根多的2～3年生侧根为佳。嫁接适期为清明前后。嫁接方法一般用插皮舌接，未离皮的可用劈接。嫁接后整个嫁接部位用薄膜缠紧。可地栽也可盆栽。盆栽时，盆土要不干不湿，手握成团、松开即散为宜。不能浇水，以防接口腐烂，但要对枝干喷雾，喷好后马上用透明塑料袋封起来，塑料袋上打2个小气孔，3 d后再喷1次，以后每5 d喷1次，2周后对盆土面多喷一点，使盆土保持不干不湿的状态。石榴发芽后拿掉塑料袋，使其慢慢适应外界环境。到休眠期，扒开盆土，取出嫁接部位绑缚的塑料膜，以免影响生长，第2年即可造型。

（3）老干扦插

利用石榴生产上锯掉的多年生老干，可直接扦插培育石榴树桩。方法是：

先将生产上锯掉的多年生老干上端修成马耳型，下端修成平茬，随后扦插，浇足水，再用筒状薄膜套封，即上端扎死，下端用土密封。确认充分成活后，再撤掉薄膜套封。扦插时期以春季为好，在露地或大棚内均可进行，培育1～2年后即可造型。

（4）老枝干树上套土袋

石榴枝干生根能力较强，可在大树上选择造型优良的结果枝组，在枝组主干基部套土袋使其生根，可避免嫁接不成活的风险。具体方法是：在选中的枝组基部需生根的部位进行环剥、刻伤，然后用厚塑料薄膜制成一侧开口的容器，套在枝组基部，装入湿土，上下两端及中间部位用绳系牢，要保持塑料容器中土壤湿润。待生根后，自塑料薄膜容器下端剪断，使其与母树分离，取下塑料容器，栽入盆中即可。此法成形快、成本低，值得推广应用。

第四节　石榴盆景育坯技术

育坯是盆景创作的基本功，主要要把握好打坯、改坯、定植3个环节。

一、打坯

（1）定型

定型就是初步确定树桩的外观形象。顺序是先定干数，再定树顶，最后定截位。

（2）定势

定势就是确定树桩栽植角度和高度。原则是树头尽量开张，桩根尽量着土，有利于展现干型，与树型风格协调。

（3）定面

定面就是确定树桩最佳的观赏面。一般而言，树干弯曲左右摆幅最大的一面、树头左右中展幅最大的一面、根多根粗壮的一面、树干肌理美的一面，应确定为最佳观赏面。

二、改坯

改坯就是按照勾勒的意象图，对树桩的干、根、枝进行锯截、修剪、打磨等粗加工的过程。

（1）干的粗加工

因材而异、因材造型，不拘一格，高度适宜、锥度渐细，选优去劣、化平淡为神奇。

（2）根的粗加工

尽量多留，伤根截齐，适宜装盆。上部粗根尽可能留长，下部粗根宜短截，剪口向下。若细根少，可以嫁接补根，有利于提高成活率、加速成形。

（3）枝的粗加工

树桩基部的分枝尽量保留；若树桩基部没有适宜的分枝，可以采取锯截刺激潜伏芽萌发、嫁接适宜枝干等方法，增加分枝，以利于尽快造型。

三、定植

石榴树桩定植有盆栽、地栽2种方式。定植时注意以下几点：

（1）培养土

宜选用质地疏松、通透性良好、有机质适中的沙壤土。培养土入盆前要经过阳光曝晒，并用杀虫剂、杀菌剂消毒。

（2）盆栽

挖掘时受伤少、根系多、树龄轻、树桩小、生长壮的树桩，可以直接上盆育坯。上盆后浇透水、遮阴。

（3）地栽

挖掘时受伤多、须根少、树龄老、树桩大、生长弱的树桩，应采取地栽方式育坯，最好定植在大棚或日光温室内育坯。

（4）保活

一是可以使用激素促进生根；二是树桩周围环境、培养土要始终处于湿润状态；三是冬季注意保温，防止发生冻害；四是抹芽。树桩育坯至5～6个月，要及时将多余的萌芽抹去，有利于集中营养、快速成形。

第五节　石榴盆景造型与制作

一、盆景造型

育坯的打坯阶段即是初步造型设计阶段。育坯成功后，再根据新枝生长情况和石榴盆景创作原则，进行正式的造型设计。

以峄城石榴盆景为代表的石榴盆景，不属于我国现有的任何盆景流派，其造型不拘一格、形式多样。在30余年的发展创新过程中，形成了以观干为主类、以观根为附类、以树石类为点缀的3大类，加上近年推出的微型类，共有4大类19款造型。

1. 观干类

石榴桩干的造型，对表现桩景神韵具有十分重要的作用，在石榴盆景款式中，以树干的不同形态而命名的最为常见。

（1）直干式

这类石榴盆景主干挺拔直立或略有弯曲，树冠端正，层次分明，果实分布均匀，有雄伟屹立之感。因其主干直立不好改变，造型重点应放在枝叶上。由于枝叶变化较多，虽单株直立，其形态也各具特色（图11-3）。

图 11-3　榴乡情（张忠涛）　　　图 11-4　峥嵘岁月（张忠涛）

（2）斜干式

主干倾斜，略带弯曲，树冠偏向一侧，树势舒展，累累硕果倾于盆外，似迎宾献果，情趣横生。把树栽于盆钵一端，树干向盆的另一端倾斜。一般树干和盆面的夹角在45°左右，倾斜的树干，不少于树干全长的1/2，以占2/3左右为宜，且倾斜部分具有一定的粗度，主干中部以上应有主侧枝，以便用枝叶掩盖住斜与直的交接部位，缓慢过渡。斜干式的培育方法基本同直干式，只是要注意树干和盆面的夹角。斜干式选材，除已具备的自然斜干形的坯材外，可从具有单面根盘，具主侧根较发达的直干树材中选取，也可从双干形中选有倾斜形状的一干，截除另一干而获得（图11-4）。

（3）曲干式

树干呈之字形弯曲向上，多为2层，也有多层弯曲款式。曲折多变，形若游龙，层次分明，富有动势，多为单干，果实多挂于主干的拐弯处，变化最丰富多彩，虽由人作，却宛如天成(图11-5)。

图 11-5　醉春秋(张永)　　　　图 11-6　危崖竞秀(张忠涛)

(4)悬崖式

主干自根颈部大幅度弯曲，倾斜于盆外，似着生于悬崖峭壁之木，呈顽强刚劲的风格。按树干下垂程度的不同，又有小悬崖和大悬崖之分。树干枝梢最远端低于盆上口，而没有超过盆底者称小悬崖，又称半悬崖；枝梢远端低于盆底者称大悬崖，又称全悬崖(图11-6)。

(5)卧干式

树干大部分卧于盆面，快到盆沿时，枝梢突然翘起，显出一派生机，翠绿的枝叶和苍老的树干，具有明显的枯荣对比。树冠下部有一长枝伸向根部，达到视觉的平衡。盆景表现树木与自然抗争的意境(图11-7)。

图 11-7　独木成林(肖元奎)

(6)过桥式

表现为河岸或溪边之树木被风刮倒，主干或枝条横跨河、溪而生之态，极富野趣。

(7)枯干式

自然界中有些树干被侵蚀腐朽穿孔成洞，有的树干木质部大部分已不存在，仅剩一两块老树皮及少量木质部，但又奇迹般地从树皮顶端生出新枝，真是生机欲尽神不枯。但枯干不是形，是指枯朽的神，在直干、斜干、弯干、曲干等多种造型形式中都有枯干的运用。由于石榴寿命长，枯干桩材资源较多，在石榴盆景款式中占有重要位置(图11-8)。

根据树皮、树干木质部被损害程度和部位的不同，又分为枯干式、舍利干、剖干式。根据植株形态，经过艺术加工，把部分树皮和木质部去掉，促使植株形成老态龙钟之状。

图11-8　直插云霄

图11-9　千手观音(高其良)

(8)象形式

它是把盆景艺术和根雕艺术融合为一体的一种盆景形式，多为动物形象。在素材有几分象形的基础上，把树桩加工创作成某种动物形象，给人以植物异化的审美情趣。它要求植株的干、枝必须具备一定的自然形态，经过创作者巧妙加工而成。如山东枣庄峄城张孝军的《虎头虎威》和《金凤展翅》，李德峰的《雄狮》等，恰似一件件活的雕刻艺术品，给人以栩栩如生之感(图11-9)。

(9)弯干式

在峄城石榴盆景中，弯干式是最为著名的款式。1997年杨大维的《一勾弯月》获上海第四届中国花卉博览会金奖；1999年张孝军的《老当益壮》又获昆明世界园艺博览会金奖，从而使得峄城石榴盆景扬名世界，也使弯干式石榴盆景备受推崇。这2件获奖作品，都是树龄较老、桩干较粗(10 cm以上)

的自然野桩，均为一弯半，经过舍利干制作及树冠修剪蟠扎，既显得苍老古朴，又具有阳刚健壮之美。如用幼树制作弯干式盆景，虽比较容易弯，但需时较长(图 11-10)。

图 11-10　一勾弯月(杨大维)　　　图 11-11　龙脉相传(张忠涛)

(10)双干式

有的双干式是一株树，主干出土不高即分成两干；有的是两棵树栽于一盆，两棵树互相依存，不能相距较远，否则会失去相互呼应而没有一体感。双干式的两干，一定要一大一小、一粗一细，其形态有所变化为好。双干式表示情同手足、扶老携幼、相敬如宾之情。

(11)丛林式

凡 3 株以上(含 3 株)树桩合栽于一盆，称为丛林式。一般为奇数合栽。最常见的是把大小不一、曲直不同、粗细不等、单株栽植不成形的几棵树桩，根据立意，主次分明、聚散合理、巧妙搭配，栽植于长方形或椭圆形的盆钵之中，常常能获得意想不到的效果(图 11-11)。

以上所述以干为主的造型形式是基本的形式，不同形式之间还可结合，如直干、斜干、弯干也可与枯干、舍利干结合，形成更为生动的造型形式。

2. 观根类

现在人们不仅欣赏盆景的枝、干、叶、花、果，而且对盆景桩根产生了浓厚兴趣，常把桩根提出土面。经艺术加工培育的根，千姿百态、各具特色，可弥补桩干的虚白，增加盆景的苍虬，衬托出盆景的形态美，大大提高树桩盆景的观赏价值。故有"桩头不悬根，如同插木"之说。凡桩干粗壮雄伟、苍劲古朴的峄城石榴盆景，一般不露根；而桩干较细矮、树龄较小的，多进行露根造型。

(1)提根式

是将表层盆土逐渐去除，使根系逐渐裸露，模仿山野石榴树经多年风吹雨刷表土后，苍老的主根裸露于土表，有抓地而生的雄姿。突出特点是根部悬露于盆土之上，犹如蟠龙巨爪支撑干枝，不仅显示出根的魅力，而且体现出整个石榴树桩盆景的神态风姿，显得苍老质朴、顽强不屈，具有较高的观赏价值。

(2)连根式

是模仿野外石榴树因受暴风或洪水等袭击，使树干倒地生根，向上的枝条长成小树而创作的。有的由于树根经雨水冲刷，局部露出地面，在裸露部位萌芽，长出小树，它表现的意境是树木与自然灾害搏斗抗争的顽强精神。

(3)蟠根式

蟠根式盆景也是露根类，只不过露出的根不像提根式、连根式那样自然地向土中扎入，而是经人为的盘曲穿插造型，然后再扎入土中，比提根式、连根式更具古朴野趣和美感。

3. 树石类

又称附石类。树石类盆景的特点是将石榴树栽种于山石之上，有的树根扎于石洞内或石缝中，有的则抱石而生，它是将树木、山石巧妙结合为一体的盆景形式。这类盆景以石榴树为主、以石为辅，多以幼树制作旱式树石盆景。

(1)洞植式

石上有天然或人工雕凿的洞穴，穴内填土、栽树，石借树姿、树借石势，相得益彰，组成优美的构图。

(2)隙植式

山石上自上而下有较深的缝隙，将石榴的根系嵌入缝隙中，末端植入石下的土中。裸露的树根在石隙中游龙走蛇、树石一体，极富山情野趣。

(3)靠植式

石榴树紧贴石体，根入土中，不裸露。树贴石、石靠树，轻柔的树枝在石体上排列，两侧伸展，像多株小树生于石上，十分别致。

(4)抓石式

条条树根像猫爪一样，紧紧抓住浑圆的石头，根的末端植入土中，显示出咬定青山不放松的顽强精神。

4. 微型类

微型树桩盆景是指盆钵直径在 5～10 cm 之间，树桩高度在 10 cm 以下的盆景。微型石榴树桩盆景的历史很短。受济南微型树桩盆景启发，山东枣庄峄城部分石榴盆景爱好者，于 1998 年开始制作微型石榴盆景。2000 年 10 月，在山东枣庄市第二届花卉盆景精品展上，展出了许多微型石榴树桩盆景作品。

微型石榴树桩盆景所用的石榴品种，多是株型较小的变种石榴，如月季石榴、复瓣月季石榴、墨石榴等，多用种子繁殖。手掌之间，花果兼备的微型石榴树桩盆景，比一般石榴树桩盆景更有玲珑剔透的情趣。

二、盆景制作

在完成育坯、造型设计后，即可着手制作。制作是盆景创作最关键、最重要的核心环节，是真正体现作者艺术水平和制作技艺的阶段。

1. 干的制作

石榴树桩盆景干的制作，有的款式是在育坯阶段就开始了，有的款式是在育坯完成之后进行的。

（1）直干或斜干式干的制作

直干式石榴树桩盆景干的制作，主要是选择主干直立的树桩，在育坯阶段和以后的培育中保留过渡自然的主干即可。而采用幼树培育直干式盆景，为使树干尽快达到所需粗度以显其古味，就要对主干进行几次截干。第1次是当幼树长到一定粗度时，在树干下部锯截，培育几年后进行第2次截干，再培育几年进行第3次截干，这样即可育成下粗上细、过渡自然的直立主干。但要注意截干面与树干轴线成45°左右夹角，使新干与老干结合部过渡自然。

斜干式干的制作，基本同直干式，只是要将其斜栽盆中而已。

（2）曲干式干的制作

曲干式石榴树桩盆景的曲干，除自然弯曲外，也可人工制作。人工制作的曲干，多选用2～3年生的幼树，树龄越长，制作难度越大。

①金属丝定型法。其原理是靠金属的塑性力使树干弯曲，在其自然生长时将弯曲的姿态固定下来。常用的金属丝有铁丝、铜丝、铝丝等。常用的方法有压扣法、挂钩法、缠绕法等。弯曲时，在金属丝缚住的地方向外弯曲，以防折裂。为防折裂，可衬竹片或棕丝加固。单丝力量不够，可用双丝缠绕。定型后即可将金属丝解除。

②截干法。其步骤是：选取可作曲干部分，其余截去；生长季节将创口形成层、皮层削出新面，涂赤霉素溶液；覆盖黑色塑料膜遮光和防雨水污染。

③木棍弯曲法。选用3～4年树龄的石榴树，用2根木棍把树干弯曲成S形，经固定2年左右拆除木棍，即成曲干式。

④劈干法。劈干后用木棍或铁板使树干弯曲。步骤是：春季用刀在树干中下部，把树干从中间劈开；劈干处用绳缠绕后，用木棍使树干弯曲并固定2～3年；把有一定厚度和弯曲度的铁板置于树干旁，用绳把铁板和树干固定好，2～3年后拆除铁板。

⑤剖干法。剖干后用牵拉使树干弯曲。欲使树干向左弯曲，在春季把树干左侧树皮连同部分本质部剖去，在被剖部涂赤霉素溶液。在被剖树干部分

衬麻筋后用绳缠绕，用金属丝使树干弯曲，在金属丝着力部分事先垫好衬布，以防损伤树干或树根。固定 2 年左右，拆除绑扎物即成。

⑥锯口弯曲法。为使锯口尽快愈合，应在生长旺季进行。在植株侧面，间隔 2～3 cm 处锯 V 形缺口。V 形口尖端最多达到树干中心部，削平锯口毛面。用棕丝牵拉使树干弯曲，固定在根部或盆沿，并涂赤霉素溶液，做防雨处理。用麻布或棕丝缠绕锯口部位树干，经 2～3 年生长，待锯口愈合长牢后，方可拆除缠绕物以及使树干弯曲的绳。

（3）悬崖式干的制作

悬崖式石榴树桩盆景干的基部是垂直的或基本垂直的，自基部往上部分弯曲下垂，弯曲的方法与曲干式干的制作基本相同，只是悬崖式干弯曲度要大于曲干式，且向下弯曲下垂。可以主干或一主枝下垂，也可以主干向一侧偏斜，随后弯曲下垂，或向一侧倾斜后拐一个弯再向另一侧下垂。

（4）过桥式干的制作

一般用一高一矮双干式桩景，将其高的一干弯曲呈弓形，末端插入土中生根，弯曲后干下部的枝条剪去，干上部的枝条保留，弯曲部分像桥拱，即制成过桥式。

（5）枯干式干的制作

除了比较古老的枯桩外，人工制作枯干主要有 2 种方法：

一是对比较粗壮的主干劈去一部分，对中下部的木质部进行打磨或用强酸腐蚀，经几年工夫，形成不规则的腐朽沟或腐朽面。

二是制作"舍利干"。"舍利"一词来自佛教用语，用于盆景艺术中，树干部分木质裸露出来，呈白骨化，与繁茂的枝叶形成鲜明的对比。方法是：

①选择具有一定姿态的植株为素材，根据表层吸水线的走向和创作意图，用颜色标出要剥去皮与留下树皮的界线。

②用刀削去树皮，雕刻成自然纹理至木质部。

③每隔 1 个月在去皮的树干上涂 1 层石硫合剂，使木质部呈"白骨化"。

④成功之后，树皮和木质部形成鲜明对比，枯荣相济。

（6）双干式干的制作与配置

若用 2 株幼树栽于一盆中，待生长到一定高度时进行摘心，促进其分枝，使 2 株石榴树枝条搭配得当，长短不一，疏密有致，似自然生长一样。一般 2 株石榴树相距较近，否则有零散之弊，而无美感。通常是大而直的 1 株栽植于盆钵一端，小而倾斜的 1 株植在它的旁边，其枝条伸向盆钵另一端。

2. 丛林式石榴树桩盆景的制作

丛林式石榴树桩盆景制作不难，对素材要求不太严格，树干形态差异不要太大，以求有一定的共性。如直干式可与斜干式合栽，但不宜和曲干式或悬崖式合栽，否则会产生"各唱各的调、各吹各的号"的弊端。以奇数合栽，3株或5株的丛林式多分为2组：其中一组为主，另一组为辅；主要的一组常为3株，另一组为2株。如果株数较多(7株以上)，常分为3组。应以树木的高低和大小，确定哪组为主、哪组为辅，以及其具体的栽种位置。可一组稍近，另一组稍远，几株树根基部连线在平面上，切忌呈直线或等边三角形。制作几种树木合栽的丛林式盆景应注意所选用的植物种类要具有一定的共性，对光照、温度等的要求基本相同。如果把耐寒的石榴和怕冻的榕树合栽，常常会失败。

3. 露根的制作

(1)提根式露根的制作

提根式石榴盆景露根的制作方法通常有3种方法：

①去土露根。将石榴桩或幼树种植于深盆，盆下部盛肥土，上部放河沙。栽培中随着根系向肥土中伸展逐步去掉盆上部的河沙，使根系渐渐露出，然后翻盆栽入相应的浅盆中。

②换盆露根。在每次换盆时将根部往上提一些，随着浇水和雨水冲刷，同时用竹竿逐步剔除根系的部分泥土，使根系渐渐外露。

③折套法。树桩或幼树栽植于浅盆时，盆钵四周以铁皮或瓦片、碎盆片围之，内填培养土，待根系长满浅盆后，撤去围物，让根部露出。

(2)连根式露根的制作

宜用幼树制作，先将石榴幼树斜栽于地或较深大盆钵中(树干与地面或盆面成45°角)，待成活后，剪去向下、向两侧的分枝，将树干制成起伏不平状埋入土中，但把梢部露出地面，向上的分枝继续生长成为连根式石榴盆景的干、枝，埋入土中的原树干上生根。待根粗壮后，移入盆中并予以露根制作，即成为连根式。

(3)蟠根式露根的制作

蟠根式石榴树桩盆景的根，除要"露"以外，还要蟠扎造型。常言说"盆树无根如插木"，无根可露的盆景不是完整的树桩盆景，无美根的树桩盆景不是完美的盆景作品。石榴树桩盆景蟠根时间一般在石榴萌芽前后，此时枝叶未动，地下细根已经先行。蟠根后有整个生长季节的生长，十分有利于根系复壮。蟠根可结合换盆进行。换盆脱出的树根用水冲刷部分或全部泥土，晾晒1h左右，待根由脆变软，用粗细适宜的金属丝旋扎调整定形。调整时掌握好着力点，缓慢用力，对易断弯处用手指保护好，在易断处缠上较密的细丝，防止其破裂和折断，使其弯到需要的角度不再回弹变形为止。较粗的根一次不能弯曲到位，可辅以其他办法牵拉，分次到位。蟠根造型没有固定的模式，但要与地上部分协调，可用悬根露爪法，将分散的根适度收拢整形，使根形成强烈的支撑力度感；也可用盘根错节法，使根系相互交叉穿插，平卧土面后向泥土中扎入；还可以用隆根龙爪法，将基部根隆出地面经转折（即回根）后弯向土中。根多者还可向四面辐射。

4. 树石类石榴盆景的制作

（1）洞穴（缝隙）嵌种法——洞植式（隙植式）

洞穴嵌种方法，软、硬石均可使用，如用软石，先选取1块有一定形态的整面，在石顶或石腰的一侧凿1洞穴，填土把石榴幼树嵌种于洞穴中，使树根扎于石隙间；如用硬石，可选几块山石拼合，粘合时在适当部位预留洞穴，直通底部，然后直接把石榴树嵌种于洞穴中，填土养护。用上述方法，一般洞穴填土不多，对养桩不利，仍将山石置于盛土盆内，使根逐渐下延至盆土中，方能正常养护。造型视树干形态及嵌种位置，或回蟠折屈，似飞龙腾空之状，或悬崖倒挂，横空飘逸。缝隙嵌种法则，是在山石上自上而下凿出较深的缝隙，将石榴根系嵌入缝隙中，而末端扎入盆土中，然后用土将根全部培土进行养护，待根系生长粗壮，与石成为一体后，再将培在石头上的土去掉露根。

（2）顶栽垂根法——抓石式

将培养好根系的石榴幼树，网罩于山石下延，形成鹰爪抱石之势，然后用金属丝或塑料带捆绑固定，置于盛土盆中，再用塑膜、纱窗网、编织袋之类物料从石脚至石顶圈好围边，内填松质泥土养护促根，使根系向下延伸，直至扎根于盆土中。第2年检查根系附着情况，去掉大部分须根，留粗根，圈土养护后视情况逐步降低培土高度，冲土露根；同时结合对树桩蟠扎造型，形成险奇、刚强、飘逸之态。这一方法也可变形为腰栽骑石垂根的形式，即栽种部位不是在山石顶部，而是在山石腰部，但山石腰部须有1个豁口，使树根"骑"在上面，分向两侧下垂扎入盆土之中，使山石的刚强与树干、树根的柔和形成鲜明对照，则更有韵味。

（3）依石靠栽法——靠植式

选取适宜的成形树桩，用依石靠栽方法，将石榴树先种于盆土中，然后使选好的山石依树而立，树干偎石紧靠，树枝缠绕山石，使树石紧密结合，以达到直接附石的观赏效果。

（4）攀崖回首法

先将山石置于盆钵上面，用1株石榴幼树，偎于山石下部一侧，根抱石而附，树干依石攀缘而上，待长到一定的高度，再用金属丝缠绞扭曲主干，陡然回首贴石转向，向下延伸外飘，成游龙回首之势。

5. 枝的制作

用石榴树桩培育盆景时，对枝的造型施艺最多、耗时最长，所以对枝的制作是盆景工作者必须掌握的基本功。树干定型以后，就不会有大的变化，而枝条并没有改变固定的遗传生长特性，仍自然地向上生长。为将枝条组成一个个各自不同的艺术形象，就必须运用扎缚、剪截等方法，方能以小见大、缩龙成寸。石榴树桩盆景，对枝条的加工要求，并不像观叶类盆景那样细致、严格，其原因首先是大多数枝条要进行修剪，通过修剪进行局部整形；其次为保证果实发育要留足够数量的叶片，而且结果部位多在枝条的顶端，处理不当会影响当年及翌年的结果；另外，石榴结果后，常使枝条压弯甚至下垂而改变了原有的形态。因此，石榴盆景对枝的加工，主要是根据整形的需要，在主要分枝的布局和形态上下工夫。对局部小枝，除对影响树形的及时处理外，多数结合促花促果和维持树形做较粗犷的处理。

（1）主枝的选留

主枝的选留应服从整体造型，一般选留 2～3 个，着重考虑其形态、方位、层次以及与整体的配合。既要层次清晰、伸展有序，又要避免多、乱、密、繁。要经常去除平行、交叉、反向、直立、对生、轮生、交叉等枝条。

（2）枝的弯曲

利用芽的生长方向性通过修剪、蟠扎来调节枝的方向，经过多次修剪即成苍劲有力的扭曲状。蟠扎常用硬丝（金属丝）和软丝（棕丝、塑料绳）进行。金属丝蟠扎简便易行、屈伸自如，但拆除麻烦。金属丝型号，应根据枝条的粗度灵活掌握，蟠扎时先把金属丝一端固定在枝干基部或交叉处，然后紧贴树皮缠绕。缠绕时金属丝要疏密适度，与枝呈 45°角。枝条扭转的方向与金属丝缠的方向相一致，边缠绕边扭旋不易断折；缠绕的枝条经 1 年生长即可固定，固定后及时拆除金属丝。用棕丝或塑料绳蟠扎时，先将绳拴住被拉枝的下端，将枝条徐徐弯曲到所需弧度，再收绳固定上端即成。操作的关键是选好着力点，可先用手将枝条按设计要求的方向、角度固定，再选择下个棕丝结的位置。要及时解除拉绳，避免拉绳深陷皮内。

（3）枝条造型

枝条造型应注意以下 2 点：

①1 枝见波折，2 枝分长短，3 枝讲聚散，多枝有露有藏。

②在抹掉造型不需要的芽时，应注意对生芽尽量取一；互生芽要根据出枝方向选留上芽或下芽；必须剪短较粗的长枝时，要使其错节。

（4）枝条增粗与剪枝造型的关系

初发的枝条不宜急着修剪，应在生长季节采用拉、吊、扎等方法，使枝条基部按造型要求定型，待枝长到适宜的粗度时再剪。一方面是为下一级枝预备健壮的母枝；另一方面是使枝条增粗，具备一定的负载果的能力，以防止加工后枝条变形。过早过勤地剪枝，会造成枝条细弱无力，既与古老的粗干不协调，也无法解决石榴结果后的枝梢变形问题。

（5）重点造型枝的培养与运用

①飘枝。飘枝指枝的主轴在平行中稍向下飘，是石榴树向外的趋向性造成的，是向外勃发的一种力量，具有奔放、劲健、流畅、飘逸的枝态特征。为求得最佳曲线美，节与节之间可互换出枝角度，加强节奏感，但不能偏离主脉中轴线。飘枝的运用，主要适应于某些僵硬呆滞且较为高挑的桩材，而不适于低矮的桩头，无高则不飘。飘枝运用得当，枝飘则动，动则韵生，使作品生动活泼。飘枝所出的位置很重要，一般在桩材总高的一半以上，过高违反生态规律，过低则飘不起来，也就失去了神韵。飘枝的制作方法是：在树干上部，选取生长健壮的侧枝进行蟠扎，飘枝与主干的夹角一般在60°左右，以下的枝条全部剪除。运用飘枝的盆景，宜用浅盆或中等深度的盆钵。如飘枝向左，则把石榴桩栽于盆内偏右并靠后一些的位置上。

②探枝。主脉曲节起伏，与飘枝有相似的地方。其最大的特点是在众多比较统一的造型枝中，异军突起，打破构图边线，成为多边形构图。所以探枝是一种优秀的造型枝，多用于高耸单干造型，出枝位置较高。探枝也应用在悬崖式石榴盆景造型中，不过出枝位置一般在悬崖干的最低处，成跌枝、俯枝状。

③拖枝。主脉圆转流动，与主干走向相同，犹如关羽的拖刀，多用于曲斜干造型之中。

④跌枝。主脉在前进中突然向下，曲折跌宕，变化强烈分明，下跌后流畅自然，也多用于曲斜干造型之中。一方面强调了枝的险峻、动感，另一方面又能补充高脚部位少枝的空虚感。

⑤泻枝。主脉一出枝即弯曲成流动下泻状，其间少曲折变化，犹如江河直下、一泻千里，气势浑雄。

以上5种造型枝单一运用，都可使作品出现全新感觉，如果把5种枝组合运用，更别具一格。

⑥斜干反侧主枝。反侧主枝的塑造是斜干型桩景制作的重点。斜干树型的主枝与分枝的位置、分配都要紧紧围绕树势稳定均衡的原则进行。反侧主枝的粗细、长短，直接影响到树势的均衡。一般而言，树干倾斜度大，反侧的主枝就应相对地增粗加长。反侧主枝的出枝位置，应根据主干的倾斜、树桩的高矮来决定。主干倾斜度小，第1主侧枝出枝位置可适当地低一些。以60°的倾斜而言，主干上第1主侧枝的位置在略高于主干长度的1/2处较为适中。并要求此主枝上的分枝数较多，达到枝繁叶茂，可使枝梢向下稍重，避免过于直立上扬和过于水平。其余分枝应愈往上愈少。反侧方向上的枝叶应适当地多些，而树顶部的枝叶不能浓密，倾斜方向上的侧分枝不宜过多、

过长。

(6)嫁接补枝

如果枝少或无枝，则可嫁接补枝。方法有：接枝、靠接、芽接。

(7)展叶隐枝

展叶隐枝是解决枝多、枝与干比例不协调的重要方法。为缩短桩景成形的时间，对于与主干比例不协调的侧枝、粗度达不到要求的枝干，通过弯曲蟠扎，有意识地把枝干藏于叶片之中，并用侧枝上生长的分枝和细枝的叶片掩盖住桩体上的出枝位置，使枝干上的叶片充分展现在桩体的有关位置上，最大限度地使用叶片来进行构图。把人们的视线吸引到叶片上来，让人们难以看出枝与干比例失调的缺陷。但在养护中，要注意加强培育和保护好分枝、细枝，并控制枝条徒长，适时摘心。制作中要使叶片相对地集中，形成叶丛，以一层层浓厚的"叶被"掩盖住主干上的侧枝。

(8)处理好顶端优势与整体造型的关系

上、下枝条同时修剪，上部枝条增粗快，下部枝条增粗慢。与下部枝条相对粗、上部枝条相对细的整体树形要求相反。如不剪短上部枝，会使下部枝停止生长形成枝尖自剪。剪枝时应先剪上部枝，过一段时间后剪中部枝，再过一段时间剪下部枝。利用顶端优势可促进或抑制枝的生长。

(9)良枝的处理

①对病虫枝、枝端无生长点的细弱枝、对生枝等要根据造型需要剪除。

②对同方位走向平行的枝，要下拉向左或右旋转一定的角度。如系无法拉弯的老枝，应剪去1枝。对贴绕树干的贴身枝、角度过小的枝，进行顺直绑扎，改造成下垂枝，或改造成上扬枝，无法改造时则要剪掉。

③自然生长的，与大多数枝的走向相逆的枝条，可以去掉，改造成风吹枝、平垂枝。对待轮生枝，可剪去无用枝，改造成上短下长的2枝。

④上下重叠枝，可把上枝剪短拉向一边，下枝放长或剪去，只留1枝。要剪除生长在干的内弯部、干枝交叉部、枝杈间的腋枝，使造型美观。

⑤将顺主枝方向着生的脊枝拉向一边，可以丰富枝条的内容。对着生枝干上的直立长枝，可用金属丝扎弯，改变其生长方向，使造型趋向美观。

(10)大飘枝造型

为让飘枝粗细有变化，可将飘枝蓄到一定粗度时截短、掉拐。经过多年培育造型的飘枝，其枝有一定的曲折变化，比直枝更美。

(11)结顶枝、点枝造型

可1枝结顶，也可多枝结顶。结顶主枝的走向最好是侧向观赏面，在树干适当部位培养一两个点枝。

6. 树冠蟠扎定型

树冠是树形骨架的终点，它的形状决定桩景的整体精神面貌。不管树形如何变化，大部分树冠都是向上生长的。即使是斜干式、卧干式、弯干式、曲干式也都如此。且树冠的位置要与树干倾斜、弯曲的方向相反，主干向左倾斜(卧、弯)时，树冠和顶部枝叶则应适当地向右偏移，并与下部枝干相呼应，以求构图上的和谐统一。石榴盆景树冠的造型，主要有以下几种：

(1)扇形

树冠底边呈放射状，两边向上成锐角射线，与上圆弧下压相结合，底边对称但不平稳，形成左右摇摆状，动感油然而生，其造型轻松活泼、俊逸简洁。

(2)半圆形

树冠底边成水平线，上部呈半圆形，形象沉着平稳。这是树冠底边左右向力平衡与上圆下压的力向之间相互作用使然。

(3)伞形

树冠呈伞形，底边圆弧与外冠圆弧方向一致，而与主干向上趋向相反，整体有向上飘浮之感，主体轻盈、飘逸。

(4)三角形

树冠虽有平稳的水平线底边，但上部两斜边成三角外形，又与下部的树干合成箭头状，使重心摇摆不定，打破了原有的稳定视觉，所以仍然显得轻松活泼、积极向上。制作这种形状，要注意制成不等边三角形，以免显得呆板、僵硬。三角形树冠要求下大上小、底张顶缩，所以在造型中要抑制上部枝条顶端优势，在"缩"字上狠下工夫，从粗到细要缩得快、节距要缩得短、树片要缩得密，这样才能创造出自然苍古遒劲的树冠来。

(5)平顶形

冠顶呈水平状左右扩张，与下部树干的纵向力，形成纵横相接的"T"字形，如飘浮的云朵，具有简洁、飘荡、轻快的风格。

(6)云片形

通过剪扎，使主干的结顶枝、主侧枝均制作成平顶形状，即形成云片式的树冠。树冠的培育，可采用"截干蓄枝"法，将主干上部无用部分截除，留用顶部侧枝，并选择一较粗侧枝矫正为直立顶枝，利用该枝营造好树冠。一是放，即充分利用顶端优势培养出强劲粗壮的枝条；二是收，即运用重剪和及时打顶的技法，解除顶端优势，抑制枝条生长。但要注意的是石榴盆景树冠的修剪，不仅要考虑造型的需要，而且还要考虑开花结果的需要。通过修剪，调节树的生育状况，控制旺盛生长，使树体强转缓和、弱转强，控制局部生长，改变枝类的比例和营养状况，使各类小枝都能充分利用光照，达到营养的再分配，让该成花的枝开花、该结果的枝结果。

7. 配植创作技艺

石榴树桩盆景的优劣，是由诸多因素决定的。有的是单株成景，有的是两三株甚至多株组合成景。因此，树株之间相互的协调，枝、干、叶之间的协调，是非常重要的。

（1）统一

在变化中求统一，在统一中求变化。在大多数情况下，一件石榴树桩盆景宜用一个石榴品种来制作，这要比用多个品种制作更容易形成统一。如果用多个品种制作一件石榴树桩盆景，处理不好容易形成"拼盘"，给人以花哨和杂乱的感觉。

（2）比例

要处理好整体与部分之间、部分与部分之间对称协调的关系，景物自身之间、景物与景物之间和景与盆之间的比例关系。一般基干部短、枝叶部长，比例适宜；树干部长、枝叶部小的比例也合理；但树干部与枝叶基本等长时，就显得呆板。要尽量避免冠幅直径与树高相等。盆长、枝展宽、树高三者的比例以1：1.2：1.4合适。树桩在盆中的位置，宜偏右或偏左，留出视觉空间，树桩栽植在盆中间则显得过于平淡。

（3）均衡

指树桩盆景在经验中的均衡。如树桩主干是渐变还是突变，树桩枝干重心在盆内还是在盆外等，都属均衡范畴。

①枝干的变化。树干和枝叶下重上轻、收尖渐变，是最好的均衡姿态。

②主景与配景的均衡。主景重、配景轻，是好的姿态。

③重心要稳，稳中求险。整树重心在盆外，视觉上似要倾斜；整树重心在盆内，给人以均衡感。

（4）呼应

也叫照应，是通过盆景各部位之间的相似处理、相互顾盼的处理手法，来加强盆景各部位之间的联系。树桩大部分枝叶同向呼应，有一种运动感；相向呼应，有从两旁向中间运动的感受。

（5）对比

为使石榴树桩盆景主体景物更完美，要运用形、质、色、势的对比手法，强调视觉效果。粗细高低对比以3：2较适宜。主从对比，要求立主从依、主高从矮、主粗从细，避免相差过大、高低不分。曲直对比，干直枝曲，景物显得生动，效果好。干曲枝直对比亦佳。直干中有曲干，对比协调；曲干中有直干，显得活泼。

（6）藏露

它是利用显露的部分，将观赏者的注意力和想象力引导到景物的隐藏部分，以扩大境界的范围，挖掘意境的深度。树干的前后左右必须有枝或枝片，不宜将干从根到梢暴露无遗，所谓"见干、见枝、见叶"是时隐时现、有露有藏。

（7）聚散

利用聚散构成不等边三角形，使景物充分展现其自然美。整体有聚有散、局部有聚有散，布局合理。虽整体有聚有散，但一侧局部过于规整，则显得呆板。虽局部讲究聚散，整体形成2部分，此种布局也不好。

（8）节奏

它是由景物的各种可比成分连续不断地交替组成的，是韵律的主要表现形式。曲折节奏、树干的弯曲度，由根至梢，由缓到急，或先急后缓均可。

第六节　石榴盆景管理

一、土肥水管理

1. 浇水

浇水是最常做又不易掌握好的盆栽技术。浇水多少、浇水的间隔时间长短，应根据石榴树桩的大小、时期、温度、湿度、光照、盆钵质地等因素综合确定。同一株石榴树，在夏季旺长期、秋季停长后、冬季休眠期所需的水分差异极大；楼房阳台干燥多风，盆内水分散失快，除多补充水分外，最好在阳台上洒水或在盆下铺沙、草垫、泡沫塑料等吸水物，创造较湿润的生长环境。浇水应根据"见干见湿""浇则浇透"的原则进行。即浇水要浇透，保持盆土上下湿润一致，其相对含水量一般以50%～90%为宜。

2. 施肥

石榴树桩在盆内全年生长结果所需的养分仅靠有限的盆土远远不能满足，大量的养分要靠生长期追施。

（1）盆内追肥

原则是因时依树施肥。春季旺长、秋季养分积累期多施，夏季防止徒长少施，冬季休眠时不施；含肥量丰富的新土少施，多年生未换盆的旧盆土多施。追肥应在晴天进行，肥料以发酵后的饼肥或人类尿为好。化肥肥效快，但营养单一，可将尿素、过磷酸钙、磷酸钾配合或交替使用，此类化肥的使用浓度以0.1%～0.3%较为适宜。

（2）根外追肥

能溶于水，对叶片和嫩梢不产生危害的过磷酸钙、尿素、磷酸钾、磷酸二氢钾、草木灰浸出液、腐熟人粪尿、饼肥上清液等均可用于根外追肥。此外，在促花、促果和纠正缺素症等措施中，也常用喷施微量元素的方法。喷施的时间应选择空气湿度较大的早晨、傍晚、阴天或雨后进行，避免中午喷施，喷施时应注意对叶片背面喷匀。根外追肥应与盆内施肥配合才能获得理想的效果。可选用单一肥料，也可几种肥料与农药、激素混施，但应注意是否能混用。

二、修剪

石榴在盆内每年的生长量比较大，为保持石榴树桩盆景完美、树形紧凑，每年要进行多次修剪。

1. 冬季修剪

冬季修剪，可从晚秋落叶开始到萌芽前进行。

（1）修剪的方法及作用

修剪的方法分为短截、缩剪、疏剪、拉枝，其作用如下：

①短截。即剪去1年生枝的一部分。分为轻短截、中短截、重短截、极重短截。短截程度不同则翌年其生长、发育的差异就会很大。

轻短截：只剪去枝条先端的1～2个芽。此法对枝条刺激作用小，有利于促生短枝，提早结果。由于所留枝条太长，易造成树形过散，在盆景石榴上很少采用。

中短截：在1年生枝条中部饱满芽处短截。此法壮芽当头，长势旺壮，适宜生长势较弱或受病虫为害较重的弱树。对中、短枝结果的品种，此法会延迟结果，且形成过旺枝条往往扰乱树形，应慎用。新上盆的幼树为增加枝量和整形，可用此法，其截留长度常依造型的需要而定，此后需配合促花或整形措施。

重短截：在1年生枝下部不饱满芽处短截。剪口芽发枝较弱，停长较早，有利缩小树体，能有效地控制树冠，促生中短健壮枝。

极重短截：在1年生枝基部留1～2个瘪芽处剪截，翌年可发弱枝。此法可降低发枝部位，明显缩小树体。

②缩剪。又称回缩修剪，是指从多年生部位剪去一部分。此法对整树具有削弱作用，可有效地控制树冠扩大。轻度缩剪且留壮枝、壮芽带头，可促进生长。重缩剪和弱枝带头则抑制生长。石榴以短结果母枝抽生结果新梢结果，在幼树时期常采用先放后缩的促果、整形办法，即先轻、中短截，待下

部分枝成花后再回缩至成花部位进而整形，从而达到早结果、早成形的目的。

③疏剪。是指从枝条（1年生或多年生）基部剪除。疏剪可减少枝量和分枝，削弱树体和长势，有利于盆树内的通风透光和花芽分化。由于疏剪的剪口使上下营养运输受阻，造成剪口以上疏枝受抑制而容易成花，对剪口以下部位的生长有促进作用。疏剪多用于成形树中的生长过密枝，冠内的细弱枝，过直过旺枝和影响树形而难以改造利用的枝条。石榴应多疏除过强枝，局部枝多时，可先拉后疏，防止疏枝过多，造成盆树的空、散、弱。

④拉枝。是将旺长和不易成花的枝条拉大开张角度，改变其极性位置和先端优势，控制旺长，促进成花。拉枝时应先将枝弯到预定的方向或角度，而后选择着力点并用塑料绳等固定。

（2）注意事项

①修剪时期。家庭或少量的盆景生产，最适修剪时期是初春解除休眠后至发芽前。

②合理修剪。要认准花芽、花枝以及预计的成花部位，尽量使结果部位紧靠主干和主枝，使树冠丰满紧凑。初结果的树往往发芽数量少，应尽量保留利用。经1年结果之后，树势即可缓和，成花量亦增多。花量较大时，可疏除部分花芽，使之按造型的需要合理分布。

③修剪应与造型、整形紧密配合。每一剪子均应考虑其开花结果和造型形态。需要指出的是，石榴盆景的形态每年甚至每季均发生较大的变化（包括果实、当年生枝、每年的结果部位等），而其基本造型一旦确定，即应逐年延续、完善发展。为避免出现因不合理的修剪而出现与造型相悖的现象，修剪时，可先根据造型的需要对整体进行弯、拉处理，确定骨干枝或必留枝，去掉扰乱枝，最后再处理其他枝条。"先整体，后局部；先定型，后定果"是石榴盆景修剪（包括夏季修剪）应遵循的原则。

④休眠期修剪常与换盆相结合。由于在换盆过程中进行根系修剪时伤根较多，对地上部的修剪须相应加重。操作时期不宜过晚，最好在秋季落叶后进行，以提早恢复根系。

2. 生长期修剪（夏季修剪）

生长期剪掉部分枝、叶，便减少了有机营养的合成。同时，由于修剪刺激造成再度萌发，加大了养分的消耗，因而对树体和枝梢生长有较强的抑制作用。此时修剪量宜少，且只针对旺树、旺枝。运用得当，可调节生长结果之矛盾，有利于正常生长发育、提早成花。修剪方法及作用如下：

（1）摘心

摘心即对尚未停止生长的当年生新梢摘去嫩尖。摘心具有控制枝条生长、增加分枝、有利成花的作用。摘心不宜太早，否则所留叶片过少，会削弱树势和枝势。

(2)扭梢和折枝

当年生直立枝在长到 10 cm 左右，下半部木质化时，用手扭弯，使其先端垂下或折伤。由于枝条木质部及韧皮部受伤和生长极性的改变，有利于缓和生长并成花。

(3)环割

环割是指在枝、干中、下部用刀环状割 1 圈或 2 圈，深达木质部，但不剥皮。春季环割可使中短枝比例增加，4 月下旬至 5 月上旬环割可提高坐果率。

(4)疏枝和抹芽

生长季疏枝对全树生长具有较大的削弱作用，可在过密的旺树上使用。为避免过多浪费养分、削弱树势，疏枝宜早进行，也可提早进行抹芽和除萌。

(5)拉枝和捋枝

这是指将直立生长的枝用绳拉平或用手缓慢地捋弯。捋枝作用是使输导组织变形受伤和极性改变，从而控制生长，促使后部发枝，提高内部营养积累，促进花芽形成。

(6)花期修剪

休眠期修剪时，常因花芽不能确认，所以多留一些花芽，待春季花前或花期复剪。此次修剪的目的主要是定花、定果。

(7)展前修剪

为保证果实发育的需要，生长季需保留较多的枝条和叶片，待休眠期修剪时处理。有些枝条的方向、长度、位置均不适宜，影响整体的造型，秋季盆内的果实较多，作为商品或展品出圃之前，应对上述枝条予以短截，以提高观赏效果。此外，由于盆树较小，结果较集中，有的果实被叶片遮掩，可适当摘除叶片，以前部果实充分暴露，后部果实显露一半为适，摘叶过多，反失自然。

夏季修剪的目的重在调节盆树生长与结果的关系，各项措施的运用常对营养生长有不利的影响。因此，总的掌握要恰到好处，防止修剪过重造成树体生长衰弱。在实际运用中要因树而异，多用于结果的强旺树，慎用于病、弱树。必须根据盆树的表现、促控的需要，采用 1 种或几种，1 次或多次的修剪措施，才能取得良好的效果。

三、花果管理

石榴是多花树种，坐果需要良好的内外条件。条件不足时，落花落果严重。要获得适宜的、满意的花果量，除要采取适宜的水、肥、修剪、光照等措施外，还要采取以下措施：

（1）人工授粉

采集花粉，人工点授。在筒状花充分开放前 1 d 授粉，效果比较理想。

（2）疏花疏果

石榴钟状花系败育花，不能坐果，其数量大、消耗的营养物质多，影响树体发育与坐果，应及早疏除。疏果可遵循"选留头花果，多留二花果，疏除三花果"的原则进行。

以观花为主的石榴树桩盆景除外。

（3）应用激素、微量元素

①喷激素。赤霉素对促进石榴坐果效果明显，浓度以 5.0×10^{-5} 为好，时期以盛花期为宜。赤霉素还能与 $0.3\% \sim 0.5\%$ 的尿素溶液混合使用，喷布 B_9、萘乙酸溶液效果也很好。

②喷尿素。在盛花期或花后，每 15 d 左右喷 1 次 $0.3\% \sim 0.5\%$ 的尿素溶液，对促进枝叶生长、减少落果有明显的效果。

③喷微量元素。$0.3\% \sim 0.5\%$ 的硼砂溶液对促进石榴坐果效果也很好。

四、越冬保护

石榴树桩盆景，盆钵小、盆土少、根系浅，在我国北方石榴产区极易发生冻害，越冬保护至关重要。常用的方法如下：

（1）埋土越冬

此法适应我国北方石榴产区、埋土方便的盆景园。越冬场所应选择避风向阳、排水良好、南面没有遮蔽物的地方。在冬季到来之前挖好东西向的防寒沟，宽度以并排放 2 排石榴树桩盆景为宜，深度同盆高。盆放入沟后，要把盆周围填满土，盆内、盆外浇足水，盆面上覆草。覆草的目的是防止掩埋土与盆土混合，造成板结而影响翌年生长。较冷地区应深埋，保持一半根系处在冻土层以下。在较寒冷的地区，可用剩余的土在防寒沟的北侧、东西向堆一土堆，或在北侧设立风障，以改善沟内的小气候。早春随气温上升和地表解冻，及时清除盆上覆盖物，并及时出盆，促使盆土升温。出土后，及时检查墒情并适时补水。

（2）塑料大棚越冬

山东省枣庄市峄城区大部分的石榴树桩盆景专业户，多将石榴树桩盆景放在塑料大棚内越冬。此法简单易行，初冬时选择适宜地点架设塑料大棚，并将石榴树桩盆景移入，定期检查墒情，适时补充水分。

（3）日光温室越冬

山东省枣庄市峄城区部分条件好的石榴树桩盆景大户，设有专用的日光温室。初冬时将石榴树桩盆景移入，并用塑料薄膜覆棚，效果更好。亦应定期检查墒情，适时补充水分。

（4）室内越冬

石榴树桩盆景观赏者可用此法。室内冬季温度在 0～7℃即可保证石榴树桩盆景安全越冬。温度过高，不利于休眠，会过多消耗养分，影响翌年生长；温度过低，不利于安全越冬。在室内越冬时，由于盆体裸露，失水较快，尤其是在较干燥的贮藏室越冬，应定期检查墒情，补充水分。

参 考 文 献

[1] 柏劲松，谢红梅. 石榴盆景盆土应偏干 [J]. 中国花卉盆景，2005(2)：43.

[2] 兑宝峰. 石榴盆景的嫁接及造型 [J]. 花木盆景(盆景赏石)，2005(1)：30.

[3] 韩翠香. 四季石榴盆景的栽培与管理 [J]. 北方园艺，2009(8)：198.

[4] 杭东. 石榴盆景管理与整型 [J]. 中国花卉园艺，2013(4)：52.

[5] 郝萍，马德福，贾大新，等. 石榴盆景制作技术探讨 [J]. 辽宁农业职业技术学院学报，2009，11(1)：29-31.

[6] 李竞芸，李清秀. 空中压条快速培育带果石榴盆景 [J]. 安徽农业科学，2007，35(20)：6080.

[7] 李战鸿. 石榴新品种9612的选育与园林应用研究 [D]. 郑州：河南农业大学，2009.

[8] 林瞳. 明清时期植物盆景种类及制作技术研究 [D]. 南京：南京农业大学，2009.

[9] 刘兴军，程亚东，刘洪芳. 石榴盆景的造型与制作技术 [J]. 山东林业科技，2005(2)：56.

[10] 马文其. 石榴盆景培育造型与养护 [J]. 花木盆景(花卉园艺)，2005(4)：45-46.

[11] 马于芳. 石榴盆景制作与养护 [J]. 安徽农学通报，2008(12)：89-90.

[12] 隋学芳. 石榴盆景压枝取材法 [J]. 中国花卉盆景，2002(10)：54-55.

[13] 田学美. 多株组合制作石榴盆景 [J]. 中国花卉盆景，2012(8)：58.

[14] 田士林，李莉. 石榴盆景嫁接方法比较研究 [J]. 安徽农业科学，2006，34(21)：5512.

[15] 王立新. 石榴盆景及其艺术造型 [J]. 福建果树，2007(3)：11-12.

[16] 王小军. 水旱式小石榴盆景的制作 [J]. 中国花卉盆景，2010(3)：44-45.

[17] 吴建民，田俊华. 家庭石榴盆景的栽培与养护 [J]. 花木盆景(花卉园艺)，2008(6)：8-9.

[18] 薛兆希，刘翠兰，李静，等. 老枝接根制作石榴盆景技术 [J]. 山东林业科技，2005(1)：57.

[19] 杨英魁. "松韵式"石榴盆景 [J]. 中国花卉盆景，2010(6)：52-53.

［20］杨满胤. 当年成形的石榴盆景［J］. 中国花卉盆景，2001(2)：36.

［21］杨传珍. 鲁南石榴文化浅论［J］. 民俗研究，1989(3)：17-19.

［22］张建义，范增伟. 浅谈石榴盆景造型与养护［J］. 河南林业科技，2007(S1)：37-38.

［23］张尽善. 枝干扦插快速制作石榴盆景［J］. 花木盆景(盆景赏石)，2005(1)：33.

［24］张孝军. 石榴盆景的四季养护［J］. 中国花卉盆景，2007(5)：44-45.

［25］赵景霞，杨兆芝. 如何防治石榴盆景果实开裂［J］. 中国花卉盆景，2007(3)：50.

［26］赵丽华. 石榴盆景栽培与制作［J］. 现代园艺，2013(5)：27.

［27］郑芳，徐春霞，王令菇，等. 石榴盆景的培育及养护技术［J］. 安徽农业科学，2007，35(10)：2904-2905.

［28］钟文善. 大飘枝在石榴盆景制作上的应用［J］. 花木盆景(盆景赏石)，2005(11)：33.

［29］钟文善. 习作文人树石榴盆景［J］. 中国花卉盆景，2003(1)：47.

［30］钟文善，李德峰. 石榴盆景多花多果的八点措施［J］. 中国花卉盆景，2001(1)：34.

［31］朱绍玉. 盆栽石榴各个阶段的管理［J］. 烟台果树，2008(3)：54.

［32］Jones W. Bonsai Trees［DB/OL］. OTB ebook publishing，2014.

［33］Shelby R. The Art of Bonsai Trees：bonsai tree［DB/OL］. Shird Incorporated，2013.

［34］Smith H. Bonsai Trees：Growing，Trimming，Pruning，and Sculpting［M］. USA：Create Space Independent Publishing Platform，2012.

［35］Elwins D. Growing Bonsai Trees Made Simple and Easy［DB/OL］. Lulu. com，2009.

［36］Valsalakumari P K，Rajeevan P K，Sudhadevi P K，et al. Flowering Trees［M］. Delhi：New India Publishing Agency，2008.

［37］Richard W，Ashton. The Incredible Pomegranate Plant and Fruit［M］. USA：Third Millennium Publications，2006.

［38］Liang A. The Living Art of Bonsai：Principles & Techniques of Cultivation and Propagation［M］. USA：Sterling Publishing Company，Incorporated，2005.

［39］Squire D. The Bonsai Specialist：The Essential Guide to Buying，Planting，Displaying，Improving and Caring for Bonsai［M］. New Holland：Struik Publishers，2004.

［40］Valavanis W N. Spring 2014 Seedlings and Pre-Bonsai［J］. International Bonsai，2013.

索 引
（按汉语拼音排序）

344